高等学校遥感科学与技术专业规划教材

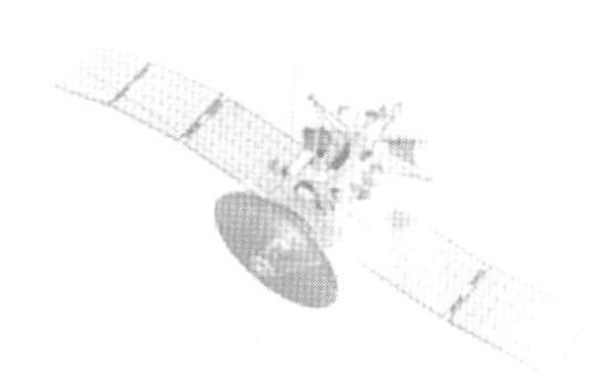

遥感地学解译

主　编　惠文华　杨丽萍　杨成生
副主编　王爱萍　张旺乐　杨　耘

图书在版编目(CIP)数据

遥感地学解译/惠文华,杨丽萍,杨成生主编.—武汉:武汉大学出版社,2023.8
高等学校遥感科学与技术专业规划教材
ISBN 978-7-307-23617-2

Ⅰ.遥… Ⅱ.①惠… ②杨… ③杨… Ⅲ. 地质遥感—高等学校—教材 Ⅳ.P627

中国国家版本馆 CIP 数据核字(2023)第 045819 号

责任编辑:王 荣 责任校对:李孟潇 版式设计:马 佳

出版发行:**武汉大学出版社** (430072 武昌 珞珈山)
(电子邮箱:cbs22@ whu.edu.cn 网址:www.wdp.com.cn)
印刷:武汉中远印务有限公司
开本:787×1092 1/16 印张:21.75 字数:516 千字 插页:1
版次:2023 年 8 月第 1 版 2023 年 8 月第 1 次印刷
ISBN 978-7-307-23617-2 定价:56.00 元

版权所有,不得翻印;凡购买我社的图书,如有质量问题,请与当地图书销售部门联系调换。

前　言

地球是宇宙中一个神秘而美丽的星球，是人类生活的家园。以地球系统(包括大气圈、水圈、岩石圈、生物圈和日地空间)的过程与变化及其相互作用为研究对象的基础学科称为地球科学，简称地学。随着人口增长和经济发展，人类社会面临资源约束趋紧、环境污染严重、生态系统退化、气候变化加剧等一系列全球性的严峻挑战，对地球科学研究提出了新的课题。目前，我国正处于全面建设社会主义现代化国家的新发展阶段，中国式现代化立足于物质文明、精神文明相协调，是人与自然和谐共生的现代化。为实现人类社会可持续发展，我国政府提出了大力推进生态文明建设的战略决策。建设生态文明，昭示着人与自然的和谐相处，意味着生产、生活方式的根本改变，是关系人民福祉、关乎民族未来的长远大计。现代地球科学技术可服务于生态文明建设的诸多方面，而生态文明建设也为地球科学的发展提供了更多机遇。作为地学研究的重要方法之一，遥感技术能够满足生态文明建设中对生态系统及资源环境监测的及时化、系统化、科学化、精细化以及信息化的客观要求，已成为生态文明建设中常用的科学手段，在“发展方式绿色转型，环境污染科学防治，生态系统多样性、稳定性、持续性提升，以及碳达峰碳中和持续推进”等方面均发挥着重要作用。

遥感地学解译泛指利用遥感手段获取地学研究领域相关信息和知识的过程，可为深入了解地球环境、推进生态文明建设提供基础性信息。从 20 世纪 70 年代起，遥感技术及应用进入飞速发展阶段，遥感地学解译的内涵也随之得以发展。作为从遥感数据中获取地表信息的基本方法，“解译”最早是指通过目视的方法对遥感影像进行人工判读和识别。计算机模式识别技术在遥感影像分析中的应用，催生了“计算机解译”的概念。随着各种机器学习算法不断深入应用于遥感影像分析领域，在遥感解译的过程中越来越多的人工判读任务逐渐由计算机来完成，遥感地学应用的广度和深度也得到进一步拓展。一方面，在地面目标漫反射的假定下进行计算机分类，使得定性获取地物类型信息的精度和效率均大幅提升；另一方面，以构建辐射传输前向模型为基础的定量遥感技术的出现，使得定量获取地表生物物理参量成为可能，也使得遥感影像的地学应用中进一步包含了定量反演的内容。在遥感解译技术不断发展的过程中，“地学”的概念也经历了由地质学、地理学，向地球科学的演变。目前，探索地球形成与演化规律，利用地球资源，预防和监测自然灾害，优化环境质量，促进人与自然的和谐发展，成为当代地球科学研究的主要任务。因此，在新的时代背景下，地球科学研究为遥感技术提供了更广阔的应用空间，遥感地学解译的含义也重新得以诠释。

资源、环境和灾害是目前地球科学研究的三大核心领域，也是生态文明建设重点关注的内容。近 30 多年来，遥感技术在这三大核心领域的应用都取得了前所未有的突破性进展，尽管在不同的地学领域利用遥感手段获取的具体信息不同，采用的方法也存在差异，但几乎都在经历由定性分类研究开始，向定性定量分析并存的发展趋势。目前，国内外介绍遥感基础理论与方法的书籍较多，但面向遥感地学应用的教材非常有限，尤其是缺乏系统介绍遥感地学应用基本原理和方法的教材。因此，为了给遥感学习者和遥感从业人员架起一座学习遥感科学技术专业理论与地学领域遥感应用之间的桥梁，我们在遥感地学解译课程多年教学积累的基础上，查阅了大量的文献、资料，对遥感应用较早且成果较多的一些地学领域，从遥感信息获取的原理、方法(包括定性的方法、定量的方法)和具体应用等方面进行了较为系统的组织和梳理，编写形成本教材。值得一提的是，长安大学空间定位与灾害监测研究所多年来一直致力于空间信息技术在地质灾害监测、预警等方面的技术及应用研究，特别是在卫星雷达遥感地质灾害研究方面是国内极具影响力的团队之一。本教材在“自然灾害遥感”一章中介绍了相关应用研究成果。

全书共包括7章内容，在对遥感地学解译原理与方法进行系统总结的基础上，分别介绍了地貌遥感、土地资源遥感、水体遥感、植被遥感、地质遥感和自然灾害遥感方面的内容。本书大纲由惠文华拟定，具体编写分工如下：第1章由惠文华、王爱萍、杨耘编写，第2章由杨丽萍编写，第3章由惠文华、张旺乐编写，第4章、第5章由惠文华编写，第6章由杨成生编写，第7章由杨成生、惠文华编写。全书由惠文华负责统稿，由杨丽萍负责文稿校对。本书内容涵盖了遥感地学应用的诸多领域，反映了遥感应用技术发展的整体特点和趋势，内容系统性较强，适合作为遥感科学与技术及相关专业学生学习遥感地学应用的本科教材，以及硕士研究生了解遥感地学应用的参考教材，还可以作为从事遥感地学应用相关教学、科研和生产人员的参考资料。

本书得到长安大学2020年教材建设项目(300103211044)以及与航天宏图信息技术股份有限公司合作的教育部产学研协同育人项目(202102245030)的资助。在本教材编写出版的过程中，研究生王宇、任杰对全书插图绘制和整理做了很多工作；对关心、帮助本教材编写和出版的领导、同事，以及文中引用文献、影像及图片等资料的所有作者、单位和机构，一并表示衷心的感谢！

由于编者水平有限，书中难免存在疏漏之处，恳请读者批评指正。此外，由于引用文献和网络文章众多，书中难免存在引用标注遗漏等问题，在此对原作者表示深深的歉意！本书所有引用文献资料版权归原作者所有。本书提供了全部彩色图件电子档，可在每章首页扫描二维码下载，能清晰地展示彩色图件。

惠文华

2022年5月12日

目　录

第1章　遥感地学解译原理与方法

遥感影像客观地记录了数据获取瞬间的地面特征，其中蕴含了无穷的地表信息。在观察一幅遥感影像时，我们会看到大小、形状和颜色不同的物体，通过建立目标和影像特征之间的联系，从而可识别出草地、林地、居民地等地物类型，这就是一个简单的遥感影像解译过程。在地学研究中，遥感影像解译就是通过影像所提供的各种识别目标的特征信息进行分析、推理和判断，最终达到定性地识别目标或现象、定量地确定目标的生物物理参数的目的。虽然遥感影像的成像与遥感影像的解译是两个信息传递方向互逆的过程，但其中各自所包含的地物信息量并不对等。由于成像过程会受到光照、地形、大气层及传感器的特性等诸多因素的影响，导致遥感影像中不可避免地存在信息扭曲、缺失的问题，还会包含噪声，从而为遥感影像的解译带来很多的复杂性和不确定性。因此，遥感地学应用的过程中，需要结合解译者对地学规律的认知、经验及辅助数据等进行复杂的遥感地学综合分析。

本章将在分析遥感数据源特点的基础上，对遥感地学解译的概念进行深入解析，并重点对遥感地学信息提取的方法进行系统归纳和介绍。

1.1　遥感数据源

地面目标反射或者发射的电磁波能量经过与地表、大气相互作用后，由各种遥感传感器所接收，经过模数转换被分波段地记录下来，这就是遥感数据。我们在开展遥感应用项目时，所分析和面对的主要是遥感数据，所以说遥感数据是遥感过程的核心。

1.1.1　遥感数据特点

随着遥感技术的发展，遥感在资源、环境、灾害等地球科学研究领域起着越来越重要的作用。作为获取地学信息的主要数据源之一，遥感数据具有如下特点。

(1)遥感数据具有多源性，也就是多平台、多波段、多视场、多角度、多时相等，从而我们可以在不同视角以不同的尺度来观测地表。

(2)遥感数据具有空间的宏观性，因为卫星平台一般在高空几百千米到36000km的高处，自然站得高、望得远，所以遥感影像的覆盖范围大、视野广，具有对地面各种自然人文特征的概括性。

(3)遥感数据具有综合性、复合性，遥感数据记录的是多种地理要素的综合体，为了更准确地提取某些信息，我们可以将不同传感器的不同分辨率的遥感数据进行复合，取长补短，综合多源数据的特征和优势，获取质量更高的遥感数据。

(4)遥感数据具有时间性，它是在某个特定的时间由卫星传感器所接收的地面信息，所以它具有瞬时特征和时效性。卫星周而复始地围绕地球运转，每隔一定的时间，卫星对同一地面区域获取影像，利用这一特点可以研究地面变化的信息。

(5)遥感数据是对地物波谱反射或者发射的电磁波能量进行采样并量化记录的，这样我们就可以根据量化的像元亮度值(DN 值)来计算一定像素对应的地面区域的辐射亮度，以及平均的反射率。这是遥感数据与普通图像的重要区别之一。

1.1.2　遥感数据特征描述

多平台、多波段、多视场、多时相、多角度、多极化等这些遥感数据多源性的特点，实际上是从多个维度阐释了遥感数据的特性。进一步，对遥感数据的多维性可以从空间(几何)、光谱、时间等维度进行度量和描述。空间分辨率、光谱分辨率、辐射分辨率和时间分辨率是四种最常用的遥感数据多维特征的描述指标，在遥感地学应用中可以借以清楚地量化用户的数据需求，并帮助用户在众多的遥感数据类型之间作出正确的选择。

1. 空间分辨率

空间分辨率(Spatial Resolution)的具体表示方法有像元、瞬时视场和线对数三种，其意义相仿，只是考虑问题的角度不同而已。像元是指单个像元所对应的地面范围，比如美国的 QuickBird 商业卫星，其全色影像的一个像元相当于0.61m×0.61m 的地面范围，即空间分辨率为 0.61m。而瞬时视场是指遥感器内单个探测元件的受光角度或观测视野，其单位为毫弧度。瞬时视场越小，最小可分辨的单元就越小，那么空间分辨率就越高，瞬时视场所覆盖的地面范围就表示一个像元。给定的一个瞬时视场范围内，在两种地物的边界处，往往包含不止一种地面覆盖类型，所反映的就是一种复合的信号响应，我们称这种像元为混合像元。线对数主要是针对摄影系统而言的，线对指一对同等大小的明暗条纹或规则间隔的明暗条对。影像最小单元常通过 1mm 间隔内包含的线对数确定，单位为线对/mm。

像元和瞬时视场可以相互转换，在垂直摄影的情况下，假设卫星平台离地面的高度为 H，瞬时视场角为 β 弧度，则一个像元对应的地面范围为 $D=H\beta$。

一般而言，空间分辨率越低，影像的概括能力越强，越适合做大范围的研究；而空间分辨率越高，识别物体细节的能力越强。但实际上每一目标在图像上的可分辨程度，除空间分辨率外，还与它的形状、大小以及它与周围物体的亮度、结构的相对差异等有关。经验证明，空间分辨率一般选择小于被探测目标最小直径的 1/2，例如对汽车的检测，一般轿车长度在 4m 左右，那么影像的空间分辨率要在 2m 以上。

2. 光谱分辨率

遥感数据的多波段特性可用光谱分辨率来描述。光谱分辨率(Spectral Resolution)指传感器所选用的波段数量的多少、各波段的波长位置、波长间隔的大小。波段数量越多，间隔越小，光谱分辨率越高。多光谱遥感、高光谱遥感、超光谱遥感之间的区别，本质上就是光谱分辨率在数量级上的不同。

分波段记录的遥感图像，可以构成一个多维的光谱向量空间，空间的维数就是采用的波段数。在这个光谱向量空间中，每个像元在各波段的图像数据(量度值)构成一个多维向量，被称为光谱特征向量。相同类型地物的像元形成一个点集群，不同类型的地物构成空间上不同的点集群，这就是遥感图像计算机分类的基础。

光谱分辨率越高，能够得到越详尽的地物波谱信息。黑白全色航片、彩色相片、多光谱影像、高光谱影像，它们的光谱分辨率依次增高。波段数量的增加，有利于提高遥感应用分析的效果；但是波段数量越多，把有效的遥感波段分得越细，间隔越小，相邻波段得到同一地物的反射值往往是类似的，这就是说存在大量冗余的信息，同时数据量也是巨大的，给数据处理带来困难。所以在实际工作中，我们需要根据任务的具体特点和必要性来选择波段数。

空间分辨率和光谱分辨率之间存在相互制约的关系，如果空间分辨率比较高，往往光谱分辨率就较低；反之亦然。原因是当空间分辨率比较高时，其瞬时视场范围比较小，光通量也比较小，如果再将光能量分散成间隔很小的波段来接收，对于技术上则有非常高的要求，是不容易做到的；反之，道理也类似。

3. 辐射分辨率

辐射分辨率(Radiant Resolution)指传感器对光谱信号强弱的敏感程度、区分能力，即探测器的灵敏度，或者探测器在接收光谱信号时，能分辨的最小辐射度差。辐射分辨率用来衡量对两个不同强度的辐射量的分辨能力，常用量化级数表示。如 Landsat MSS 辐射分辨率为 6bit，亮度取值范围为 0~63；Landsat TM 以 8bit 记录亮度范围，亮度取值范围为 0~255。显然 TM 的辐射分辨率比 MSS 的高。

4. 时间分辨率

遥感探测器按一定的时间周期重复采集数据，这种重复观测的最小时间间隔就称为时间分辨率(Temporal Resolution)。时间分辨率由卫星的轨道高度、轨道倾角、运行周期、轨道间隔、偏移系数等参数决定，还与卫星的倾斜观测能力有关。例如 SPOT 1—3 星，近似垂直扫描时，重访周期为 26 天，而倾斜观测时，可以提高到 4~5 天。根据遥感系统探测周期的长短，可以将时间分辨率划分为三种类型：①短周期时间分辨率，主要以气象卫星系列为主，以小时为单位，可以用来反映一天以内的天气变化，主要用来研究大气、突发性自然灾害、森林火灾等；②中周期时间分辨率，主要指对地观测的资源环境卫星系列，如 Landsat、SPOT、中巴地球资源卫星等，以天为单位，用来反映年内的变化，可以进行资源调查、农业长势监测、农作物估产、旱涝灾害监测等；③长周期时间分辨率，主要指较长时间间隔的各类遥感信息，反映以年为单位的变化，如海岸进退、城市扩张、资源变化等。可见多时相遥感可以提供目标变量的动态变化信息，还可以根据地物目标不同时期的不同特征来帮助提高目标识别的精度。

传感器可以装载在太空站、卫星、航天飞机、航空飞机、高塔等不同高度的遥感平台上，这些不同平台的高度、运行速度、观察范围、图像分辨率和主要应用目的等均不相同。在遥感地学应用中，我们需要从应用的具体目的、要求以及经费条件等方面综合考虑，并依据以上四个指标选择合适的遥感数据，确保遥感数据既能完成各项任务目标，也能够让数据处理的复杂度、经济成本等降到最低。表 1-1 中列举了部分常用的遥感卫星数据及其主要指标。

表 1-1　**部分常用遥感卫星参数一览表**

卫星/传感器	发射时间(年)	国家	光谱波段	空间分辨率(m) 多光谱/全色
QuickBird	2001	美国	蓝、绿、红、近红外/全色	2.44/0.61
SPOT-4	1999	法国	绿、红、近红外、中远红外/全色	20/10
SPOT-5	2001	法国	绿、红、近红外、中远红外/全色	10，20/2.5，5
SPOT-6/7	2012，2014	法国	蓝、绿、红、近红外/全色	6/1.5
Landsat 7	1999	美国	蓝、绿、红、近红外、短波红外、中红外、热红外/全色	30，60/15
Landsat 8	2013	美国	海蓝、蓝、绿、红、近红外、短波红外(2 个)、卷云、热红外(2 个)/全色	30，100/15
Sentinel-1A/B	2014/2016	欧空局	微波(C 波段)	20/5，5/5，40/20
Sentienl-2A	2015	欧空局	可见光近 & 短波红外等 13 个波段	10，20，60
MODIS	—	美国	36 个波段	250，500，1000
NOAA series	—	美国	红、近红外、中红外和两个热红外	1100
FY-1	—	中国	可见光、近红外、中远红外、热红外	1100
HJ-1A/B	2008	中国	多光谱近中红外(4 波段)、高光谱(111 波段)	30，100
GF-1	2013	中国	蓝、绿、红、近红外/全色	8/2
GF-2	2014	中国	蓝、绿、红、近红外/全色	4/1
GF-3	2016	中国	微波(C 波段)	1，3，50，500
GF-4	2015	中国	可见光、近红外、中波红外	50，400
ZY-1 02C	2011	中国	红、绿、近红外	10，2.36/5
ZY-3	2012	中国	蓝、绿、红、近红外/全色	5.8/2.1

1.2　遥感地学解译

遥感已成为各种地学应用探索地球的新方式，为地球科学研究提供了大量宏观、同步的第一手资料，而且随着航天遥感信息获取技术的快速发展，这种数据提供能力越来越强。作为地学研究的重要信息源，遥感数据在资源遥感、环境监测、灾害监测、全球变化等研究领域发挥着不可替代的作用。而作为连接遥感技术与地学实际应用的桥梁，遥感数据的地学解译也更是处于遥感地学应用最核心的地位。遥感数据中包含的地表信息具有明显的不完备性，因此，遥感地学解译中需要加入必要的地学辅助信息和知识，并在建立地表特征的遥感信息模型的基础上，采用相应的信息提取方法来实现。

1.2.1 遥感地学解译

地表是复杂的，是宏观有序、微观混乱的地理综合体。利用成像传感器获取的遥感影像，其光谱值受多种因素影响，本质上属于混合光谱。遥感成像是一个从多到少的映射，是一个确定过程。与之相反，遥感影像解译是从少到多的映射，是一个不确定过程。从信息论角度讲，是因为遥感成像过程丢失了信息，或由于加入噪声而减少了信息量，使得遥感影像所携带的信息量不足以表达人们所希望解求的诸多地理对象内在的不确定度，因而无法从数学上直接求得确定解。遥感数据仅仅是生产需求信息的一种数据源，单独的遥感数据并不能成为信息，与其他空间数据源相互综合、补充，有助于全面获取实用信息。遥感解译的过程就是加入必要的辅助信息，并在遥感数据和辅助信息的基础上采用合理有效的理论、算法实现对地表的定性描述和定量观测，最终获取到有用的科学信息。图 1-1 表明了遥感数据、辅助信息和算法与理论间的关联性，可见三者共同的交集才构成科学信息。

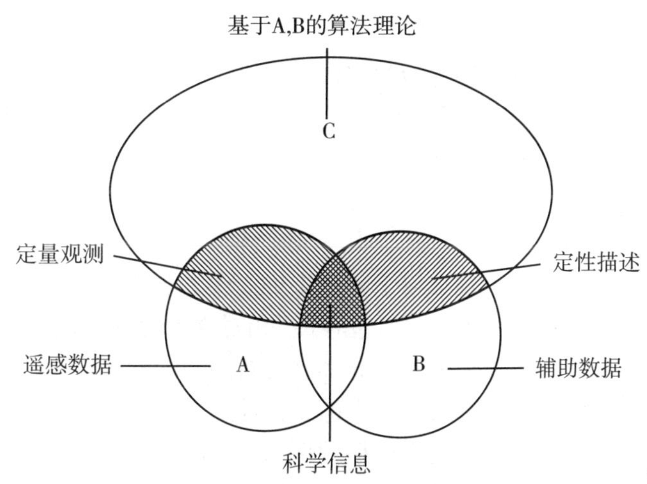

图 1-1　遥感数据与科学信息的关系

遥感地学解译是指通过遥感影像获取地学信息的过程，其中必然也包含在地学相关辅助信息支持下的地学处理。地学处理主要包括两方面内容：一是把遥感未能包括的信息补上去，即补充其他地学相关信息，具体包括地学辅助数据、专家解译知识、经验和常识、地物波谱特性、地物空间分布及空间相互关系、地物纹理特征、地物时相分布特征及发展规律等。二是对遥感影像进行充分的地学理解，即根据影像特征进行地学分析来推断出影像上未反映的信息。遥感地学分析是建立在地学规律基础上的遥感信息处理和分析模型，其结合物理手段、数学方法和地学分析等综合性应用技术和理论，通过对遥感信息的处理和分析，获得能反映地球区域分异规律和地学发展过程的有效信息的理论方法(陈述彭，1990)。简言之，遥感地学分析时需要把遥感信息、地理信息、地学知识综合集成，利用遥感数据和遥感模型来实现遥感信息的提取，其目的是提供更多的视觉信息，挖掘更深层次的隐含空间知识，降低空间数据的冗余度，提高遥感影像分类和专题特征提取的精度。此外，遥感地学解译中还需要针对不同的地学分析目的，了解不同平台、不同时间所获取的遥感信息的特点以及它们应用的可能性和局限性，同时对不同成像机理、多光谱分辨率、多空间分辨率、多时相的遥感数据，考虑采用不同的影像数据处理方法。

总之，遥感解译过程需要考虑多方面的因素，具有一定的复杂性。首先，遥感图像所显示的是某一区域地理环境的综合体，包含了地质地貌、水文、土壤、植被、社会生活等多种自然人为要素，解译中需要综合领域相关知识、地理区域知识以及遥感知识。其次，地物的波谱特性是复杂多变的，而且还存在同物异谱以及异物同谱的现象，这就进一步增加了解译过程中的不确定性。第三，地物的时空属性和地学规律是错综复杂的，各要素、各类别之间的关系是多种类型的：有的具有明显的规律性，如植被的季相节律；有的具有随机性，如火山、地震、森林火灾等自然灾害；有的具有模糊性，存在过渡渐变的关系，如气候带、自然地带。因此，为了提高解译结果的正确性和可靠性，必须补充必要的辅助知识和先验知识；除了常用的遥感影像解译方法之外，还需要发展一系列实用的遥感地学综合分析模型与方法。

1.2.2　地面特征的遥感信息模型

获取地面特征的相关信息是遥感地学解译的主要目的，而地面特征的复杂性也决定了不同地面特征的遥感信息模型间的差异性。建立地面特征的遥感信息模型，是遥感地学信息提取过程中的一个关键步骤。

1. 地面特征的复杂性

地面特征是复杂的，主要表现在以下 4 个方面。①差异性和相似性。在地理空间内，无限的差异性(可分性)和无限的相似性(包容性)相对立而存在，既不存在完全相似的现象，也不存在完全差异的现象，相似和差异都是相对的，这就是构成一切空间划分与类型划分的基础。划分的空间区域内部具有最大的相似性和最小的差异性，而区域之间应具有最大的差异性和最小的相似性。②边界的模糊性。空间区域的划分，基本上呈现过渡的和模糊的特点，界限只是对于相似性和差异性多次比较后的妥协。因此，空间界限总处于一种重叠的和不分明的位置。③景观的多样性，即斑块多样性、类型多样性和格局多样性。④时序变化性。随着时间的推移，地理斑块的光谱特征、几何特征以及内部结构等都可能发生变化。

2. 地面特征的遥感信息模型

遥感信息具有其自身的特征。在进行遥感信息提取时，需要充分理解地面特征在多种遥感影像上的表征及其反映出的规律，并建立地面特征的遥感信息模型，从而为有效提取地表信息提供基础。

1) 遥感信息特征

遥感信息是一种综合信息，为特定环境的综合反映。理论上，遥感影像中包含地面特征的光谱信息、空间信息，不同时间的遥感影像中还包含地面特征的变化信息。然而，除极少数表观形态的描述信息可以直接应用以外，绝大多数需要经过某种模型完成信息转换后才能被应用。

由于不同地面特征对可见光、红外及微波的辐射、散射能力不同，其影像的表现力差别很大。根据地面特征在遥感影像上的表现能力，可将遥感信息区分为直接信息和隐藏信息。直接信息是指可以根据影像的波谱特征以及色调、颜色、纹理、空间布局等来提取的一类信息；而隐藏信息是指还要根据其本身的内在规律及其与周围要素的关系，才能确定的一类信息，如土壤肥力的差异性，只能根据其地表植被的长势、周围环境或参考其他辅助信息予以确定。根据信息处理的复杂程度，又可将遥感信息区分为一次性信息和再加工信息。例如，土地利用信息、土壤含水量、海洋温度等，属于一次性信息；而洪涝灾情、作物产量等需要复杂的信息加工过程，属于二次再加工信息。

2) 遥感信息模型

遥感信息可以看作通过遥感方法建立起来的对地面物体的一种映射。遥感信息与地面物体之间存在数学和地学意义上的对应关系，因此，可以借助于遥感信息来客观描述地面物体或特征，这样的模型称为地面特征的遥感信息模型或遥感模型。由于地球表层景观的高度复杂性、地学现象空间分布的差异性与时域的变异性，需要针对一定地面特征在一定时空条件下建立遥感信息模型。对于所建立的模型还需要进行大量验证试验，并进一步从遥感信息机理、模型因子与构造等方面给予修改和完善，才能生成可实用模型。

国内外学者从不同的角度开展了遥感模型的研究，例如，从遥感信息流过程研究了大气模型、景观模型、传感器模型；从空间分辨率的角度，研究了连续模型和离散模型；从研究方法上区分了物理模型、经验模型和混合模型；从输出方式上，研究了图像模型和非图像模型；出于不同的地学研究应用目的，研究了作物冠层模型、水热模型等。各类模型在不同的目的和特定的环境下都不同程度地发挥了重要作用。

传统的非监督分类和监督分类是基于统计特征的对整幅图像反演的信息模型，属于图像模型，这类模型仅利用了最直接的光谱信息，在对地面特征类型的判断上具有片面性，其结果必然是造成对分类精度的影响。而后来在传统分类方法的基础上加入空间特征和知识数据，实质上也是进行初分类的后处理，并未对相应的遥感信息模型进行扩充，这样处理虽然在一定程度上分类的精度会有所改善，但还是难以满足高精度地学分析中对遥感信息提取精度的要求。显然，将地面物体的多种特征综合起来建立遥感信息模型，无疑有益于全面、准确地进行地物信息提取。

遥感信息能否满足所要解决的问题，与所要解决问题的层次相关。在地学研究中，建立遥感信息模型前，需要全面、准确地理解所要解决的问题，深刻认识各种地面特征，特别是环境独立因子的波谱特性及其在不同传感器上的表现，并通过大量具有代表性的样本分析，总结出内在规律，以充分反映地面特征的属性、空间分布及时相变化特征。在此基础上，可以遵循从简单到复杂地分析影像，从少到多地利用影像信息去解决问题的原则，根据需要建立以下三个不同层次的遥感信息模型。

第一个层次是基于光谱矢量的地面特征遥感信息模型。一些目标，如水体、植被、林火发生点等具有独特的多波段光谱特征，遥感信息与地面目标常具有一对一的对应关系。这类模型是研究的出发点，称为基类模型。

第二个层次是基于多源信息的地面特征遥感信息模型。多数地面目标并不能仅依靠单一的遥感信息模型，尤其当遇到异物同谱、同谱异物现象时，需要使用多时相的遥感信息或其他的背景辅助数据(需要GIS数据库的支持)建立相应的地面特征遥感信息模型。这种模型是在基类模型的基础上，通过派生机制，增加新元素项建立的。

第三个层次是基于地学知识的地面特征遥感信息模型。有些地面目标或现象，尤其是隐藏遥感信息的提取，需要进行复杂的处理和较深入的分析才能识别。这类地面特征的遥感信息模型不仅包含地面特征的光谱矢量特征，而且还要加入地学知识和专家知识、经验，以及对知识和经验的运行操作过程。因此这类模型的研究比较复杂，涉及区域较广泛，基本内容包括知识的发现，应用知识建立提取模型，利用遥感数据和提取模型获取遥感专题信息。

从遥感影像理解的角度建立遥感信息模型，关键是多种知识模型的建立，可以分别选用产生式、框架、语义网络、逻辑、判定表、过程和神经元网络等知识表示模型，为不同应用领域和不同方向构造各自的知识库，建立知识表达模型。值得一提的是，近年来机器学习理论与方法，特别是深度学习算法在遥感影像理解分析中的应用，使地学知识的发现产生了飞跃式的发展。

3)遥感信息模型参量

对于前两个层次的遥感信息模型而言，多涉及遥感影像中的独立地学变量。当可见光/红外辐射到达地表时，它被吸收、反射或透射；吸收是基于地物物质分子的联结状态，因此可见光/红外遥感可提供目标的化学结构方面的信息。而雷达波到达地表时，多依照地表的物理和电子特性而被反射，雷达返回波的强度受坡度、粗糙度及表面植被覆盖情况的影响，目标区的导电率与土壤的孔隙及其水分含量有关，这样雷达和可见光/红外遥感就可以相互补充，充分提供目标区的不同信息。

而第三个层次的遥感信息模型，会涉及更多、更复杂的参量。例如，随着全球环境问题的日益突出，对全球环境变化的研究也越来越广泛和深入，其中作为人类赖以生存和持续发展功能基础的陆地生态系统是最核心的研究内容，陆地生态系统建模具有非常重要的意义。通常将地球上的陆地生态系统按植被类型划分为苔原、针叶林、温带常绿林、温带落叶林、温带草原、温带荒漠、热带雨林、热带季雨林、热带稀树草原和热带荒漠十大地带性类型，且这种地带性的植被格局主要是由地球表面的水热条件差异决定的。可见，植被类型、主导植被类型地表分布格局的水(土壤水分)热(温度)条件都是陆地生态系统建模的重要参量。实际上，这是两种不同类型的参量，植被类型属于无序的类别型变量，地表的水分含量、温度则属于连续取值的数值型变量。这两种类型的参量需要利用不同的遥感信息提取方法来获得。

1.2.3 遥感地学信息提取方法

通过遥感地学解译一般可获取两种类型的地表参量信息：一类为地物类型参量，可用于对地物的多样性进行定性表达，如土地覆盖类型、农作物种类等；另一种是连续的数值型参量，用于定量地反映地表特性的空间变异特征，如温度、高程等。遥感信息提取一般可概括为影像分类和物理参量反演两种模式，这是针对在遥感影像获取瞬间的地表信息而言的，而对于反映地表时序变化特征的信息还需要通过遥感变化检测的方法来提取。

1. 遥感影像分类

遥感数据所反映的是成像区域内地物的电磁波辐射能，有明确的物理意义；而地物发射和反射电磁波能量的能力又直接与地物本身的属性和状态有关，因此，遥感图像数据值的大小及其变化主要是由地物的类型及其变化引起的。地物的类型，如植被类型、土地利用/覆盖类型等都是类别型变量。基于地表特征的差异性，可以通过目视解译方法、计算机图像处理、计算机分类方法来获得地表特征的这一类变量信息。

2. 物理参量反演

研究遥感影像各波段的物理意义，从接收的电磁波或光波的信息定量地反推出地物的特性，可提取多种地表数值型物理参量，此即反演问题，也称为定量遥感分析。例如，利用热红外影像测量的辐射值，推算目标的表面温度、湿度；利用可见近红外波段影像的亮度值，推算目标的相对反射率；等等。要进行地表物理参量的遥感定量反演，建立适当的定量遥感模型以反映电磁波与地表特征间的相互作用关系是最关键的任务。此外，还要涉及反演策略与方法、尺度转换、真实性检验等方面的问题。

3. 遥感变化检测

遥感变化检测就是利用多时相的遥感数据，采用多种图像处理和模式识别方法提取变化信息，并定量分析和确定地表变化的特征与过程，如土地覆盖变化、海岸带变化、城市发展、环境变化、植被变化等。从本质上讲，变化检测属于模式分类问题，即将通过某种方式获得的差异图像分为变化和未变化两大类。进行模式分类时首先要对待识别样本进行特征提取，然后再根据特征进行分类。如果只提取了一种特征来进行分类，就需要确定阈值，而利用多种特征进行分类则需要采用综合评判的理论。

1.3 遥感影像目视解译

目视解译，又称目视判读、目视判译，是指通过直接或借助辅助仪器对遥感影像进行观察，并依靠解译者的专业知识和经验，经过大脑综合分析、推理和判断，提取地物信息的遥感图像解译方法。目视解译方法是遥感影像解译的最常用方法，出现最早，因其解译结果比较可靠，至今仍在诸多遥感应用领域中发挥着重要作用。相较于使用计算机算法进行地物识别的方法，目视解译方法的效率、自动化程度以及解译结果的数字化程度都很低，不利于实现海量空间信息的采集和数据库管理，也难以进行遥感信息的定量化分析。计算机数字图像显示和处理技术、GIS 平台等为目视解译时的影像观察、解译结果的实时数字化编辑和存储等工作带来了很大便利，目前实际应用中目视解译多采用人机交互的方式进行。解译标志是目视判读时确定地物类型的主要依据，遥感地学解译中常用的解译标志包括直接和间接两种类型。可根据解译目标在遥感影像上表现出的空间、光谱特征建立直接解译标志，而间接解译标志则需要依据与目标相关的地学知识和规律来建立。具体的遥感影像目视解译任务中，建立解译标志时还需要充分考虑解译标志的地域性和可变性特点，并且判读时需按照一定的判读分析方法和工作流程步骤来进行。

1.3.1 解译标志及其特性

在遥感影像采集时，由于本质上不同地物具有不同的电磁波谱特性，所以各种地物的各种特征都会以各自的形式(或称样子、模式)在遥感影像上表现出来。反过来，在遥感影像解译时，各种地物在影像上的特有表现形式就自然成为目视分析、地物类型判断的主要依据，因而被称为解译标志，或判读标志。

遥感影像中包含地物光谱、空间、时间三个维度的信息。地物光谱信息表现为单波段影像上的色调(或亮度)和由多波段影像可以构建的地物波谱响应曲线，后者在有三个波段的时候可以通过颜色来显示。地物空间信息的具体表现则有位置、形状、大小、阴影、纹理、图案等。地物时间信息主要反映地物的变化，通过多个时相的遥感影像所反映的光谱特征和空间特征的变化才能间接表现出来。因此，上述三个方面的特征就构成了建立目视解译标志的基本要素。针对不同类型的识别目标，可根据其景物特征在影像上的具体表现，结合成像时间、季节、图像的种类、比例尺、地理区域和研究对象等，整理出各自在图像上所特有的表现形式，建立其解译标志。

解译标志包括直接解译标志和间接解译标志两种类型。直接解译标志指影像上直接反映目标空间属性和物理属性的相关特征，上述解译标志基本要素中除时间特征外都可以构成直接解译标志。间接解译标志反映的是与目标地物间的内在联系，这种内在联系往往与相关的地学规律有关，可用于判读过程中地物类型的间接分析判定，其具体表现为与目标地物有内在联系的一些地物或现象在影像上所反映出的特征。

遥感地学解译中，直接解译标志是最直接和有效的影像识别依据和空间定位判据。如地貌单元、河流及湖泊、海岸线及近海潮汐带资源、土地资源、城市环境、生态环境及地质灾害体、林业资源等，被调查对象的图像目标多具有直接图像标志，可指示其空间位置、形态、大小、结构样式、地物属性等目标的本征属性信息。

遥感地学解译的任务是确定目标的属性、空间关系、变化幅度及活动性程度等专业性问题。但遥感影像对地学目标的信息表征具有属性不完备性、空间位置及空间关系的不确定性，要准确判定这些问题，仅使用直接判读标志是难以实现的，这就需要运用更多的图像相关信息进行综合推理和空间分析，即运用更多的相互关联的间接信息来推断目标的地学属性及其空间关系。例如在地质解译中，运用最多的就是间接解译标志。因为地质体在地表的直接裸露机会很少，绝大多数山地地貌单元的地表覆盖层发育，岩石露头极为少见；在对掩埋于植被、土壤之下的岩石类型、地层单元进行地质解译时，不能利用岩石光谱信息、岩石露头的空间结构信息等图像直接解译标志，而只能依据地质理论及地质体上覆层的成因关系，进行逻辑上的关联分析和空间推理式的相关解译。

遥感地学解译具体应用中，建立解译标志时还需要注意以下两点。

一是解译标志的地域性特点。就同一类地质体而言，在不同的地区或地理单元中可能具有截然不同的影像特征，有些地质解译标志只适用于某种自然地理条件或某一个地区。例如灰岩，在长江以南地区多形成岩溶地貌，而在北方地区却形成连绵山峦。因此，在实际解译中，一般要求在每一个工作区都建立详细的解译标志，力求标志准确并符合工作区的地表实际情况。

二是解译标志的可变性特点。例如在地质解译中，同一种地质体，即使是在同一个地区，当其出露面积、厚度、所处构造部位、岩层产状以及覆盖程度不同时，也能表现出色调、水系或地貌形态标志的差异性。实际上，很多因素都会导致地质体解译标志的变化，具体包括：①地学目标的物质成分、结构构造、出露面积、岩层产状。成分的不同会造成色调、地貌形态及水系密度的变化，结构构造、出露面积大小对水系类型、水系密度和沟谷形态都有影响。②地质体所处构造部位不同，地质体的产状、出露面积和裂隙发育程度就会有所差别，因此就会表现出不同的水系类型和地貌形态标志。③基岩上覆较厚的松散沉积物时，会使下伏岩石的图像特征不能表现出来，给地质解译造成很大困难。此时，色调标志失去意义，地貌特征则成为重要的分析因素。④大面积的植被覆盖使地表的岩石、构造行迹不易识别，甚至水系及微地貌特征也难以反映。此时，只能根据植被的种类及空间分布的规律分析其控制因素，从中提取有关的地质信息。⑤图像的种类及比例尺不同，其解译标志也不尽相同，各种图像上不同地质体都有其最有效的解译标志。不同比例尺的图像所反映的地质体细节有明显的差异，因而解译的侧重点也不相同。

由此，解译标志是与具体的地学解译目的、解译地区、影像获取时段、影像种类等因素密切相关的，因而建立时必须具有明确的针对性，需要通过典型样片对典型标志进行详细的实地对照、观察与描述。

1.3.2 地学解译标志

遥感地学解译中，常用到的直接解译标志有色调与颜色、几何形态、阴影、纹理等；间接解译标志有水系、地貌、植被、土壤、人类活动痕迹、时间特征等。

1. 色调与颜色标志

色调也就是单波段图像上物体相对的亮度，或者彩色影像上的颜色。色调是区分物体最重要的特征，如果没有色调的差异，那么物体的形状、图案、纹理等均无法识别。色调一般可依深浅变化的程度分为 10~15 个等级，采用浅、中等、深色调三大类进行描述。例如，大理岩、石英岩、中酸性岩浆岩的色调较浅；石灰岩、白云岩、砂岩、中基性岩浆岩为中等色调；煤层、基性和超基性岩浆岩、含水性很高或富含有机质的土壤层色调较深。色调反差指不同地理目标之间在图像上的灰度差异程度。应用色调反差标志，可进行地学目标的边界识别和空间定位。例如，热红外影像上地物色调的深浅与地物的温度强相关，影像反映了采集时刻区域内不同地物温度间的相对关系。就河流而言，若观察正午的热红外影像，就会发现水体呈冷色调，被风沙淹没的河床呈暖色调；在夜间的热红外影像上，水体则显示为暖色调，被风沙淹没的河床为冷色调。

颜色是多光谱图像中地学目标识别的基本标志。根据彩色合成的原理，需要利用至少三个分量(RGB)才能得到彩色影像。例如，分别将多光谱影像中的红、绿、蓝三个波段的值赋给 R、G、B 三个分量，就可以得到真彩色影像；而若依次赋给 R、G、B 三个分量的值并不是实际的多光谱影像中的红、绿、蓝三个波段，那么得到的就是假彩色影像。同一地物目标的颜色在真彩色影像、假彩色影像上可以有很大不同，因此在利用颜色特征标志，特别是假彩色图像上的颜色标志时，一定要理解颜色与地物光谱特性之间的关系。例如，在 TM、ETM+影像的波段 4(R)、3(G)、2(B)合成的标准假彩色影像上，植被一般呈红色，红色则成为区分植被与非植被的重要解译标志。建立这种解译标志的基础就在于对植被光谱特性的理解，即在 TM 4 的近红外波段植被具有比较高的反射率，那么相应的植被像元的 DN 值也比较大；而 TM 3 是红色波段，植被在该波谱位置处于反射率的吸收谷，植被像元的 DN 值比较小；TM 2 为绿色波段，植被在该波谱位置为一个反射率的较小峰值，DN 值也较小。分别把 TM 4、3、2 三个波段的值赋给 R、G、B 三个分量，植被像元的位置上就会因为其 R 分量值远大于 G、B 分量的值，从而显示为红色。必要的话，根据彩色变换原理，还可以把颜色由 RGB 模式转换为 HIS 模式，即明度、色别和饱和度模式来辅助分析。

2. 几何形态标志

几何形态标志由图像上地物目标的形状、大小和位置基本要素以及纹理、图案等具有一定综合性的标志所构成。一般地学目标，如河流、湖泊、山川、丘陵、平原、沉积岩、侵入体、火山口等都有其自身特定的外部形态结构、空间结构和位置关系。解译中几何形态是重要的判读依据。

形状指物体的一般形态、构造或者轮廓；大小是对目标形状的度量值，是最重要的量化特征之一；位置是指目标的空间位置及其空间相邻关系。经过地理配准后的遥感影像具有空间可量测性，除可以直接读取目标的地理坐标外，还可以在分辨率较高的影像上测量目标的地理环境位置，如距河流边界的距离、距高速公路的距离等。在利用形状、大小和位置这些特征时，要注意与影像的空间分辨率相联系。尽管地理目标的实际大小是一个确定值，但在遥感影像上，由于受图像空间分辨率、目标与背景的色调反差、目标位置的空间环境等因素影响，对目标大小的度量精度或判断往往存在一定的差异性。

图像纹理是一种结构性集合体，它是地表目标色调特征的空间聚合图案或影纹图案。纹理图案是指在一定的范围内，地物的图像所显示出来的花纹特征；影纹图案是色调、水系、山体等多种因素的综合反映。常见的图像纹理类型或影纹图案有：条带状、网格状、环带状、垄状、链状、新月状、斑点状、斑块状等。纹理是很重要的地学解译标志。例如在林业遥感中，图像纹理是识别植冠组合类型的解译标志，据此也可以判别植被覆盖类型；在地理遥感中，基于图像纹理可以建立土地利用类型和作物类型的识别标志；在地质遥感中，图像纹理可以用来建立岩石解译标志或特殊地质单元的识别标志等。

3. 阴影标志

阴影是太阳入射被地物遮挡而形成的地物的影子。地物阴影有本影和落影两种，在地学解译中都具有重要的地学识别意义。本影是物体未被阳光照射到的阴暗部分。利用山体的本影可以识别山脊、山谷、冲沟等地貌形态特征；也可使人观察影像时产生立体感，如按照人的视觉习惯，在观察图像时，将阴面朝向自己即可得到二维图像的正立体效应，反之，为反立体效应。落影是图像中影子的覆盖区，它的空间位置不代表造成落影本身的物体，仅可以反映造成落影目标的形态特征。

阴影对解译的作用具有两面性：一方面，会影响对地物的解译，阴影区物体反射的光线很弱，因此在图像上很难辨别；另一方面，阴影的形状和轮廓可提供物体的侧视图，从而又有助于对地物的解译，例如多数树种或者人工物体等的阴影都是判读时的重要依据。

4. 水系标志

水系是由多级水道组合而成的地表水文网，常构成各种图形特征。在遥感图像上，一个地区的水系特征是由该地区的岩性、构造和地貌形态所决定的，所以对于地学解译的意义重大。水系标志一般有水系类型、水系密度等。如图 1-2 所示，水系类型有树枝状水系、格子状水系、放射状与向心状水系、环状水系等；在特定的地形、环境或构造条件下，还常形成一些特殊的水系类型，如星点状水系、平行状水系、扇状水系等。水系密度是指在一定范围内各级水道发育的数量，通过对水系密度的分析，可以推断相应地区的岩性和地貌特征。

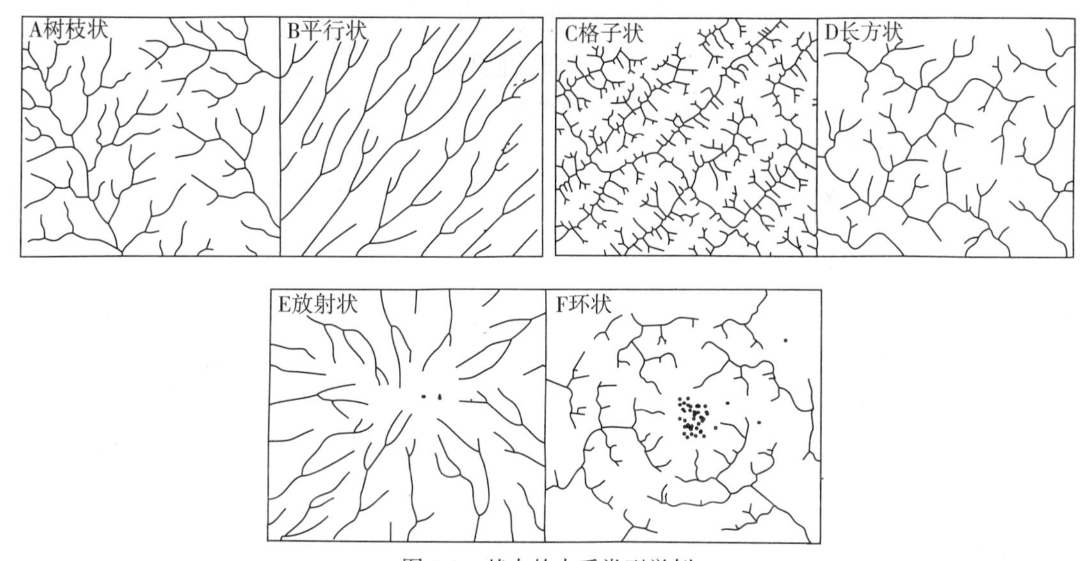

图 1-2　基本的水系类型举例

5. 地貌形态标志

地貌形态是内力作用、外力作用、构造、岩性、气候等多种因素对地壳综合作用的结果。其中，内力作用决定地貌格局，外力作用则对地貌格局进行形态刻画。岩石类型及其组合、断裂构造则进一步在地貌的空间结构、地貌形态走向及地形表现上对地貌形态类型进行控制和制约。具体地，地貌形态标志包括：山地地貌形态标志、山体组合标志、山体形态标志、微地貌标志、河谷地貌标志、地貌类型标志等。

由于地貌形态受多种因素的制约，反过来，也可以在遥感影像上由地貌形态判读这些因素的相关信息。例如，通过河谷形态、河流阶地、河流袭夺等地貌特点可研究区域地貌演化进程，进而研究区域新构造运动特征及其构造演化史，因此，地貌形态是区域地质地理过程遥感解译的重要解译标志；再如，由于地貌形态受岩石类型和地质构造控制，在外力作用下，尽管原始地貌形态遭受改造和破坏，但是其地貌格局总是与岩石及构造类型具有内在的关联性，因此地貌形态也是地质遥感的解译标志。

6. 植被标志和土壤标志

植被是地表圈层中极为重要的生态层。任何植被类型都具有其特有的光谱组合图像标志，遥感影像上的植被标志非常明显，很容易断定某一地理单元是否存在植被覆盖层及其生长发育的程度。植被标志与地学内容具有高相关性，植被类型、植被覆盖程度、植被组合类型及其组合形态、植被在空间上的覆盖密度差异及其展布方向都与其下垫面的岩石类型、断裂构造、土壤类型、土地类型和气候类型具有成因上的联系，因此，植被标志是地学解译的基本标志之一。

土壤是岩石风化后残留在原地的松散残积层。在自然界，地表土壤层与其上发育的植被层在时空上高度相关。因此，在遥感图像上土壤标志与植被标志既具有独立性，也具有关联性。换言之，岩石类型—风化壳类型—土壤类型—植被类型四者之间有着密切的成生联系及依赖关系。但是土壤层在地表完全裸露的情况并不多，尤其是在夏季。因此，建立有效的土壤解译标志是一项较为复杂的探索性研究工作。主要的土壤解译标志有土壤光谱、土壤结构、土壤含水性等特征。

7. 人类工程活动标志

人类工程活动遗留下的痕迹，可以作为地质学、人文地理学、考古学、城市学与环境科学的图像解译标志，实际上，不同专业可以依据其专业理论和知识系统对图像中的人类活动遗迹及工程活动遗迹进行全面的解译和分析，以获取所需的科学数据。如古代采矿遗址、冶炼遗迹，探矿工程、灰窑、煤窑、采石场等，这些标志其实都是地质体某一个侧面或某一种性质的反映，虽不能反映地质体的全貌，但在解译时，可与其他标志一起进行综合分析、互相补充印证。

8. 时间特征标志

时间特征是指地物目标的光谱特性、空间特性随时间的变化。在遥感解译时，一是需要通过不同时相遥感影像的比较分析来发现遥感影像上的地物随时间变化的特征；二是必须掌握被研究对象的特性随时间和空间的地学变化规律，以便准确利用合适的遥感影像来获取地物信息。例如进行冬小麦的识别时，因为在常见的农作物当中只有冬小麦在 3 月是返青的，所以可以利用 2 月和 3 月的标准假彩色影像对比来识别冬小麦。冬小麦最明显的特征就是在 3 月的影像上显示出红色，再利用纹理、位置等辅助信息，就可将其识别出来。事实上，遥感地学解译中的难点之一便是掌握被研究对象光谱特性的时空变化规律，这也使得遥感地学解译工作的地学专业性更明显。

1.3.3 目视解译方法和步骤

目视解译的方法包括直接解译法、对比分析法、信息复合法、综合分析法和地理相关分析法等。直接解译法是直接使用色调或颜色、大小、形状、阴影、纹理、图案等标志，确定目标地物的属性与范围。对比分析法是通过对影像或地物之间的相互比较来准确识别目标，对比的内容主要包括多波段的对比、同类地物的对比、空间的对比和时相动态的对比。信息复合法是在把遥感影像与专题地图、地形图等辅助信息源通过地理配准等处理进行复合的基础上，根据专题地图或地形图提供的信息，从而更准确地识别图像上的目标地物。综合分析法是指将多个解译标志结合起来，或借助各种地物或现象之间的内在联系，通过综合分析和逻辑推理，间接判断目标地物或现象的存在或属性。地理相关分析法也称立地分析法，指根据地理环境中各种地理要素之间的相互依存、相互制约的关系，借助专业知识进行遥感地学综合分析，推断某种地理要素的性质、类型、状况与分布。

遥感影像的目视解译遵从“从已知到未知，先整体后局部，从宏观到微观，先易后难”的原则，解译过程一般包括以下五个主要步骤。

(1)准备工作。主要任务是进行相关资料的收集以及相关知识的学习，收集的资料除遥感影像外，通常还需要工作区的地形图和相关的自然地理、经济状况以及相关报告、必要的参考文献等资料。

(2)初步解译与判读区野外调查。主要任务是经过资料分析和野外实地考察确定分类系统、建立解译标志，为下一步的室内详细解译作准备。

(3)室内详细解译。在分类系统的指导下，依据各类型的解译标志对遥感影像进行仔细分析、判断，并根据所设计的图例把解译结果转绘成专题图略图。

(4)野外验证和补判。根据详细解译结果，确定野外调查路线和调查样本，进行野外调查，目的是验证判读标志，并应用地学分析方法解决图像与地物间的机理关系，从而修正室内详细判读中的错判或漏判，使得解译结果更客观、可靠。

(5)解译成果的转绘与成图。根据预判结果和野外调查资料，对全部工作区进行重新解译整理，然后清绘成图，并在此基础上根据需要进行面积及其他数字统计特征的量算和分析。

1.4 遥感影像计算机分类

遥感影像计算机分类是利用模式识别的相关算法，将特征相似的影像单元自动地归为相同的专题类别。计算机分类的方法很多，下面详述几种分类方法。

根据分类过程中的人工参与程度，可分为监督分类和非监督分类。传统的监督与非监督分类法，主要利用像元光谱特征的相似性进行归类，这一直是中低分辨率多光谱影像自动分类的主要方法；然而对空间特征的利用程度低，分类结果存在严重的“椒盐”效应，分类精度也低，这些是其明显缺陷。

根据分类的影像单元，可以分为基于像元的分类和面向对象的分类。面向对象的分类比基于像元的分类方法可以更好地综合利用对象的光谱特征和空间特征来进行分析，可大大提高分类精度，是高分辨率遥感影像常用的分类方法。

根据分类中的确定性，可以分为硬分类与模糊分类。硬分类中，假设影像单元与类型之间是一对一的关系，因此每个影像单元只能被归入一个类型中。但对于遥感影像上的混合像元而言，显然并不满足这样的前提条件，将其归为单一的类别，必然会引起分类中的很多误差。模糊分类是根据其混合类型的百分比将一个单元归入几个类型的方法，有利于对地学现象之间边界模糊性作客观表达。

此外，随着计算机视觉、数据挖掘、机器学习等理论和技术的飞速发展及其在遥感影像解译领域中的应用，不断地涌现出一些新的计算机分类方法，如决策树分类法、人工神经网络分类法等。决策树分类法是基于空间数据挖掘和知识发现的监督分类方法，它采用分层分类规则，可以方便地利用多种特征进行影像分类。该方法的好处之一是可以产生人能直接理解的规则；而在遥感地学处理中，就需要利用解译者的地学知识、经验等来参与构建分类规则，因此在遥感地学分析过程中必要的地学处理方面，决策树分类法无疑具有很大优势。人工神经网络模型具有综合分析能力，能够很好地拟合一个非线性过程，且应用灵活，它独特的结构和处理信息的方法，能解决一些传统计算机极难求解的问题。目前关于遥感影像智能解译的应用研究很多，遥感影像解译的智能化、实时化也是研究的热点问题。实现遥感影像智能化解译的一个瓶颈是用于机器学习的样本数量和类型有限，这在一定程度上影响了大范围地物信息遥感智能化提取的能力。

上述各种计算机分类方法各有优劣，其适用性也存在差异。在实际的遥感地学分类中，并不存在单一“正确”的分类形式。选择哪种分类方法取决于应用的目的和要求、遥感影像的特征、能利用的计算机软硬件环境等，也可以在工程实践中将不同方法结合使用。下面仅介绍常用的遥感影像计算机分类方法。

1.4.1 监督分类与非监督分类

同类地物具有的相似性和不同类地物之间存在的差异性是分类的基础，在遥感影像上这种相似性和差异性会通过地物的光谱特征和空间特征表现出来。计算机分类时需要利用可量测的特征构建特征空间，并根据分类单元在特征空间中的统计分布规律来进行分类。根据分类器是否需要先验信息，可以将之分为监督分类和非监督分类。经典的监督与非监督分类仅利用光谱特征(像元的光谱亮度值)进行分类，在光谱特征空间中，影像像元被映射为光谱特征向量，可表示为 $\boldsymbol{X}=(x_1 \quad x_2 \quad x_3 \quad \cdots \quad x_n)^{\mathrm{T}}$，其中 n 为遥感影像波段数量，x_i 为像元在第 i 个波段的亮度值。一般来说，同类地物对应的像元呈聚集特点，不同类地物对应的像元之间又具有一定的分离性，从而可以把聚集的像元归为一类，并借助数学曲线、曲面或超曲面作为类别与类别之间的分界线。针对多光谱影像，人们已经提出了许多分类方法，为便于理解，下面以可视化表达效果较好的二维光谱特征分类为例，对几种经典分类方法的原理进行简单说明。

1. 监督分类

监督分类需要利用样本获得各类别的先验知识，然后根据判别函数计算待分类像元与各类别样本像元之间的相似性程度，最后利用相应的判别规则确定其所属类别。

1)最小距离分类

最小距离分类器 MDC(Minimum Distance Classification)是一种简单的分类策略。首先，根据各个类别的训练样本确定每个类别每个波段的平均光谱响应值，这些值组成了每个类别的均值向量；其次，计算待分类像元的向量值与每个类别均值向量之间的距离，并确定距离最小者对应的类别为未知像元的所属类别。如图 1-3 所示，类别 A 的均值向量为 (A_1, A_2)，类别 B 的均值向量为 (B_1, B_2)，显然像元 C 应归类于类别 A。

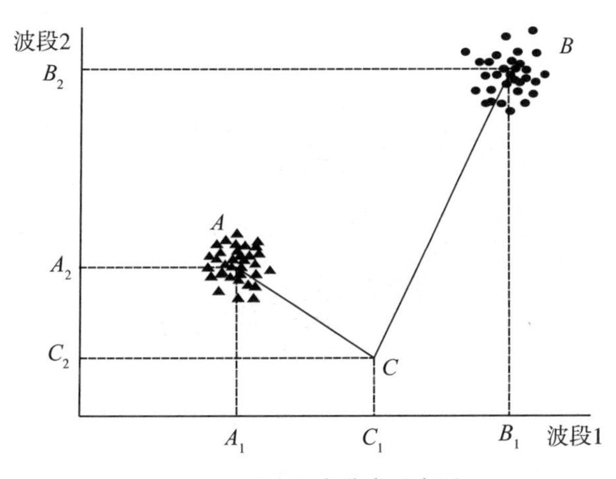

图 1-3 最小距离分类示意图

这里距离的计算常采用马氏距离或欧氏距离。采用最小距离均值策略在数学上简单，计算效率高，但它只考虑样本光谱响应数据的均值信息，对方差并不敏感，因此具有一定的局限性，一般仅适用于快速预分类阶段的处理。

2)最大似然分类

最大似然分类器 MLC(Maximum Likelihood Classification)的基本思想是：通常情况下可以假设各类别的光谱响应模式在光谱特征空间中是服从正态分布的，那么在此假设下，类别响应模式的概率分布就可以用其样本的均值向量和协方差矩阵来描述；若通过样本确定各类别对应的这些参数后，就可以计算待分类像元属于特定类别的统计概率；最后统计概率最大的类别即为像元的所属类别。

若在二维特征平面上加上垂直轴以表示某个像素属于某个类的概率大小，即类概率密度函数值的大小，就可以绘制类概率密度函数值分布的三维图形，从而可直观地看到特征空间中各类别的分布规律。如图 1-4 中显示的即为由 TM 影像的 Band 3 和 Band 4 构成的二维特征空间中水体、林地等类型对应的类概率密度函数值的分布情况，对应于各类的钟形表面由类条件概率密度函数产生。

类别 w_i 的类条件概率密度函数 $P\left(\frac{x}{w_i}\right)$ 表示该类别的特征向量在值域范围内每个向量出现的概率，可通过类别 w_i 的样本统计来计算，计算式为

$$P\left(\frac{x}{w_i}\right)=\frac{1}{(2\pi)^{\frac{n}{2}}\left|\sum_i\right|^{\frac{1}{2}}}\exp\left[-\frac{1}{2}(\boldsymbol{x}-\boldsymbol{\mu}_i)^{\mathrm{T}}\sum_i(\boldsymbol{x}-\boldsymbol{\mu}_i)^{-1}\right] \tag{1.1}$$

式中，$\boldsymbol{x}$ 为待分类的光谱特征向量；$\boldsymbol{\mu}_i$ 为第 i 类样本的均值向量；$\sum_i$ 为第 i 类的样本方差。

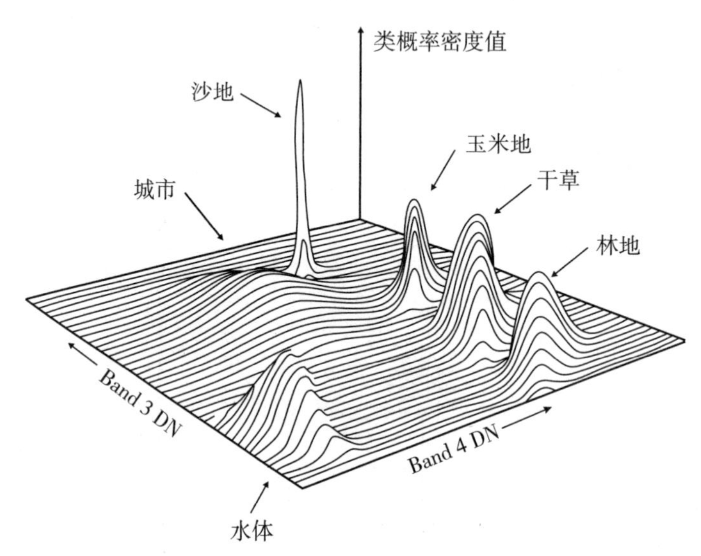

图 1-4　二维特征空间中地物的类概率密度函数

最大似然分类时，还需考虑在具体的研究区域内各类别出现的概率并不相同这一问题，所以还需要计算像素 x 属于 w_i 的后验概率 $P\left(\frac{w_i}{x}\right)$。假设 w_i 类出现的先验概率为 $P(w_i)$，一般可以通过对训练样本的数量统计获得此量。根据贝叶斯公式，则有

$$P\left(\frac{w_i}{x}\right)=\frac{P(w_i)P\left(\frac{x}{w_i}\right)}{\sum P(w_i)P\left(\frac{x}{w_i}\right)} \tag{1.2}$$

最后，x 属于哪一类的后验概率 $P\left(\frac{w_i}{x}\right)$ 最大，则把 x 归为哪个类别。

因此，最大似然法是建立在贝叶斯准则基础上的分类，虽然分类的结果仍存在错分概率，但可以证明这种判决会使得错分概率最小。

2. 非监督分类

非监督分类也称聚类，是指人们事先对分类过程不施加任何的先验知识，而仅凭数据之间的内在联系，即遥感影像上地物的光谱特征的分布规律，进行自然聚类，并使得同类别样本之间的相似度高，不同类别之间的样本相似度低。非监督分类的结果只是区分了不同类别，但并不能确定类别的属性，其类别的属性还需在分类算法结束后通过目视判读或

实地调查来确定。

1) K-均值聚类

K-均值聚类是最著名的非监督聚类算法。其基本思想是通过迭代方式寻找 K 个“簇”或“类”的一种特征空间划分方法，迭代结束时要使聚类结果对应的代价函数最小。算法步骤如下：

(1)首先确定一个 K 值，即希望将数据集经过聚类得到的类别数。

(2)从数据集中随机选择 K 个数据点作为初始聚类中心。

(3)定义代价函数，例如，可以定义为各个样本距离所属类中心的误差平方和

$$J(c, \mu) = \sum_{i=1}^{M} \| x_i - \mu_{c_i} \| \tag{1.3}$$

式中，x_i 代表第 i 个样本；c_i 是 x_i 的所属类；μ_{c_i} 代表类中心；M 是样本总数。

(4)重复下面的迭代过程，直到达到收敛的条件：

①依次对数据集中的点，计算其与每一个聚类中心的距离(如欧氏距离)，离哪个聚类中心距离最近，就划分到该聚类中心所属的类别；

②根据当前集合的样本点，重新计算每个类别的均值向量作为新的 K 个聚类中心。

(5)满足收敛条件时，算法结束。算法终止的条件一般有：没有(或小于预定阈值数量的)对象被重新分配给不同的类，或者没有(或小于预定阈值数量的)聚类中心再发生变化，或者代价函数值达到局部最小。

由于 K-均值聚类算法简洁，计算效率高，所以在遥感影像分类中被广泛使用。当不同类的数据集满足紧致集时，它的效果较好。但是 K 值需要预先给定，很多情况下 K 值的估计存在困难，算法可能因初始选取的聚类中心不同而得到的聚类结果完全不同，对结果影响很大。

2) ISODATA 聚类

K-均值聚类算法中 K 值一旦设定，计算过程中不会改变，这在类别数不能预先确定的情况下非常不方便。ISODATA 在 K-均值聚类算法的基础上，增加对聚类结果的合并和分裂两个操作：当聚类结果某一类中样本数太少，或两个类间的距离太近，或样本类别远大于设定类别数时，进行合并；当聚类结果某一类中样本数太多，或某个类内方差太大，或样本类别远小于设定类别数时，进行分裂。

ISODATA 算法基本步骤如下：

(1)选择某些初始值，可选不同的参数指标，也可在迭代过程中人为修改，以将 N 个模式样本按指标分配到各个聚类中心。

(2)计算各类中诸样本的距离指标函数。

(3)按给定的要求，将前一次获得的聚类集进行分裂和合并处理，从而获得新的聚类中心。

(4)重新进行迭代运算，计算各项指标，判断聚类结果是否符合要求。经过多次迭代后，若结果收敛，则运算结束。

通过自动调整类别个数和聚类中心，使聚类结果能更吻合客观、真实的情况。但是，ISODATA 算法需要设置的参数比较多，不同的参数之间相互影响，而且参数的值和聚类的样本集合也有关系。若要得到精度较高的聚类结果，需要有合适的初始设置值。合适的

初始设置值一般可以通过多次设置不同的值来进行实验结果比较的方法确定。

1.4.2　决策树分类

在遥感影像分类中，由于地物类型的多样性及其不同类型之间关系的复杂性，往往很难用一种算法或分类器来统一解决分类问题。决策树(Decision Tree)是一种多级分类器，属于无参数分类方法，其宗旨不是企图用一种算法、一个决策规则把多个类别一次分开，而是采用分级形式，将复杂的分类问题转化为简单的分类问题而逐步解决分类。目前决策树分类方法成功地应用于很多领域，诸如遥感影像分类、雷达信号的分类、特征识别、医学诊断等。

1. 决策树分类方法

顾名思义，决策树是由一个个"决策"组成的"树"。若一个问题有多个备选答案，那么选择答案的过程就是"决策"，而决策树代表决策集的树形结构。决策树由决策节点、分枝和叶子组成。决策树最上面的节点为根节点，每个分枝是一个新的决策节点，或者是树的叶子。每个决策节点代表一个问题或决策，通常对应于待分类对象的属性。每一个叶子节点代表一种可能的分类结果。沿决策树从上到下遍历的过程中，在每个节点都会遇到一个测试，对每个节点上问题的不同测试输出导致不同的分枝，最后会到达一个叶子节点，这个过程就是利用决策树分类的过程。

遥感影像应用决策树分类时，根节点表示待分类的影像单元(像素或影像对象)，非叶节点表示"分类的依据"，即根据某种特征区分可能的类，往往可以表达为一个 if-then 规则的形式；叶节点表示分类的最终结果。决策树分类的好处之一就是可以定义符合人的认知过程且易于理解的分类规则，这为遥感地学解译中将专家的地学知识和经验融入遥感影像分类过程提供了很大便利。例如，图 1-5 中的土地覆盖/利用分类问题，若利用影像、DEM 仅能区分缓坡和陡坡的植被信息，即土地覆盖信息；如果再添加其他数据，如区域图、道路图、土地利用图等，就能进一步划分出哪些是自然生长的植被，哪些是公园植被，即获得土地利用信息。

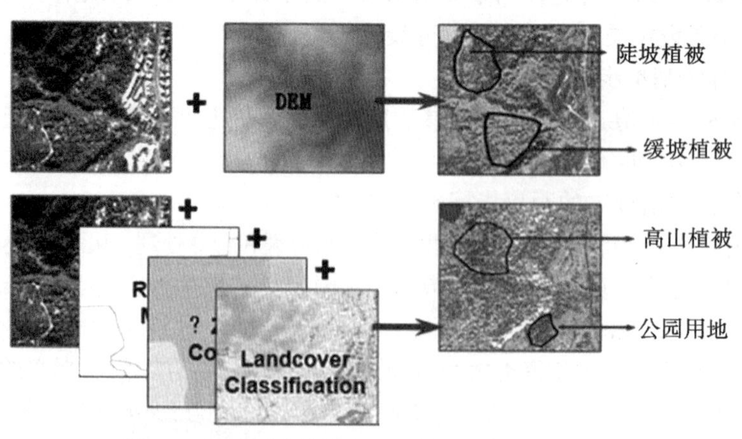

图 1-5　土地覆盖分类与土地利用分类问题示意图

基于知识的决策树分类是基于多源数据(包括遥感影像数据及其他空间数据)，通过专家经验总结、简单的数学统计和归纳方法等获得分类规则，并进行遥感分类。分类过程大体上可分为四个步骤：

(1)知识规则定义。规则的定义指对地学知识用数学语言进行表达的过程。

(2)规则输入。将分类规则录入分类器中，不同的软件平台有着不同规则录入界面。

(3)决策树运行。运行分类器或者算法程序。

(4)分类后处理。后处理步骤与监督/非监督分类的分类后处理类似。

在决策树分类中，获取分类规则以构建决策树尤为重要。具体的分类规则获取途径比较灵活，包括从专家的知识和经验中获得，通过分类样本统计计算并绘制叠合光谱图来进行最佳分类波段(特征)筛选的方法，从分类样本中利用数据挖掘算法来获取等。

2. 决策树生成算法

决策树生成算法有经典的ID3算法、C4.5算法、CART算法等，从性能上讲，三种算法中后面的算法对前面的算法有所改进。决策树生成后，可以用来对分类未知的样本进行预测，根据预测的情况还需要进一步改善决策树的泛化性能，具体办法就是对决策树进行“剪枝”。

1)ID3算法

从信息论的角度来讲，对随机变量进行归类，其中的不确定度可以用“熵”来度量。熵越大，信息的不确定度越大，信息越“混乱”，越不符合决策树分类的需求，因此选择分类依据和分类结果的目标就是尽可能地减小熵。而为了达到减小熵的目的，分类中则应该优先选择分类能力最强的特征，即使得信息增益达到最大的特征，也就是在选择了该特征后，数据的不确定度下降最多。

ID3算法就是选择信息增益最大的特征或属性。具体的做法是：计算每个属性的信息增益，并选取具有最高信息增益的属性作为给定集合的测试属性；对被选取的测试属性创建一个节点，并以该节点的属性标记，对该属性的每个值创建一个分枝，据此划分样本；如果一个子节点中只有一个分类的样本，那么这个节点就不需要再分，这个叶节点的类别就是这个分类的类别；如果所有的特征都已经参与过分类，那么决策树也不需要往下生成，样本数最多的类别就是叶节点的类别。

ID3算法存在一定的局限性，例如，它不支持连续特征，不支持缺失值处理；当采用信息增益大的特征时，相同条件下会倾向于取值比较多的特征；也没有应对过拟合的策略；等等。

2)C4.5算法

C4.5算法针对ID3算法的上述局限性进行了改进，采用信息增益比率来选择特征。其基本思路：从树的根节点处的所有训练样本D^0开始，离散化连续条件属性。计算增益比率，取增益比率值最大的条件属性作为树的划分节点，其值或范围作为划分值$V(v_1, v_2, \cdots)$来生成树的分枝，分枝属性值的相应样本子集被移到新生成的子节点上，如果得到的样本都属于同一个类，那么直接得到叶子节点。相应地，将此方法应用于每个子节点上，直到节点的所有样本都分区到某个类中。到达决策树的叶节点的每条路径表示一条分类规则，利用叶列表及指向父节点的指针就可以生成规则表。

C4.5 算法的局限性有：C4.5 使用了熵模型，其中含有大量耗时的对数运算，如果是连续值，还有大量的排序运算；C4.5 生成的是多叉树，运算效率较低；剪枝方法有优化的空间。

3) CART 算法

CART 算法对 C4.5 中存在的问题进行了改进。CART 假设决策树是二叉树，并且可以分类，也可以回归。CART 算法使用基尼系数代替了熵模型进行特征选择。直观地讲，数据集的基尼系数反映了从数据集中随机抽取两个样本的类别不一样的概率。基尼系数越小，数据集的纯度越高，因此，具有较小基尼系数的对应特征即为对分类有利的特征。此外，CART 算法还提供了优化的剪枝策略。

分类基本步骤如下：

(1) 对于当前节点的数据集 D^0，如果样本个数小于阈值或者没有特征，则返回决策子树，当前节点停止递归。

(2) 计算样本集 D^0 的基尼系数，如果基尼系数小于阈值，则返回决策树子树，当前节点停止递归。

(3) 对每个特征 A，对其可能的每个取值 a，根据样本点对 $A=a$ 的测试为“是”或者“否”，将 D 分割成 D_1，D_2。

(4) 选择基尼指数最小的特征及其对应的切分点作为最优特征和最优切分点，基尼指数计算式为

$$\text{Gini}(D, A) = \frac{|D_1|}{|D|}\text{Gini}(D_1) + \frac{|D_2|}{|D|}\text{Gini}(D_2) \tag{1.4}$$

$$\text{Gini}(D) = 1 - \sum_{k=1}^{K}\left(\frac{|C_k|}{|D|}\right)^2 \tag{1.5}$$

式中，$\text{Gini}(D)$ 表示样本集 D 的基尼系数；$\text{Gini}(D, A)$ 表示特征 A 参与下样本集 D 的基尼系数；$|D|$ 表示样本数；K 为类别数。

(5) 对左右子节点调用，按步骤(1)～(4)生成决策树，其过程如图 1-6 所示。

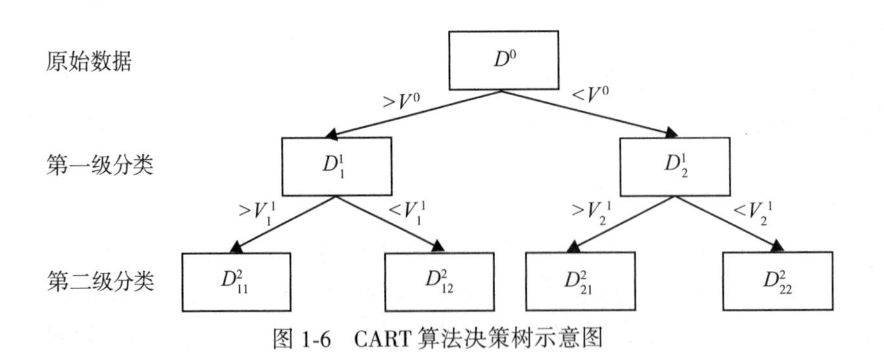

图 1-6　CART 算法决策树示意图

CART 算法也存在一些需要改进的地方，例如，特征选择时都是选择最优的一个特征来作分类决策，但大多数情况下，分类决策不应该是由某一个特征决定的，而是应该由一

组特征决定的，这样的决策树叫作多变量决策树(Multi-variate Decision Tree)。在选择最优特征时，多变量决策树不是选择某一个最优特征，而是选择最优的一个特征线性组合来作决策。此外，CART算法中，如果样本发生一点点的改动，就会导致树结构剧烈改变。

1.4.3　面向对象的分类

随着遥感影像空间分辨率的提高，影像上地物的几何结构和纹理等空间信息更丰富，使得在较小的空间尺度上观察地表的细节变化、进行大比例尺遥感制图以及监测人为活动对环境的影响等应用成为可能。在图1-7中可看到不同分辨率遥感影像上地物空间信息的明显差异。然而，高分辨率遥感影像反映地物属性信息的光谱波段数目较少，同一地物光谱异质性现象严重，逐像素的遥感图像分类方法不能有效地利用其丰富的空间结构信息，分类结果中会产生严重的"椒盐"效应。因而，面向对象的影像分析OBIA (Object Based Image Analysis)技术成为高分辨率遥感影像分类的最佳选择。

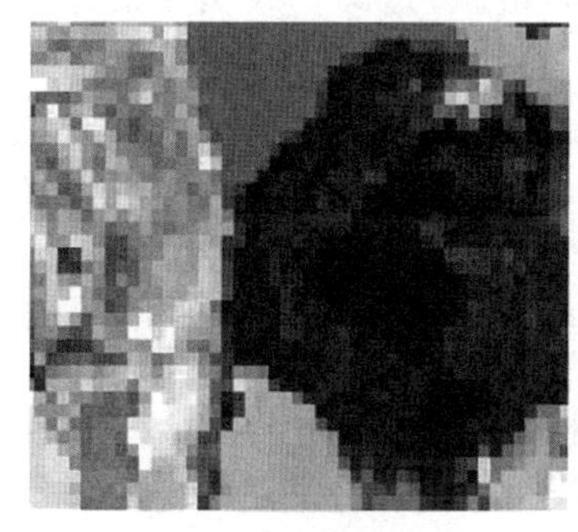

(a)Landsat 30m

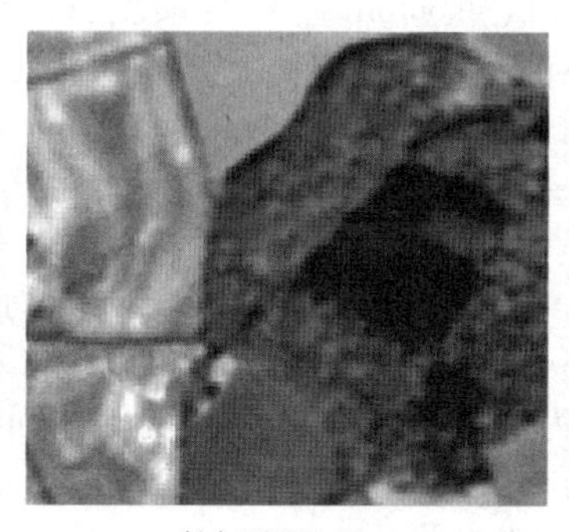

(b)SPOT 10m

(c)DMC 0.61m

图1-7　不同空间分辨率的遥感影像比较

OBIA指通过一系列的对象对影像进行分析的技术或方法，对象是指包含了多个相邻像素的同质区域。面向对象的影像分析有两个独立的过程，即影像分割与面向对象的分类。德国Definiens Imaging公司开发的智能化影像分析软件eCognition Developer是第一个基于对象信息的商用遥感影像处理软件，现对该软件使用的分割、分类方法作简要介绍。

1. 影像分割

eCognition Developer中提供了多种影像分割算法，如棋盘式分割、四叉树分割、对比度分裂分割、多尺度分割、光谱差异分割、多阈值分割、分水岭分割等。其中，多尺度分割方法在遥感影像分类中最常用，下面介绍该方法的原理。

多尺度分割方法采用的是分形网络演化FNEA (Fractal Net Evolution Approach)算法。FNEA算法利用模糊子集理论提取感兴趣的影像对象，在感兴趣的尺度范围内，影像的大尺度对象与小尺度对象同时存在，从而形成一个多尺度影像对象层次等级网络。其中高层的对象是逐次对低一层的对象进行合并的结果，且合并中遵循高一层中的对象边界限制。在影像分割过程中对影像对象的空间特征、光谱特征和形状特征同时进行操作，因此生成的影像对象不仅包括了光谱同质性，而且包括了空间特征与形状特征的同质性。

从单个像元开始，分别与其相邻对象进行计算，若相邻的两个对象合并后的异质性指标小于给定的阈值，则合并，否则不进行合并；合并后属于同一对象的所有像元都赋予同一含义。当一轮合并结束后，以上一轮生成的对象为基本单元，继续分别与它的相邻对象进行计算，这一过程将一直持续到在用户指定的尺度上已经不能再进行任何对象的合并为止。

对象的光谱异质性指标 h_{color} 为

$$h_{\text{color}} = \sum_{c} w_c \cdot \sigma_c \tag{1.6}$$

式中，w_c 为图层的权重；σ_c 为图层的标准差；c 为图层数。根据不同的影像特性以及目标区域特性，图层间的权重调配亦有所不同，可依使用的需求加以调整。

对象的形状异质性指标 h_{shape} 为

$$h_{\text{shape}} = w_{\text{smoothness}} \times h_{\text{smoothness}} + w_{\text{compactness}} \times h_{\text{compactness}} \tag{1.7}$$

即形状的异质性指标是由平滑度(smoothness)与紧凑度(compactness)这两个异质性指标构成，$w_{\text{smoothness}}$ 与 $w_{\text{compactness}}$ 代表两者的权重，其和为 1。平滑度与紧凑度的计算式分别为

$$h_{\text{smoothness}} = n_{\text{Merge}} \times \frac{l_{\text{Merge}}}{b_{\text{Merge}}} - \left(n_{\text{Obj1}} \times \frac{l_{\text{Obj1}}}{b_{\text{Obj1}}} + n_{\text{Obj2}} \times \frac{l_{\text{Obj2}}}{b_{\text{Obj2}}} \right) \tag{1.8}$$

$$h_{\text{compactness}} = n_{\text{Merge}} \times \frac{l_{\text{Merge}}}{\sqrt{n_{\text{Merge}}}} - \left(n_{\text{Obj1}} \times \frac{l_{\text{Obj1}}}{\sqrt{n_{\text{Obj1}}}} + n_{\text{Obj2}} \times \frac{l_{\text{Obj2}}}{\sqrt{n_{\text{Obj2}}}} \right) \tag{1.9}$$

式中，l 为对象的实际边长；b 为对象的最短边长；n 为对象面积。若平滑度指标的权重设置较高，分割后的对象边界较为平滑；反之，若紧凑度指标的权重较高，分割后的对象形状较为紧密，较接近矩形。根据不同的影像特性以及目标对象特性，两者间的权重可依使用者的需求加以调整。影像分割的过程中加入形状异质性指标，能制约对象形状的变化，使分割后的区域形状较平滑完整，较符合人的视觉习惯。

某一对象的整体异质性指标 h 为

$$h = w_{\text{color}} \times h_{\text{color}} + w_{\text{shape}} \times h_{\text{shape}} \tag{1.10}$$

对象整体的异质性指标由上述的光谱异质性指标 h_{color} 与形状异质性指标 h_{shape} 构成，w_{color} 与 w_{shape} 代表光谱与形状两者间的权重，两者之和为 1，也可依需求进行调整。

2. 影像对象分类

影像对象分类可采用基于规则和基于样本两种模式来进行。阈值分类法和隶属度函数分类法是建立分类规则的两种基本方法，基于样本可进行最邻近分类和分类器分类。

1)阈值分类法

阈值分类法是 eCognition Developer 软件中一种最简单的规则分类方法。该方法通过建立阈值条件来判定分割对象的类属，可以将符合一个或多个条件的对象指定为某个类别。例如，提取植被类型时就可以建立“ndvi 大于 0.3”这样一条阈值规则，利用 Assign Class 算法分类，就可以将满足该规则的对象提取出来，并分为植被类型。这里的阈值规则是一种“硬分类规则”，即要么是，要么不是，所以也被称为确定性规则分类。

2)隶属度函数分类法

隶属度函数根据模糊逻辑利用特征值与隶属度值的关系定义一个类，可以更准确地描述对象属于某一类的程度。具体地说，它是把任意范围的特征值转换为0到1之间的模糊值，而这个模糊值表明了对象隶属于一个指定类的程度，因此隶属度函数分类方法实际为模糊分类方法。例如，若要提取水体类型，可以利用亮度(Brightness)特征设置相应的隶属度函数，并通过其值准确反映不同对象属于水体类型的程度：当Brightness值大于50时，对象肯定不是水体，隶属度值为0；当Brightness小于40时，对象肯定是水体，隶属度值为1；而当Brightness介于40和50之间时，有一定的可能是水体，且值越接近于40，是水体的可能性越大，因此隶属度值也越大。使用隶属度函数分类方法时，关键在于确定合适的特征，并找到提取目标地物的模糊范围。在eCognition Developer软件中定义了多种类型的隶属度函数，可根据实际情况选择使用。

3)最邻近分类法

最邻近分类法的原理是，对于每一个影像对象，在特征空间中寻找距离最近的样本对象，并将其类别作为该影像对象的类别。例如，若一个影像对象 o 最近的样本对象 s 属于 C 类，那么对象 o 将被划分为 C 类。实际操作时，通过一个隶属度函数进行分类，影像对象在特征空间中与属于 C 类样本对象的距离越近，则属于 C 类的隶属度越大。影像对象属于哪一类，由隶属度来确定，当属于每一类的隶属度值都小于最小的隶属度阈值时，该影像对象不被分类。

影像对象 o 与样本对象 s 之间的距离计算公式为

$$d = \sqrt{\sum_f \left[\frac{v_f(s) - v_f(o)}{\sigma_f}\right]^2} \tag{1.11}$$

式中，d 为影像对象与样本对象之间的距离；$v_f(s)$ 和 $v_f(o)$ 分别为样本对象和影像对象在特征 f 上的特征值；σ_f 为特征 f 的标准差。基于距离 d 的隶属度函数为

$$z(d) = \mathrm{e}^{-kd^2} \tag{1.12}$$

式中，k 决定了 $z(d)$ 的减少趋势，计算式为 $k = \ln\left(\frac{1}{\text{functionslope}}\right)$，其中 $\text{functionslope} = z(1)$。functionslope的默认值取0.2，该值越小，隶属度函数越窄。在特征空间中，靠近样本对象的影像对象才被分类；如果隶属度函数的值小于最小阈值(默认设置为0.1)，那么该影像对象则不被分类。

4)分类器分类法

eCognition Developer软件中集成的分类器包括多种统计分类算法，如贝叶斯分类、K最邻近分类、支持向量机分类、CART决策树分类、随机森林分类，可以实现基于样本的监督分类。

1.4.4 基于机器学习的遥感影像分类

随着遥感技术的快速发展，传感器的数量以及遥感数据的光谱特征维数不断增加，人类已采集到海量的遥感数据，引入人工智能的方法是从纷繁复杂的遥感数据中精准获取地物信息的不二选择。机器学习是人工智能的一个重要领域，蓬勃发展于20世纪90年代。

机器学习源自统计模型拟合，通过采用推理及样本学习等方式从数据中获得相应的理论，尤其适合解决“噪声”模式及大规模数据集等问题。遥感影像的分类实质上是一类特殊的空间数据的数据处理和模式识别问题，1.4.2 小节中介绍的建立决策树的相关算法实际上就属于机器学习的范畴，此外，还有多种机器学习技术也被广泛应用于遥感影像的分类中。

1. 随机森林分类

随机森林(Random Forest，RF)是一种基于分类和回归决策树的机器学习算法。随机森林分类就是通过集成学习的思想将多棵树集成的一种算法，它的基本单元是决策树，而它的本质属于机器学习的集成学习(Ensemble Learning)方法。直观地讲，每棵决策树都是一个分类器，那么对于一个输入样本，N 棵树会有 N 个分类结果；而随机森林集成了所有的分类投票结果，将投票次数最多的类别指定为最终的输出。

随机森林中每棵树按照如下规则生成：

(1)如果训练集大小为 N，对于每棵树而言，随机且有放回地从训练集中抽取 N 个训练样本，作为该树的训练集；

(2)如果每个样本的特征维度为 M，指定一个常数 $m \ll M$，随机地从 M 个特征中选取 m 个特征子集，每次树进行分裂时，从这 m 个特征中选择最优的；

(3)每棵树都尽最大限度地生长，并且没有剪枝过程。

随机森林树的“随机”就是指步骤(1)和(2)中的这两个随机性。随机森林的分类效果(或错误率)与两个因素有关，一是森林中任意两棵树的相关性，相关性越大，错误率也越大。二是森林中每棵树的分类能力，每棵树的分类能力越强，整个森林的错误率越低。若减小特征选择的个数 m，树的相关性和分类能力也会相应地降低；反之，若增大 m，两者也会随之增大。所以，关键问题是如何选择最优的 m(或者是范围)，这也是随机森林唯一的一个参数。但是，目前对于不同类型的遥感图像分类，随机森林算法中的特征选择还没有通用方法，在特征选择上还有很大的改进空间。

2. 支持向量机分类

支持向量机(Support Vector Machine，SVM)是建立在统计学习的 VC 维理论和结构风险最小化基础上的机器学习方法，根据有限的样本信息，可使样本误差最小的同时，模型泛化误差的上界最小。支持向量机是针对二类分类问题提出的，其基本原理是，假设在 d 维特征空间中有包含 N 个元素的特征向量 $\boldsymbol{x}_i \in \mathbb{R}^d(i=1, 2, \cdots, N)$，即每个向量 $\boldsymbol{x}_i$ 为 d 维实数集，对应 $\boldsymbol{x}_i$ 有类别 $y_i \in \{+1, -1\}$。当二类问题是线性可分时，SVM 尝试找到一个分类超平面将二类问题分开，这一分类超平面可以表示为

$$f(x) = \boldsymbol{w}x + \boldsymbol{b} \tag{1.13}$$

式中，$\boldsymbol{w}=(w_1, w_2, \cdots, w_N)$ 表示垂直于超平面的向量；$\boldsymbol{b} \in \mathbb{R}^d$ 表示偏移量。寻找最优超平面可以通过解算下面的最优化问题得到

$$\max \sum_{i=1}^{N} \alpha_i - \frac{1}{2}\sum_{i=1}^{N}\sum_{i=1}^{N} \alpha_i \alpha_j y_i y_j K(x_i x_j) \tag{1.14}$$

$$\text{st}: \sum_{i=1}^{N} \alpha_i y_j = 0, \ 0 \leqslant \alpha_i \leqslant C, \ i = 1, 2, \cdots, N$$

最终的分类判别函数可以表达为

$$f(x) = \sum_{i=1}^{N} \alpha_i y_j K(x_i x) + b \tag{1.15}$$

式中，α_i 为拉格朗日乘子，当 α_i 非 0 时，对应的训练样本点成为支持向量(SV)；K 为核函数，用于解决非线性问题的分类；C 为惩罚系数，用于控制训练过程中的误差。

虽然支持向量机是针对二类分类问题提出的，然而在实际应用中多类分类问题更普遍，因此如何将支持向量机的优良性能推广到多类分类一直是支持向量机研究中的重要内容。目前遥感影像分类中通用的策略是将多类分类问题分解为多个二类分类问题，同时训练多个 SVM，通过某种合并决策机制，得出最后的多类问题分类判别。各种不同的策略的最终目的都是提高多类分类的速度同时减小多类合并时的累积误差。对于类别数目较多的分类问题，目前仍缺乏有效的支持向量机多类分类方法。

3. 人工神经网络

人工神经网络 ANN(Artificial Neural Network)是一种模仿大脑神经网络处理信息方式的机器学习算法。它能从已知样本数据中自动地归纳规则，并获得这些数据的内在规律，具有很强的非线性映射能力。ANN 以最少的输入集“学习”不同的数据模式，因为通常很难弄清楚计算输出的方式，也被称为黑盒算法。神经网络自适应地在给定的输入数据模式和特定的输出之间建立连接，可以用于进行传统的图像分类或更复杂的操作，如光谱混合分析等。对于图像分类，神经网络不要求训练数据具有高斯统计分布，这使得神经网络比最大似然分类器可以用于更广泛的输入数据类型。在遥感分类中，应用最广泛的是反向传播神经网络，即 BP(Back Propagation)神经网络。

人类大脑传递信息的基本单位是神经元。人脑中有大量的神经元，每个神经元与多个神经元相连接。BP 神经网络是一种多层的前馈神经网络，包含输入层、隐藏层和输出层。输入层、输出层都是单层结构的，在输入层和输出层之间有一个或多个隐藏层。每层由一个或多个节点(或称“神经元”)组成，每个神经元代表一种数据处理方法，层与层的神经元通过权重连接，权重引导信息在网络中的流动。数据输入后通过层层传递完成复杂的非线性计算过程。一般来说，在神经网络中使用的隐藏层的数量是任意的，隐藏层数量的增加允许网络用于更复杂的问题，但降低了网络的泛化能力，增加了所需的训练时间。

BP 神经网络的基本原理是：系统内的信号是前向传播的，而误差是反向传播的。具体过程为，当输入层得到刺激后，会传给隐藏层，接着隐藏层会根据神经元相互联系的权重并根据规则把这个刺激传给输出层，输出层输出预测(前向预测)的结果；接下来收集系统预测所产生的误差，若误差不符合要求，则返回这些误差到输出值(反向训练)，之后用这些误差来调整神经元的权重，经过调整后重新进行前向预测。这是一个循环的过程，最终系统产生的误差符合要求后，就生成一个可以模拟出原始问题的人工神经网络系统。尽管训练过程本身相当耗时，一旦神经网络得到充分训练，它们就可以相对快速地进行图像分类。

在遥感影像分类时，输入层中的节点表示作为神经网络输入的变量。通常情况下，这些输入变量可能包括遥感图像的光谱波段、纹理特征或从这些图像衍生的其他特征，或描述待分析区域的辅助数据等。输出层中的节点表示网络可能产生的输出类别的范围。如果网络用于图像分类，则分类系统中的每个类都对应一个输出节点。图 1-8 所示为一个综合光谱、纹理、地形信息，利用神经网络进行土地覆盖分类的例子。图中输入层包含 7 个节点：节点 1 到节点 4 对应多光谱影像的 4 个光谱波段，节点 5 对应利用同一地区雷达影像计算的纹理特征，节点 6 和 7 为数字高程模型(DEM)计算的地形坡度和坡向。在输入层之后，有两个隐藏层，每个层有 9 个节点。最后，输出层由 6 个节点组成，每个节点对应一种土地覆盖类型(水体、沙地、森林、城市、玉米和干草)。当给定任何输入数据时，网络将根据对先前提供的训练数据的分析，得到最有可能从这组输入结果产生的输出类别。

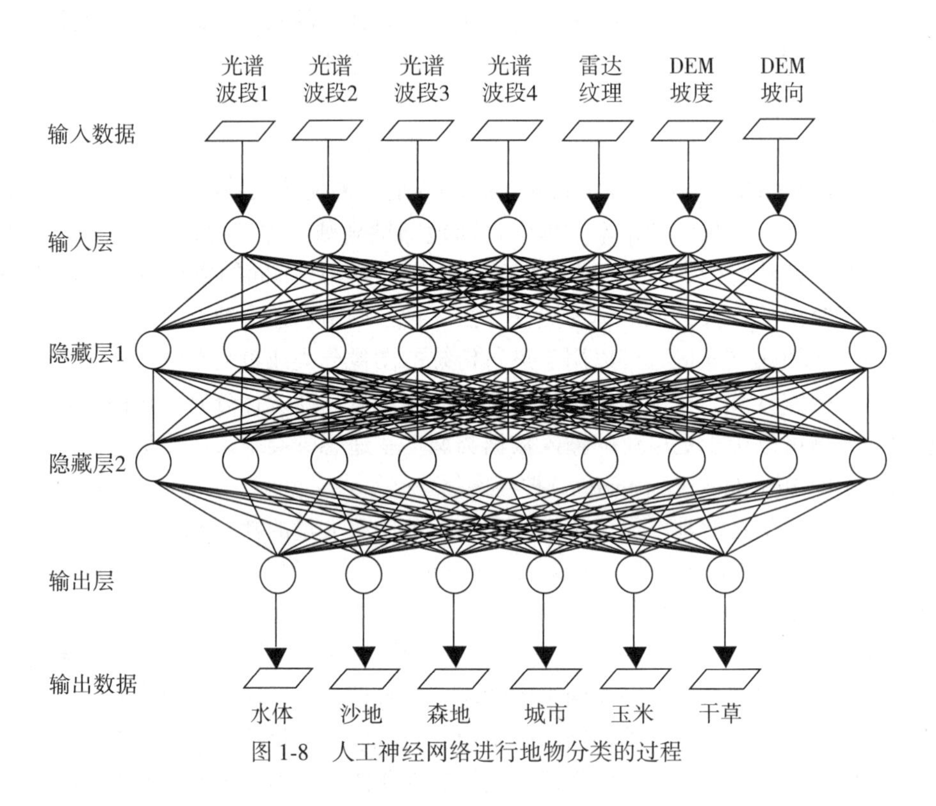

图 1-8　人工神经网络进行地物分类的过程

但 BP 传播神经网络并不能保证找到任何特定问题的理想解决方案。在训练过程中，网络可能会陷入输出误差域的局部最小值，而不是达到绝对最小误差。或者，网络可能开始在两种不同的状态之间振荡，每一种状态产生的误差近似相等。因此，人们提出了各种各样的策略来帮助神经网络走出这些陷阱，并使它们朝着绝对最小误差的方向发展。

4. 深度学习网络

浅层人工神经网络的学习方法速度快，但算法的局限性远不能够满足复杂的遥感图像分类的需求。深度神经网络具有更多运算层级，能够极大地提高遥感图像分类的精度，因此，深度神经网络日渐成为遥感图像分类研究中的热点。近年来，随着学者对深度神经网络的不断研究，深度置信网(Deep Belief Network，DBN)、卷积神经网络(Convolutional Neural Network，CNN)、循环神经网络(Recurrent Neural Network，RNN)等模型被相继提出。目前已有许多专家学者应用深度神经网络对遥感图像进行分类，并取得了良好效果。

深度学习网络就是深层的人工神经网络，理论上来说参数越多，模型的复杂度越高，增加隐藏层数目能完成更复杂的学习任务。随着云计算、大数据时代到来，计算能力的大幅提高可缓解训练的低效性，训练数据的大幅增加则可降低过拟合的风险，以深度学习为代表的复杂模型越来越受到关注。

经典深度学习中以卷积神经网络(CNN)为代表的模型在图像分类中取得了巨大的成就。但CNN的分类算法在进行卷积和池化过程中丢失了图像信息，无法提取出物体的具体轮廓，也无法指出每个像素具体属于哪个类别，不能直接应用于遥感影像的信息提取。语义分割网络是深度学习的一个分支，将输入图像中的每个像素分配一个语义类别，以得到像素化的密集分类。随着深度学习技术在计算机视觉领域的深入应用，图像分类、物体识别和语义分割任务等都获得了重大突破，尤其针对图像分割问题，UNet全卷积神经网络取得了不错的效果。

1.5　定量遥感基础

当前，遥感技术飞速发展，出现了大量的不同空间分辨率、时间分辨率、光谱分辨率以及多角度的遥感数据，但是遥感数据处理分析的能力还相对滞后。例如，在农业遥感应用领域，农作物估产的关键在于对作物生长过程的监控，其中涉及叶面积指数(LAI)、叶绿素含量、植被覆盖度、植物根系层的土壤水分、植冠水分、胁迫因子等多种关键参数；而利用现有的遥感数据解译技术仅能获取植被指数、植物缺水指数等定量化程度较低的农作物生长指标信息，难以满足农作物精准估产等相关应用的需求。再如在气象应用领域，全球大气环流模型研究及中长期天气预报时，需要宏观、动态、精确的大气下垫面参数，包括表面温度(影响地气温度)、反照率、地表粗糙度(影响气流运动)、植被覆盖度及植物结构信息等；而现有的遥感技术所能提供的仅是垂直方向或个别方向上的地表反射率，以及非常有限的地表结构参数，难以满足精准的长期预报的需求。显然，飞速发展的遥感数据采集能力与从遥感数据中定性、定量地获取有效地学信息的需求之间已成为一对矛盾。这是因为目前对遥感地学应用研究中的一些理论和关键技术还没有进行深入的研究和解决，对遥感数据的认识与理解还很不充分，这在一定程度上制约了地学应用中遥感数据定量解译和分析能力的发展。

本章1.3节和1.4节介绍了利用遥感数据对观测目标的性质、特征、发展变化规律进行经验的判断，采用统计或机器学习等理论和方法获得目标类型信息的方法，这些方法可以被归为定性的遥感解译。接下来本节将介绍定量遥感分析的方法，由于篇幅所限，仅讨论光学波段(0.4~14μm)定量遥感的基础知识。

1.5.1　定量遥感基本概念

遥感的成像过程十分复杂，它经历了辐射源、大气层、地球表面(植被、土壤、水体等介质，这些介质的结构和组分均十分复杂、多样)、探测器等环节，其中每个环节都涉及众多的参数，且许多参数间都是密切联系的。以植被遥感系统为例，假设整个植被遥感系统可分为以下五个部分(每个部分涉及的特性和参数集合用{}表示)。

(1)辐射源 $\{a\}$：包括太阳辐射和天空散射。

(2)大气 $\{b\}$：包括大气中的悬浮微粒、水蒸气、臭氧等的空间密度分布，因波长而异的大气吸收和反射特性。

(3)植被 $\{c\}$：包括植被组分(叶、茎、干等)的光学参数(如反射、透射)、结构参数(如几何形状、植株密度)及环境参数(如湿度、温度、风速、降雨量等)。

(4)地面或土壤 $\{d\}$：包括其反射、吸收、表面粗糙度、表面结构及含水量等参数。

(5)探测器 $\{e\}$：包括频率响应、孔径、校准、位置及观察方向的天顶角、方位角等参数。

上述系统中，从 $\{a\}\sim\{e\}$ 5 个参量集来产生探测器所接收到的辐射信号 R，即为正演问题。描述这一过程的模型被称为前向模型，可表示为

$$R=f(a,\ b,\ c,\ d,\ e)+\varepsilon \tag{1.16}$$

式中，函数 $f(\cdot)$ 反映了辐射转换的过程；ε 表示误差(描述了模型模拟值和测量值之间的差异)。

相反，从 R 来产生 $\{a\}\sim\{e\}$ 中的任一个或几个参数的过程，则属于反演问题。定量遥感即遥感反演，就是利用遥感传感器获取的地物的电磁波信息，在计算机系统支持下，通过数学或物理的模型将遥感信息与目标参量联系起来，定量地进行某些地学、生物学及大气等参量(如地表温度、土壤水分、植物叶绿素含量)的分析或推算。

例如，若要根据上述植被遥感系统反演植被参数 $\{c\}$，则需要定义如下形式的函数或算法

$$c=g(R,\ a,\ b,\ e,\ d)+\varepsilon \tag{1.17}$$

式中，$g(\cdot)$表示反演模型或算法。

事实上，在反演过程中为了进一步求解 $\{c\}$，往往还需要将某些其他系统参数 $\{a,\ b,\ e,\ d\}$ 假设为“可测”或“已知”，原因是每个参数都可能包含若干因子，其中很多因子未知或目前难以精确测量。而这种对某些过程进行简化或采取一些必要的假设条件的做法，又必然会导致“无定解”的出现，所以反演过程中还需要采取一定的策略。

可见，虽然“前向模型”的建立是遥感反演的先决条件，“反演”则具有更实际的应用价值，但难度更大，有时甚至不可能做到。因此，定量遥感分析中不仅要深入理解遥感机理与各种前向模型的形成过程，还要对反演模型、反演策略等问题进行研究。

1.5.2　定量遥感基础知识

建立有效的反演模型是实现遥感定量分析的基础。定量遥感应用中常用到数字值、辐亮度、立体角、辐照度、二向性反射率及反照率、地球外的太阳辐照度等辐射变量，这些

辐射变量也是光学定量遥感分析中建立物理模型时常涉及的重要物理量。从遥感数据中精确反演地表生物物理变量主要取决于遥感数据的质量，通过辐射定标、大气校正、地形校正等预处理环节，可提高遥感数据的精度。

1. 常用辐射变量

1)数字值

早期的遥感统计模型多直接利用数字值 DN(Digital Number)来估计地表特征变量。但是 DN 值是对辐射能量经过量化之后得到的整数，并不是一个物理量。除了在海洋学等一些低反射率情况下要求非线性量化的情况外，大多数遥感应用中的量化系统都是线性的，典型的是 6~12bit 量化，得到的 $DN \in [1, 2^Q]$ 或 $DN \in [0, 2^Q-1]$，其中 Q 为整数，表示 bit 数。例如，一个 8bit($Q=8$, $2^8=256$)的线性量化系统均匀地把传感器响应的动态范围划分为256级，即1~256(或从0~255)。如果采用10bit 或12bit 的量化，相同的传感器响应也会产生完全不同的 DN。很明显，Q 值越大，辐射测量的精度越高。表 1-2 所示为几个常见的卫星传感器系统的量化级数，包括美国 Landsat 卫星专题制图仪 TM(Thematic Mapper)、法国的 SPOT 卫星系统、先进的高分辨率辐射计 AVHRR、高分 IKONOS、中分辨率成像波谱辐射计 MODIS(Moderate-Resolution Imaging Spectro-Radiometer)以及中分辨率成像分光光度计 MERIS(Medium-Resolution Imaging Spectrometer)。

表 1-2　**几个常见的陆地应用传感器系统的量化级数**

	TM	SPOT	AVHRR	IKONOS	MODIS/MERIS
Q	8	8	10	11	12
DN 范围	0~255	0~255	0~1023	0~2047	0~6141

2)立体角

立体角是二维空间角的扩展，可用来描述辐射能量的方向性。立体角的定义如图 1-9 所示，一个半径为 r 的球面，从球心向球面作任意形状的锥面，锥面与球面相交的面积为 A，则定义 A/r^2 为此锥体的立体角。立体角一般用符号 Ω 表示，单位为球面度，表示为 sr。球的表面积是 $4\pi r^2$，它对应的立体角是 4πsr。因此，上半球或下半球的立体角是 2πsr。

立体角经常用极坐标下的天顶角 θ 和方位角 φ 来表示。立体角的微分可用公式表示为

$$d\Omega = \frac{dA}{r^2} = \frac{(r d\theta)(r \sin\theta d\varphi)}{r^2} = \sin\theta d\theta d\varphi = d\mu d\varphi \tag{1.18}$$

其中，$\mu = \cos\theta$，天顶角 θ 的范围是 0°~180°，方位角 φ 的范围是 0°~360°，即 $0° \leqslant \varphi \leqslant 2\pi$。

3)辐亮度

为了估算辐射度(Radiance，也称为辐射强度)等陆地表面变量，必须把 DN 值转化为物理量。辐亮度指单位时间内通过单位立体角和单位面积上的辐射能量。光谱(单色)辐

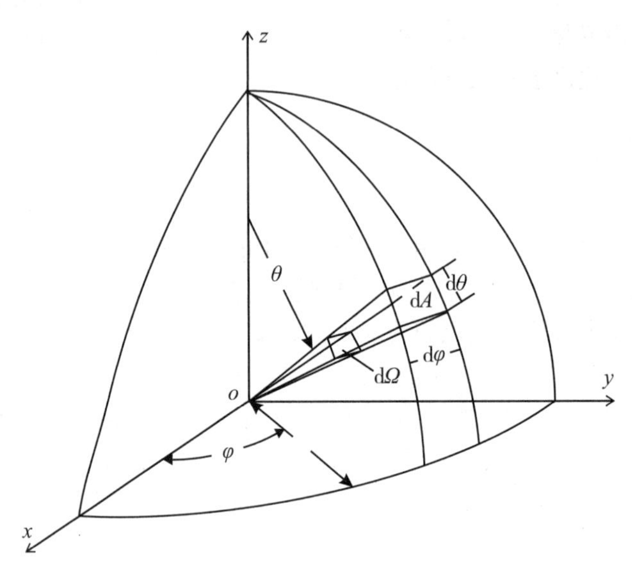

图 1-9　立体角定义示意图

亮度是指单位波长上的辐亮度，典型的单位是 W/(cm^2 · sr · μm)，其中 sr 是立体角的单位，μm(微米)是波长单位。

但在不同的情况下辐亮度也会有不同的单位。例如，热红外遥感中的波长(λ：μm)通常用波数 v 来表示，它是波长的倒数 ($1/\lambda$)。按照惯例，波数用厘米的倒数来表示，数值上等于 $10^4/\lambda$，其中 λ 的单位是 μm。例如，10μm 处波长的波数是 1000cm^{-1}。要把辐亮度的单位从 W/(cm^2 · sr · cm)转换为 W/(cm^2 · sr · μm)，就必须乘以 $v^2/10^4$。

通常 DN 值和辐亮度是线性关系，而且大多数遥感数据提供者都为用户提供了转换系数。要注意，传感器接收的是一定波长范围(波段)内的辐亮度，而这些转换系数通常只是用来生成光谱辐亮度以避免波段宽度不同的影响。转换系数一般包含在图像数据的头文件(或者元数据)中。确定转换系数的过程叫作传感器定标，这在遥感定量分析中是一个很重要的过程，因为许多传感器在卫星发射到太空后性能会退化，发射前的转换系数很少能保持有效。

4)辐照度

辐照度(E)也称作辐射通量密度，或简称为通量，其定义是辐亮度(L)在半球空间上总的立体角的积分，包括天顶角 θ 和方位角 φ，即

$$E = \int_0^{2\pi}\int_0^{\pi/2} L(\theta,\ \varphi)\cos\theta\sin\theta \mathrm{d}\theta\mathrm{d}\varphi = \int_0^{2\pi}\int_0^{1} L(\mu,\ \varphi)\mu\mathrm{d}\mu\mathrm{d}\varphi \tag{1.19}$$

如果为朗伯面，那么辐亮度独立于方向(具有各向同性)，则式(1.19)变为 $E=\pi L$。

5)二向性反射率及反照率

对地观测传感器接收到的上行辐亮度依赖于入射的太阳辐射。为了对入射的太阳辐射的变化进行归一化，从 DN 转化来的特定观测方向(θ_v，φ_v)的大气层顶(TOA)辐亮度 $I(\theta_v,\ \varphi_v)$ 常被进一步转化为反射率：

$$R(\theta_i, \varphi_i, \theta_v, \varphi_v) = \frac{\pi I(\theta_i, \varphi_i, \theta_v, \varphi_v)}{\cos\theta_i E_0} \tag{1.20}$$

式中，θ_i 是太阳天顶角；φ_i 是太阳方位角；E_0 是入射到 TOA 的辐照度。由此不难理解，反射率明显依赖于太阳入射方向和传感器观测方向，通常被表示为二向反射率因子。

光谱二向性反射率分布函数 BRDF (Spectral Bidirectional Reflectance Distribution Function) $f(\theta_i, \varphi_i, \theta_v, \varphi_v)$ 可以完整地描述一个表面的方向性反射率特性，它的定义为沿 (θ_v, φ_v) 方向从物体表面反射的光谱辐亮度与从 (θ_i, φ_i) 方向入射到表面的光谱辐照度之比：

$$f(\theta_i, \varphi_i, \theta_v, \varphi_v) = \frac{\mathrm{d}L(\theta_i, \varphi_i, \theta_v, \varphi_v)}{\mathrm{d}E(\theta_i, \varphi_i)} \tag{1.21}$$

其单位是球面度的倒数。尽管这个概念被广泛应用于多角度遥感中，但是在实际中人们一般用无量纲的二向性反射率因子 BRF(Bidirectional Reflectance Factor)，表示为 $R(\theta_i, \varphi_i, \theta_v, \varphi_v)$，在数值上它等于 BRDF 乘以 π，即

$$R(\theta_i, \varphi_i, \theta_v, \varphi_v) = \pi f(\theta_i, \varphi_i, \theta_v, \varphi_v) \tag{1.22}$$

为了研究地球表面短波能量平衡和其他应用，还需要引入表面方向半球反射率 DHR (Directional Hemispherical Reflectance)，它是 BRF 在所有反射方向上的积分：

$$r(-\mu, \varphi_i) = \frac{1}{\pi}\int_0^{2\pi}\int_0^1 R(\mu_i, \varphi_i, \mu, \varphi)\mu \mathrm{d}\mu \mathrm{d}\varphi \tag{1.23}$$

DHR 通常被称为局部或平面反照率，但在 NASA 地球观测系统的 MODIS 产品中被称为黑天空反照率。

双半球反射率 BHR (Bihemispherical Reflectance) 是 DHR 在所有照射方向的进一步积分：

$$r_0 = 2\int_0^1 r(-\mu_i, \varphi_i)\mu_i \mathrm{d}\mu_i \tag{1.24}$$

也称为全局或球形反射率，在 MODIS 产品中又叫作亮天空反照率。

6) 地球外的太阳辐照度

到达大气上界(TOA)的辐照度依赖于太阳和地球的天文学距离(D)。给定日地平均距离($D=1$)处的太阳辐照度 $\overline{E}_0$，可以用一个简单的表达式来估计在任何一天的太阳辐照度：

$$E_0 = \frac{\overline{E}_0}{D^2} = \overline{E}_0\left[1 + 0.033\cos\left(\frac{2\pi d_n}{365}\right)\right] \tag{1.25}$$

式中，d_n 是一年中的天数，从 1~365，也就是从 1 月 1 日到 12 月 31 日；2 月总是假定有 28 天。一个更精确的公式是

$$E_0 = \overline{E}_0[1.00011 + 0.034221\cos\chi + 0.00128\sin\chi + 0.000719\cos2\chi + 0.000077\sin2\chi] \tag{1.26}$$

其中，$\chi = 2\pi(d_n - 1)/365$。对于大多数情况，上面两个公式的结果没有大的区别。

前人在计算不同精度的太阳辐照度曲线方面已经做了大量的工作。辐照度在全波长范

围的积分就是太阳常数：

$$S_0 = \int_0^{\infty} \bar{E}_0(\lambda)\,d\lambda \tag{1.27}$$

在 20 世纪 80 年代，现代监测到的平均太阳常数 S_0 大概是 1369W/m^2，它的不确定性在±0.25%，同样含有太阳的周期变化。

其他地方使用的太阳常数因为数据来源不同，数值上会略有不同。例如 MODTRAN4 是一个大气辐射传输软件包，在遥感的很多应用领域中被广泛应用，其中有从不同数据源整理出来的 4 个数据集，对应的太阳常数分别是 1362.12W/m^2，1359.75W/m^2，1368.00W/m^{2}和 1376.23W/m^2。

在分析高光谱数据时要注意仔细选择正确的 TOA 太阳辐照度数据源，对于多光谱遥感数据，这个问题就不是那么严重。对于不同的已知光谱响应函数的传感器，我们可以很容易地通过对 TOA 光谱太阳辐照度和传感器光谱响应函数积分计算出每个波段的 E_0，表 1-3列出了 Landsat 4/5 TM 和 Landsat 7 ETM+的 6 个反射波段的 E_0。

表 1-3　**Landsat TM/ETM+反射波段的 TOA 太阳辐照度(单位：W/(m^2·μm))**

传感器	1	2	3	4	5	7	全色波段
ETM+	1970	1843	1555	1047	227.1	80.53	1368
TM	1954	1826	1558	1047	217.2	80.29	N/A

2. 遥感数据预处理

1)辐射定标

反映遥感系统特性的变量包括光谱响应变量(如波长、波段)、辐射响应变量(输入信号的强度)、空间响应变量(如在不同瞬时视场角、全景的位置差异)、积分时间和镜头或光圈设置以及噪声信号(如杂散光和其他光谱波段泄漏的光)等。对遥感系统定标的主要内容，就是确定其对电磁波辐射的响应与上述变量之间的函数关系。定量遥感是要从遥感数据中估计地表生物物理变量，结果的精确度主要取决于遥感数据的质量，尤其是辐射定标的精度，因此，辐射定标是定量遥感中非常重要的过程。

辐射定标是将传感器记录的电压或数字值转换成绝对辐射亮度的过程，包括绝对定标和相对定标。对于一个线性传感器，绝对定标是将传感器的数字值乘以一个比值，该比值通过入瞳处精确已知的均一辐射亮度场确定。而相对定标则将一个波段内所有探测器的输出归一化为一个给定的输出值(通常是平均值)。

辐射定标可分为三个阶段的定标，即发射前定标、在轨定标、发射后定标。遥感器被送入太空之前，必须对其传感器的辐射特性进行精确测量，这就是通常所说的发射前定标。在太空中，定标结果会随着传感器周围太空环境的变化而改变，如真空环境、太空能量粒子的轰击、透光片透射系数和光谱响应的变化、电子系统的缓慢老化等。在轨绝对定标通常可为热红外通道提供常规的定标方法，以获取准确的温度信息，但是由于星上定标能力，即使一些在轨卫星有简单的星上定标系统，它们的灵敏度也会随时间而改变。发射后定标系数需要通过外场定标方法来获得。外场定标技术通常是指利用地表天然或人工场地进行传感器发射后定标的方法。

传感器定标通常采用的方法是从传感器定标模型开始。最简单的定标模型是一个线性公式，它在传感器输出值(DN)与传感器入瞳处的辐亮度 L 之间建立如下联系

$$\mathrm{DN} = \boldsymbol{A} \cdot L \tag{1.28}$$

其中，$\boldsymbol{A}$ 是绝对定标系数矩阵，它可在发射前通过精确的测量确定，再利用白炽灯或太阳等标准光源，由星上定标设备进行在轨监视，最后利用特定、已知地面目标或月亮的影像进行外场定标。飞行前定标系数由传感器研究者提供，当用户使用某种传感器的卫星影像时，通常在影像数据的头文件中包含辐射定标系数。例如，表 1-4 中列举了 Landsat 4 和 Landsat 5 卫星的 TM 传感器 6 个反射波段的飞行前定标系数，可用于将 DN 值转换成辐亮度，对应的线性公式为

$$L = \alpha \cdot \mathrm{DN} + \beta \tag{1.29}$$

式中，L 为辐亮度，单位为 $\mathrm{W/(m^2 \cdot sr \cdot \mu m)}$；$\alpha$ 和 β 称为定标系数。

表 1-4 **Landsat 4 和 Landsat 5 TM 飞行前辐射定标系数**

光谱波段	α	β
1	0.602	-1.5
2	1.17	-2.8
3	0.806	-1.2
4	0.815	-1.5
5	0.108	-0.37
7	0.057	-0.15

发射后辐射定标方法大致可以分为两种典型的方法：一种方法是利用飞机搭载已定标的辐射计，在相同光照和观测方向条件下测量卫星观测到目标的光谱辐射亮度。这种方法需要对空间和光谱均一的地面目标进行同步辐射测量，通常称为辐亮度定标方法。而反射率定标方法要求精确测量地面目标的光谱反射率、光谱消光厚度和其他气象变量。尽管这些是最直接的方法，但相对来说昂贵、复杂，并且不能定标历史数据。另一种方法是利用已知的大气和地面目标物理特性，将观测到的辐亮度与辐射传输计算的结果进行比较。具体的发射后辐射定标做法此处不再赘述。

2)大气纠正

在定量遥感中，为了精确地获得地表的生物物理参量，大量的反演算法都是建立在去除大气效应之后的地表反射率基础上的，因此大气纠正这一环节具有非常重要的意义。大气纠正就是指从遥感图像获得地表反射率这一过程。假设地表为朗伯体，只要所有的大气参数可知，那么通过近星下点成像的光学遥感数据就可以直接反演出地表反射率。可见，大气纠正主要由两部分组成，即大气参数估计和地表反射率的反演。然而，事先从图像本

身进行大气参数估计非常困难，最困难的就是从图像上直接估计气溶胶和水汽的空间分布。遥感图像的大气校正已经有很长的发展历史，先后提出了不同的大气校正算法。对于单视角图像和多视角图像，校正方法也不同。经典的单视角影像纠正方法有基于定量的方法、直方图匹配法、暗目标法等。

(1)基于定量的方法。

假设一幅图像中存在一些反射率不随时间变化的像元，或称为“不变地物”。最经典的搜索查找表(Kaufman，1989)就是利用“不变地物”的这种反射率不变的特点来实现大气纠正的。这种方法通过查找表进行在线校正，辐射传输程序离线运行，即在运行大气纠正代码之前，查找表就已经建好。

地表反射率与云顶辐射 TOA 之间的关系可表示为

$$L(\mu_v, -\mu_0, \phi) = L_p(\mu_v, -\mu_0, \phi) + \frac{r}{1 - rs}\mu_0 E_0 \gamma(-\mu_0)\gamma(\mu_v) \tag{1.30}$$

进一步可得到通过气溶胶光学厚度和水汽含量的数值计算光谱反射率的关系式：

$$r = \frac{L(\mu_v, -\mu_0, \phi) - L_p(\mu_v, -\mu_0, \phi)}{[L(\mu_v, -\mu_0, \phi) - L_p(\mu_v, -\mu_0, \phi)]s + \mu_0 E_0 \gamma(-\mu_0)\gamma(\mu_v)} \tag{1.31}$$

式(1.30)和式(1.31)中，L_p 是路径辐射；r 是地表反射率；E_0 是入射辐照度；s 是大气的球面反射率；μ_0 是太阳天顶角的余弦；$\gamma(\mu_v)$ 是地球表面到传感器的总透过率，$\gamma(-\mu_0)$ 是太阳到地表的总透过率。

查找表方法由以下三个步骤构成：第一步用一个带有自变量(气溶胶厚度和水汽含量)的辐射传输包(如 MODTRAN 或 6S)为每幅图像的变量[L_p，s，$E_0\gamma(-\mu_0)\gamma(\mu_v)$]建表，因为气溶胶散射效应在近红外波段很小，水汽吸收效应在可见光波段很弱，所以为简化表格可每一波段只用一个变量。第二步通过假设气溶胶光学厚度和水汽含量的数值来由式(1.31)确定基准图像的不变像元的光谱反射率。第三步通过搜索第一步得到的表和与这些“不变”像元的 TOA 辐射匹配来确定其他图像的气溶胶厚度或水汽含量。最后是知道大气变量后再由式(1.31)获取其他像元的地表反射率。查找表方法是一种简单的基于物理基础的大气纠正方法，也被称为基于辐射传输模型的大气纠正方法。相对于传统的不变地物法而言，查找表方法没有那么多的严格条件，便于实现。

(2)直方图匹配法。

直方图匹配法是一种基于统计的纠正方法。其基本假设清晰区域和模糊区域的地表反射率直方图是相同的，先在一幅图像上辨认出清晰和模糊的区域，然后匹配模糊区域和清晰区域的反射率直方图。具体步骤为：把一幅图像划分为 $N_x \times N_y$ 个小区；根据已知的地物(如深色的水体或茂密的植被)提取目标地物的种类，用交互阈值辨别出目标像元，通过这些像元来确定光学厚度；采用缨帽变换交互地确定模糊的和有云的像元；把模糊区域的小区直方图与清晰区域的直方图进行匹配，以此来确定每个小区的大气能见度；采用小区平均大气能见度反演地表反射率。

直方图匹配法最大的局限性也是其假设的清晰区域和模糊区域的地表反射率直方图是相同的，因为这就意味着模糊区域和清晰区域的各类土地覆盖比例相同，而这种假设在很多情况下都不成立。另外，确定模糊像元的缨帽变换方法也不一定总是有效。

(3)暗目标法。

暗目标法是一种古老且最简单的基于统计的经典大气校正方法，现在一般大气纠正中也很常用。它假设一幅图像上有地表反射率可忽略的像元(例如，在一个完全的阴影区)，且每一个波段图像像元值减去最小像元值。因为浓密植被冠层在可见光波段反射率很低，所以常被称为“暗目标”。在不同的情况下，暗目标法进行大气纠正的步骤有所不同。例如，用于处理TM影像的暗目标法的主要步骤为：设置一个较低的反射率阈值找出TM 7波段的暗像元；采用简单的统计方法得到由TM 7波段分别计算TM 1、TM 2波段地表反射率的关系式，并计算这两个波段的地表反射率；由所计算的两个波段的地表反射率，根据TOA辐亮度搜索查找表来确定该两个波段的光学厚度；采用移动窗口内插技术估算光学厚度的空间分布；最后根据反射率查找表可以得到每个像元的地表真实反射率。

3)地形校正

虽然遥感技术在无法到达的山区研究中具有一定的优势，但是多山地区的遥感影像往往受地形背光和阴影的影响，并不利于描述陆地表面的特征。在遥感影像上，地表覆盖类型相同的情况下，有光照的地方和无光照的阴影区域，影像的亮度明显不同。地形的背光和阴影会影响遥感信号和对陆地表面参数的反演，因此对山区进行地形校正和大气校正同样重要。

地形校正的关键在于建立消除地形因素影响的有效运算。早期提出的最简单的算法是比值算法(Colby，1989)，即认为如果地形造成的辐照度影响在不同波段成比例，利用两个波段的比值运算可以消除地形影响。但是比值运算的结果一般不太令人满意，这是因为地形产生的辐射通量变化与波长相关，且不同波段间的差异也不是简单地增加或减少某一常数；比值运算是两个原始波段的线性变换，不能够满足特定的分析。因此，后来有学者提出基于数字高程模型(DEM)的余弦校正法。这种方法把在倾斜地带观测的辐亮度转化为水平表面的等效值。余弦校正法是一个经验统计方法，简单，虽然已被广泛应用，但没有考虑大气的影响和邻近效应，只考虑了太阳直射辐照度的不同来校正地形的影响。地形校正的效果主要依赖于数字高程模型的质量，近年来，可获取的DEM分辨率和精度在不断提高，非常有利于地形校正，特别是有利于高分辨率影像的校正，也发展了很多地形校正的方法，在此不再详述。

3. 遥感定量反演模型

遥感定量反演建模是从遥感专题信息的应用需求出发，对遥感信息的形成过程进行模拟、统计、抽象或简化，最后用数学公式、文字或者其他符号系统表达出来。对于电磁波与地表等介质之间的相互作用，国内外学者将经典的数学、物理模型与遥感技术及应用领域相结合，建立了多种不同的反演模型。这些模型可归为三大类：物理模型、统计模型和半经验模型。

(1)物理模型。物理模型是遵循遥感系统的物理学原理所建立的模型。描述植被二向性反射的辐射传输模型，如叶片光学特性PROSPECT模型、冠层光谱辐射传输模型SAIL、几何光学模型就属于物理模型。该类模型的特点是，模型参数有明确的物理意义，并试图对电磁波与地表等介质的相互作用机理进行数学描述，因此，其有足够的理论支撑，精度高。但这类模型复杂、参数多，有些参数无法获取或难以精确测量。此外，模型求解时，通常需要对非主要因素进行忽略或假定，导致了较大反演误差，实用性不强。

(2)统计模型。统计模型也称为经验模型，是基于地表参数和遥感数据的相关关系，对一系列观测数据做经验性的统计描述或相关性分析，所建立的遥感观测数据与要反演的目标参量之间的回归方程。该类模型的特点是，建模容易，参数少，反演简单，通用性强。但这类模型理论基础不完备，缺乏对物理机理的足够理解和认识，参数之间缺乏逻辑关系；只适用于局部地区，可移植性差。

(3)半经验模型。半经验模型也称为混合模型，是综合了统计模型和物理模型二者的优点建立的模型，如 Rahman 的地表二向性反射模型。它既考虑了模型参数的物理含义，又引入了经验参数参与建模，即其参数虽是经验参数，但有一定的物理意义。

显然，上述几类模型对于遥感定量反演应用是远远不够的，因此，对遥感理论模型与遥感应用分析模型进行深入研究是定量遥感迫切要解决的问题。

1.5.3　遥感定量反演基本流程

遥感定量反演基本流程通常包括：模型假设、数据准备、反演模型的建立、模型的求解、模型分析和检验，以及模型反演参量与应用的衔接等步骤。各类地学应用中涉及不同的遥感定量反演问题，例如，城市热岛监测中的地表温度 LST 反演、农作物健康状况/病虫害监测中的植被叶绿素含量的反演、旱情监测中的土壤水分反演、土壤质量评价中的土壤重金属/有机质含量反演、空气质量监测中的 $PM_{2.5}$浓度定量反演等。

LST 是衡量地表自然生态环境的重要指标，是研究地-气系统能量平衡的一个关键因子，在城市热岛、农作物干旱监测、作物估产、全球气候变化和全球碳平衡等领域都有重要作用。LST 定量反演的常用算法有基于热红外影像的单通道算法、劈窗算法、大气校正法等。下面以基于 Landsat 8 卫星热红外波段影像的 LST 单通道反演(徐涵秋，2015)为例，简要阐述定量反演的基本流程和主要步骤。

1. 模型假设

单通道算法反演 LST 采用的反演模型是一种物理模型，其反演模型包含多种不同类型的物理、几何参数，各种参数之间相互关联。其中，地表比辐射率 ε 是影响 LST 反演精度的关键参数，它与地表类型、粗糙度和视角等因素有关，因此地表比辐射率 ε 的估算中通常假设地表中只包含植被、城镇、水体这几类基本要素。此外，总的大气水汽含量 w 的测量环境及结果也直接影响了对模型其他参数的计算。因此，不同的假设，反演精度也不完全相同。

2. 数据准备

遥感定量反演所用的数据通常包括遥感影像数据，实测的相关大气参数以及采样点上实测的其他地表参量。对于基于单通道算法的陆地地表温度反演来说，可以选取Landsat 8卫星的热红外波段 TIRS 10 和 TIRS 11 的影像、大气廓线数据(温度、湿度、压力)以及气象站实测的地表温度数据作为数据源，并且需要对遥感影像进行辐射定标、大气校正、地形校正等预处理。

3. 反演模型的建立

反演模型的建立是定量反演过程的重要步骤。它是通过对问题的分析，确定已知数据、观测数据与所求的目标参量之间的反演函数映射关系 g，建立一个行之有效的反演模型。这种反演模型可能是物理模型或统计模型，也可能是介于两者之间的半经验模型。例如，有学者提出基于单通道算法的 LST 反演物理模型，其中包含地表比辐射率、大气参数、传感器探孔处光谱辐射亮度值、热红外波段亮温值等参数，其表达式为

$$\mathrm{LST} = \gamma[\varepsilon^{-1}(\psi_1 L + \psi_2) + \psi_3] + \delta \tag{1.32}$$

式中，$\gamma \approx T^2/(b_\gamma L)$；$\delta \approx T - T^2/b_\gamma$；$\varepsilon$ 为地表比辐射率，可通过 ASTER 光谱库获得主要地物在 TIRS 10 和 TIRS 11 波段的比辐射率；b_γ 的值为 1324K（TIRS 10 波段）、1199K（TIRS 11 波段）；L 为大气顶部辐亮度；T 为亮温；ψ_1、ψ_2 和 ψ_3 为大气水汽含量的函数。

4. 模型的求解和检验

明确了反演模型的具体形式，将事先获取的已知数据、观测数据及实测数据输入模型，求解出模型的参数，然后便可以计算出要反演的目标参量。进而，还需要对模型反演的结果进行误差分析和验证。通常是选取合适的评价指标（常见的如均方根误差）和一定的准则，利用反演出的目标参量与实际测量值来计算所选取的指标值和准则以对模型的反演结果进行分析和验证，也可以通过与其他算法对比来检测模型的有效性。

5. 模型应用

上述基于 Landsat 8 卫星热红外影像的单通道算法反演出的陆地地表温度参量可用于城市热岛效应分析与监测。

通过以上例子，可以大体了解基于物理模型的定量反演的方法和流程。但是，也要注意到，将地表参数定量反演模型与实际应用问题进行链接，是定量遥感实用化的关键，其中涉及对遥感数据的理解、遥感机理研究、遥感模型的精度和地学过程的理解以及地表时空多变要素的反演等问题，因此还需要对许多相关问题进一步研究。

1.5.4 定量遥感目前面临的主要问题

目前，尽管在大气、植被、土壤等领域的参数定量反演方面取得了很多成果和进展，但还面临一些没有解决的问题。

(1)混合像元问题。在遥感影像中，有的像元对应的地物通常包括多种典型覆被类型，许多地表类型还可进一步分解成多个组分，此类像元称为混合像元。由于不同组分的反射率/发射率等参量可能有很大差别，因而混合像元的存在使得地表目标参数的遥感反演变得尤为复杂。但近年来，高空间分辨率遥感影像，特别是无人机载遥感影像的使用，使混合像元问题得到大大缓解。

(2)尺度效应问题。针对不同定量遥感反演需求，需要不同的空间尺度。在不同空间尺度下目标空间异质性有不同的特点，尺度差异对信息量、信息分析模型和信息处理有一定的影响。因此，需要在定量反演中考虑尺度效应并进行尺度转换。目前，可获取不同空

间和时间尺度的遥感影像日益增多，遥感数据的尺度转化和统一也成为关键技术之一。

(3)角度问题。不同地物反射率/发射率随观测视角变化而变化，通过对目标进行多个角度的观测，可获得更详细、可行的地表三维空间信息。例如，作物冠层存在明显的热辐射方向性，多角度观测的定量反演可以提高地表温度反演的精度。而如今可获取的遥感影像类型日益丰富，其中包含了不同视角的遥感数据，建立不同视角下地物的反射率/发射率特征参数的定量反演模型更有利于提高模型的严密性和反演精度。

(4)数据同化问题。随着可获取的遥感影像类型日益丰富，运用大数据分析等技术，将异质、不规则分布、不同空间和时间尺度下、精度不同的遥感数据与其直接或间接相关的其他观测数据同化到一个地学参数反演模型中，实现遥感信息与相关地学参数及反演过程的耦合也是遥感定量反演的关键问题之一。

(5)遥感定量反演的病态问题。地球表面是个非常复杂的系统，涉及参数众多，而可用的遥感数据有限；此外，应用参数往往不是遥感信息的敏感参数，只能为遥感信息提供弱信号(即像元 DN 值与目标参数弱相关)，导致模型的求解是一个病态过程，通常需要一定的假设或相应的知识库支撑。因此，需要深入研究地学参数反演机理，并融合专家的经验和知识，以缓解遥感定量反演模型求解时的病态问题。

(6)遥感模型与应用模型的链接问题。如何将反演模型与应用链接起来，是定量遥感实用化的关键。它涉及对遥感数据的理解、遥感机理研究、遥感模型的精度和地学过程的理解以及地表时空多变要素的反演等问题。

总之，随着遥感对地观测技术、大数据分析、人工智能等现代信息技术的发展，推动了定量遥感解译技术的发展，上述几个问题的研究也取得了良好的进展。但由于问题的复杂性等原因，现有的技术还不成熟，问题还没有完全解决，特别是数据同化、模型求解的病态性问题，以及遥感反演模型与应用的链接问题，还需要进一步研究。

1.6　遥感变化检测

地表生态系统和人类社会活动都是动态发展和不断演变的。实时精确地获取地表变化信息对于更好地保护生态环境、管理自然资源、研究社会发展，以及理解人类活动与自然环境之间的关系和交互作用有着重要的意义。遥感对地观测技术具有大范围、长时间和周期性监测的能力，因此，利用多时相遥感数据进行变化检测成为获取地表动态信息的重要途径。

1.6.1　遥感变化检测概念

遥感变化检测是通过对地物或现象进行多次观测，从而识别其状态变化的过程，具体是指从不同时间或不同条件下获取的同一地区的遥感图像中，识别和量化地表类型的变化、空间分布状况和变化量。它涉及变化的类型、分布状况与变化量，即需要确定变化前后的地面类型、界线及变化趋势。

地表变化信息可以分为两种：第一种是转化(Conversion)，指土地从一种土地覆盖类型向另一种类型的转化，也称为“绝对变化”，如草地转变为农田、森林转变为牧场等。变化类别可以是“变化”/“不变”的二项变化(或变化强度)，也可以是具体的变化类别，视具体应用场景而定。第二种是改变(Modification)，指一种土地覆盖类型内部条件(结构和功能)的变化，也称为“相对变化”，如森林密度的变化，或由一种树种组成变成另外一种组成，或植物群落生物量、生产力、物候现象变化等。

实际上，若从用户的角度出发，遥感变化检测的过程旨在为用户提供地表变化信息，包括具体的变化类别与其空间分布。但是对于信息生产者而言，变化检测的意义不仅仅局限于此。例如在土地利用调查中，可利用遥感变化检测的方法获取当前调查相对于前期调查的地物变化情况，然后通过对前期调查成果进行更新得到新的土地利用图。因此作为参与地表制图的一种方法，遥感变化检测对于数据更新与生产具有更重要的意义。

1.6.2 遥感变化检测的影响因素

理论上讲，对所研究目标进行变化检测，应该是以不同时间其所处的环境背景是相同的为基本前提。而实际上遥感图像的获取过程不可避免地要受到各种因素的影响，从而不同瞬时获取的遥感图像所反映的当时环境背景并不相同。因此，在遥感变化检测中需要充分考虑这些因素在不同时间的具体情况及其对于图像的影响，并尽可能消除这种影响，使变化检测建立在一个比较统一的基准上，以获得比较客观的变化检测结果。影响遥感变化检测的因素有遥感系统因素与环境因素两类。

1. 遥感系统因素的影响及数据源的选择

一般来说，遥感系统的特性可通过时间分辨率、空间分辨率、光谱分辨率和辐射分辨率来定量地描述。在实际的遥感变化检测应用中，这四种分辨率也是选择合适的遥感数据的主要依据。

(1)时间分辨率。需要根据被检测对象的时相变化特点来确定遥感监测的频率，如1次/年、1次/季度、1次/月等。同时，需要考虑两个时间条件，一是应尽可能选择每天同一时刻或相近时刻的影像；二是尽可能选用年间同一季节，甚至同一日期的影像。

(2)空间分辨率。主要根据检测对象的空间尺度及空间变异的情况来确定遥感数据的空间分辨率要求。同时，要求不同时段的遥感影像应尽可能瞬时视场相同(便于配准)，且俯视角相同或相近。

(3)光谱分辨率。应当根据检测对象的类型与相应的光谱特性选择合适的遥感数据类型及相应波段。同时要注意到，不同的遥感系统之间存在电磁波段的差异。所以对于不同时相的影像，比较理想的是采用相同的遥感系统来获取；如果没有条件，则应选择相接近的波段进行分析。例如，SPOT的1、2、3波段可以成功地与TM的2、3、4波段，或与MSS的4、5、6波段进行对比分析。

(4)辐射分辨率。变化检测中一般还应采用具有相同辐射分辨率的不同日期遥感影像。如果采用不同辐射分辨率的图像进行比较，需要把低辐射分辨率的图像数据转换为较高辐射分辨率的图像数据。

2. 环境因素影响及其消除

影响遥感变化检测的环境因素主要有大气状况、土壤湿度变化、植被物候特征等。

(1)大气状况。用于变化检测的图像应当无云或没有很浓的水汽。因为即使很薄的雾气也会影响图像的光谱信号，造成光谱变化的假象。一般要求云覆盖不能超过 20%。

(2)土壤湿度状况。土壤湿度条件对地物反射特性有很大的影响。有时不仅需要检测图像获取时的土壤湿度，而且还需要检测前几天或前几周的雨量记录，以确定土壤湿度变化对光谱特性的影响。

(3)植被物候特征。对地面植被的物候变化特征的理解，有助于选择合适时间的遥感数据并获得丰富的变化信息。例如，植物按照每天、季节、周年物候生长，不同季节中，植被的生长状况是不一样的。除非研究年内的季节变化，否则若采用不同季节的遥感影像进行年变化比较，就有可能得出错误结论。

1.6.3　遥感变化检测基本流程

针对一个具体的遥感变化检测任务来说，对于所研究的问题进行充分理解，例如变化检测的区域、变化检测的时间间隔(日、季、年)、合适的土地利用/覆盖分类类别系统、遥感影像的类型、硬/模糊变化检测逻辑、基于像元的或面向对象的变化检测等，是进行遥感变化检测的基础工作。在此基础上，考虑影响变化检测的多种因素，并按照合理的工作流程来达到变化检测的目的。遥感变化检测基本流程可以按照以下四个步骤进行。

1. 遥感影像预处理

遥感影像预处理的主要目的是减弱外界影响，从而简化变化检测问题。由于变化检测分析的是多时相遥感影像之间的地物变化和特征相关性，因此对预处理有独特的要求，主要包括：①配准，保证多时相影像中同一像素对应同一地理位置地物；配准误差是变化检测最主要的误差来源之一。②辐射校正，消除不同时相影像间的辐射差异。辐射校正是预处理的一个重要步骤，由于多时相遥感影像获取时间不同，包括太阳角度、大气条件等外界成像因素差异会造成同一地物表现出不同的光谱特征，这样所造成的“伪变化”是变化检测最主要的难题。

现有的辐射校正方法可以分为绝对辐射校正和相对辐射校正两类。绝对辐射校正要将影像 DN 值转化为地表反射率，一般需要精确的大气参数和复杂的反演模型，在 1.5 小节里已介绍一些绝对辐射校正的方法。相对辐射校正只是将目标影像辐射值同参考影像辐射值进行匹配，一般需要寻找目标影像和参考影像的辐射关系，更加易于计算。相对辐射校正的基本假设是未变化地物在多时相影像同一波段上的辐射值是线性相关的，但是，真实变化地物肯定会对寻找正确的线性关系产生影响。因此，如何从影像中自动、精确地寻找未变化的校正参考点，即所谓的伪不变特征点 PIFs(Pseudo-Invariant Features)是相对辐射校正研究的关键。

2. 变化检测

变化检测这一步骤就是根据使用的遥感影像数据，选择合适的变化检测方法，以分析多时相数据中地物的光谱、空间、纹理等特征差异，提取变化强度或“from-to”变化类型等信息，一般得到的是连续取值的变化强度信息。

3. 阈值分割

阈值分割是指根据变化检测步骤提取的连续变化强度信息，进一步确定变化的具体类型，如划分变化、未变化等变化信息的过程。许多变化检测研究以单波段影像差值或变化向量分析强度图作为输入，以变化强度分割作为主要研究内容，也可以认为属于阈值分割研究。在变化检测研究中，二类 *K*-均值聚类算法和大津阈值算法(OSTU)是两种简单且有效的自动阈值分割算法。

4. 精度评价

在得到变化检测的结果后，还需要对其进行精度评价，分析变化检测结果的可靠性。目前常用的精度评价方法包含以下 3 种。

(1)混淆矩阵。混淆矩阵是分类精度评价中应用最广泛的方法。在变化检测中，可以将变化/未变化二值结果看作一个二类分类结果，使用混淆矩阵、总体精度和 Kappa 系数来评价变化检测精度。在“from-to”变化类型分析问题中，可以将每一个“from-to”变化类型看作一个类别，同样使用混淆矩阵进行分析。

(2)ROC 曲线。ROC 曲线是一种不受分割阈值影响，能够评价区分变化能力强弱的方法。通过遍历阈值，获取每一个“检测率-误检率”数据点，画出一条 ROC 曲线。越靠近左上角的曲线代表在同一误检率下，检测率更高，即变化检测能力更强。同时，通过计算曲线下面积(Area Under Curve，AUC)，可以定量地评价变化检测能力的强弱。

(3)检测率。通过成功检测出来的变化地物比例来评价算法的效果，用于评价二值变化检测结果，一般同误检率搭配使用。为了综合两个指标，也可以采用 F-score 进行总体的精度评价。

1.6.4 遥感变化检测方法

中低分辨率遥感影像是传统变化检测研究的主要数据源，因其数据结构简单、信息精练、分辨率适中，适用于大多数变化检测任务，是变化检测技术的基础。多时相高光谱遥感影像能够提供更加丰富和详细的光谱特征及其变化信息，因此能够实现变化类型识别以及异常变化地物检测；多时相高分辨率遥感影像具有空间信息丰富、地物细节清晰的特点，可以利用空间信息提高变化检测精度，也可以检测建筑物等特定地物的变化情况，代表方法有面向对象的变化检测法等。针对中低分辨率遥感影像的变化检测方法出现得最早，应用最广泛，研究也最深入。按照算法的主要思想，可以总结为以下四类：

1. 多时相影像叠合方法

将同一波段不同时相的遥感影像分别赋予 R(红)、G(绿)、B(蓝)三个通道，在计算机屏幕上以彩色显示出来，则变化区域由于其对应的亮度值变化，可以在叠合图像上得到清楚的表现，进而可根据呈现的颜色识别出变化的区域。例如，在土地利用变化检测中，将三个时相的 SPOT 全色影像按时间从早到晚的顺序分别赋予红、绿、蓝色。若植被变化为裸地，即低反射率地区变为高反射率地区，那么变化的区域会显示为青色；若裸地变为居民区，即高反射率地区变为低反射率地区，则变化的区域将显示为红色。而一般反射率变化越大，对应的亮度值变化越大，则可根据叠合结果识别出地表土地利用方式的变化；没有变化的地表常显示为灰色调。多时相影像叠合方法可以方便且直观地显示变化区域的位置及土地利用类型，但无法定量地提供变化的类型和各类型面积。

2. 代数运算法

代数运算法，又称直接比较法，通过对多时相影像中对应像元的光谱值进行简单代数运算，并将运算结果作为各像元的特征值，以实现在特征影像上突出变化区域、抑制背景区域的目的。该类方法是变化检测研究领域最早出现的一类方法，原理简单且易于实现，其基本思路是经过某种简单代数运算，获取标识影像像元变化强度的变化特征图，并通过阈值分割提取二值变化检测结果。该类方法主要包括波段差值法、波段比值法和变化向量分析法，其中前两种方法仅用于检测发生变化的影像区域，后一种变化向量分析法还可根据多光谱影像像元差值向量的方向特性区分影像变化的类别。

1) 波段差值法

波段差值法是最早出现的变化检测方法。对经预处理的多时相影像进行逐像元的光谱相减，将各像元的光谱差值构成特征影像。

$$D_{ij}^{k} = I_{ij}^{k}(t_2) - I_{ij}^{k}(t_1) + C \tag{1.33}$$

式中，$I_{ij}^{k}(t_1)$ 与 $I_{ij}^{k}(t_2)$ 分别表示 t_1 与 t_2 时相的影像中像元 (i, j) 在第 k 个波段上的光谱值；为使差值运算所得的影像特征值不为负数，一般采用一个正常数 C 进行调整；D_{ij}^{k} 则为该像元在第 k 个波段上的差值影像特征值。

在差值特征影像中，未发生变化区域差值特征在 C 附近，而发生变化的影像区域像元特征值位于两端，要么是较大的数值，要么数值比较小。为了综合各波段的差值特征，通常可对多波段差值特征影像进行加权合并：

$$D_{ij} = \frac{\sum_{k=1}^{N} D_{ij}^{k}}{N} \tag{1.34}$$

式中，N 为差值影像的波段数；D_{ij} 为合并后的单波段影像在像元 (i, j) 处的差值特征。为了进一步获取发生变化的影像区域，通常需要针对差值影像选择分割阈值，将影像像元分为变化与未变化两类：

$$F_{ij} = \begin{cases} 1, & \text{if } D_{ij} > T_1 \text{ or } D_{ij} < T_2 \\ 0, & \text{otherwise} \end{cases} \tag{1.35}$$

式中，T_1 与 T_2 为所选择的分割阈值，其中 T_1 表示针对像元光谱增加的分割阈值，而 T_2 为光谱降低的分割阈值；F_{ij} 为二值分割后像元 (i, j) 的特征值，1 表示发生变化，0 表示未发生变化。

在理想状态下，多时相影像中除了变化区域以外的背景区域在前后时相中不发生光谱变化，即差值影像背景区域的像元特征值为 C，理想分割阈值为 $T_1 = T_2 = C$。然而，在实际应用中，影像背景区域也会存在一定程度的光谱差异，分割阈值应满足 $T_1 > C$ 且 $T_2 <$

C。分割阈值的选择，既可以根据经验人为选择，也可以利用一些自动阈值选择方法。

2)波段比值法

波段比值法也是常用的影像代数方法，对预处理的多时相影像进行逐像元的光谱相除，利用各像元光谱比值构成特征影像：

$$R_{ij}^{k}=\frac{I_{ij}^{k}(t_2)}{I_{ij}^{k}(t_1)} \tag{1.36}$$

式中，R_{ij}^{k} 表示像元 (i, j) 在第 k 个波段上的比值影像特征值。相似地，波段比值法也可通过多波段比值合并与阈值分割获取二值变化检测结果。

3)变化向量分析法

变化向量分析方法(Change Vector Analysis, CVA)是波段差值法的扩展，通过计算所有波段之间的差值获得一个变化特征向量，变化向量的长度代表变化强度，变化向量的方向代表不同地物变化类型。变化向量分析更加适用于多光谱及高光谱遥感影像变化检测。在该方法中，将前后时相影像中像元 (i, j) 在各波段上的光谱值分别组成一维向量 $\boldsymbol{v}_{ij}(t_1)$ 与 $\boldsymbol{v}_{ij}(t_2)$，计算两向量的差值向量：

$$\boldsymbol{D}_{ij}=\boldsymbol{v}_{ij}(t_2)-\boldsymbol{v}_{ij}(t_1) \tag{1.37}$$

计算各像元差值向量的强度特性，组成像元差值向量的强度特征影像，并对其进行阈值分割：

$$F_{ij}=\begin{cases}1, & \text{if } |D_{ij}|>T \\ 0, & \text{otherwise}\end{cases} \tag{1.38}$$

式中，$|D_{ij}|$ 表示像元 (i, j) 处的差值向量强度值；T 为分割阈值；F_{ij} 为阈值分割后该像元的特征值，1 表示发生变化，0 表示未发生变化。理想状态下，未变化像元的差值向量强度值应为 0，即分割阈值 T 为 0；而在实际应用中，T 通常大于 0。

CVA 与波段差值法的主要区别在于，像元差值向量 D 还具有方向特性，即该向量与各维度的坐标轴所呈夹角。根据各个变化像元差值向量的方向差异，可对变化像元的方向特性进行聚类以区分像元的变化类别。

3. 影像变换法

影像变换方法是从数据统计结构出发，提取出数据特征用于变化检测。相比于原始波段数据，从多时相影像数据中经影像变换而提取的特征信息能够起到更加突出变化地物、区分变化类别、提高检测精度的效果，这类方法统称为影像变换法。这类方法主要针对的是多光谱或高光谱遥感影像，即通过多变量数据变换减少或消除多时相影像的波段相关性，保留变量最少而有效的特征信息，实现影像降维，在提高检测效率的同时保证变化检测的精度。最具代表性的影像变换变化检测方法有主成分分析 PCA(Principal Component Analyis)、多元变换探测 MAD(Multivariate Alteration Detection)和独立成分分析 ICA(Independent Component Analysis)等，下面仅介绍主成分分析法。

影像主成分分析(PCA)就是将多光谱或高光谱影像中存在相关性的各个波段视为多个相互关联的变量，然后利用降维的思想，通过基于二阶统计特性的正交线性变换技术，实现各变量间的去相关性处理。在经变换后的影像中，各波段之间不再具有相关性，且影像信息主要集中在少数几个影像波段中。初始影像各波段间的相关性越大，在变换所得的影像中，影像信息越是集中在少量的影像波段上。主成分变换的具体实现如下：

$$Y_i = \boldsymbol{A}X_i \tag{1.39}$$

式中，$\boldsymbol{X} = \{X_i,\ i=1,\ 2,\ \cdots,\ N\} \in \mathbb{R}^n$ 表示波段数为 N 的原始影像变量集合，$\boldsymbol{A}$ 是 $\boldsymbol{X}$ 的协方差矩阵的特征向量按特征值从大到小顺序排列所构成的矩阵，$\boldsymbol{Y} = \{Y_i,\ i=1,\ 2,\ \cdots,\ N\}$ 为变换后的影像波段排列。

目前基于 PCA 变换的遥感变化检测方法主要有以下三种实现方式。

第一种，差异主成分分析法，首先对原始多时相影像进行多波段的影像差分，得到多波段差分影像，因为通过差分滤除了影像中相同的背景部分，所以其中集中了原两时相影像中绝大部分的变化信息；然后对多波段差分影像进行 PCA 变换；变换后的第一主分量应该集中了该影像的主要信息，即原两时相影像的主要差异信息，因此，再通过阈值分割就可获取二值变化检测结果。

第二种，多波段主成分变换法，首先将原始多时相的多光谱/高光谱影像复合为一个影像文件；然后对该复合影像进行 PCA 变换；由于变化信息主要集中在变换后的后几个主分量，因此提取变换后的靠后的几个分量，通过波段融合及阈值分割，获取二值变化检测结果。

第三种，主成分差异法，对不同时相的多光谱高光谱影像分别进行 PCA 变换，并对变换后的结果进行比较，以提取发生变化的影像区域。该方式下需要注意的是，虽然前几个主分量集中了多光谱影像的主要信息，但所需要的变化信息不一定在前面主分量对应的差值图像中，后面分量差值有时也能够突出反映原始影像的变化信息。因此，应利用反映变化信息比较多的几个差值分量做进一步的变化检测，例如通过假彩色合成方式在计算机屏幕上突出显示变化信息。

4. 分类检测法

除了检测地表发生变化的区域外，获取具体的地物变化类型，即“from-to”变化信息，对于分析变化前后的地物分布情况具有重要的意义，因此分类检测法在解决实际问题中得到非常广泛的应用。经典的分类检测法包括分类后检测与联合分类两种类型。

(1)分类后检测。即分别对多时相的遥感影像进行独立分类，然后再对比分析地物类别的变化。在前后时相影像分类时，注意选择的地物训练样本类型要一致。分类后变化检测应用较多，但是由于不同时相影像分类是完全独立的，多次分类误差的累积会造成变化检测结果的精度较低。

(2)联合分类法。即将多时相影像叠加到一起进行分类。理论上，在联合分类中是将每一种变化类型都看作一类，这样可以避免误差累积问题；但因为变化类型较多，往往难以选择充足的训练样本，反而使该方法无法在实际问题中得到广泛应用。

针对分类检测法所存在的问题，目前已经有许多相关的改进研究，如利用计算所得的多时相地物类别组合的后验概率来提高多时相影像地物分类精度，采用主动学习的方法解决多时相影像分类中样本选择的问题，将域适应理论引入变化检测问题等。

1.7 遥感地学综合分析

遥感影像反映的是某一区域特定地理环境的综合体，它由相互依存、相互制约的各种自然-人文景观、地理要素等构成，同时包含了地球各圈层间的能量、物质交换(赵英时等，2003)。在地学研究中，为了建立适合于解决复杂分类问题的较高层次的遥感信息模型，例如基于多源信息的或基于地学知识的遥感信息模型，需要全面、准确地理解所要解决的问题，深刻认识各种地面景观、地理要素及其相互关系。因此，进行遥感地学解译时，除了遥感影像上直接表现的地表光谱特征以外，还应注意两方面的信息对于地学解译的重要性：一是既然遥感信息综合地反映了地球系统各要素的相互作用、相互关联，那么存在于各种要素或地物的遥感信息特征之间的相关性反过来可以作为辅助分析的重要依据。二是区域知识在遥感地学解译中的作用，可以利用区域知识和相关的光谱知识来有效提高分类精度。所谓的"区域知识"，可以是解译者的实际知识和经验，并通过辅助信息DEM或专题图的界线等引入；也可以是利用图像直接提取的空间信息，并将它参与光谱信息的辅助分类(如面向对象的影像分类)。通过有效的方法将遥感影像上的地物光谱信息与以上两方面信息相结合以实现综合分析，无疑是提高遥感地学解译质量的重要途径。最常用的遥感综合分析方法是地学相关分析法和分层分类法。

1.7.1 地学相关分析方法

所谓遥感地学相关分析，是指充分认识地物之间以及地物与遥感信息之间的相关性，并借助这种相关性，在遥感影像上寻找目标识别的相关因子(间接解译标志)，通过影像处理和分析，提取出这些相关因子，从而推断和识别目标本身。选择的相关因子必须具备两个条件：一是与目标的相关性明显；二是在图像上有明显的显示或通过图像分析处理易于提取和识别。在地学相关分析法的具体应用中，首先要考虑与目标信息关系最密切的主导因子；当主导因子在遥感图像上反映不明显，或一时难以判断时，则可以进一步寻找与目标相关的其他相关因子。

1. 主导因子相关分析法

在影响地表生态环境形成的各因素中，地形无疑是一个主导性因素，它决定了地表水、热、能量等的重新分配，从而引起地表结构的分异。地形可以通过高程(海拔)、坡度、坡向等因子定量表达，也可以表达为综合性的地貌类型。

1)地形因子相关分析

地形主导因子相关分析的目的是根据地形因子影响某些地物类型光谱变异的先验知识，建立相关分析模型，减少分类的不确定性，提高分类精度。

例如，土壤是岩石风化物，是在生物、气候、地貌、水文等因素综合作用下形成和发展的，所以土壤是各种因素的综合反映。一般来说，仅凭遥感影像数据，直接进行土壤的遥感自动分类，效果不好；因为土壤的光谱数据受到许多因素的干扰(如植被覆盖、大气条件、太阳高度角的变化、土壤表层性质的季节变化、地表形态等)。地形在成土过程中的作用主要表现在三个方面：①地形对土壤水分的再分配。在相同的降水条件下，地面接受降水的状况因地形不同而异。在平坦地形上接受降水比较一致，土壤湿度比较均匀；在丘陵顶部或斜坡上部则因水分流失常呈局部干旱，且干湿变化剧烈；在斜坡下部由于径流水及土体内侧渗水的流入，常较湿润；在洼陷地段、碟形洼地或封闭洼地，不仅有周围径流水及侧渗水的流入，而且地下水位较高，常有季节性局部积水或滞涝现象。不同的地形部位的土壤水分条件不同，成土过程及土壤特性也不一样。②地形对热量的再分配。在山地和丘陵，南、北坡接受的光热明显不同，北半球南坡日照长，光照强，土温高，蒸发量大，土壤干燥，而北坡正相反，因此南、北坡土壤发育强度和类型均有区别。海拔高度影响气温和土壤的热量状况，通常在中纬度地区，海拔升高 1000m，气温下降 6℃，因此海拔越高，气温和土壤温度越低，在高山、高原地区特别明显。③地形对成土母质的再分配。在斜坡地形的不同地段，由于母质被径流的冲刷、搬运、沉积的作用不同，会引起母质的重新分布。在斜坡上部，一般土质较薄，质地粗，养分易流失，土壤发育度低。在下坡和缓坡地带，产生侵蚀物的堆积，土壤性质与上部陡坡恰好相反。在干旱气候环境中，由于地形条件不同，土壤盐分发生再分配，可导致土壤盐化程度的差异。在微起伏的小地形区，高凸地由于蒸发强烈，表土积盐现象比较严重，一般垄作区的垄台较垄沟积盐重。因此，土壤遥感分类中，往往要把遥感光谱数据与常规的土壤分析方法相结合，利用土壤形成与成土因子、成土环境间的密切关系，进行相关因子分析，以识别土壤类型。

再如，在地表植物群落的物种组成和多样性研究中，地形是主要影响因子之一。对于植被沿海拔的分布，普遍认为植被沿海拔梯度呈现出带状分布，即植被的海拔带，这种格局在海拔较高的山区尤为明显。例如，贺兰山地区植被垂直带变化明显，在海拔 1200~1400m，为山地荒漠草原带，主要分布猪毛菜、胡枝子等耐旱灌木、矮灌木；海拔 1401~1900m 为山地疏林草原带，分布有蒙古扁桃、紫花醉鱼草、灰榆等灌木；海拔 2000~3000m 为山地针叶林带，分布青海云杉、油松等；海拔 3000m 以上为高山灌丛草甸，主要分布悬钩子、峨眉蔷薇等植物。坡向总是与温度、光照、湿度等相联系，一般来说，阳坡总是比阴坡有更高的温度、更充足的光照、更低的湿度条件；坡度则可能主要关联到湿度，坡度越陡，湿度越小。坡向和坡度的多样性变化会创造出多样性的小生境条件，由于物种分布范围的生境条件的限制，使得它们可能呈斑块状地分布于适宜自身生长的小生境上，这样，坡向和坡度间接导致了物种组成和多样性的差异(任学敏，2012)。因此，在山地植被分类中，可利用海拔高度、坡向、坡度等因子来辅助分类，以提高分类精度。

2)地貌类型相关分析

地貌类型的划分与所在地理区域有关，不同的区域会有不同的地貌类型划分原则。如黄土高原地区主要分为塬、墚、峁和各类沟谷等地貌类型；沿江地区河流的侵蚀与堆积形成了河床、河漫滩、阶地、冲积平原等地貌类型。在遥感地学解译中，可以通过解译目标与各种地貌类型之间存在的相关性进行分析。

例如，对山东惠民县利用 MSS 黑白影像进行土壤盐碱化的遥感分析。一般经验是重盐碱土因为在地表出现盐霜、盐壳，地表反射率高，因而在影像上会表现为白色斑块，这是盐碱土识别的主要依据。但是，在山东惠民县李庄一带的图像上出现了一块异常的黑灰色斑块，是否为盐碱土还需要进一步参考地貌信息。该区域的地貌主要表现为岗地、坡地、洼地，这种微地貌导致平原水、盐、土、植被等一系列的相关的规律性变化：微地貌影响地下水的分布与埋深，控制水盐动态变化，制约土壤的形成过程与盐渍化，呈现出“岗旱、洼涝、二坡碱”的地学规律，控制作物、植被分布及村落的集聚等。从微地貌上看，该异常灰色斑块位于黄河和徒骇河之间，三面被黄河决口扇所包围，似乎是地下水位高的河间、扇间洼地，则应属“洼地—潮土—大田作物”或“洼地—潮土—芦苇”组合关系。如果上述分析成立，那么在9月的标准假彩色影像上，应相应出现反映作物或芦苇生长期的红色。但事实并非如此，反而呈现出反映荒地的灰绿色、灰蓝色。进一步研究可知，黄河为地上河，该处紧靠黄河与徒骇河，受河水的侧渗作用，地下水位高，水盐上升而呈重盐碱土，因而呈现没有生机的荒地景观。即符合“地下水位浅—缓平坡地—盐碱土—荒地”这一组合关系。之所以这块盐碱土没有出现高反射的亮白色，其原因是土壤中含有大量吸湿性较强的镁、钙离子，常年呈潮湿状态，因而在旱季影像上仍显暗色调。

2. 多因子相关分析法

在遥感图像分析过程中，由于需识别对象受到多种因素的影响与干扰，影像特征往往不明显，而且相关因素较多，难以确定相对于影像特征较明显的主导因子。为此，可采用多因子数理统计分析方法，通过因子分析，从多个因子中选择有明显效果的相关变量，再进行所选择的若干相关变量分析，以达到识别目标对象的目的。

以遥感地质找矿为例，遥感地质找矿是在现有物化探、地质、地震等资料及遥感图像构造解译的基础上，采用多因子点群分析方法，寻找各因子与成矿的内在关系，并通过多变量分析，找出有希望的矿点、矿区。

试验区为湖北变质岩系地层广为出露的地区，地质构造较复杂，岩浆活动频繁、强烈，矿种多、矿化普遍，与成矿有关的因素很多，关系复杂。具体做法如下：

(1)把全区格网化，划分为161个格网单元，每格网相当于地面1000km^2。

(2)确定与找矿有关的变量。共选出45种变量，将它们归纳为：线性影像特征密度、矿床矿点密度、航空磁异常、岩浆岩、地层、地震参数、化探异常参数、重砂异常参数共8大类。

(3)变量测定。即以格网为单位，根据相应的专题图数据进行45种变量数据(平均值)的测定，每类变量相当于有161个样品值。

(4)多因子点群分析。经以上变量测定，161个样品，每个样品均由8个变量组成，可以看作由8个变量组成的8维空间中的一个点，也就是说161个点在8维空间内均有各自确定的位置。对这些数据按一定的规则进行统计分类，根据各点相似性程度的大小，逐一把161个样点归类成群。这里要注意的是，统计前，为避免因测量单位及标准不一而引起的错误，使每个变量统一于同一标准范围之内，必须对各数据做标准化处理。

样品聚类分析的结果，把有希望的矿区分为4类，每一类成矿条件区又进一步划分为数个亚区，为进一步找矿提供依据。同时，对8类变量的有效性进行分析评价，即通过计算复相关系数来说明各变量与成矿间的关系。研究结果表明，断裂构造起控岩、控矿的重要作用，与成矿关系最密切；岩体、地层、物化探异常均与成矿有关；唯有地震与成矿无关，说明地震构造是成矿后发生的。

3. 指示标志分析法

地球表面环境的形成和发展是地球各圈层相互作用的综合表现，它体现出一定的规律性特点。由于环境各组分相互关系的变化，往往造成局部区域内自然环境“正常”的组合关系、空间分布规律等会遭到破坏，而引起一系列生物地球化学异常现象。在遥感中，对这些“异常”现象的研究主要通过各环境要素的相关性，在图像上寻找相关因子和“异常”标志。这在遥感生物地球化学找矿及地植物学找矿，找地热、油气藏，以及对环境污染、植物病虫害的监测等方面有广泛应用。

近地表的矿床和矿化地层，经风化后，地球化学元素的迁移、集中，往往形成地球化学元素异常，这种异常也会引起土壤化学性质的变化(如微量元素的过量或缺失)以及地表植被异常(如引起植物体内化学成分、水分等相应变化，以致某些植物生长受压抑、病变或特别茂盛，植物群体分布特别稀疏或集中等)，形成所谓的“生物地球化学异常”或“地植物学异常”。这种异常往往导致出现一些特有的指示植物，例如，中非的铜花、我国的铜草都是铜(Cu)的典型指示植物，可以准确地追踪富铜区、铜矿的踪迹；杜松是探铀(U)的指示植物；波希米亚的七瓣莲为锡的指示植物等。

某些微量元素能促进植物体中酶的活化，可以促进植物正常生长，但若这些元素过量或缺少都将使植物出现生理特征、形态、色泽等的明显异常，植物反射光谱也会发生变异。在遥感图像上，根据植物的色调、形态、纹理结构的变化，判断“植物景观遥感异常”发生的时间、范围、强度等，同时进行圈定，以绘制植物异常图；再结合地面调查、化探、采样分析等追根求源，不仅可以寻找矿源及新矿化带，而且可以研究植物分布与地下矿带间的关系，为进一步找矿服务。

1.7.2　分层分类方法

地球表面的景物种类繁多，复杂多变，其表现在遥感影像上的影像特征和组合关系亦是如此，显然根据单一数据源或某个统一的分类准则往往难以实现遥感影像地学分类。深入研究这些看似“杂乱无章，错综复杂”的景物的总体规律及内在联系，理顺其主次或因果关系，是遥感解译中进行“地学处理”的基础。采用分层分类逻辑来处理可使问题大大简化，因此较多应用于复杂的分类问题。

1. 分层分类法的含义

分层分类法指利用树状结构(分类树)来表达景物之间的各种复杂关系，并按照分类树的逻辑，逐级分层次地把所研究的目标一一区分、识别出来。分层分类法在一定的原则下通过层层分解使复杂问题得以简化，可避免出现逻辑上的分类错误；在分类树不同的节点上，可选择不同的数据和适宜的分类方法，使一个复杂问题中的分类方法多样且更具针对性，分类效果更好。对遥感地学解译而言，尤为重要的是分层分类中经验和知识的参与灵活方便，可以在不同层次之间、以不同形式(如逻辑判断、物理参数、数学表达式等)介入，便于遥感与地学知识的融合。本章1.4小节中介绍的决策树分类器实质上就是一种分层分类的方法。

分层分类法包含三层含义。

(1)根据景观分异规律和对景物总体规律及内在关系的认识，设计分类树。这种不同类别间的相互关系、内在联系，有的可以根据理论分析和实际知识与经验直接确定；有的需要通过大量计算或统计分析、间接指标来寻找。

(2)根据分类树所描述的景物总体结构和分层结构，进行逐级分类。实际上，对目视解译而言，就是在分类树的每个节点上，建立类别间的解译标志来区分它们；对计算机分类而言，则是按一定的分类规则(如阈值分类、最小距离、最大似然等)分别设计各种分类器，对图像中的各像元进行逐层的识别、归类，通过若干次中间判别最终得到判别分类的结果。也就是通过一组独立变量，将一个复杂数据集逐步分解为一些更纯、更同质(均匀)的子集。

(3)分类过程中，在结构层次间可以不断地加入遥感或非遥感的决策函数、专家知识及有关资料(如一些边界条件、分类参数等)，以进一步改善分类条件，提高分类精度。这种辅助决策函数的加入，使分类树的结构更合理，从而组成一个最佳逻辑决策树，可以得到更满意的分类结果。

2. 分类树的建立

建立分类树的基本条件是，所有要表达的类别在各层次中均无遗漏；各类别均必须具有信息价值，即必须与识别的目标对象有关联、有意义，在分类中能起到作用；所列类别必须是通过遥感图像处理能加以识别、区分，在图像上有明确的显示或可以通过图像数据来表达。

例如，若从耕地分类的角度，可先将地表特征分为裸露地表、植被、人工设施、云、地表水五种大的类别(第一层)；植被类又可分为天然植被、栽培植被两个子类(第二层)；耕地属于栽培植被，所以接下来栽培植被再被分为休闲地、园地、耕地子类(第三层)；根据需要，逐层细分……直到得到感兴趣的各种耕地类型为止。这样就可以建立一个提取耕地信息的分类树，如图 1-10 所示。

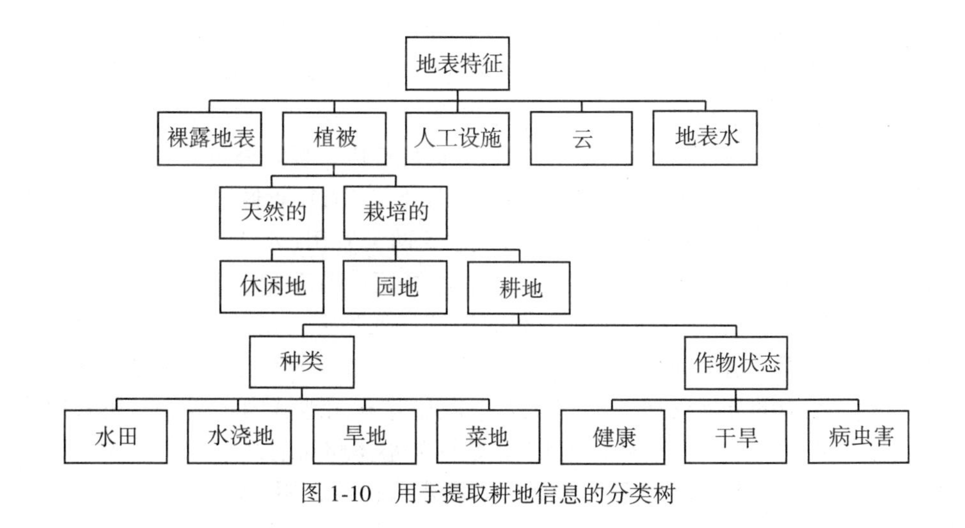

图 1-10 用于提取耕地信息的分类树

但图 1-10 中的分类树有可能并不具有最优分类逻辑。实际上，对于某一景物或现象而言，同时满足三个基本条件的分类树可以有很多种，不同的人考虑问题的角度和理解的程度不同，所建立的分类树、寻找的分类途径均不同。然而一个分类树设计的好坏在于，各分类节点上的类别间差异越大，遥感的可分性越高，分类精度和效率才能越高。例如，若在图 1-10 分类树的第一层只区分植被和非植被两类，也能满足耕地分类的需求，但明显使分类树更加简练，会大大提高分类效率。此外，在分类树的各节点上，分类特征与分类方法的选择也很重要。利用何种数据源，选择哪些分类特征，采用何种分类方法，以及分析者的水平均直接影响到识别与分类的结果。

建立分类树首先需要了解地物间的总体规律和内在联系，而定量地获取这种规律和联系的途径也很多。遥感影像的统计特征能揭示和反映遥感数据内部及各波段间内在的规律性，可以通过分类样本对各波段、各类别间的相关性和可分性进行量化计算，也可以用叠合光谱图直观地显示不同类别在每一波段中的位置、分布范围、离散程度、可分性大小等，这些都可作为选择最佳光谱波段的依据。通过遥感影像也可以在一定程度上获得地物空间属性及地物间的空间关系，但对于来自其他非遥感数据的解译知识和经验，如地域知识、数字地面模型(DTM)等信息则需要解译专家进行认真分析和总结，根据需要提炼为可以作为分类条件的知识规则，从而才能参与遥感地学综合分析的分层分类。

3. 基于知识的分层分类

由于遥感影像对地物信息的表达存在一定的片面性和局限性，因此遥感地学解译中人们往往需要借助地学知识来参与分类，以便更加客观、全面地去解决复杂的地学分类问题。具体地说，在遥感分层分类中，就是基于地学知识规则将空间异质的大区域划分为若干相对均匀的子区，再对各个子区分别分类。地学知识的含义非常宽泛，基于知识的分层分类方式也非常灵活多样，地域知识、空间知识以及其他辅助数据等都在遥感地学解译中具有非常重要的作用。

地域通常是指一定的地域空间，是自然要素与人文要素作用形成的综合体。地域具有一定的界限，同一地域内部表现出明显的相似性和连续性，不同地域之间则具有明显的差异性。例如，堤垸一般是修筑在江、湖的浅水处的人工设施，其功能类似堤坝，内垦为田，并通过堤上涵闸引水和排涝。也就是说，堤垸是江、湖边人类生活区域的边界，若以堤垸为界划分不同的地域，可以划分三个地域，即堤垸内、堤垸外过渡区和水区。在这三个不同的地域内，对应的地表覆盖类型也不同。若要基于 TM 影像进行洞庭湖区域洪水灾情研究，根据需要欲区分九种地表覆盖类型，包括两类农田(水田、旱地)和七类不同水体(江水、湖水、堤垸内水体、淹没区、湖水边缘区、芦苇地、芦苇-芦草地、泥沙滩地)。但由于洪水期间多种地表覆盖类型间的光谱特征相近，仅基于光谱特征无法区分，因此需要引入地域因子这个辅助参数，并结合光谱特征按照分层分类的方法来逐级提取各种类型的信息。相应的分类树如图 1-11 所示，其中除利用地域因子以外，还采用了光谱指数+阈值的方法，即用 TM 1/TM 5+TM 7 指数区分水体和陆地，用 TM 5/TM 4 区分不同泥沙含量的水体，用 TM 3/TM 2 区分淹没区和湖水边缘区，用 TM 4/TM 3 区分芦苇地和芦草地。按照分层分类的原则，由地域因子和光谱特征交叉灵活应用，逐级提取各种不同的专题信息。

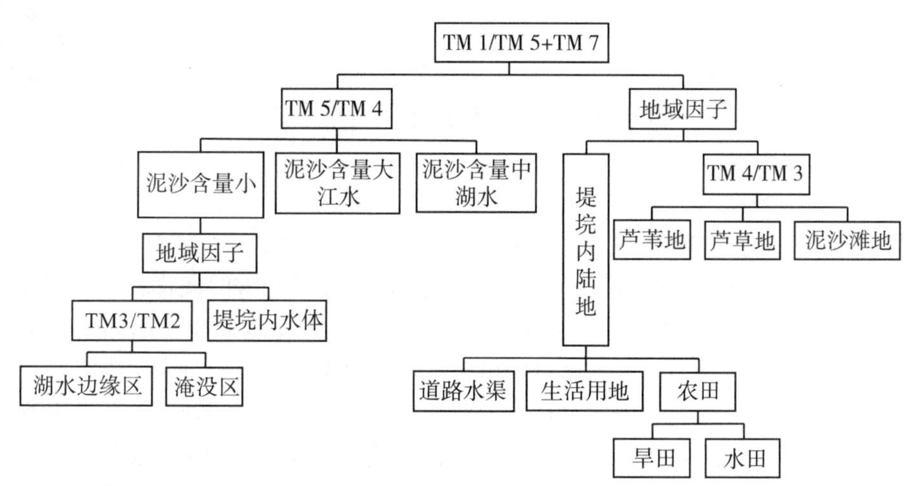

图 1-11 洞庭湖地区专题信息分层分类

所谓"空间信息"，是指影像本身所固有的特征，利用面向对象的影像分析方法可以在分类过程中较高程度地利用地物的空间信息，如影像纹理、对象的大小、形状、方向、重复性和上下文关系等。面向对象影像分析中需要先对影像进行分割，然后基于对象的各种特征进行分类。而影像对象的基本特征非常多样，除了光谱特征外，还有表达地物空间信息的空间特征(如面积、形状、纹理等)及空间关系特征(与相邻对象之间的关系)等。采用面向对象分类方法在分类过程中加入空间信息后，可以大大提高其分类精度，该方法已广泛应用于空间信息丰富的高空间分辨率遥感影像分类中。

在遥感地学解译中，DTM、土地利用规划、地质专题图等辅助数据都可以作为表达解译专家地学知识和经验的重要数据源。其中，DTM 是一个与土地覆盖类型密切相关的因子，可以有效地修改由于光谱混淆而引起的错分现象；海拔高度也可以作为植被分类的重要特征。

第2章 地貌遥感

地貌(Landform)，也称地形，是地球表面各种形态的总称。在地球内营力、地表外营力的共同作用下，形成了形态各异、规模不等的各种地貌。随着时间推移，地貌处于不断的变化发展中(杨景春，李有利，2017)。地形表面参数描述地形表面的固有特征，是其他复合地形参数、工程应用以及土壤侵蚀模型、水文模型、气候模型和生态环境评价等各类地学模型的关键输入因子。因此，地貌学研究在农业生产、工程建设、矿产勘查、灾害防治、气候变化、城市规划与建设以及环境保护等领域具有重要意义。在地学研究中，地貌也是一个重要的因子。

遥感技术由于具有宏观性、综合性、时效性、可重复性和经济性等特点，已成为地貌学研究的重要技术手段。以遥感(Remote Sensing，RS)、地理信息系统(Geographic Information System，GIS)和全球导航卫星系统(Global Navigation Satellite System，GNSS)为代表的“3S”技术与地球物理探测等技术的结合，极大地提高了地貌学的研究精度，为地貌研究开拓了新的方向——遥感地貌学，使地貌学的研究内容在宏观和微观两个方面均有重大进展。从宏观而言，基于遥感影像等多源数据，可以全面、系统地解译、分析各类地貌的宏观特征、分布规律及动态变化，可以识别地理位置偏远、自然条件严酷、人力难以抵达的各类荒漠地貌、冰川地貌、冻土地貌和火山地貌等地貌类型。从微观而言，随着新的遥感波段的开发，高分辨率(高空间分辨率、高时间分辨率、高光谱分辨率)传感器、无人机摄影测量和激光雷达等高精度摄影测量技术的出现，以及快速、高效的新型地学信息提取与分析方法的提出，结合野外实测数据，可以对诸如沙丘、雅丹、滑坡和峰林等地貌的形态特征及发育发展进行深入分析，使地貌学研究不断地向定量化与精细化的方向发展。本章在对地貌遥感进行概述的基础上，重点介绍构造地貌、河流地貌、荒漠地貌、黄土地貌、坡地地貌、冰川地貌、冻土地貌、岩溶地貌以及火山和熔岩地貌的基本类型、影像特征与解译要点。

2.1 地貌遥感概述

2.1.1 地貌遥感基本知识

地貌学(Geomorphology)是研究地表形态特征及其成因、演化、内部结构和分布规律的科学，是介于自然地理学和地质学之间的一门边缘科学(杨景春，李有利，2017)。

地表形态千差万别，规模大小差异明显。陆地和海洋构成地球上规模最大的地表形态，陆地上既有高大的山脉、辽阔的高原、一望无际的平原、面积巨大的盆地、绵延千里的河流，也有短小的沟谷和低矮的沙丘；海洋中有大洋盆地、大洋中脊、海沟和岛弧等千变万化的地貌形态。

这些规模不等、形态各异的地形，其成因也不尽相同。构造运动和岩浆活动等地球内营力塑造地形起伏，控制海陆分布轮廓以及山地、高原、盆地和平原的地域配置，决定地貌的构造格架。流水、波浪、风和冰川等地表外营力则能够削高补低，通过多种方式，对地壳表层物质不断进行风化、剥蚀、搬运和堆积，从而形成现代地面的各种形态。在内、外营力作用下，随着时间的推移，地貌处于不断的变化发展过程中。

我国地势起伏较大，地貌成因错综复杂，地貌形态、地貌类型丰富而典型。依据成因不同，主要地貌类型包括构造地貌、河流地貌、荒漠地貌、黄土地貌、坡地地貌、冰川地貌、冻土地貌、岩溶地貌、火山和熔岩地貌以及海岸地貌等。

地貌遥感是地貌学研究的重要技术手段之一。地貌遥感是以地貌学的理论及其知识系统为基础，按照地貌的形态类型、成因类型和图像特征建立各类地貌的遥感解译标志与图像识别系统，从而进行地貌类型的图像识别和解译、地貌学遥感制图、计量地貌学遥感研究以及工程地质地貌学遥感研究等，为分析地貌的发育形成及演化过程，促进农业生产、工程建设、矿产勘查、灾害防治和环境保护等提供有力的支撑。

2.1.2　地貌遥感解译基本原则

地貌遥感解译是指从遥感影像上获取地貌信息的过程，可以通过目视解译或计算机解译的方式实现。其中，通过专业人员的直接观察获取地貌信息的目视解译方法，综合应用各种直接解译标志以及间接解译标志进行分析判读，简单易行，应用广泛。

在进行地貌遥感解译过程中，通常需要遵循以下基本原则(田淑芳，詹骞，2013)。

(1)从区域地貌入手。了解区域地貌的形成条件、成因与特征，通过地貌形态分析，全面系统地了解地貌演化的动态过程。

(2)注意各种解译对象的相互关系。主要包括地貌单体与组合形态的相互关系、宏观地貌与微观地貌的相互关系、纹理特征与地貌类型的相互关系、地貌形态与地质体之间的相互关系、不同比例尺和不同类型影像上同一地貌形态解译标志的差异性等。

(3)从正常地貌中识别各种异常地貌。异常地貌是指与正常地貌过程形成不相符合的地形形态，常与岩性构造密切相关，如倒钩状水系、环形堤等。

(4)综合分析各种解译标志。解译过程中应充分利用色调、颜色、大小、形状、阴影、纹理、图案和位置等直接解译标志，同时应结合植被、水文、土壤、岩性和地质构造等间接解译标志进行综合分析。

(5)充分利用多源遥感数据进行对比分析。随着遥感技术的快速发展，可获取的遥感数据从单一波段发展到多波段、多角度、多极化(偏振)、多时相、多模式，从单一传感器到多传感器的结合，可以实现多源遥感信息的优势互补，提高解译精度。

地貌遥感解译是地貌学研究领域中的基础性工作，解译结果的可靠性会直接影响到其他地貌学相关研究工作的质量。因此，本章的后续内容将重点介绍各种常见的地貌类型及其遥感影像解译要点，并结合实例介绍各类地貌的影像特征。

2.2 构造地貌

构造地貌(Structural Landform)是地壳运动直接形成或受地质构造控制而形成的地貌。按照构造地貌的空间尺度可以分为大地构造地貌、区域构造地貌和局地构造地貌(杨景春，李有利，2017；曾克峰等，2013)。构造地貌研究对于矿产资源勘探、工程建设、地震预报、城市规划及环境变化等研究具有重要意义。下面重点介绍大地构造地貌和局地构造地貌。

2.2.1 大地构造地貌

由大地构造运动形成并受大地构造控制的地貌，称为大地构造地貌。大地构造地貌组成地球上规模最大的两级地貌单元，第一级地貌单元为大陆和海洋，第二级地貌单元包括陆地上的山系、平原、高原和盆地以及海洋中的大洋盆地、大洋中脊、海沟和岛弧等(杨景春，李有利，2017)。

大地构造地貌中，对于第一级地貌单元大陆和海洋的解译，由于陆地和海水光谱特征差异大，水陆界限清晰，在遥感影像上很容易判读。对于陆地上第二级地貌单元，如平原、高原、山地、丘陵和盆地等的解译，可以依据色调、形状、阴影、纹理、图案及相关布局等解译标志，同时考虑主要的地理要素，如水系、耕地、城镇、交通网络、山脊和沟谷等进行综合分析。

平原是一种广阔、平坦、地势起伏很小的地貌形态类型。平原地区影像色调整体较为均匀，局部地区色调变化大，由于地势平坦开阔，影像上阴影较少。同时，在平原地区的影像上，水系、耕地、城镇、村庄和交通网络等广泛分布。高原也称高平原，是平原中海拔较高的一类地貌形态类型。由于地势较高，切割相对强烈。高原的地貌分异非常复杂，由于自然条件差异大，影像特征差异明显，具体可依据高原所处的地理位置进行判读。山地是山岭、山间谷地和山间盆地的总称，由于地壳上升受外力切割而成，主要地貌要素包括山脊、沟谷和水系网络等。从形态特征看，山地地形起伏大，坡地和悬崖绝壁、河谷与山间盆地等较为明显。影像上阳坡光照强，色调较浅；阴坡无阳光照射，色调较深，尤其是高山地区，常有大范围阴影存在，由于海拔高，山顶可见常年积雪或冰川发育。丘陵是介于平原和山地之间的一种过渡性地貌类型，不受绝对高度的限制，但丘陵相对高度通常较小，山坡较为平缓，多有耕地和居民地分布，影像上阴影较少。盆地四周通常被高原、山地或丘陵所包围，呈中间低平的盆地状，影像上呈平行四边形、菱形、半月形和不规则交错等多种形态。由于多数盆地有人类居住，影像上可观察到居民地、耕地和道路等。

基于遥感影像，依据以上基本解译思路，可对我国地势的三大阶梯(即以青藏高原为主的第一级阶梯，包括内蒙古高原、黄土高原和云贵高原以及塔里木盆地、准噶尔盆地和四川盆地在内的第二级阶梯，包括东北平原、华北平原、长江中下游平原和东南丘陵等地的第三级阶梯)，三横三纵一弧山(即东西走向的天山—阴山、昆仑山—秦岭以及南岭；东北—西南走向的大兴安岭—太行山—巫山—雪峰山、长白山脉—武夷山脉以及台湾山脉；喜马拉雅山)，四高四低三平原(即青藏高原、内蒙古高原、黄土高原和云贵高原四大高原，塔里木盆地、准噶尔盆地、柴达木盆地和四川盆地四大盆地，东北平原、华北平原和长江中下游平原三大平原)的总体特征有一个全面的认识和了解。在真彩色影像上，一级阶梯整体呈黄绿—浅褐色，形状各异、大小不等的深蓝色湖泊特征明显。由于青藏高原海拔高，气温低，影像上可见白色积雪或冰川分布。二级阶梯除南部的四川盆地和北部的大兴安岭地区由于植被茂盛，影像呈深绿色外，其余地区沙漠遍布，植被稀疏，影像颜色以土黄色为主，塔克拉玛干沙漠、古尔班通古特沙漠、巴丹吉林沙漠和腾格里沙漠的形状独特、纹理明显。三级阶梯以丘陵、平原为主，地势低，中部平原地区颜色以浅黄绿色为主，纹理较为光滑，南部的东南丘陵及北部的小兴安岭和长白山地区以深绿色为主，纹理相对粗糙。图 2-1(a)~(c)分别为第一级阶梯上拉萨西部、第二级阶梯上银川北部以及第三级阶梯上福州西部地区的卫星影像。

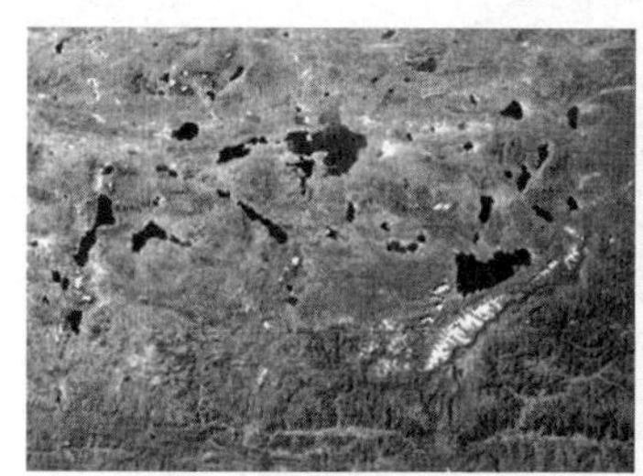

(a)拉萨西部　(b)银川北部

(c)福州西部

图 2-1　我国地形三大阶梯典型区域卫星影像

2.2.2　局地构造地貌

在大地构造格局与区域构造背景下，受局地构造作用、影响而形成的地貌，称为局地构造地貌。其主要类型包括褶曲地貌、断层地貌和水平地貌等(曾克峰等，2013)。

1. 褶曲地貌

岩层受挤压应力作用发生弯曲变形形成褶曲(Fold)，如图 2-2 所示，褶曲的隆起部位称为背斜构造，凹陷部位称为向斜构造(图 2-2(a))。由岩层褶曲而形成或受褶曲构造控制的地貌，称为褶曲地貌。褶曲地貌主要包括背斜山、向斜谷以及进一步演化发育形成的向斜山、背斜谷以及穹隆构造。图 2-2(b)和图 2-2(c)为巫峡的背斜山与庐山的向斜谷。

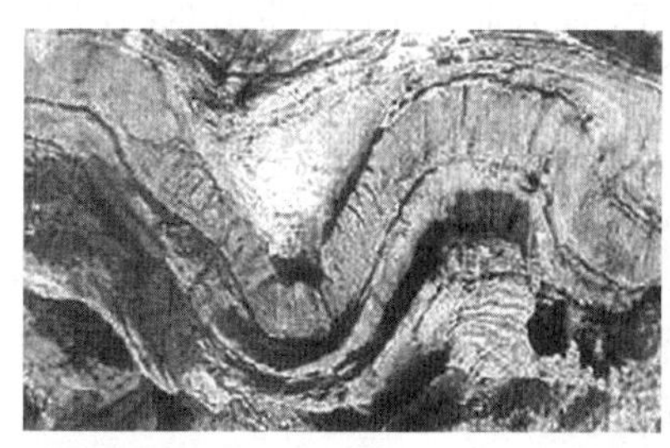

(a)褶曲

(b)背斜山

(c)向斜谷

图 2-2　褶曲及褶曲地貌照片

褶曲是褶皱的基本单位，地表的褶皱复杂多样、千姿百态，规模相差悬殊，大者可延伸数十千米，小者可在手标本或借助显微镜方可观察到(曾克峰等，2013)。在遥感影像上，褶皱构造发育区可见大量圈闭的圆形、椭圆形、橄榄长条形或马蹄形的特殊图型，且具有明显的对称性。因此，褶曲标志层色带的形状是判读褶皱的主要依据。同时，岩层三角面、单面山和猪背岭等构造地貌沿某一界面对称、重复出现也是判断褶皱存在的重要标志。图2-3为伊朗西部椭圆形背斜褶皱带的卫星影像，其对称性、分布范围和出露状况在全世界无与伦比。左图方框指示了右图的位置，右图为该褶皱带部分地区的Landsat 7 ETM+影像。

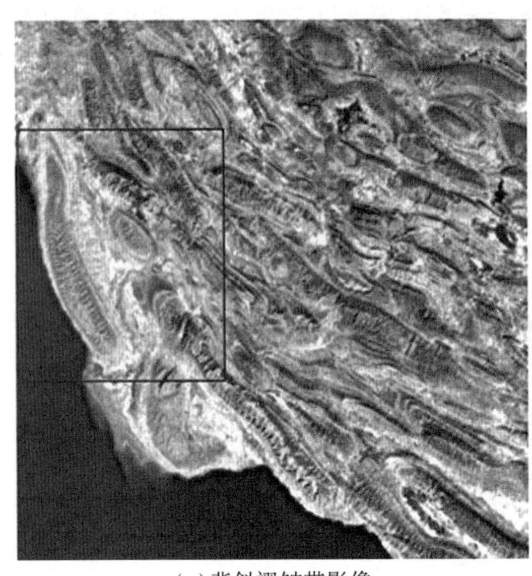

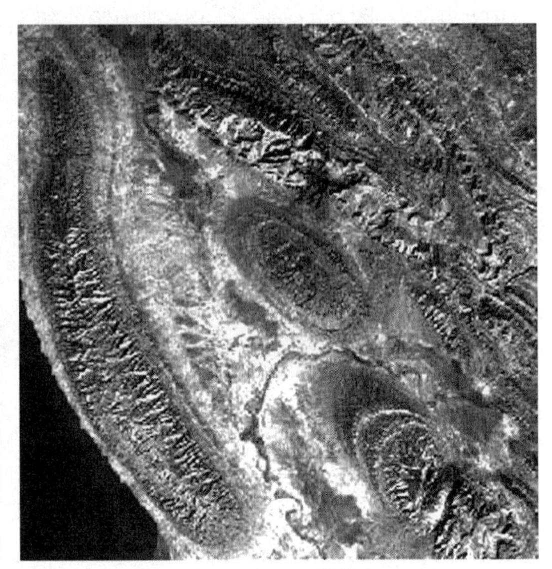

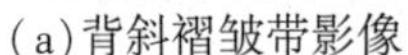

(a)背斜褶皱带影像　　(b)Landsat 7 ETM+影像(NASA)

图2-3　伊朗西部背斜褶皱带影像

穹隆构造为无明显轴向的背斜隆起，地层从中心倾向四周，平面形态呈圆形或椭圆形(图2-4(a))。发育在穹隆构造上或受穹隆构造控制而发育的地貌称为穹隆地貌，主要包括穹隆山、放射状水系、穹隆中央高原和环形单面山等。在图2-4(b)的影像上，从形状来看，穹隆构造无明显轴向，土黄色、浅灰色和深灰色等不同颜色形成了特殊的同心环状影像特征，水系呈放射状由中心流向四周。图2-4(c)为美国峡谷地国家公园穹隆构造的影像，其影像特征也较为典型。

在油气勘探靶区确定过程中，对穹隆构造的判读解译具有重要意义。例如，在我国北羌塘盆地中，穹隆构造是最重要的圈闭构造，利用卫星影像，在油气有利地带近东西向大中型背斜中寻找穹隆构造，是确定油气勘探靶区的重要途径。

2. 断层地貌

岩层或岩体受力发生断裂并产生相对位移形成断层，由断层直接形成的地貌(如断层崖)以及经外力剥蚀构造形成的地貌(如断层三角面)，统称为断层地貌。断层地貌的主要类型包括断层崖(Fault Scarp)、断层三角面(Fault Triangular Facet)、断块山地(Fault Block Mountain)、断陷盆地(Fault Basin)、断层湖(Fault Lake)和断裂谷(Fault Valley)等(杨景春，李有利，2017；曾克峰等，2013)。

(a)穹隆构造照片

(b)穹隆构造影像

(c)美国峡谷地国家公园的穹隆构造影像

图 2-4 穹隆构造

由于断层活动，使断层的一盘高出另一盘而出露地表形成的陡坎称为断层崖(图2-5)。断层崖形成后，受横穿断层崖的河流侵蚀，完整的断层崖被切割成许多三角形的断层崖，形成断层三角面(图 2-6)。受断层活动控制的地块因上升形成断块山地，因地块拉张陷落则形成断陷盆地。断陷盆地四周常分布陡峭的断层崖或断层三角面，随着时间的推移可积水形成断层湖。沿着断层或断裂破碎带形成的河谷称为断裂谷，通常为深窄峡谷，若断裂带较宽，形成较宽谷地。断层崖与断裂谷常相伴出现，形成较为壮观的景象。

断裂构造控制区域的构造格架，影响区域的构造演化，并与滑坡、地震等灾害的发生以及矿产、温泉和地下水等资源的探测密切相关(隋志龙等，2002)。在遥感影像上，断裂带解译的主要标志包括形状、色调、构造、地貌和水系等。断裂构造一般具有较为明显的线性特征，并常常表现为色调异常线、色调异常带以及线状延伸的不同色调的分界面。从地质构造看，断裂带的岩浆、火山及地震活动的线状分布特征明显；从地貌特征看，断裂带的地层三角面一般呈线状排列，湖泊群通常呈线状分布，河谷山脊也呈线状延伸或被切断；河谷异常平直或锐角急转弯、河道突然变宽或变窄等水系特征也是断裂带存在的重要标志。此外，断裂带的存在会引起土壤、植被、水文以及地形等各地理要素的变化，这些变化成为断裂构造的间接解译标志。结合影像的细节信息，通过综合分析，可以进一步确定断裂的性质(隋志龙等，2002)。下面将结合实例，进一步说明断层地貌的影像特征。

云南昆明的滇池是受第三纪喜马拉雅地壳运动的影响而形成的高原石灰岩断层湖，图2-7(a)为滇池及其附近地区的卫星影像，由影像可见，滇池岸线平直，呈长条形南北向展布。在滇池西侧形成高大的西山断层崖，山坡平直陡峭，如图2-7(b)所示。

图2-5　断层崖照片

图2-6　断层三角面照片

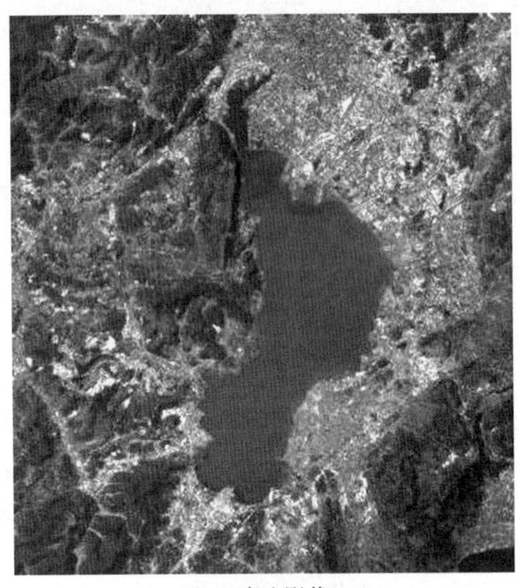
(a)滇池影像

(b)西山断层崖照片

图2-7　滇池及西山断层崖

雅鲁藏布大峡谷位于青藏高原南部、喜马拉雅山脉东端，是世界第一大峡谷。该地区新构造运动非常强烈，各种断裂构造十分发育，主要有北北东—北东向和北西西—北西向两组断裂，控制着这里的地质构造演化、山川地貌发育和地震活动(西藏自治区地质矿产局，1993)。图2-8为雅鲁藏布大峡谷局部断裂带影像。其中，图2-8(a)为五郎寺附近墨脱断裂错位地貌的影像，该断裂总体呈北东走向，线性特征明显。图2-8(b)为北西西走向的阿帕龙断裂带的影像，断裂呈直线状延伸，明显切割了各种现代地形、地貌。

昆仑山是我国西部山系的主干，号称"万山之祖"。图 2-9 为其东西向平移断层的 ASTER 影像。从影像上可见，该断层由两个平行部分组成，下部形成长条形湖泊，湖水呈黑色，上部有一系列冲积扇，由于水向下坡向涌出，水分较为充足，因此生长植被，在影像上呈红色。影像上断层线性特征明显，断层两侧的岩性、水系、植被和整体地质构造等也有显著差异。

(a)墨脱断裂影像

(b)阿帕龙断裂影像

图 2-8 雅鲁藏布大峡谷局部断裂带(邵翠茹等，2008)

图 2-9 昆仑山东西向平移断层影像(NASA)

塔里木盆地是我国面积最大的内陆盆地，处于天山、昆仑山和阿尔金山之间，周围被许多深大断裂所控制，盆地西南部的巴楚地区及西北的柯坪断隆区具有复杂的断裂系统(图 2-10(a))。以柯坪断隆为例，在图 2-10(b)~(e)柯坪断隆区的卫星影像上，转折端近于直角的箱状褶皱、横切箱状褶皱轴部的平移断层以及断层三角面清晰可见。塔里木盆地东北缘的库鲁克塔格山地区是西南天山和塔里木盆地的构造耦合带，涉及多条活动断裂。

其中辛格尔断裂和兴地断裂是该区域两条主要的活动断裂，线状特征明显，呈东西向延伸，由于地形错位、断层崖以及水系的位移，因此在影像上易于判读(图2-10(f))。

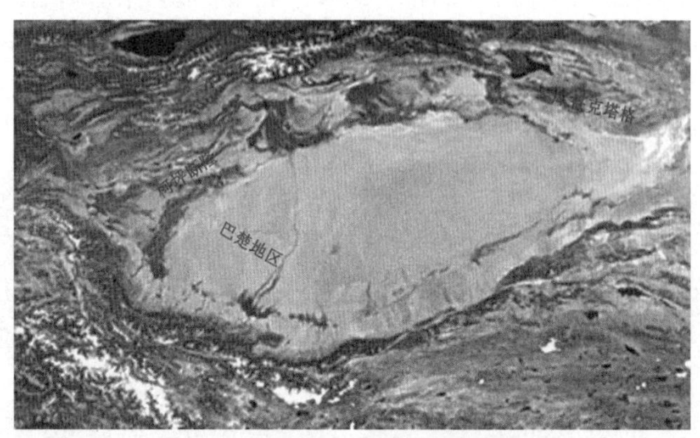

(a)新疆塔里木盆地及周围影像

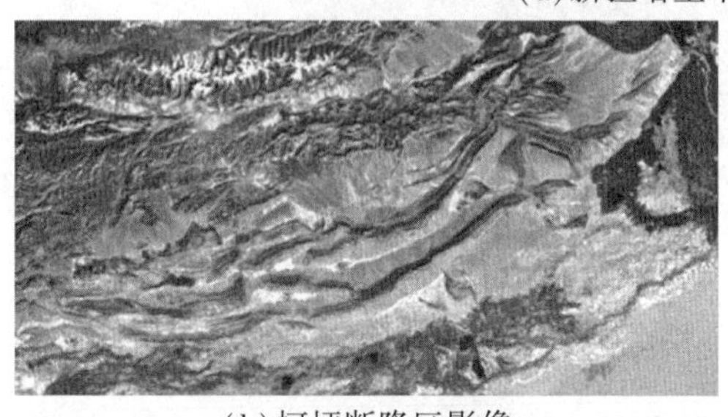

(b)柯坪断隆区影像

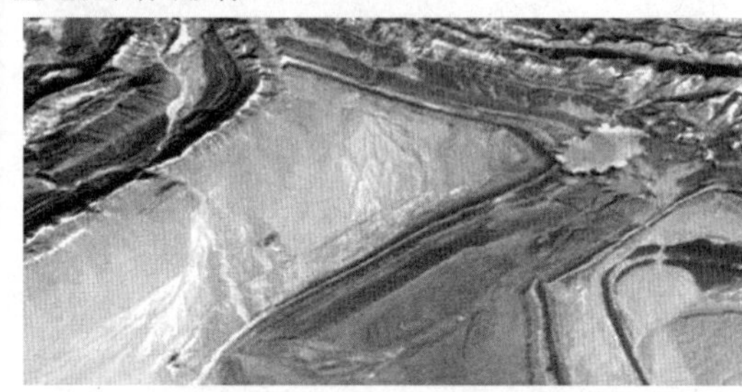

(c)柯坪断隆区箱状褶皱影像

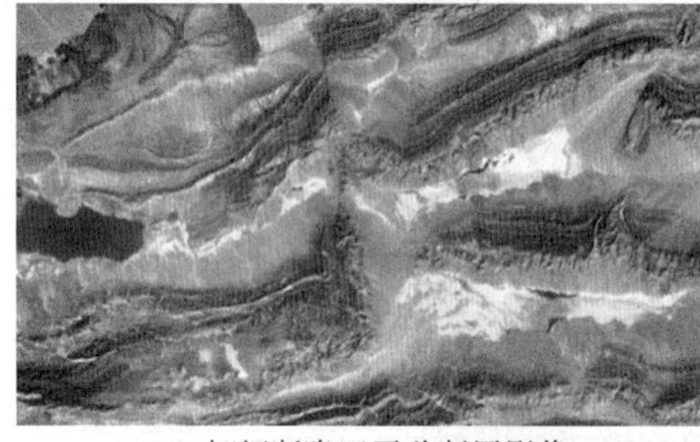

(d)柯坪断隆区平移断层影像

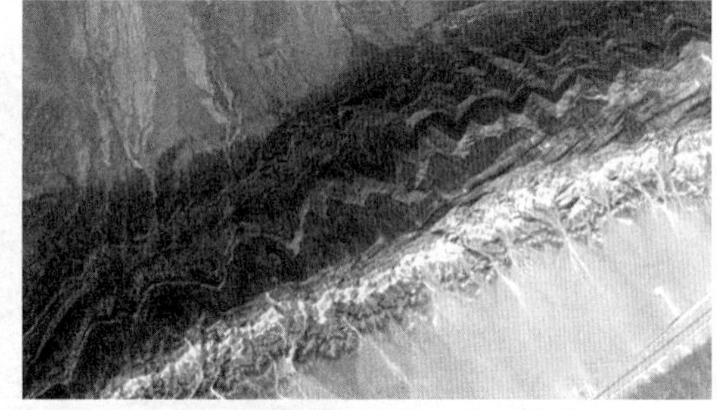

(e)柯坪断隆区断层三角面影像

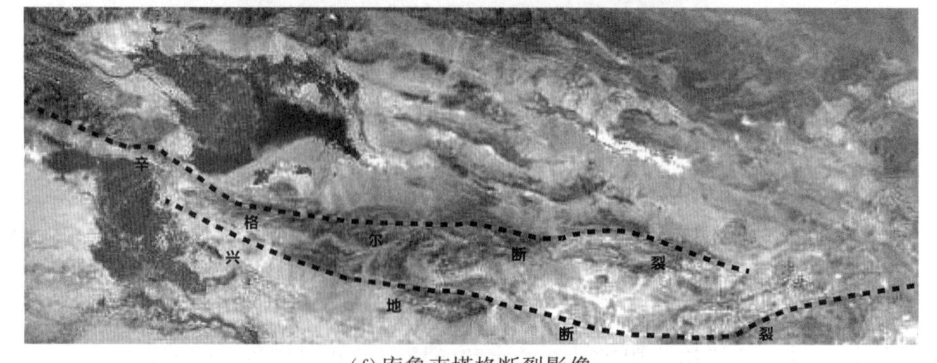

(f)库鲁克塔格断裂影像

图2-10 塔里木盆地断裂系统影像

贯穿美国加利福尼亚州南部的圣安德烈斯断层长度达 1287km，是地表最长、最活跃的断层之一，影像上线状特征明显(图 2-11)。美国犹他州中部的圆顶礁国家公园以其典型的单斜层岩——水穴褶曲而闻名，图 2-12 为公园内的 Waterpocket 断层及断层三角面的卫星影像。

图 2-11　圣安德烈斯断层影像

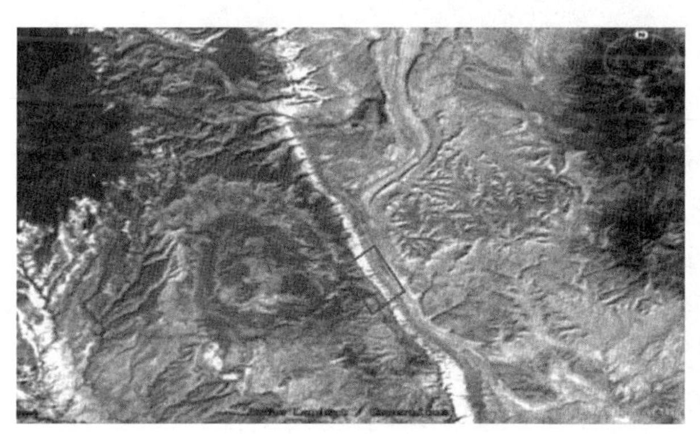

图 2-12　美国犹他州 Waterpocket 断层及断层三角面影像

位于以色列、巴勒斯坦和约旦交界的死海，是世界上海拔最低的湖泊，也是地球表面的最低点。死海是东非大裂谷在北方的延伸，是由地壳断裂形成的断层湖。死海断层是贯穿约旦河的左移转形断层，图 2-13 为该断层的 Landsat 影像，其中，方框所示为加利利海附近影像。

图2-13 死海断层的Landsat影像(右为加利利海附近影像)(NASA)

2.3 河流地貌

河流作用是塑造地球表面各种地貌最活跃和普遍的外营力之一(杨景春, 李有利, 2017)。河水在流动过程中, 对地表进行侵蚀、搬运和堆积作用而形成各种河流地貌(Fluvial Landforms)。我国河流众多, 地区分布不均衡, 水文特征差异大(曾克峰等, 2013), 开展河流地貌遥感解译是研究河流地貌及其演变过程与变化趋势的重要内容, 对工农业生产、城镇建设、水利和交通规划均具有重要意义。

在遥感影像上, 因分辨率不同, 河流呈现出不同的形状特征。在低分辨率影像上, 河流呈线状。在高分辨率影像上, 河流呈条带状, 河流侵蚀、堆积地貌易于判读。利用多波段彩色影像可以对河水浑浊度、悬浮泥沙浓度和水污染状况等进行分析, 利用多时相影像可以对河道变迁以及古河道分布等进行研究。

河流地貌主要包括河床、河漫滩、河流阶地、冲(洪)积扇、河口三角洲和冲积平原等类型。

2.3.1 河床与河漫滩

河谷形态复杂多样, 图2-14为河谷横剖面图, 由图可见, 河谷由谷底和谷坡两部分组成。谷底部分包括河床和河漫滩，河谷中枯水期水流所占据的谷底部分称为河床(River Bed)，河流在洪水期时淹没的河床以外的谷底部分，称为河漫滩(Flood Plain)。谷坡是河谷两侧的岸坡，常有河流阶地发育。

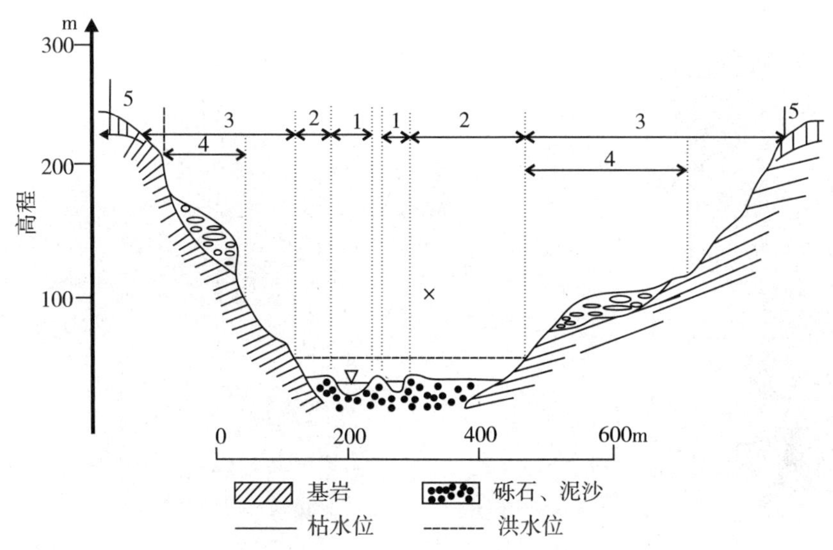

1. 河床；2. 河漫滩；3. 河谷坡；4. 阶地；5. 谷肩

图 2-14　河谷横剖面图(刘雪萍等，2021)

1. 河床

山区河床与平原区河床的形态特征差异大，可通过其横剖面和纵剖面加以反映。河床横剖面在河流上游多呈 V 形，下游多为低洼槽型。从河源到河口的河床最低点的连线为河床纵剖面，通常呈不规则的下凹曲线。

1)山区河床

山区河床纵剖面坡降大，横剖面较窄，深槽与浅滩交替，多瀑布和跌水，两岸常有山嘴突出，影像上河床岸线犬牙交错，河床形态较为复杂。在整体抬升的山区，深切曲流发育，河谷呈 V 形，同时发育离堆山。以雅鲁藏布大峡谷、黄河的晋陕峡谷段以及北美科罗拉多大峡谷较为典型。

雅鲁藏布大峡谷是地球上最深的峡谷，地球上最后的秘境，更是地球上最美的伤痕。据国家测绘地理信息局公布的数据显示，雅鲁藏布大峡谷北起西藏自治区东南部米林县派镇大渡卡村(海拔 3000m)，经由排龙乡的雅鲁藏布江大拐弯，南到墨脱县巴昔卡村(海拔 115m，位于藏南地区靠近印度阿萨姆邦处)。大峡谷全长 504.6km，最深处可达 6009m，平均深度约 2268m。图 2-15 为雅鲁藏布大峡谷影像，由影像可见，该区域河床岸线错综复杂，深切曲流发育。

晋陕峡谷段的黄河是典型的山地曲流，由图 2-16(a)可见，在陕西延川县附近，黄河呈现 7 个大弯，即永和湾、乾坤湾、盘龙湾和仙人湾等，此段河流蛇曲弯多，弯曲程度高，弯曲度最高达到 320°，乾坤湾处连续弯曲形成 S 形大弯，此段河流蜿蜒度为 2.63，这一数值在晋陕峡谷多个河曲中最高，其弯曲程度表明了河流因流水作用不断侧蚀的发展变化过程；同时，一个区域内有连续多个弯曲的情况在深切曲流中较为稀有，具有典型性(刘雪萍等，2021)。图 2-16(b)为乾坤湾的照片(中国国家地理，2005)。

(a)雅鲁藏布大峡谷影像

(b)深切曲流照片

图 2-15　雅鲁藏布大峡谷

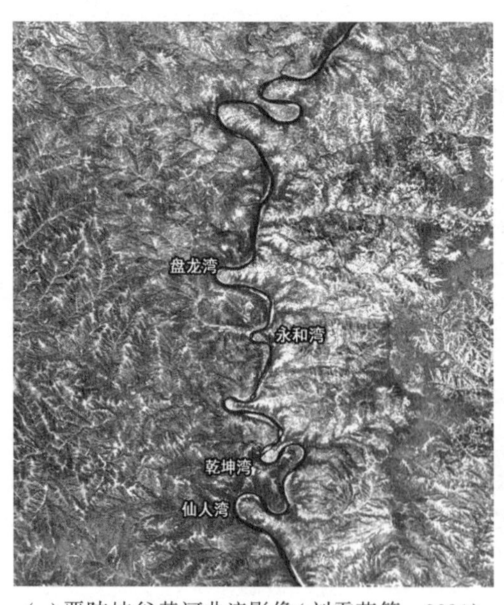

(a)晋陕峡谷黄河曲流影像(刘雪萍等，2021)

(b)乾坤湾(中国国家地理，2005.10)

图 2-16　晋陕峡谷的黄河曲流(刘雪萍等，2021)

北美科罗拉多河的中游河段，峡谷深邃，其中以科罗拉多大峡谷最壮观，大峡谷全长446km，平均宽度16km，最深处2133m，平均深度超过1500m，深切曲流广泛发育，科罗拉多河支流圣胡安河的深切曲流也较为典型，如图2-17所示。由图2-17(a)和图2-17(b)可见，由于高原抬升、河流的下切作用强烈，形成了典型的深切曲流。在图2-17(c)和图2-17(d)的影像上，科罗拉多河及其支流宛如密密缝补在科罗拉多高原之上的疤痕，匍匐于犬牙交错的河床之上。

(a)深切曲流照片

(b)深切曲流照片

(c)科罗拉多大峡谷影像

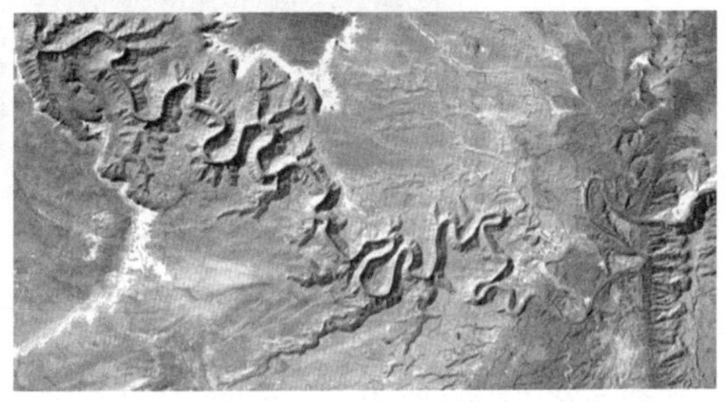

(d)科罗拉多河支流圣胡安河影像

图2-17　科罗拉多大峡谷及科罗拉多河支流圣胡安河的深切曲流

2)平原河床

平原区河床横剖面宽浅，纵剖面坡度较缓，有轻微起伏。据平原区河道形态及其演变规律，平原区河床可分为顺直河道(Straight Channel)、弯曲河道(Meander Bend)和分汊河道(Anabranching Channel)，其中，以弯曲河道和分汊河道较为常见。影像上主要的地貌图型组合类型有曲流型河流地貌(包括自由曲流、曲流环、曲流痕、自然堤、堤外泛滥平原和迂回扇等)、游荡型河流地貌(辫状河道、自然堤、古河道和决口扇等)以及弯曲型河流地貌(河流直道和弯道交替出现，汊道间发育江心洲)。

(1)弯曲河道。

弯曲河道又称曲流，在宽广的冲积平原地区，常见自由曲流，也称迂回曲流。河床纵比降小，河谷宽阔，河床不受河谷约束，能够自由迂回摆动，常形成牛轭湖(Oxbow

Lake)，在影像上易于识别。根据多时相遥感影像，可以对牛轭湖的形成、发展及曲流演变进行研究。

长江中游上自湖北枝城，下至长江与洞庭湖交汇处的湖南城陵矶称为荆江河段，全长约350km，其中藕池—城陵矶称为下荆江，是长江曲流最发育和典型的地方，河道蜿蜒曲折，有“九曲回肠”之称。1949—1979年下荆江河段共发生4次裁弯，包括2次自然裁弯(碾子湾和沙洲子)和2次人工裁弯(中洲子和上车湾)。李志威等(2018)对比分析了下荆江河道1955年、1968年、1978年和2015年的影像，发现裁弯后上下游的河床和河势发生显著变化，河流裁弯取直后的牛轭湖特征明显，由影像可见(图2-18)，代表性的牛轭湖有碾子湾、沙洲子、中洲子和尺八等。

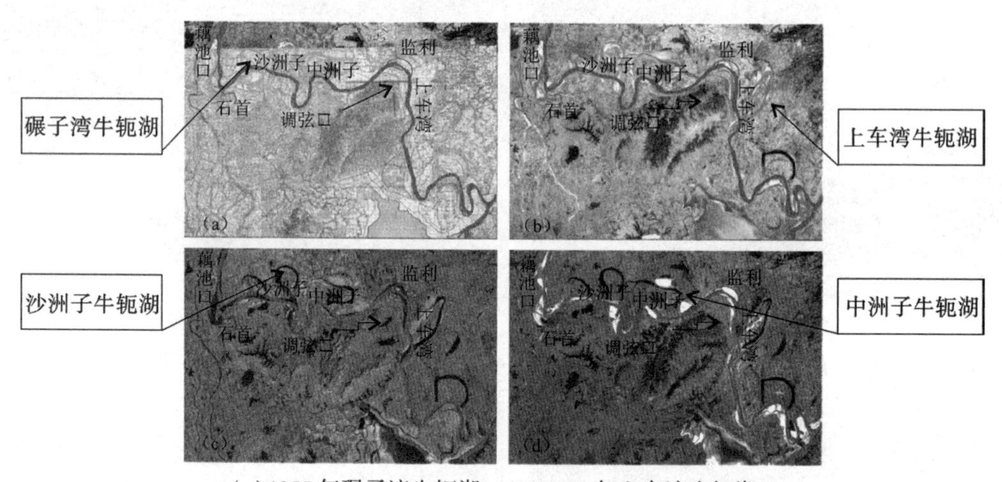

(a)1955年碾子湾牛轭湖；(b)1968年上车湾牛轭湖；
(c)1978年沙洲子牛轭湖；(d)2015年中洲子牛轭湖
图2-18 长江下荆江河道牛轭湖与曲流发育形成过程(李志威等，2018)

图2-19为河南省灵宝市以北、三门峡以东段河道1990年、2000年、2005年和2009年四期卫星影像，影像上可以清晰地反映出近20年黄河下游平原曲流与牛轭湖的发育形成过程(刘雪萍等，2021)。

(2)分汊河道。

当河床中出现江心洲时，河床被分为多股汊道，形成宽窄相间的分汊河道，由于汊河宽度较窄，常被冲溃连通，形成辫流。在地势平缓的冲积平原或河口三角洲地区，河流经常改道，汊河较为发育。平原汊道可分为相对稳定型和游荡型(也称网状河道或不稳定汊道)两种。

黄河下游地区游荡型汊道发育，且较为典型。黄河下游悬河段郑州桃花峪—山东陶城埠全长339km，此段黄河奔流于华北平原之上，形成世界上著名的地上悬河。由于受不同构造单元控制，悬河各河段河道地貌形态差异明显(朱嘉伟，2006)。图2-20为桃花峪到东坝头部分河段的影像，由影像可见，该河段河床宽浅散乱、主流摆动不定、河势变化剧烈，河床中汊道密布、辫状交织、时分时合，游荡型河床特征明显。

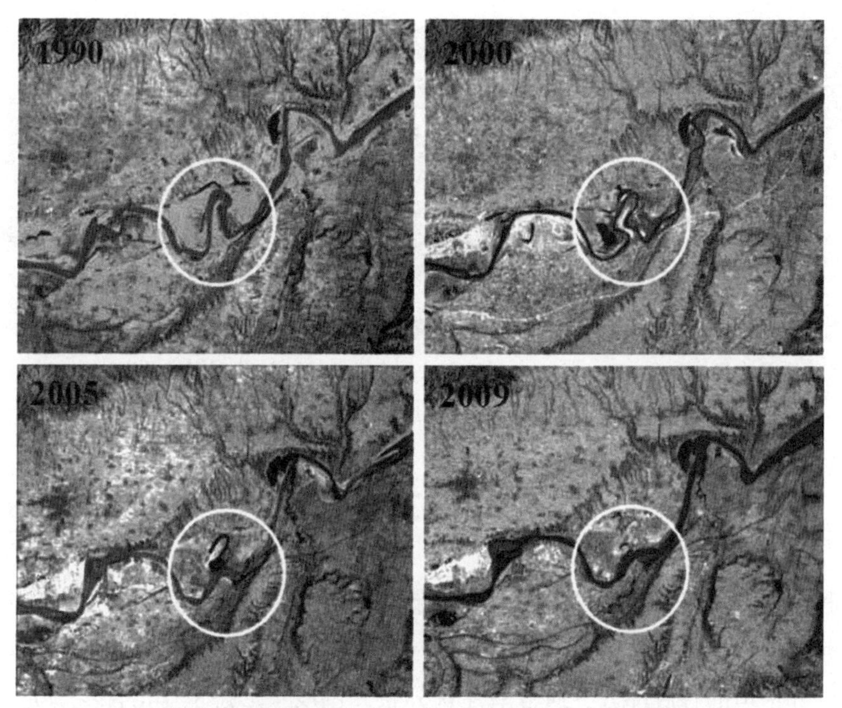

图 2-19 黄河下游平原曲流与牛轭湖发育形成过程(刘雪萍等，2021)

图 2-20 黄河下游河段游荡型河床影像

松花江为黑龙江在我国境内的最大支流，在其中游河段，河水流路不定，支汊河道发育，形成典型的游荡型河床、辫状河道，影像特征明显，同时可见大量牛轭湖、迂回扇和砂坝等微地貌单元(图 2-21)。

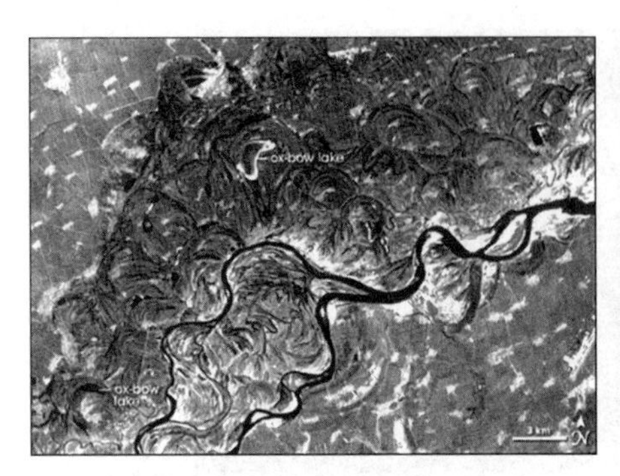

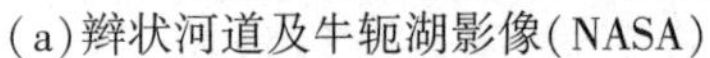
(a)辫状河道及牛轭湖影像(NASA)

(b)游荡型河道及迂回扇

图 2-21 松花江辫状河道及游荡型河道

2. 河漫滩

山区和平原区河流谷底均可见河漫滩分布，但分布位置、规模有较大差异。通常情况下，山区河谷狭窄，河漫滩不发育，呈带状，宽度较窄。平原地区河漫滩较为宽广，常分布于河床以外平坦的谷底部分，通常呈片状分布，色浅，形态上呈心滩、方形和弧形等，表面植被发育，有沼泽、积水洼地成牛轭湖的残迹。伴随河床弯曲摆动，河漫滩在河床两侧对称分布，在曲流河段一般仅河流凸岸发育河漫滩(杨景春，李有利，2017)。图 2-22 为黄河上游及下游部分河段影像，影像上，在上游山区河漫滩不发育，呈窄条带状，而在下游平原区，河漫滩宽广，呈浅色片状分布。

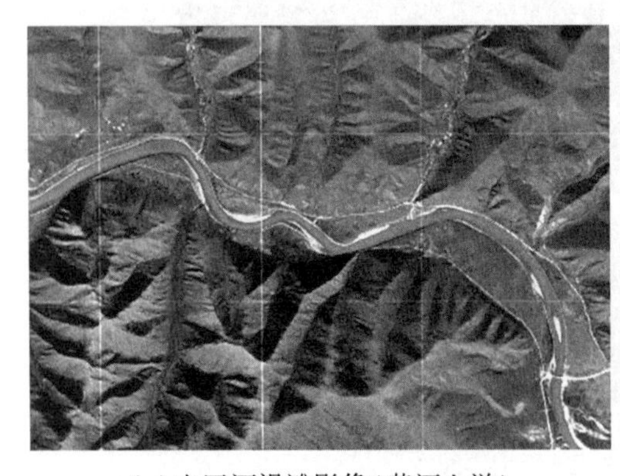
(a)山区河漫滩影像(黄河上游)

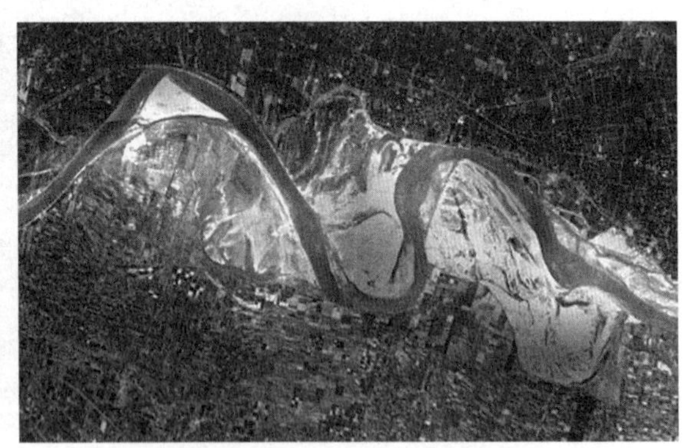
(b)平原河漫滩影像(黄河下游)

图 2-22 黄河部分河段河漫滩影像

对河漫滩进行解译时，可依据颜色、纹理、位置、人类活动痕迹以及牛轭湖等进行解译。通常情况下，河漫滩分布区没有村庄、道路和耕地。

2.3.2 河流阶地

由于河流下切侵蚀，原来的河谷底部(河床或河漫滩)超出一般洪水位、呈阶梯状分布于河谷的谷坡，形成河流阶地(River Terrace)。在高分辨率影像上，阶地特征清晰，老阶地表面常遭受破坏，年轻阶地保留得较为完整。

在解译过程中，位置是判断阶地的关键要素，同时应注意阶地的级数、宽度、高度和同一阶地的延伸长度。一般情况下，阶地多呈带状断续分布于河流凸岸，阶面平整，阶地上常分布耕地、村庄、道路和植被等。由于阶地陡坎坡度较大，因此，在影像上存在阴影。阶地的土地利用方式不同，影像上呈现不同的色调。侵蚀阶地、堆积阶地和基座阶地等具有不同结构和形态特征的阶地，在影像上也具有不同的特征。

黄河阶地是考察黄河形成演变最有利的地质证据，黄河多个区域有明显的阶地。黄河兰州盆地中的河流阶地特征典型，保存完整，目前已发现九级阶地，兰州市区位于一级阶地之上，如图 2-23 所示。图 2-24 为黄河中游(陕北—山西)白家峁—神山村段的影像，其上可见多级河流阶地及河漫滩。影像上阶地沿河呈条带状分布在河谷两侧，与河床纵向平行，阶地条带的宽窄特征有所不同，阶面平坦，其中高阶地年代较老，位于谷坡之上，连续性较差，形态不完整；低级阶地，年代较新，影像色调较浅，靠河较近，有一定的连续性(刘雪萍等，2021)。

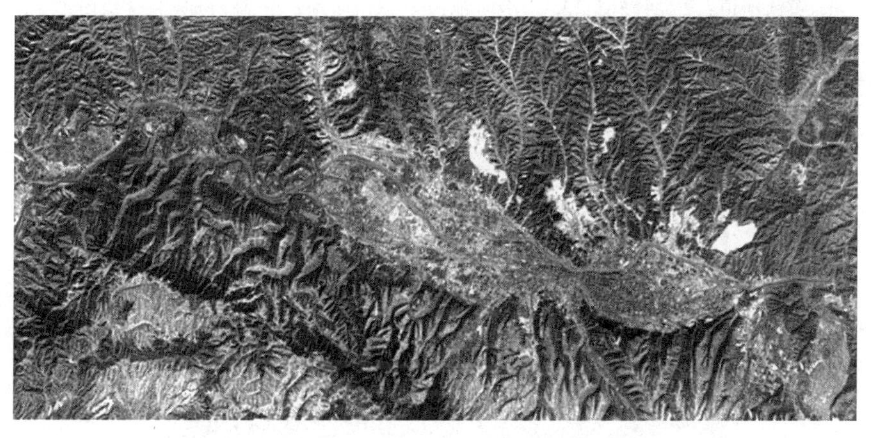

图 2-23 黄河兰州盆地影像

图 2-25 为怒江河谷河流阶地的影像，影像上可见 4 级河流阶地沿河断续分布，阶面平整，分布耕田及植被，阶地陡坎阴影明显。

2.3.3 冲(洪)积扇

在山麓谷口，由于地形坡度急剧变缓，山地河流流速骤减，其所携带的大量砾石和泥沙等碎屑物质在此堆积，形成规模不一、平面呈扇形的半锥形堆积体，称为冲积扇

(Alluvial Fan)。冲积扇的形成主要受洪水作用，因此也称洪积扇(Diluvial Fan)。洪积扇的形态变异与气候变化、构造运动关系密切。不同的气候区，洪积扇的形成过程及特征有较大差异，因此，影像特征也明显不同。从规模上来看，干旱区发育的洪积扇面积远大于半干旱和半湿润区发育的洪积扇(曾克峰等，2013；杨景春，李有利，2017)。

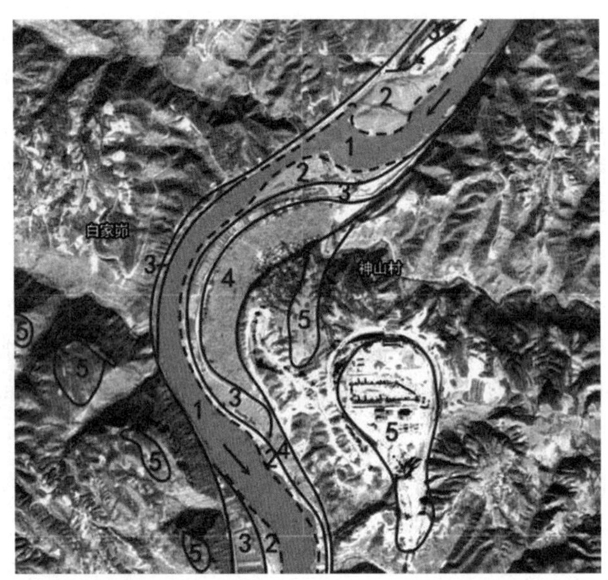

1. 黄河河道；2. 河漫滩；3. 一级阶地；4. 二级阶地；5. 高阶地(3~4 级阶地)

图 2-24　黄河中游(陕北—山西)白家峁—神山村段河流阶地影像(刘雪萍等，2021)

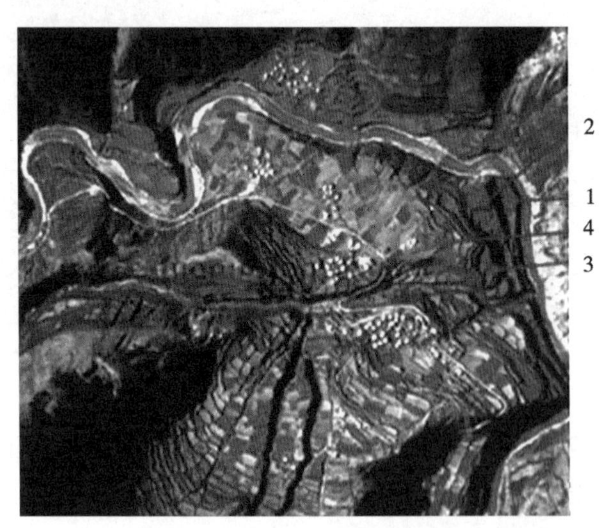

1、2、3、4 分别代表一级阶地、二级阶地、三级阶段和四级阶地

图 2-25　怒江河谷河流阶地影像

在遥感影像上，洪积扇的扇形或半锥形特征明显，或孤立或成群分布，其规模大小

与洪水大小和物质来源的多少有关。通常情况下，洪积扇上层砂砾含量多、孔隙大、透水性强，下层黏土含量多、孔隙小、透水性弱，地表水下渗，遇黏土转为水平流动，至洪积扇边缘地下水位接近地面，呈泉水溢出。因此，洪积扇的边缘地带常是人类经济活动的场所，居民点和农田多分布于此，形成干旱区的绿洲（杨景春，李有利，2017）。洪积扇的叠置关系，往往反映新构造运动与活动断裂。在间歇性构造抬升区，会形成串珠状洪积扇。山麓洪积扇顶端或前缘呈线状排列，则指示活动断裂的存在。因此，利用影像上洪积扇的形态和叠置关系可以进一步分析隐伏构造和活动构造（田淑芳，詹骞，2013）。

图 2-26（a）、（b）及（c）分别为我国西北地区甘肃玉门西洪积扇、新疆阿克苏西北串珠状洪积扇和内蒙古西部额济纳冲积扇的卫星影像。扇前出露的泉水，滋养着干旱区人类赖以生存的绿洲，其中额济纳绿洲是我国西北抵御风沙最重要的一道绿色生态屏障。

（a）甘肃玉门西洪积扇影像

（b）新疆阿克苏西北串珠状洪积扇影像

（c）内蒙古西部额济纳冲积扇影像

图 2-26　西北地区冲（洪）积扇影像

2.3.4　河口三角洲

河流注入海洋或湖泊的区域称为河口区。河口及其以外区域，由于水浅坡缓，水流分散，流速减小，海洋或湖泊的侵蚀搬运能力较弱，含沙量较高的河流所携带的泥沙在河口区大量堆积，形成向海或向湖凸出、平面形态近似三角形的堆积体，称为河口三角洲（Delta）。依据三角洲的形成过程及其平面展布形态，可以将三角洲分为鸟爪形三角洲、扇形三角洲、尖头形三角洲与河口岛屿形三角洲（杨景春，李有利，2017；曾克峰等，2013），如图 2-27 所示。对三角洲的解译，可依据三角形堆积体的位置、形态和人类活动痕迹等进行。

1. 鸟爪形三角洲

在潮流、沿岸海流和波浪作用均很微弱的河口区，河流携沙量较高并分为几股汊河入海，各汊河口泥沙迅速堆积形成向海伸展较长的沙嘴，因平面形似鸟足而得名。美国的密西西比河三角洲是典型的鸟爪形三角洲（图 2-27（a））。

2. 扇形三角洲

在入海河流含沙量高、河道分汊并经常改道、口外海水较浅等条件下，大量泥沙被各汊河带到河口堆积，使整个三角洲岸线大致均匀地向海增长，形成扇形三角洲。此类三角洲较为常见，如我国的黄河三角洲、俄罗斯的伏尔加河三角洲、埃及的尼罗河三角洲等，图 2-27(b)为尼罗河扇形三角洲的影像。

3. 尖头形三角洲

河流入海或湖泊时仅有一条主河道，无汊流或有小规模汊流，在主河道河口两侧堆积成沙嘴，向海中突出形成尖头形三角洲。意大利的台伯河三角洲、西班牙的埃布罗河三角洲均属此类(图 2-27(c)、图 2-27(d))。

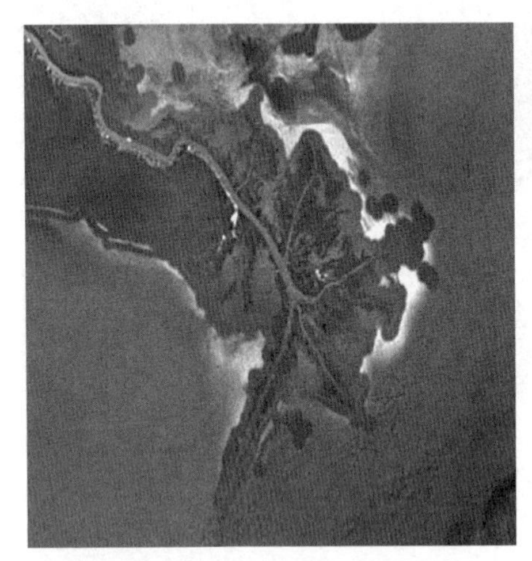

(a)密西西比河鸟爪形三角洲影像

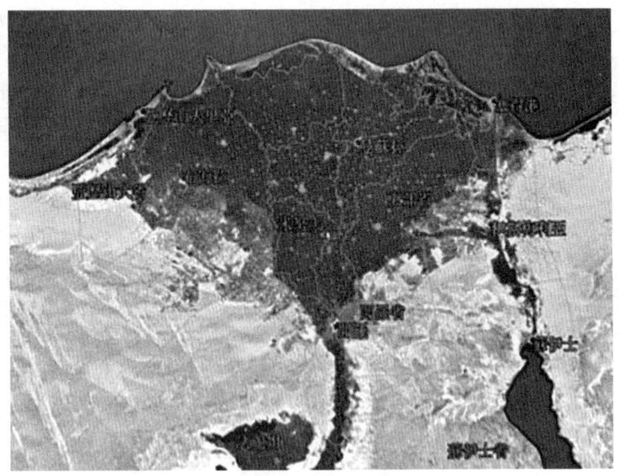

(b)尼罗河扇形三角洲影像

(c)台伯河尖头形三角洲影像

(d)埃布罗河尖头形三角洲影像

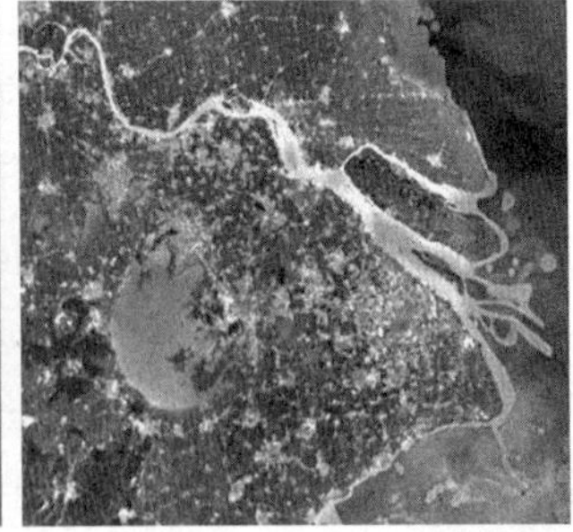

(e)长江河口岛屿形三角洲影像

图 2-27　河口三角洲影像

4. 河口岛屿形三角洲

河流含沙量和流量随季节而变并有潮汐作用的河口区，泥沙堆积形成向海延伸的沙岛、沙滩和沙坝，沙坝之间为冲蚀的潮汐水道。由沙洲和沙岛以及汊河构成的三角洲，称为河口岛屿形三角洲，如我国的长江三角洲(图2-27(e))。

利用多时相影像，可以全面反映三角洲的完整形态、形成条件和动态变化，对研究三角洲的消长、发展、形成次序及三角洲上河道的变迁具有重要意义。

黄河是中华民族的母亲河，发源于青藏高原巴颜喀拉山北麓约古宗列盆地，蜿蜒东流，穿越黄土高原和黄淮海大平原，注入渤海。历史上黄河以"善淤、善决、善徙"著称，其下游河道的变迁极为复杂，据历史文献记载，黄河较大的改道就达20多次。黄河改道波及地域广阔，不仅给两岸人民带来深重灾难，也对这一广大区域的地貌变迁造成极大的影响。新中国成立后，为了有效地减少灾害、改善黄河入海口的生态环境，国家对黄河入海流路进行了三次有计划的人工改道(王庆升，1997)，前两次是在河道状况发展到难以为继的情况下，选择最有利的改河路线，因势利导，人工扒堵，靠自然冲刷形成新的河道，最后一次的河水改道工程实施于1996年。黄河三角洲位于山东东营黄河出海口，是我国三大三角洲之一。黄河三角洲的形成演化过程极为特殊，在河口区域淤积造陆快，且尾闾摆动频繁，随着时间推移，黄河三角洲平原的地貌不断发生变化。刘雪萍等(2021)利用1980—2010年黄河三角洲多期卫星影像，对三角洲进行动态观测，分析其演化过程及主要机制，对于区域环境监测及防灾减灾意义重大。由图2-28可见，在1980年的影像上，整个三角洲呈圆弧形向海延伸；在1990年影像上，黄河以向东南弯曲的弧形入海；在2000年影像上，三角洲的鹦鹉嘴已初具雏形；2010年黄河入海口变成"人"字形，东南方向的入海口被堵住，而是掉头向东北方向汇入渤海，一个新的半岛已经形成。这项工程在极大程度上减少了该地区的隐患，同时给三角洲地区的绿化覆盖提供了一个良好的生长环境。结合2013年和2020年的卫星影像可见，黄河三角洲区域分布着分汊型和自由曲流河床及不同时期流路形成的黄河故道，地貌类型丰富、典型。故河道之间为盐碱荒洼地，三角洲外缘不断向海延展，新增长的三角洲色调较浅，植被较少，形成时期较早的三角洲绝大部分被改造为耕地，植被发育，颜色较深。在40年的影像上，三角洲的演变以及汊河的形成过程清晰可见，河口区的鹦鹉嘴向海延伸，淤积造陆速度惊人。

2.3.5　冲积平原

在构造沉降区由于河流的冲积作用，大量的冲积物堆积形成冲积平原。如我国的长江中下游平原、东北平原和华北平原，美国的密西西比平原、亚马孙平原和印度的恒河平原等。冲积平原区地势平坦开阔，河网密布，河道宽浅，沉积层深厚，为人类的农耕生活提供了有利条件，是人类生产、生活的重要场所。根据所处地貌部位的不同，冲积平原可以分为山前冲积平原、中部冲积平原和滨海冲积平原。图2-29为我国华北平原的卫星影像，影像上河网与路网密布，城镇与村庄点缀其间。

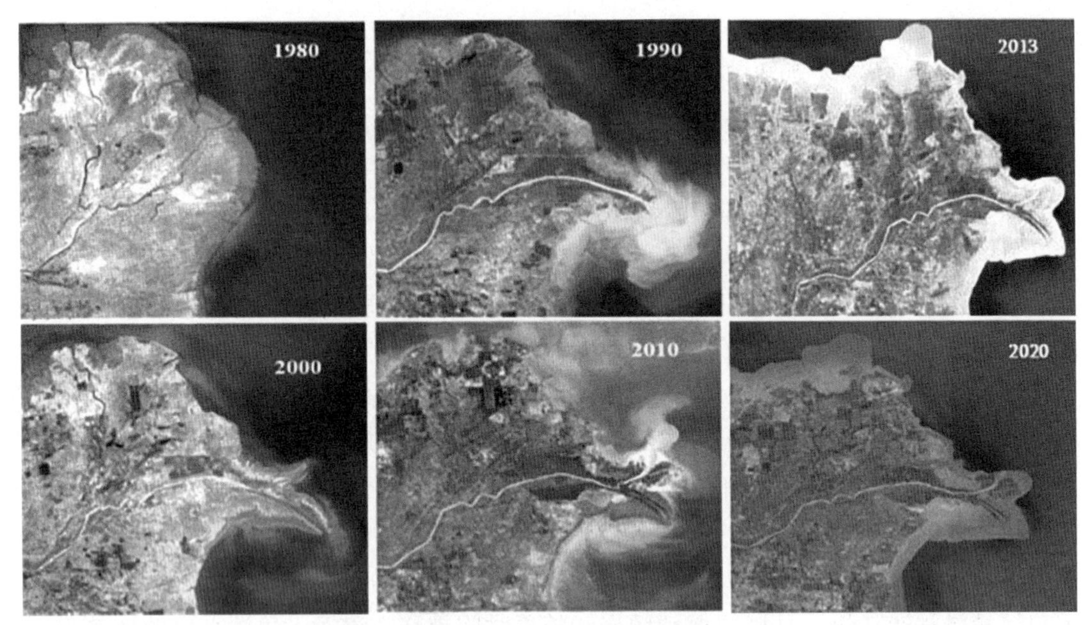

图 2-28 黄河三角洲和汊河影像(刘雪萍等，2021)

(a)华北平原影像 (b)山东滨州北部影像

图 2-29 冲积平原影像

2.4 荒漠地貌

荒漠地区气候极端干燥，年蒸发量超过年降水量数倍至数十倍，年温差和日温差均较大，地表径流贫乏，植被稀疏，物理风化强烈，风力作用强劲。第六次全国荒漠化和沙化调查结果显示，截至2019年，我国荒漠化土地面积为257.37万平方千米，约占国土总面积的27%(国家林业和草原局政府网，2023)。我国的荒漠化土地主要分布在新疆、内蒙古、西藏、甘肃和青海5省(自治区)(国家林业和草原局政府网，2015)。荒漠地貌的解译对于生态环境保护、国土整治和社会经济发展具有重要意义。

风力是荒漠区最重要的地貌营力。风力对地面进行吹蚀、搬运和堆积，从而形成各种各样的风蚀地貌和风积地貌，统称为风成地貌。一般情况下，风蚀地貌规模较小，需要利用高分辨率影像进行判读；风积地貌影像特征较为明显，易于识别。根据荒漠地貌特征和地表物质组成，可将干旱区荒漠分成岩漠、砾漠、沙漠和泥漠四种类型。岩漠多形成于荒漠区的山前地带，并发育于干谷、封闭的小盆地和岛山。岩漠只有一层风化的岩屑碎片，可见到各种风蚀地貌，荒漠岩漆在此较为发育。砾漠指地面由砾石组成的荒漠，又称"戈壁"，分布较广。砾漠和岩漠都是吹蚀区。沙漠是指地面覆盖着大量流沙的荒漠，由于风力作用强劲，形成各种风积地貌，荒漠中的沙漠面积最大。泥漠是由黏土物质组成的沙漠，常形成于干旱区的低洼地带或封闭盆地的中心(杨景春，李有利，2017)。下面对荒漠中常见的各类风成地貌进行介绍。

2.4.1 风蚀地貌

由于风沙对地表物质的吹蚀、研磨等风蚀作用，在近地表所形成的各种风成地貌，称为风蚀地貌。风蚀地貌主要包括石窝(风蚀壁龛)、风蚀蘑菇、风蚀柱、雅丹(风蚀垄槽)、风蚀谷、风蚀残丘和风蚀洼地等。在中低分辨率的影像上，可利用色调、颜色、纹理和阴影等特征识别风蚀地貌分布区，在高分辨率影像或航空像片上，可进一步区分不同的风蚀地貌类型，并深入开展定量化和精细化的研究工作。下文以雅丹为例，对其特点及解译要点进行说明。

雅丹(Yardang)是一种典型的风蚀地貌，主要分布在气候极端干旱、风蚀强烈、植被稀疏的西北内陆干旱区。干旱区一些干涸的湖底或河流故道，因干缩裂开，风沿裂隙吹蚀，裂隙愈来愈大，使原来平坦的地面发育成许多不规则的背鳍形垄脊和宽浅沟槽，地面支离破碎，称为雅丹。我国著名的地球物理学家、罗布泊学者陈宗器随西北科学考察团与瑞典地理学家、探险家斯文·赫定等对罗布泊北部和甘肃玉门关西部地区进行考察后，对雅丹进行了命名和分类。陈宗器之后的研究者们不但逐渐接受了"雅丹"一词，还扩大了其所包含的内容，将我国古籍中的"白龙堆"和斯文·赫定所谓的"迈赛"这一类风蚀地貌统称为雅丹地貌。因为白龙堆、迈赛和雅丹其实是同一种风蚀地貌形态发展的不同阶段，于是将三者划为同一种地貌类型，即雅丹地貌。由于包含的种类较多，又有人根据其具体的形态，将雅丹地貌再分为垄岗状雅丹、墙状雅丹、塔状雅丹、柱状雅丹和残丘状雅丹等类型。因此，广义的雅丹地貌包括"白龙堆""迈赛"和"雅丹"三大类。"白龙堆"是长土垄和长土墙，属于垄岗状雅丹和墙状雅丹；"迈赛"是大土墩，属于塔状雅丹和柱状雅丹；"雅丹"是小土丘，属于残丘状雅丹。狭义的雅丹地貌专指有陡壁的小丘，现在人们所说的雅丹地貌均指广义雅丹地貌(何娟等，2019)。图2-30为甘肃敦煌雅丹国家地质公园中各类雅丹地貌的照片(于延龙，2017；何娟等，2019)。

(a)垄岗状雅丹(“西海舰队”)

(b)柱状雅丹(“天外来客”)

(c)残丘状雅丹(“唐老鸭”)

(d)垄岗状雅丹

(e)墙状雅丹

(f)塔状雅丹

图2-30　甘肃敦煌雅丹国家地质公园雅丹地貌照片(于延龙，2017；何娟等，2019)

世界各地的沙漠边缘，都有雅丹地貌分布。我国的柴达木盆地、疏勒河中下游、罗布泊周围以及吐哈盆地等地雅丹地貌分布广泛，达到2万多平方千米。柴达木盆地是典型的雅丹地貌分布区，其雅丹规模约21500km^2，罗布泊周边形成的雅丹规模约3000km^2，包括了孔雀河下游、白龙堆、阿奇克谷地和三垄沙。由于原始沉积物的颜色不同，各个地区发育的雅丹地貌颜色不一。图2-31依次为新疆克拉玛依乌尔禾魔鬼城、罗布泊地区的白龙堆、柴达木盆地雅丹群以及甘肃敦煌雅丹群。

对雅丹地貌的解译主要依据位置、色调、颜色、形状、大小、纹理和阴影等解译标志进行。随着摄影测量技术的发展，对雅丹地貌的研究也逐步向定量化和精细化方向发展，相关研究在罗布泊地区取得了新的进展(宋昊泽等，2021)。

“地球之耳”罗布泊(Lop Nor)位于新疆维吾尔自治区东南部、塔克拉玛干沙漠东缘，北靠天山支脉库鲁克塔格，南临阿尔金山，是我国最早发现雅丹地貌的地区，雅丹主要发育于孔雀河三角洲、白龙堆等地，广泛分布于楼兰雅丹分布区、龙城雅丹分布区和白龙堆雅丹，且具有典型的形态特征。罗布泊东部的甘肃敦煌雅丹国家地质公园，以发育广泛且形态多样的雅丹地貌而著称。图 2-32 为罗布泊至敦煌雅丹国家地质公园区域的卫星影像，整体而言，雅丹分布区颜色较浅，不同区域呈现出不同的纹理特征。

(a)新疆克拉玛依乌尔禾魔鬼城

(b)罗布泊地区的白龙堆

(c)柴达木盆地雅丹群

(d)敦煌雅丹国家地质公园

图 2-31 我国各地雅丹群照片(来源：新蚁族地球科学考察)

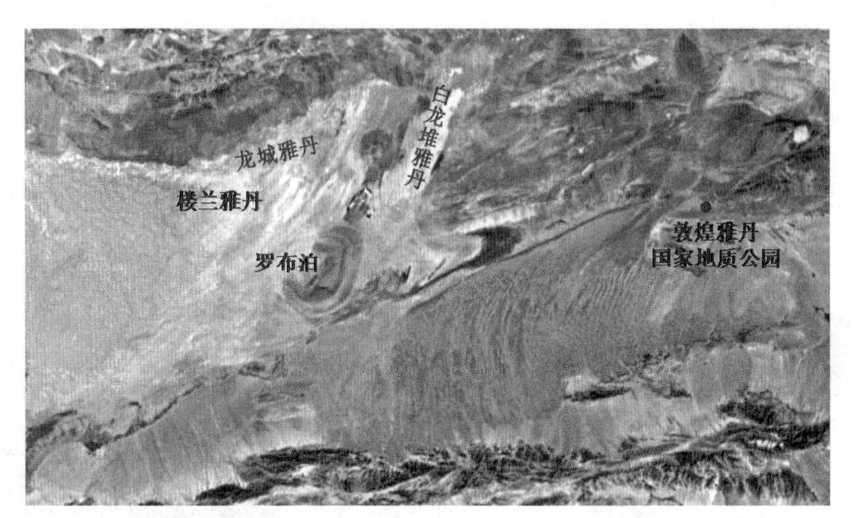

图 2-32　罗布泊与敦煌雅丹国家地质公园地区影像

在罗布泊西部的楼兰地区，地势低平，雅丹地貌发育广泛，但个体矮小，高度低于4m，且集中在1m以下（林永崇等，2017），图 2-33 为楼兰地区雅丹地貌的分布范围（图 2-33（a）、野外照片（图 2-33（b））及雅丹地貌影像（图 2-33（c）），由影像可见，该区域雅丹地貌呈北东—西南方向延伸，与区域盛行风向基本一致。而龙城雅丹和白龙堆雅丹分布区则多高大风蚀垄岗，影像颜色与楼兰地区也明显不同（图 2-32）。由于普通卫星遥感影像的分辨率难以满足测量要求，宋昊泽等（2021）利用 DJ Inspire 1 型无人机对罗布泊地区的楼兰雅丹、龙城雅丹和白龙堆雅丹三个雅丹形态典型分布区开展了地景影像拍摄工作，航拍飞行高度为 100m，生产出地面分辨率为 0. 05m 的 DEM（图 2-34），完成了雅丹形态原始数据数字化采集工作，利用长、宽、高、相对高度、走向、长宽比、形高比、相邻雅丹数和平均顶间距共 8 个雅丹形态参数，从个体规模、个体形态、个体空间特征和复杂化形态表现四个方面描述了罗布泊地区的雅丹形态特征。

敦煌雅丹国家地质公园位于新疆和甘肃交界处，该雅丹群主体为三垄沙雅丹，又名玉门关西疏勒河中下游雅丹群，属于罗布泊雅丹地貌群的一部分。敦煌雅丹国家地质公园内雅丹地貌规模宏大，类型齐全，分布较为连续且垄槽相间，长短、高低、走向和分布密度各有差异，极具代表性，号称我国最壮观的雅丹群。公园内南、北两个大区的雅丹地貌有不同特色，南区雅丹分布相对分散，以风蚀谷、风蚀残丘、风蚀柱、风蚀蘑菇和风蚀洼地等为主，北区雅丹地貌集中连片分布（董瑞杰，2013），如图 2-35 所示。图 2-35（a）~（c）依次为敦煌雅丹国家地质公园、南区柱状雅丹、北区垄岗状雅丹影像。由影像可见，南区雅丹分布总体近东西走向，北区则总体近南北走向，影像条带特征明显，与风向平行的垄脊和沟槽非常清晰。

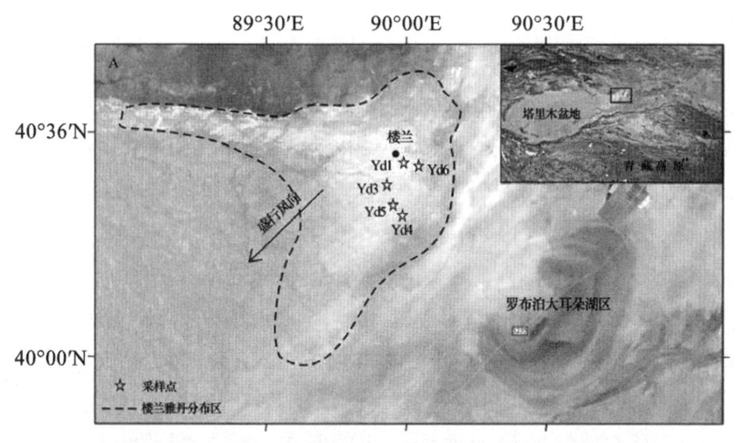

(a)楼兰雅丹地貌分布范围

(b)楼兰雅丹地貌照片　　(c)楼兰雅丹地貌影像

图 2-33　楼兰雅丹地貌(林永崇等，2017)

图 2-34　雅丹形态数据数字化采集(宋昊泽等，2021)

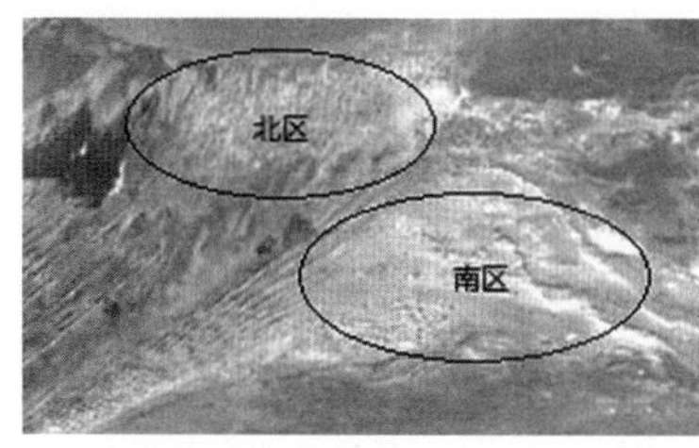

(a)敦煌雅丹国家地质公园影像

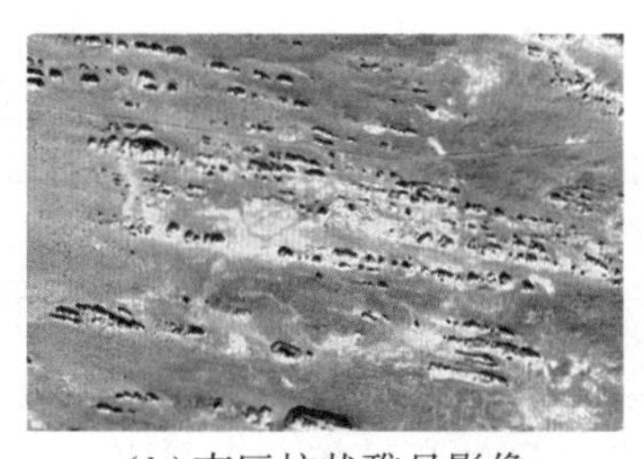

(b)南区柱状雅丹影像

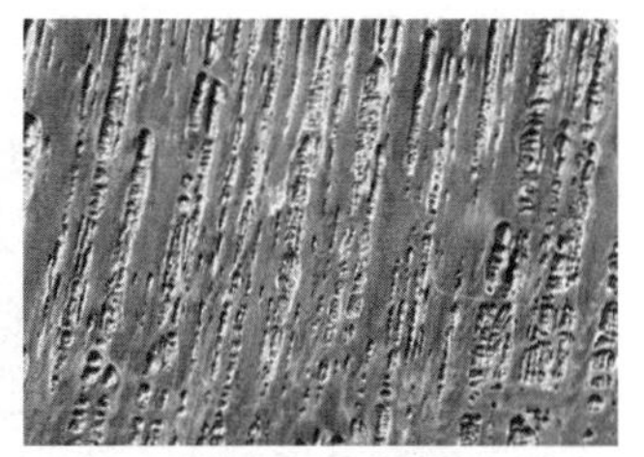

(c)北区垄岗状雅丹影像

图 2-35　甘肃敦煌雅丹国家地质公园

2.4.2 风积地貌

风沙流运动前行的过程中遇到植被、山体等各种障碍物，使其流速降低后堆积而成的风成地貌，称为风积地貌。图2-36为我国四大沙漠，即塔克拉玛干沙漠、古尔班通古特沙漠、巴丹吉林沙漠和腾格里沙漠的卫星影像。由影像可见，沙漠区多为无植被或少植被区，纹理特殊，整体色调较浅，反射率较高。由于植被覆盖度不同，流动沙丘与固定-半固定沙丘的分布区色调有所差异，如世界第二大流动沙漠——塔克拉玛干沙漠，影像上颜色较浅；而我国面积最大的固定、半固定沙漠——古尔班通古特沙漠，内部绝大部分为固定和半固定沙丘，其面积占整个沙漠面积的97%，由于水源相对丰富，固定沙丘上植被覆盖度为40%~50%，半固定沙丘达15%~25%，影像上色调较深。总体而言，在遥感影像上，沙丘、沙垄等形态特征明显而独特。沙丘形态与植被覆盖状况可用于区分流动沙丘与固定沙丘。流动沙丘平面形态较规则，峰脊线尖锐、清晰。固定沙丘上，由于有植被生长，影像色调较暗，沙丘顶部浑圆无尖锐峰脊线，平面形态较为紊乱。

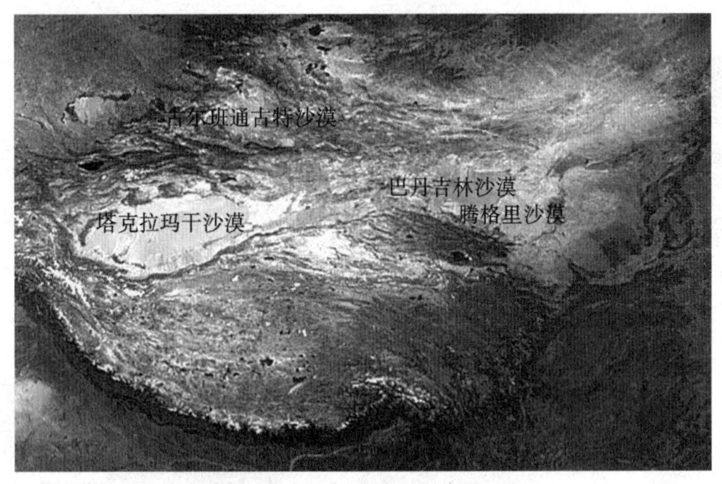

图2-36 我国四大沙漠卫星影像

费道洛维奇根据气流和沙丘形态形成关系的成因原则，将风积地貌划分为信风型风积地貌、季风-软风型风积地貌、对流型风积地貌以及干扰型风积地貌四种类型(曾克峰等，2013)。下文将介绍不同风积地貌的特点及解译要点。

1. 信风型风积地貌

在单向风或几个近似风向作用下形成信风型风积地貌，如新月形沙丘、纵向沙垄、抛物线沙丘和灌丛沙堆等。

新月形沙丘因其平面形态形似新月而得名，如图2-37(a)所示，图中箭头指示风向，沙丘两坡不对称发育，迎风坡凸出平缓，背风坡凹入较陡。同时，在背风坡两侧形成近似对称且顺风向延伸的两个尖角，即沙丘两翼。新月形沙丘高度不等，矮小的新月形沙丘仅数米高，而大型的新月形沙丘高度可达十几米，单个新月形沙丘主要分布于沙漠边缘。纵向沙垄是一种顺着主风向延伸的长条形垄状堆积地貌，长度从数百米到数十千米不等，高度也有较大差异。从形态看，垄体平直狭长，顶部浑圆，两坡对称平缓。在敦煌鸣沙山沙垄高达130m，塔克拉玛干沙漠沙垄高度为50～80m，柴达木盆地的沙垄高10～20m(杨景春，李有利，2017)。

在甘肃河西沙区绿洲边缘地带常分布新月形沙丘及新月形沙丘链，平均高度9～10m(常兆丰等，2016)，图2-37(b)为甘肃省民勤县西北的新月形沙丘及沙丘链的影像，影像上沙丘新月形形态特征明显，沙丘翼角彼此相连形成的沙丘链也非常清晰。

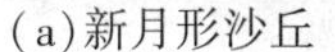

(a)新月形沙丘

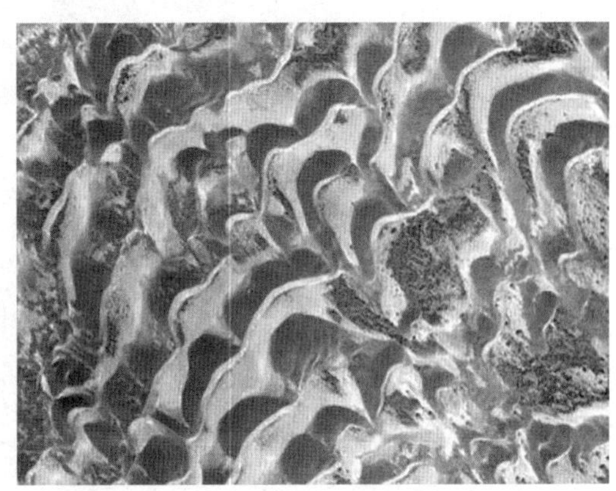

(b)甘肃省民勤县西北的新月形沙丘及沙丘链影像

图2-37　新月形沙丘及沙丘链

新疆塔克拉玛干沙漠是我国最大的沙漠，也是世界第二大流动沙漠，流动沙丘面积广，占沙漠总面积的82%，固定、半固定沙丘仅占18%。在塔克拉玛干沙漠中，风积地貌分布广泛，类型复杂多样，主要包括新月形沙丘、格状沙丘链、新月形沙垄、复合型沙丘、复合型沙垄、金字塔沙丘、复合型沙山、链状沙山、穹状沙丘、鱼鳞状沙丘群、塔形沙丘群以及各种蜂窝状、羽毛状等沙纹，无所不有，变幻莫测(杜鹤强等，2012；中国国家地理，2015)。例如，在新疆和田河西侧以及克里雅河下游达里亚博依乡南部发育大量新月形沙丘及沙丘链(杨逸畴，2006)。在地处塔克拉玛干沙漠腹地的沙漠公路沿线塔中地区，高大复合型纵向沙垄分布广泛，垄间分布高度低于3m的新月形沙丘和线形沙丘(李恒鹏，陈广庭，1999；杜鹤强等，2012)。我国沙漠学家朱震达先生曾说"塔克拉玛干是风沙地貌的博物馆"，沙漠内部不仅有上述各类形态复杂的沙丘，也有各种纷繁美丽的沙纹。图2-38展示了塔克拉玛干沙漠及其典型风积地貌及沙纹的影像及照片。遥感是风积地貌类型解译及地貌演变研究的重要技术手段，随着立体摄影测量、近景摄影测量等遥感技术的快速发展，遥感在沙纹形态、沉积物特征及形成过程等方面的研究中也日益发挥着重要作用。

巴丹吉林沙漠是我国第二大流动沙漠，位于我国北部阿拉善地区，其沙丘规模宏大，丘间地湖泊发育。沙丘以高大沙山为主，沙山高200～300m，最高500m以上。高大沙山与湖泊交错发育的地貌景观为世界罕见。主要沙丘地貌类型有复合反向新月形沙山、星状沙山、横向沙垄、新月形沙丘和新月形沙丘链以及格状沙丘等，其中，复合反向新月形沙

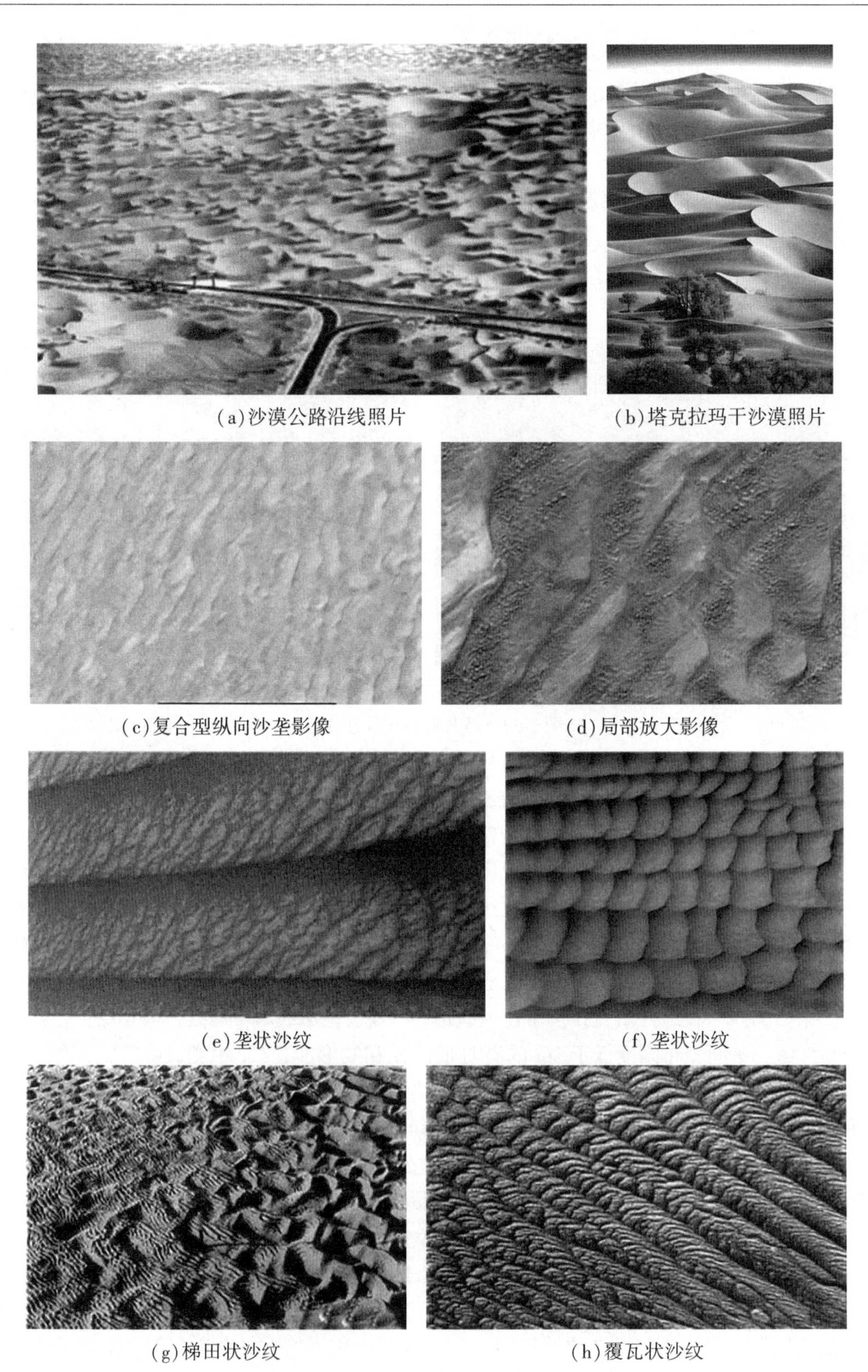

(a)沙漠公路沿线照片　(b)塔克拉玛干沙漠照片

(c)复合型纵向沙垄影像　(d)局部放大影像

(e)垄状沙纹　(f)垄状沙纹

(g)梯田状沙纹　(h)覆瓦状沙纹

图2-38　塔克拉玛干沙漠典型风积地貌及沙纹

山是其最突出特征(Dong et al.，2013；萨日娜等，2021)。图 2-39 展示了巴丹吉林沙漠影像及其典型风积地貌，由于流动沙丘面积大，植被少，影像整体颜色较浅；众多的湖泊，宛如深蓝色、灰白色或蓝绿色的宝石点缀于黄色沙丘之间，以沙漠南部地区最集中(图 2-39(a)~(b))。新月形沙丘、沙丘链、复合反向新月形沙山及格状沙丘的沙脊线清晰、尖锐(图 2-39(c)~(f))。遥感技术为沙丘移动研究提供了长周期、大尺度的影像资源及新方法。陈芳和刘勇(2011)利用 1989—2010 年间多景 Landsat TM 影像并结合 ASTER DEM 数据对巴丹吉林沙漠 4 个典型区域的沙丘移动变化进行了分析，在几何精纠正的基础上提取沙梁线，以判断沙丘移动的方向和速度，并分析了其动力学成因机制。

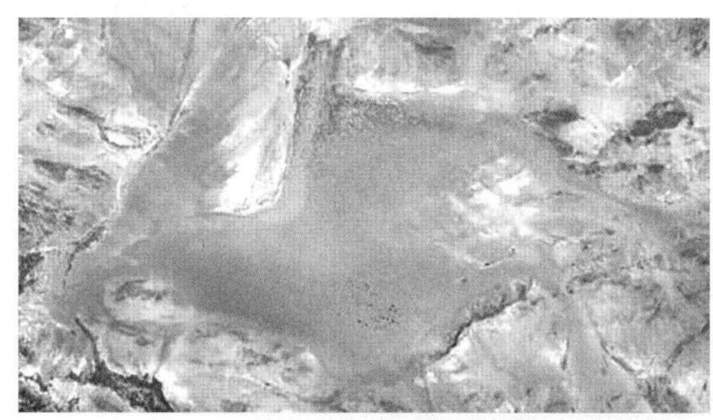

(a)巴丹吉林沙漠影像

(b)沙漠湖泊

(c)新月形沙丘(田明中，2008)

(d)新月形沙丘链(田明中，2008)

(e)复合反向新月形沙山(隋雨山，2014)

(f)格状沙丘

图 2-39 巴丹吉林沙漠风积地貌

2. 季风-软风型风积地貌

两个方向相反的风交替出现时，其中一个风向占优势所形成的风积地貌，为季风-软风型风积地貌，如新月形沙丘链、横向沙垄和梁窝状沙地等。两个方向相反的风交替出现时，在新月形沙丘密集区，沙丘的翼角相互连接形成新月形沙丘链，长度几百米到几千米不等。在塔克拉玛干沙漠发育大量密集新月形沙丘链(图 2-40)，由于流动沙丘面积广大，占 80%以上，在遥感影像上色调整体较浅，流动沙丘平面形态较为规则，峰脊线尖锐、清晰。梁窝状沙地由隆起的沙脊梁与半月形沙窝相间组成，在准噶尔盆地的古尔班通古特沙漠西部较为发育，如图 2-41 所示。

图 2-40　塔克拉玛干沙漠密集新月形沙丘链

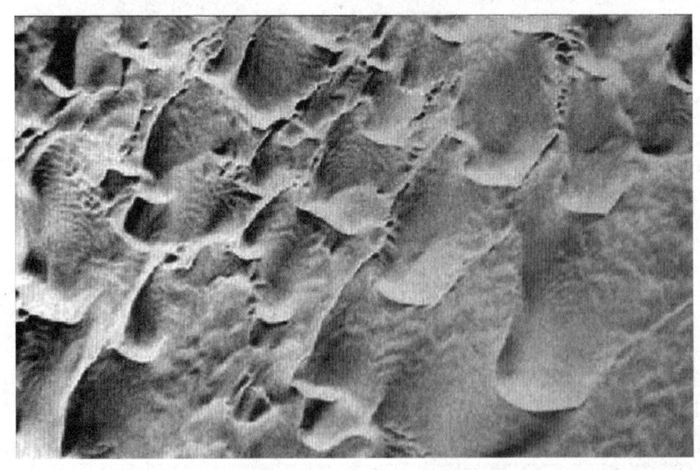

图 2-41　梁窝状沙地

3. 对流型风积地貌

沙漠区夏季温度骤增，对流强烈，易形成龙卷风，在龙卷风作用下形成的地貌，为对流型风积地貌，如蜂窝状沙地。

古尔班通古特沙漠地处半封闭的准噶尔盆地中，是我国第二大沙漠，也是我国最大的固定-半固定沙漠，植被覆盖度达20%~40%，沙丘类型丰富多样，最有代表性的沙丘形态是线形沙丘(纵向沙垄)，占固定、半固定沙丘总面积的80%以上，沙漠南部分布蜂窝状沙垄和复合沙垄等，沙漠西南缘的莫索湾地区以新月形沙丘、新月形沙丘链和梁窝状沙丘为主(刘瑞等，2021)。图2-42为古尔班通古特沙漠的各类风积地貌，由图2-42(a)照片可见，沙漠公路沿线有植被生长。在图2-42(b)沙漠影像上，由于水源丰富，植被生长，影像色调整体较深，纹理混乱。图2-42(c)为沙漠南缘风积地貌的影像(崔博超，2020)，可以看出在沙漠不同部位，分布不同类型的风积地貌。图2-42(d)和(e)为蜂窝状沙丘照片及沙垄影像，可见沙丘顶部浑圆无尖锐沙脊线，平面形态较为紊乱，颜色杂乱，纹理粗糙。

4. 干扰型风积地貌

主要气流向前运动时，遇到山地阻挡使气流运行方向发生改变而引起气流干扰，形成干扰型风积地貌，如金字塔形沙丘和复合新月形沙丘。金字塔形沙丘也称星状沙丘、塔状沙丘、角锥形沙丘或兽角形沙丘，是具有明显的三角形棱面和一个尖顶的高大沙丘，由于沙丘无明显定向性，形似金字塔而得名。塔克拉玛干沙漠、库木塔格沙漠和巴丹吉林沙漠广泛分布金字塔沙丘，腾格里沙漠有零星分布(吴正，1987；王莉萍，2013)。

金字塔沙丘在各沙漠中的分布位置不同，但多分布于沙漠边缘，地形障碍的迎风坡一侧，也有分布在沙漠中心区域(朱震达等，1981；吴正，1987；王莉萍，2013)。金字塔沙丘是沙漠中最高的沙丘，在世界沙海中，金字塔沙丘的平均高度为50~100m，平均宽度为500~1000m，巴丹吉林沙漠的金字塔沙丘最高可达200~300m(王莉萍，2013)。

(a)古尔班通古特沙漠照片(中国国家地理，2021)

(b)古尔班通古特沙漠影像

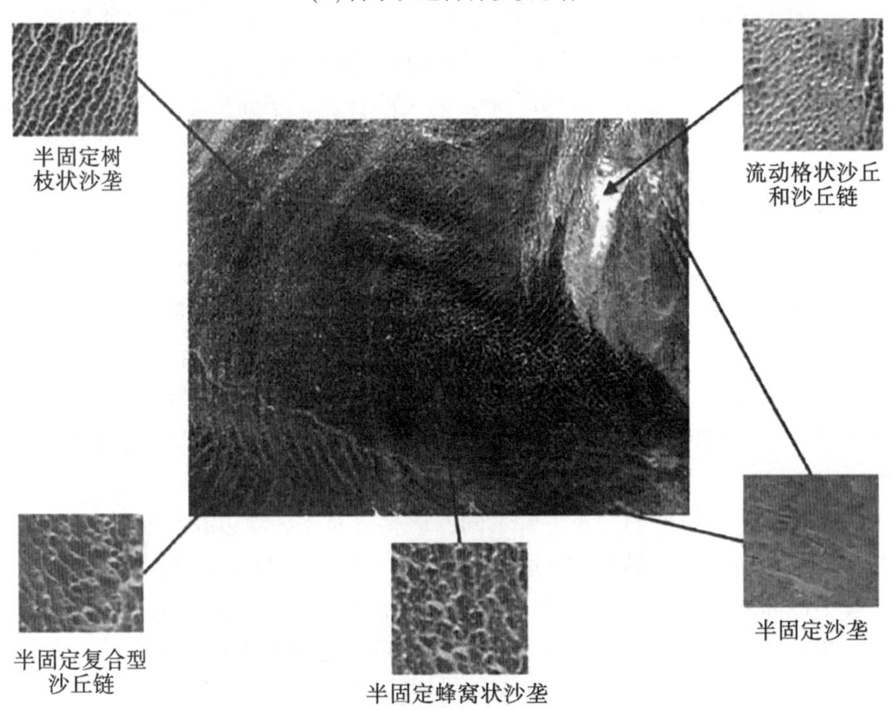

(c)古尔班通古特沙漠南缘风积地貌影像(崔博超，2020)

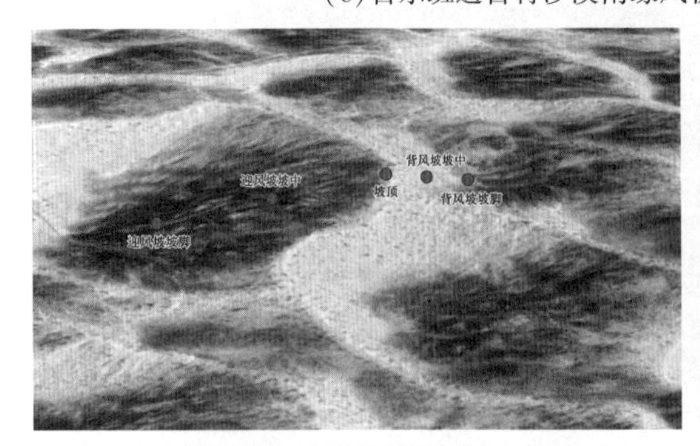

(d)蜂窝状沙丘照片(高冲等，2022)

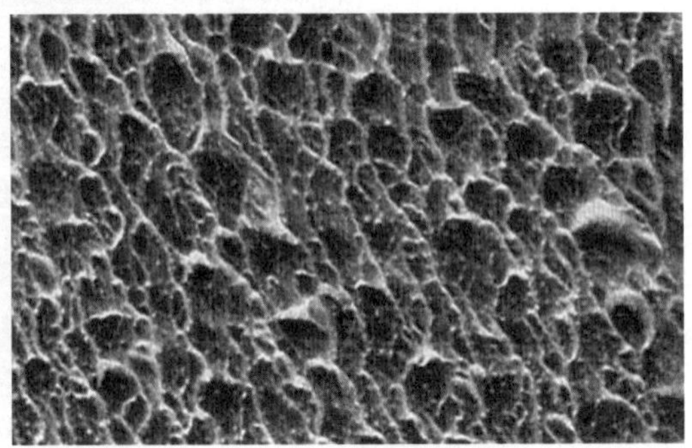

(e)蜂窝状沙垄影像

图 2-42　古尔班通古特沙漠风积地貌

巴丹吉林沙漠是我国第二大流动沙漠，也是金字塔沙丘的主要分布区之一，拥有我国最高大的金字塔沙丘群，其主要分布区域及影像如图 2-43 所示。巴丹吉林沙漠的金字塔沙丘主要分布于图 2-43(a)所示的四个区域，由图 2-43(b)～(f)可见，沙丘分布区影像色调较浅，植被稀疏，沙丘平面形态较为规则，沙脊线或清晰或圆润，沙丘顶部略圆滑。同时由于沙丘形体高大，影像上阴影明显。甘肃敦煌月牙泉附近的沙丘为典型的金字塔形沙丘，以鸣沙山最典型(图 2-44)，由图可见，鸣沙山呈浅黄色，沙质细腻，其三角形棱面纹理光滑如丝绸，沙脊线和尖顶十分清晰。

(a)巴丹吉林沙漠金字塔沙丘分布区(王莉萍，2013)

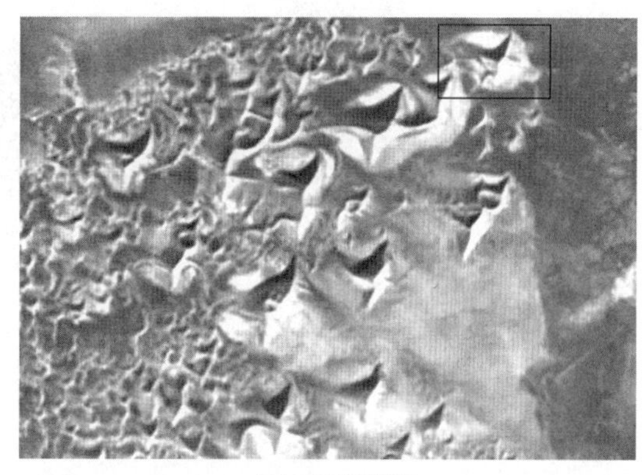

(b)Ⅰ区影像

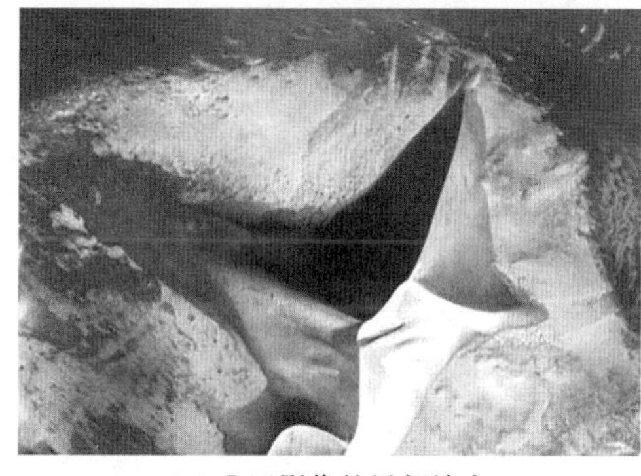

(c)Ⅰ区影像的局部放大

(d)Ⅱ区影像

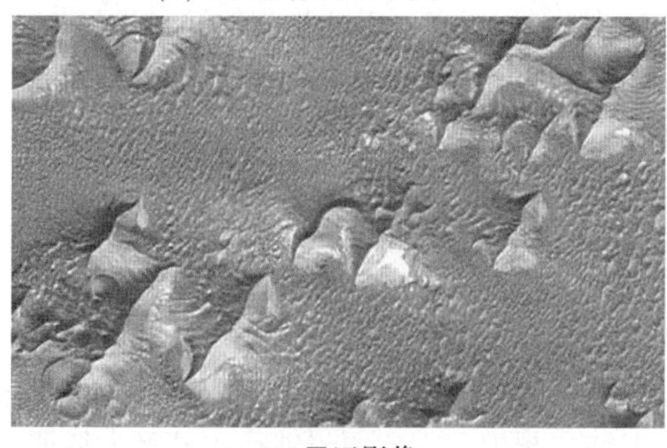

(e)Ⅲ区影像

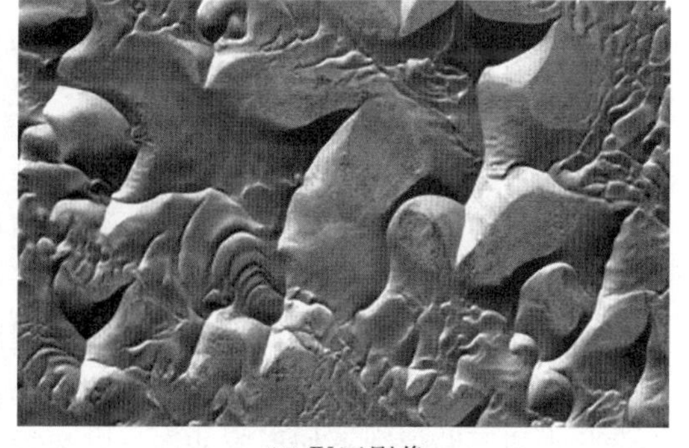

(f)Ⅳ区影像

图 2-43　巴丹吉林沙漠金字塔沙丘

图2-44 鸣沙山影像

2.5 黄土地貌

黄土(Loess)是形成于第四纪时期的一种呈浅灰黄色或棕黄色、质地均一的土状堆积物，以粉砂质为主，富含碳酸钙，具有疏松多孔、垂直节理发育、透水性和湿陷性强等特点。黄土地层受流水、重力、地下水以及风等外营力作用，形成多种黄土地貌。位于我国中部偏北地区的黄土高原是世界上最大的黄土堆积区，黄土分布面积广，沉积厚度大，受气候变化和人类活动影响，黄土高原地区水土流失极其严重，成为黄河泥沙的主要来源。黄土地貌的解译，对于区域水土保持、生态环境保护及经济建设具有重要意义。

图2-45为黄土高原的卫星影像，在真彩色影像上，整个区域以土黄色为主，在陕西中南部及山西大部分地区，植被覆盖相对较好，土黄色与绿色相间分布，影像纹理较为粗糙。

按照主导地质营力分类，黄土地貌主要分为黄土侵蚀地貌、黄土堆积地貌、黄土潜蚀地貌和黄土重力地貌(曾克峰等，2013)。下面重点介绍黄土侵蚀地貌和黄土堆积地貌。

2.5.1 黄土侵蚀地貌

黄土侵蚀地貌主要包括大型河谷地貌和黄土沟谷地貌。大型河谷地貌以黄河、渭河、洛河和泾河等为代表，图2-46为晋陕黄河，黄河在流经黄土高原的过程中，长期侵蚀形成规模宏大的大型河谷地貌。黄土沟谷地貌则主要包括纹沟、细沟、切沟和冲沟。其中，冲沟影像特征较为明显，主要发育在黄土覆盖较厚且植被稀少的区域。在黄土坡面上暂时性线状水流不断侵蚀下切形成冲沟，以沟深、壁陡、规模大、向源侵蚀作用显著为特征，影像上冲沟呈放射状，沟头形状有楔状、巷状或掌状等，图2-47为甘肃庄浪的掌状冲沟，形态逼真，栩栩如生。

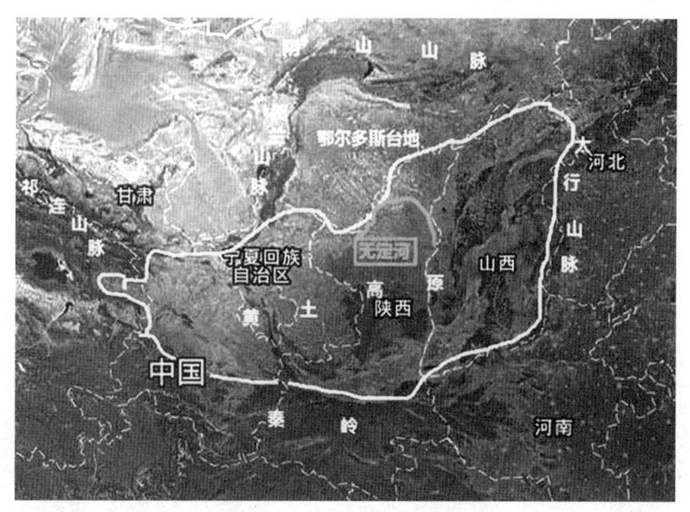

图 2-45 黄土高原影像

图 2-46 晋陕黄河照片(星球研究所，2020)

图 2-47 甘肃庄浪的掌状冲沟

2.5.2 黄土堆积地貌

黄土堆积地貌是在黄土堆积过程中因流水侵蚀原始地面而形成的一种地貌，主要包括黄土塬、黄土墚和黄土峁三大类。黄土塬是黄土堆积的高原面，黄土堆积厚度大，地势平坦宽展，冲沟稀疏，耕田发育，四周为沟谷切割，平面多呈花瓣状。我国目前保存较为完整的黄土塬如陕西洛川塬和长武塬，甘肃董志塬和白草塬等。黄土墚是一种与沟谷平行的长条状黄土高地，黄土墚被进一步侵蚀切割形成断续分布的、孤立的黄土丘，平面呈椭圆或圆形，称为黄土峁。图2-48为以上三类黄土堆积地貌的照片。下面以陕北黄土高原为例，介绍各类黄土地貌的影像特征。

(a)黄土塬照片

(b)黄土墚照片

(c)黄土峁照片

图2-48　黄土堆积地貌

由于黄土易被侵蚀，因此造就了黄土高原区支离破碎、沟壑纵横的地表特征，在遥感影像上不对称状水系发育，花生壳状纹理明显，如图2-49(a)～(c)陕北黄土高原中南部地区卫星影像所示。延安以北地区地面切割严重，是以峁为主的峁墚沟壑丘陵区，绥德、米脂一带最典型，延安、延长、延川是以墚为主的墚峁沟壑丘陵区，西部为较大河流的分水岭，多墚状丘陵，如图2-49(d)和(e)所示。延安以南是以塬为主的塬墚沟壑区，如图2-49(f)～(g)所示。洛川黄土塬位于延安南部，是我国保存较为完整、面积较大的黄土塬之一，由图2-49(h)的影像可见，洛川塬塬面平整，耕田发育，村落散布，平面形似花瓣，四周沟谷切割明显。

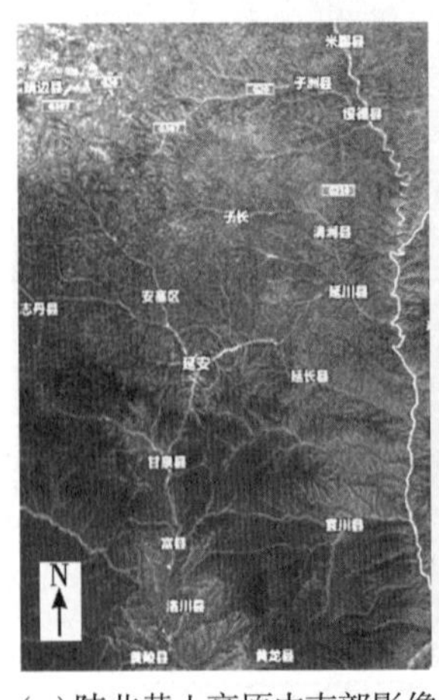

(a)陕北黄土高原中南部影像

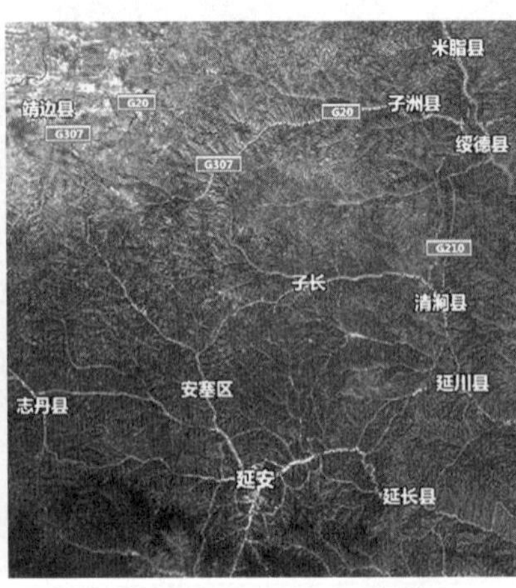

(b)延安以北地区影像

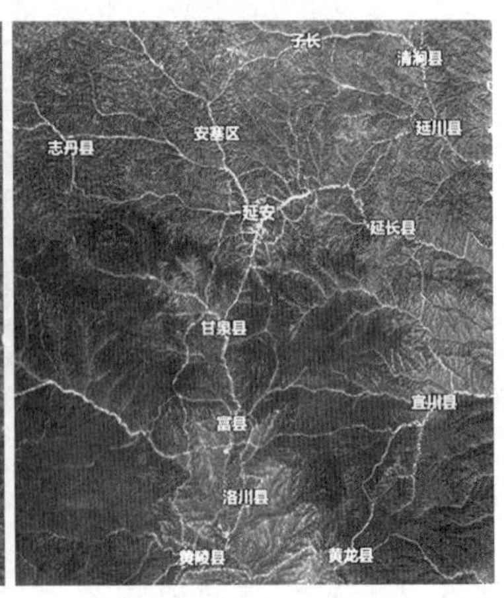

(c)延安以南地区影像

(d)延安以北峁墚沟壑丘陵区照片

(e)延安以北峁墚沟壑丘陵区影像

(f)延安以南塬墚沟壑区照片

(g)延安以南塬墚沟壑区影像

(h)洛川塬卫星影像

图 2-49　陕北黄土高原典型黄土堆积地貌

2.6 冰川地貌和冻土地貌

陆地表面约有11%的面积为现代冰川所覆盖，现代冰川集中了全球85%的淡水资源，主要分布在极地、中低纬的高山和高原地区，我国的冰川主要分布在西北和青藏高原等地。冰川的进退、消融与全球气候、海平面升降、地壳均衡调整等密切相关(曾克峰等，2013)。冻土性质复杂，分布广泛，多年冻土的研究对于陆地生态系统、水文、气候及工程基础设施建设运行具有重要意义。冰川地貌与冻土地貌解译是冰川与冻土研究的重要内容。

2.6.1 冰川地貌

在高山和高纬地区，气候寒冷，多年积雪经压实、重结晶、再冻结等成冰作用形成能够运动的冰体，称为冰川(Glacier)。由冰川作用塑造的地貌称为冰川地貌(Glacial Landform)。冰川地貌可以分为冰川侵蚀地貌(冰蚀地貌)、冰川堆积地貌(冰碛地貌)以及冰水堆积地貌。

冰川侵蚀地貌(冰蚀地貌)类型繁多，分布于冰川的不同部位。对于山地冰川而言，在其雪线附近及以上区域发育冰斗、刃脊、角峰，雪线以下区域发育冰川谷和羊背石等冰蚀地貌。对高纬大陆冰川而言，底部发育羊背石，海岸带发育峡湾地貌。冰斗分布于山地冰川雪线附近，位于冰川源头，在遥感影像上，其外形近似卵形或三角形，中间低，四周高，为围椅状的洼地。冰斗扩大过程中，后壁受挖蚀不断后退，冰斗位置移至雪线以上，相邻冰斗之间的山脊形成锯齿状刃脊。当多个冰斗后壁交汇时，形成形似金字塔或放射状的尖锐山峰，称为角峰(图2-50)。

(a)冰斗

(b)刃脊与角峰(苏德辰等，2017)

图2-50 冰蚀地貌

冰川堆积地貌(冰碛地貌)是由冰川侵蚀搬运的砂砾堆积而成的地貌，主要包括不同位置的各种冰碛物，如表碛、里碛、底碛、侧碛、中碛、终碛以及冰碛丘陵和鼓丘等(图2-51)。图2-51(a)和(b)分别为云南梅里雪山明永冰川的细、粗表碛，图2-51(c)和(d)

分别为表碛与侧碛、侧碛与终碛。冰川消融后，原来的表碛等冰碛物沉落到冰川谷底形成波状起伏的冰碛丘陵，冰川侵蚀基岩则形成鼓丘，如图 2-51(e)和(f)所示。

(a)细表碛　(b)粗表碛

(c)表碛与侧碛　(d)侧碛与终碛

(e)冰碛丘陵　(f)鼓丘

图 2-51　冰碛地貌

冰水堆积地貌是受冰川融水的侵蚀搬运作用，在冰川边缘由冰水堆积物所形成的地貌，包括冰水扇、蛇形丘、冰水湖、冰砾阜、冰砾阜阶地等。图 2-52(a)展示了从冰川末端排出的大量砂砾在终碛外围形成的扇形的冰水扇，图 2-52(b)中的箭头指示了蜿蜒伸展如蛇状的蛇形丘，它是一种狭长而曲折的垄岗地形。

(a)冰水扇

(b)蛇形丘

图 2-52　冰水堆积地貌

冰斗、刃脊和角峰等冰蚀地貌在影像上可结合位置、形状、阴影等进行判读。现代冰川在遥感影像上呈洁白明亮的色调，表面光滑，易于判读，分布范围易于勾绘。冰碛物结构疏松，磨圆度极差，大小混杂，无分选性，影像色调较深，与冰川反差大，易于识别，可据冰碛物分布的位置确定冰碛物的类型。

例如，西藏墨脱南迦巴瓦峰地处喜马拉雅山东段、念青唐古拉山和横断山交汇地带，是喜马拉雅山东段的最高峰，海拔 7782m，南迦巴瓦峰地区共有 46 条冰川(吴坤鹏等，2020)。图 2-53 为西藏墨脱南迦巴瓦峰周边冰川的卫星影像，影像上冰斗、刃脊、角峰等冰川侵蚀地貌和侧碛、中碛等冰川堆积地貌清晰可见(图 2-53(a)和(b))。图 2-53(c)为航拍南迦巴瓦峰周边的冰川。

珠穆朗玛峰冰川群共发育 548 条冰川，日喀则境内的著名冰川有绒布冰川和加布拉冰川，如图 2-54(a)所示。绒布冰川位于珠穆朗玛峰北坡，由西绒布、中绒布和东绒布冰川组成(图 2-54(b)和(c))，全长 26km，冰舌平均宽 1.4m，是世界上发育最充分、保存最完好的特有冰川形态，也是珠穆朗玛峰自然保护区内最大的冰川。加布拉冰川位于卓奥友峰西北坡，全长 10 余千米。除以上大冰川外，珠穆朗玛峰地区还发育大量小冰川，如绒布冰川东南的卓穷冰川和卡贞浦冰川(图 2-54(d)和(e))。影像上，冰川侧碛、中碛的形状、表面组成等清晰可见，粗糙度、低反射率等特征明显。

2.6.2　冻土地貌(冰缘地貌)

温度低于 0℃的含冰土层，称为冻土，主要分布于极地、亚极地地区和中低纬的高山、高原地区，我国冻土主要分布在东北北部、西北高山及青藏高原地区。冻土分为季节冻土和多年冻土，随季节变化而发生周期性冻融的称为季节冻土，多年处于冻结状态的称为多年冻土。多年冻土区的冻土分为上下两层，地下土层常年冻结，称为永冻层。地表土层也称活动层，随季节变换而发生周期性的冻融作用，从而形成冻土地貌。此外，在冰川边缘地区也能形成冻融地貌，因此冻土地貌也称冰缘地貌(杨景春，李有利，2017)。冻土地貌主要包括石海、石河、石冰川、多边形构造土和石环等。

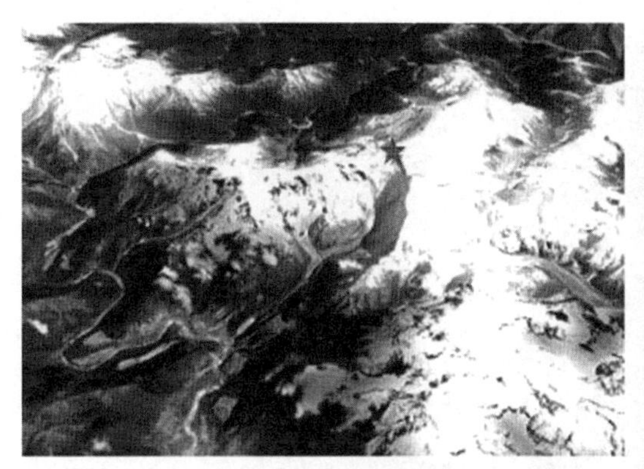

(a)南迦巴瓦峰及周边影像

(b)南迦巴瓦峰冰川影像

(c)航拍南迦巴瓦峰周边的冰川

图 2-53　西藏墨脱南迦巴瓦峰周边冰川

山坡上寒冻风化产生的大量碎屑滚落到沟谷中，堆积厚度逐渐加大，在冻融和重力作用下发生整体运动形成石河(图 2-55(a))。岩石受寒冻崩解，形成巨石角砾，就地堆积在平坦的基岩山顶或和缓山坡形成石海，通常分布面积广阔，地势平坦，如图 2-55(b)所示。

对冻土地貌的遥感解译，主要依据形状、纹理等特征。在遥感影像上，石河通常以长条状影纹显示，纹理粗糙，色调紊乱，像流路宽窄不定的串珠状河流，石海则表现为斑状影纹图案。下文结合实例，进一步了解石河、石海等冰缘地貌的影像特征。

(a)珠穆朗玛峰地区冰川影像

(b)绒布冰川影像

(c)西绒布及中绒布冰川影像

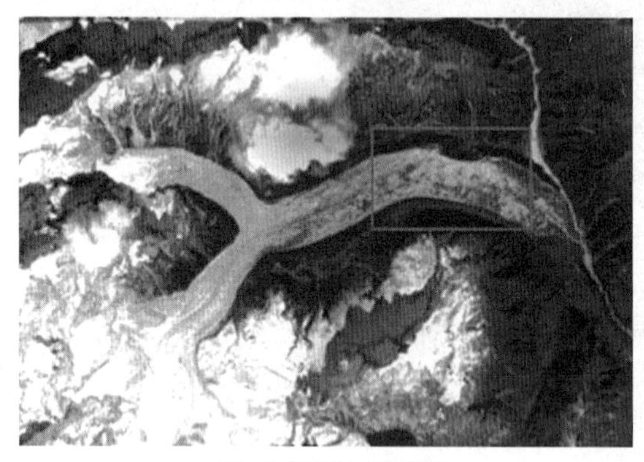
(d)卡贞浦冰川影像

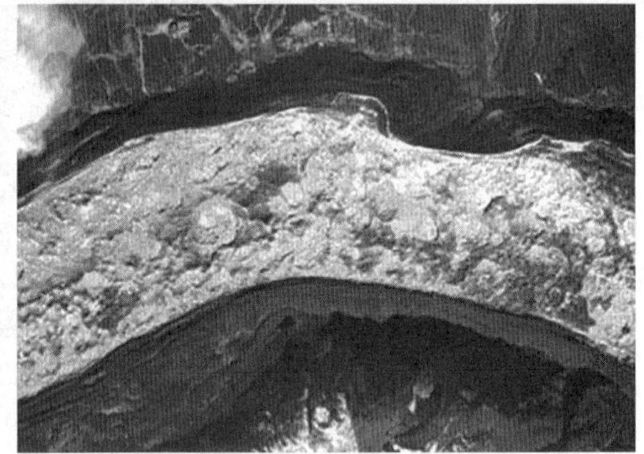
(e)卡贞浦冰川局部影像((d)图红框处)

图2-54 珠穆朗玛峰地区冰川

秦岭—淮河一线是我国的南北分界线，秦岭主峰太白山海拔3000m以上发育大范围的石海、石河与石流坡等冰缘地貌，主要分布在太白山主脊跑马墚3600m以上地区，以主峰拔仙台为中心的顶面及大爷海—二爷海中脊处的分布面积大(张威等，2016)。图2-56(a)和(b)为太白山拔仙台石河与石海的照片，图2-56(c)为太白山冰缘地貌区DEM，图2-56(d)为拔仙台及大爷海—二爷海区域的影像，影像色调紊乱，纹理粗糙。

(a)乌鲁木齐河源的石河照片

(b)西祁连山石海照片

图 2-55 石河与石海

(a)拔仙台石河照片(刘锐，2016)

(b)拔仙台石海照片

(c)太白山冰缘地貌区 DEM(张威等，2016)

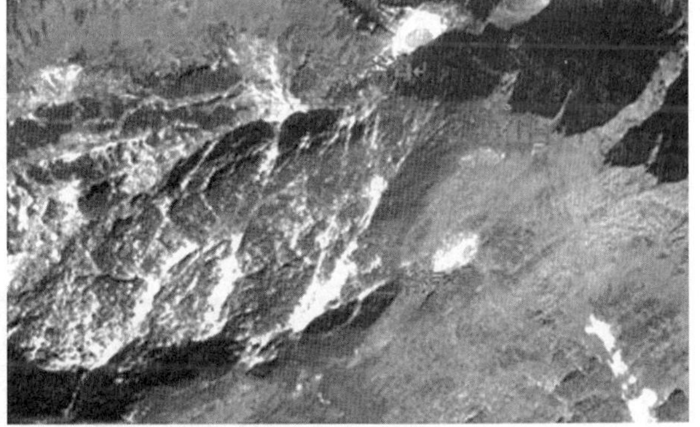

(d)太白山冰缘地貌影像

图 2-56 太白山冰缘地貌

我国东北地区冰缘地貌较为发育，不仅在长白山、大兴安岭等地分布广泛，在辽东丘陵区也有分布，例如：辽东庄河老黑山的石海地貌集中分布于海拔 700~800m 的缓坡平坦部位；石河主要分布在山坡沟谷中；石流坡分布得相对分散，在老黑山周围海拔相对较低的陡坡上均有分布(朱俊，2019)，如图 2-57 所示。其中，图 2-57(a)、(b)及(c)分别为石海、石河及石流坡的照片，2-57(d)为老黑山冰缘地貌区的影像。

(a)石河照片(朱俊，2019)　　(b)石海照片(朱俊，2019)

(c)石流坡照片(朱俊，2019)　　(d)老黑山冰缘地貌影像

图 2-57　辽东庄河老黑山冰缘地貌

在第四纪松散沉积物的平坦地面上，由于冻融和冻胀作用，地面形成中间略凸起的多边形裂隙，形似网状，称为多边形构造土(Ice-wedge Polygons)，如图 2-58(a)所示。石环是以细粒土和碎石为中心，周围由较大砾石为圆边所构成的一种环状冻土地貌，由于长期融冻作用，粗的石砾被挤到边缘形成石环，石环与石环连接构成图案精美的石网。图 2-58(b)为微型石环，图 2-58(c)为北冰洋 Svalbard 群岛链(挪威)Spitsbergen 西部直径 3~5m 的石

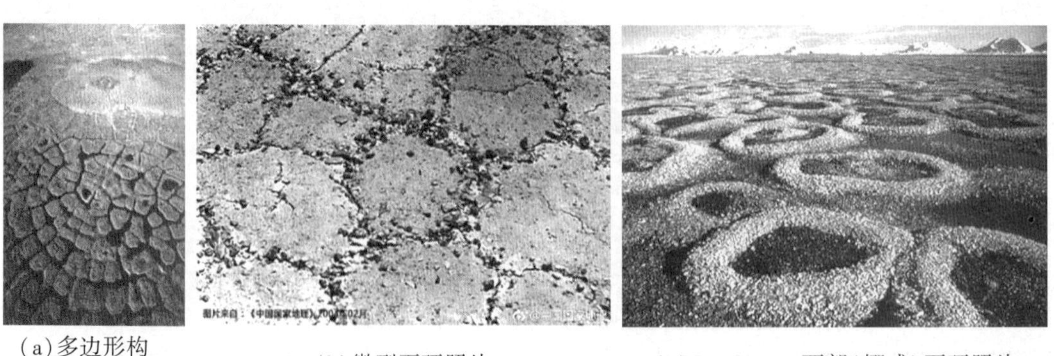

(a)多边形构造土照片(Elsom，1992)　　(b)微型石环照片　　(c)Spitsbergen 西部(挪威)石环照片

图 2-58　多边形构造土与石环

环。在遥感影像上，图型是解译多边形构造土和石环的重要标志：多边形构造土分布区具有多边形或蜂巢状图型；石环多发育在平坦的河漫滩或洪积扇边缘，大小不等，环环相连，形成独特的网状图型。

2.7 坡地地貌

坡地上风化的岩块或土体，在重力和流水作用下发生崩塌、滑坡或蠕动所形成的地貌称为坡地地貌(杨景春，李有利，2017)。重力是形成坡地地貌的主要营力，由于该类地貌与地质灾害紧密相关，因此，也称为重力地貌或灾害地貌(曾克峰等，2013)。重力地貌解译对地质灾害监测及国民经济建设意义重大。

坡地地貌主要包括崩塌、滑坡和泥石流等类型，解译时主要依据形状、色调、颜色和纹理等特征。

2.7.1 滑坡

滑坡是指斜坡(坡度多为10°~35°)上的岩块或土体，在重力作用下，局部稳定性受到破坏，沿一个或多个破裂滑动面向下做整体滑动的现象。滑坡的地貌特征包括滑坡体、滑坡面、滑坡壁、滑坡阶地、滑坡裂隙和滑坡鼓丘等(曾克峰等，2013)。滑坡体体积不一，在遥感影像上平面形态有舌形、簸箕形、弧形和不规则形等。滑坡堆积物可堵塞河道形成堰塞湖。在高分辨率影像上，可以看到明显的滑坡壁、滑坡阶地、滑坡舌和滑坡裂隙等。古滑坡和活动滑坡的具体影像特征可参见后文7.2.2小节。基于遥感影像和DEM等数据，采用数字图像分析技术，得到滑坡体或堰塞湖坝体的长度、宽度、高度、堆积体土石方量等信息，可直接或间接得到堰塞湖的回水长度、回水面积、积水深度空间分布和蓄水量等(李小涛等，2012)。

西藏易贡大滑坡发生于2000年4月9日，是近20年来地球上发生的最大规模滑坡-碎屑流活动。由于地处青藏高原东南部的高山峡谷中，交通十分不便，多平台、多时相的卫星数据在滑坡活动、湖泊水位、体积与环境影响监测等方面发挥了重要作用(王治华，吕杰堂，2001；吕杰堂等，2002)。图2-59为易贡地区不同时相的Landsat影像，由影像可见易贡藏布河下游的地貌和土地覆盖情况。1999年12月滑坡发生前(图2-59(a))，易贡藏布河下游地区的峡谷两侧山坡上森林茂密，随海拔升高，被积雪及冰川覆盖。冲积扇上有农作物及居民点分布。峡谷底部的易贡湖盆地河谷宽阔，辫流发育，水流呈网状分布。2000年4月9日晚发生滑坡，滑坡堆积物在易贡藏布河上形成天然坝堵塞河道，加之此时正值冰雪融化期和雨季，易贡湖水位快速上涨，形成一个大型堰塞湖；在2000年5月2日的遥感影像(图2-59(b))上可见簸箕形的滑坡体以及滑坡体堵塞河道形成的堰塞湖；在之后的影像(图2-59(c))上，滑坡体形状未变，湖水逐渐下泄。结合光学遥感与InSAR技术，王哲等(2021)进行了易贡滑坡演化及形变监测研究，图2-59(d)~(f)显示了滑坡所造成的地表变化及其演化过程。图2-59(d)为滑坡发生前的影像，图2-59(e)为滑后影像，崩塌区可见沟头部分危岩体发生崩塌，大量冰体与岩体整体消失，下部岩体裸露。之后，崩落岩体撞击下部松散堆积物，形成高速滑坡；滑坡区内的地表植被与松散堆积物被完全带走，露出底部基岩；之后，滑坡体通过狭窄沟口后解体，发生抛洒与堆积。在滑坡后20年的图2-59(f)中，高位崩塌发生后后缘的出露物质再次为冰雪覆盖，植被覆盖较滑坡前相差很大。

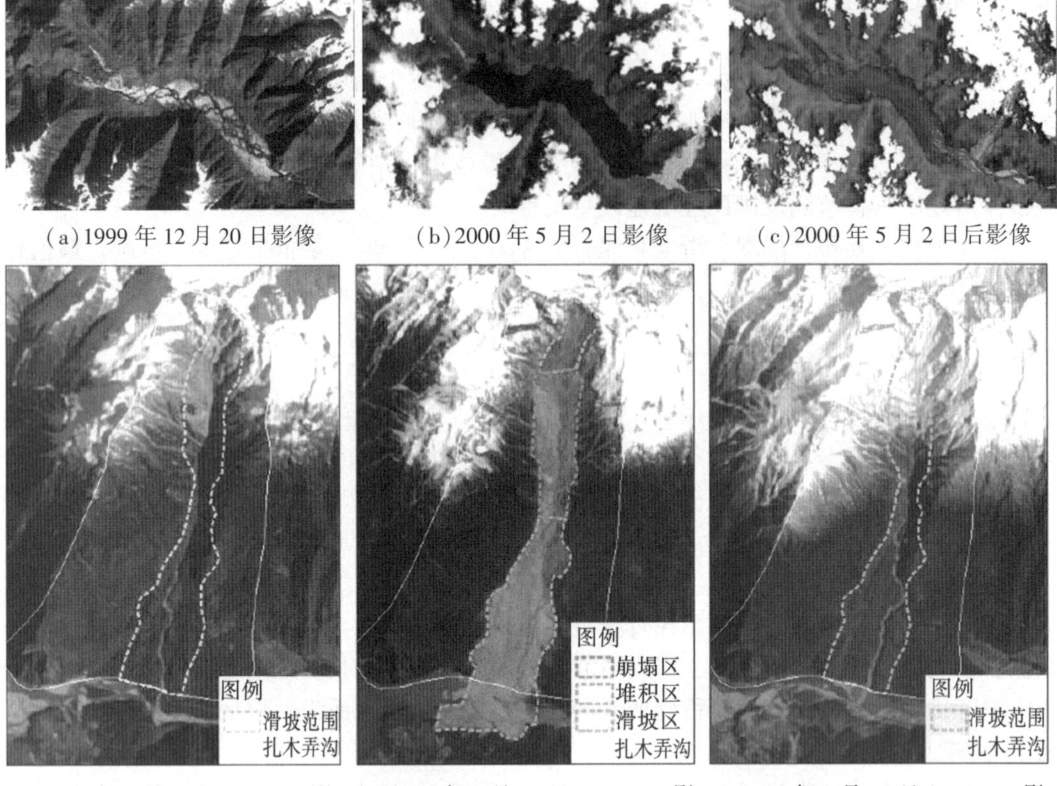

(a)1999年12月20日影像　(b)2000年5月2日影像　(c)2000年5月2日后影像

(d)2000年1月5日Landsat 5影像(王哲等，2021)　(e)2000年5月12日Landsat 5影像(王哲等，2021)　(f)2020年2月29日Landsat 8影像(王哲等，2021)

图2-59　西藏易贡滑坡

2008年5月12日，四川省汶川地区发生了里氏8级强烈地震，地震诱发了众多的滑坡、崩塌和泥石流等地质灾害，部分沿江河两岸分布的大型滑坡堵塞河道，形成众多堰塞湖(潘世兵等，2009)。图2-60(a)和(b)为汶川地震发生前后唐家山的卫星影像。在震前2006年11月10日的SPOT-5影像上，苦竹水电站清晰可见，震后2008年5月14日水电站受滑坡体严重破坏，图2-60(c)为唐家山滑坡体影像。由于地震诱发的大量滑坡体堵塞河道使水位上涨，在距北川县城约4km处形成巨大的唐家山堰塞湖，图2-60(d)~(f)的Formosat-2影像清晰地展示了该堰塞湖的形成过程。在2006年5月14日的影像上(图2-60(d))，通口河缓缓流淌，村庄、道路、桥梁清晰可见；2008年5月12日强震爆发，唐家山滑坡体堵塞河道，由2008年5月15日的影像(图2-60(e))可见，村庄被部分淹没，道路、桥梁为洪水所覆盖，形成堰塞湖；在2008年5月19日的影像(图2-60(f))上，堰塞湖湖面进一步扩大。

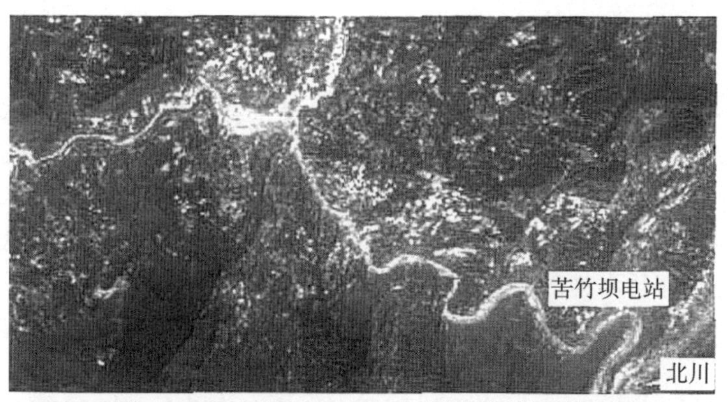

(a)震前 2006 年 11 月 10 日 SPOT-5 影像(潘世兵等，2009)

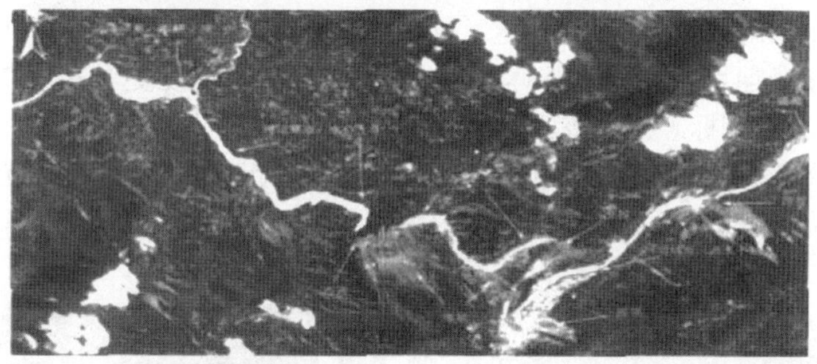

(b)震后 2008 年 5 月 14 日影像(潘世兵等，2009)

(c)唐家山滑坡(胡卸文等，2009)

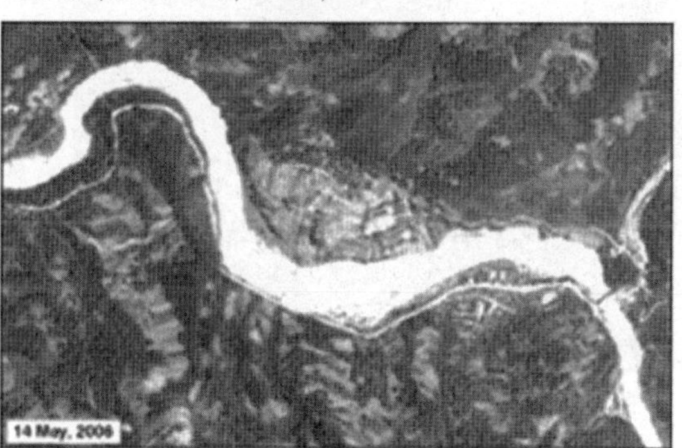

(d)2006 年 5 月 14 日影像

(e)2008 年 5 月 15 日影像

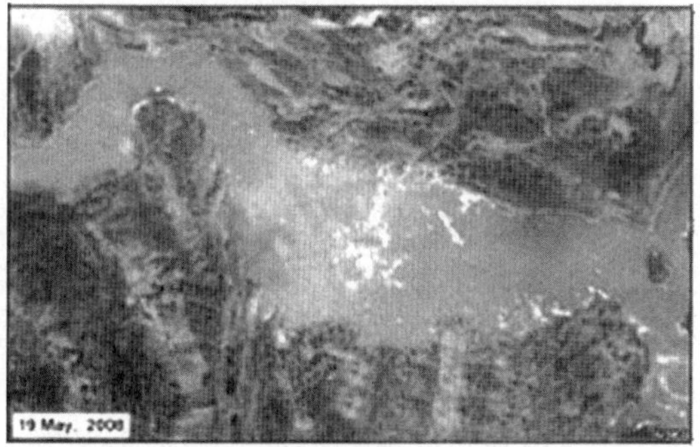

(f)2008 年 5 月 19 日影像

图 2-60　唐家山滑坡及堰塞湖

2.7.2 崩塌

陡坡(坡度一般大于50°)上的岩体或碎屑，在重力作用下，快速向下坡移动，发生倾倒、崩落的现象称为崩塌，崩塌物在坡度平缓的坡脚处堆积形成的半锥形体，称为倒石堆或岩屑堆(曾克峰等，2013)。地貌、地层、岩性和地质构造是崩塌形成的物质基础，降雨、地表水、地下水、风化作用以及人类活动对崩塌的形成发展也起着重要的作用。在遥感影像上可依据崩塌物半锥形的形态和粗糙的纹理特征进行解译。同时，可依据影像特征，区分新老崩塌，新的崩塌陡崖色调较浅，崩塌体植被少，古老的崩塌陡崖色调较深，植被较为茂盛。

小堡崩塌群位于四川省汉源县小堡藏族彝族乡，主要发育于大渡河右岸和宰骡河左岸的山坡上，该地区山峦起伏，峡谷深邃，地势高差悬殊，切割较深，属于典型的中低山峡谷地貌。发育小堡崩塌群的斜坡整体坡度大于45°，局部坡度更是达到70°(张景华等，2011)。依据上述解译标志，在该区域的QuickBird影像上一共可以判读出14处倒石堆，以红色阿拉伯数字表示，倒石堆半锥形特征明显，纹理粗糙，与周围地物差异显著，崩塌照片及崩塌群QuickBird影像如图2-61所示。

(a)崩塌照片　　(b)小堡崩塌群QuickBird影像

图2-61　四川汉源县小堡崩塌群(张景华等，2011)

2.8 岩溶(喀斯特)地貌

岩溶指地表水和地下水对可溶性岩石(多为碳酸盐岩)的化学和物理作用及其所形成的水文和地貌现象。由岩溶作用所形成的地貌称为岩溶地貌，也称喀斯特(Karst)地貌，在热带、亚热带地区比较发育。岩溶地貌主要包括地表岩溶地貌和地下岩溶地貌，两类地貌各自发展，但又相互影响(曾克峰等，2013)。岩溶地貌解译对于岩溶区水库选址、储油气构造识别、道路和桥梁建设以及岩溶区地下水资源的合理开采与利用等具有重要意义。

2.8.1　地表岩溶地貌

地表岩溶地貌包括溶沟、石芽、石林、峰丛、峰林、孤峰、溶蚀洼地、落水洞、漏斗和岩溶盆地等。岩溶地貌解译以地表岩溶地貌解译为主，通过影像上的橘皮状纹理以及特殊的水系形状等进行解译。

1. 石芽与石林

石芽是碳酸盐岩地区的一种溶蚀地貌，其发育与可溶性岩石的厚度及纯度有关。厚层质纯的碳酸盐岩上可发育高大尖锐的石芽，而石林是非常高大的石芽。云南路南地区是石芽和石林广泛分布且发育最典型的区域。图 2-62(a)和(b)为云南路南石林的照片与影像，影像上橘皮状纹理特征明显。此外，贵州思南石林也较为典型，如图 2-62(c)和(d)所示。

(a)云南路南石林照片

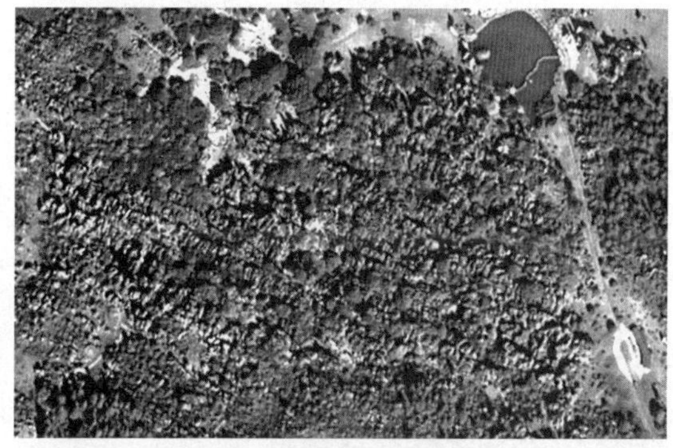

(b)云南路南石林影像

(c)贵州思南石林照片

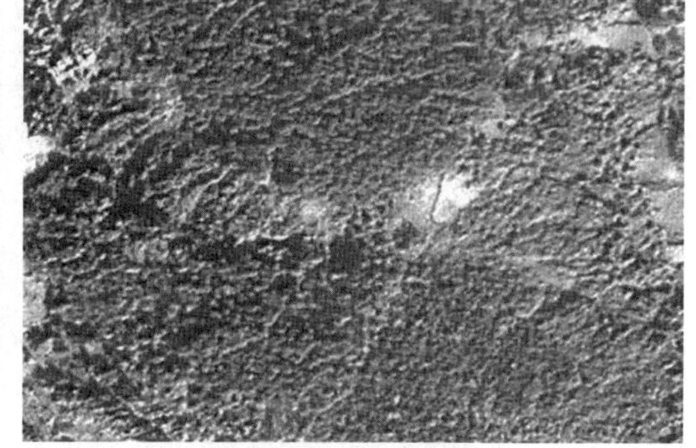

(d)贵州思南石林影像

图 2-62　石林

2. 孤峰、峰丛和峰林

在热带、亚热带气候条件下，碳酸盐岩遭受强烈的岩溶作用发育而成的山峰，按其形态可以分为孤峰、峰丛和峰林。孤峰是散布于溶蚀谷地或溶蚀平原上的低矮山峰；峰林是成群分布的碳酸盐岩山峰，基部微连或分离；峰丛为连座峰林，山峰分散。孤峰、峰丛和峰林在我国的广西、云南和贵州等地分布广泛而典型，如图2-63所示。其中，图2-63(a)和(b)为广西大化七百弄峰丛，图2-63(c)和(d)为广西桂林阳朔兴坪镇相公山峰林，图2-63(e)和(f)为云南罗平金鸡岭峰林。从遥感影像可见，峰丛、峰林区斑点状花纹密集分布，橘皮状特征非常明显。在高分辨率遥感影像上，可以解译出不同形态的峰林，如锥状峰林和筒状峰林。

(a)广西大化七百弄峰丛照片　(b)广西大化七百弄峰丛影像

(c)广西桂林阳朔兴坪镇相公山峰林照片　(d)广西桂林阳朔兴坪镇相公山峰林影像

(e)云南罗平金鸡岭峰林照片　(f)云南罗平金鸡岭峰林影像

图2-63　峰丛与峰林

3. 岩溶漏斗

岩溶漏斗又称喀斯特漏斗，是碳酸盐岩地区呈碗碟状或漏斗状的凹地，平面形态呈圆形或椭圆状，漏斗直径几米到数百米，深几米到几百米不等，有灰岩坑、盘坑和盆坑等别称，俗称天坑。在高分辨率影像上，岩溶漏斗呈大小不同的斑点状图案，在碳酸盐岩层上常或疏或密地成群出现。图 2-64 为重庆小寨天坑的照片及其所在区域的影像，小寨天坑位于距奉节县城 91km 的荆竹乡小寨村，为目前世界上所发现的最大的天坑，坑口直径 537~626m，最大深度 662m。

(a)重庆小寨天坑照片　　(b)重庆小寨天坑附近影像

图 2-64　重庆小寨天坑

云南省昭通市镇雄县天坑群是迄今为止云南最大的天坑群，包括 6 个大小不等的天坑，其中最大的 3 个天坑分别是“大锅圈”“小锅圈”和“三锅圈”，图 2-65 为该天坑群的照片及“大锅圈”“小锅圈”附近的卫星影像。

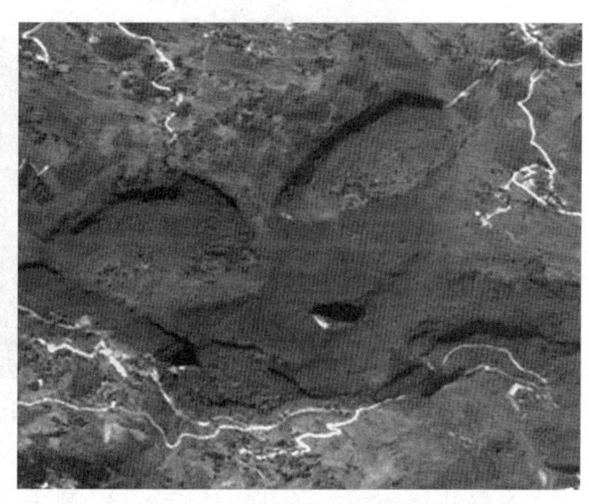

(a)云南镇雄县天坑群　　(b)云南镇雄县天坑群影像

图 2-65　云南镇雄县天坑群

2.8.2　地下岩溶地貌

地下岩溶地貌有地下河、溶洞和岩溶泉等，地下岩溶地貌需根据地表岩溶地貌的规律进行解译分析。

遥感技术在岩溶地下河的地理位置定位、空间展布、长度和弯曲系数等方面的研究中具有优势。以格凸河为例，格凸河是珠江流域红水河支流蒙江支流，长128km。格凸河流域地处贵州中南部苗岭山脉以南的高原斜坡，地势北高南低，并向东南倾斜。在遥感影像上格凸河伏流特征明显，空间展布清晰(图2-66)。影像上圆点为伏流入口处——燕子洞，燕子洞以上河段称座马河，奔腾的河水流到穿洞前宽30余米的河面陡然缩小，咆哮的河水变得黯然无声，流入洞内。三角形为伏流出口——下洞，出口以下河段称格凸河或格往河，在其他许多地图上，将这条河称为格必河。从影像上可见，出洞的河流在两岸群山之中，缓缓蜿蜒跌落，滚滚流向东南。

图2-66　格凸河伏流影像

在格凸河流域，尤其在伏流入口(燕子洞)至伏流出口(下洞)的数平方千米的范围内，因构造应力挤压，新构造上升强度大，地下水网交织，多条地下河交汇，形成巨大的地下洞腔，如燕子洞，俗称燕王宫，在高116m、宽25m的巨型拱门下，洞内有长270m的地下河湾，从入口至出口，地下水洞长达12km以上。在伏流出口处的下洞，也存在一个巨大洞腔，长 700m，宽 215m，平均高 70m，面积达 $12hm^2$，容积在 $7.00\times10^6m^3$ 以上，为世界第二大洞厅，取名为“苗厅”。结合峰林、峰丛等地表岩溶地貌的分布规律，可对溶洞等地下岩溶地貌进行解译分析(陈建庚，2005)。

2.9　火山地貌与熔岩地貌

地壳内部喷发的岩浆和固体碎屑堆积形成火山地貌，由火山喷出的高温熔岩沿地面流动并逐渐冷凝则形成熔岩地貌。

2.9.1　火山地貌

火山通常由火山锥、火山口和火山喉管三部分组成。火山锥是火山喷发的碎屑物降落、堆积所形成的锥形体。火山口是火山锥顶部喷发高温气体、岩浆和碎屑物质的出口，为一圆形洼地。无喷发活动的火山口，由于雨水或雪水蓄积可形成火山口湖，如我国长白山主峰长白山天池(图 2-67)。当遭遇侵蚀或再次喷发后，由于遭受破坏，火山口可能成为马蹄形(杨景春，李有利，2017；曾克峰等，2013)。

(a)长白山天池照片

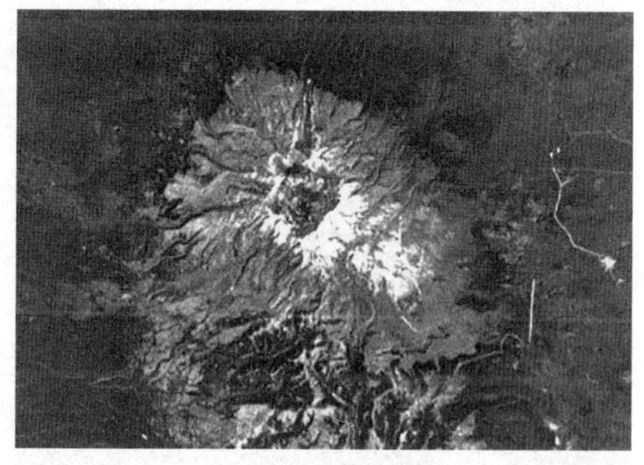

(b)长白山天池影像

图 2-67　长白山主峰长白山天池

岩浆通常以两种形式向外喷发，即裂隙式与中心式。一般情况下，中心式喷发比裂隙式喷发更强烈，不同的喷发形式所形成的火山地貌有很大差异。在火山地貌解译中，火山口和火山锥由于其特殊的形状，对解译判读至关重要。同时，在有些情况下，火山会成群分布，形成火山群，影像特征较为明显。

我国的火山主要分布于东、西两个活动带。东部活动带主要包括黑龙江五大连池火山群、吉林长白山火山、山西大同火山群等，西部活动带主要包括云南腾冲火山群和新疆等地的火山。

例如，黑龙江五大连池火山群是我国著名的第四纪火山群，火山景观保存完好，素有“火山自然博物馆”和“火山公园”的美誉，是我国少数具有历史文献记载的火山之一。该火山群位于黑龙江省黑河市五大连池市德都县境内，由坐落在波状平原上的 14 座火山锥和覆盖面积达800余平方千米的熔岩流分布构成(詹艳等，2006)。火山群分布于五大连池东西两侧，西侧有南、北格拉球山，火烧山，老黑山，笔架山，卧虎山和药泉山；东侧有尾山，莫拉布山，东、西龙门山，小狐山和东、西焦得布山。其中老黑山和火烧山属于近代火山，最新的喷发期为清康熙年间，其余12座属于第四纪更新世火山，为旧期火山。图2-68(a)为五大连池火山分布简图，图2-68(b)~(d)为火山群及老黑山火山口影像，在遥感影像上，火山呈东北—西南及西北—东南方向排列，火山口、火山锥易于识别，地表可见绳状、蠕虫状熔岩流动痕迹。

(a)五大连池火山群分布简图

(b)五大连池火山群影像

(c)老黑山火山口

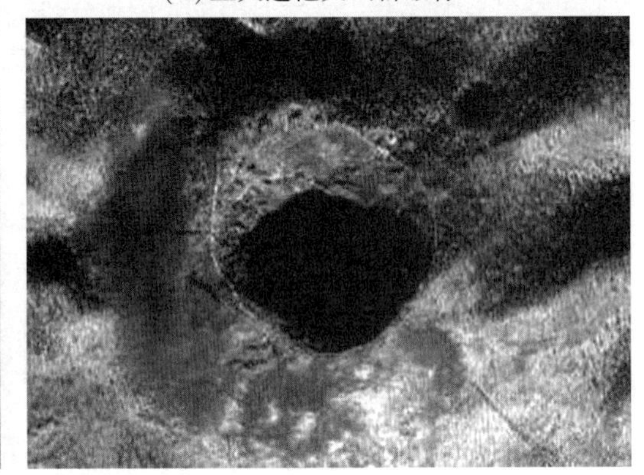

(d)老黑山火山口影像

图2-68 黑龙江五大连池火山群

山西大同火山群位于山西大同盆地东部，由30余座大小不等的第四纪更新世火山锥组成(邓晋福等，1987)，是华北地区规模最大、保存最完好、内容最丰富的火山群，是世界上唯一发育在黄土高原上的火山群，分布面积约200km²(韩丽荣，胡炜霞，2021)。山西大同火山群可以划分为东、西、南、北4个区，火山锥形状有穹隆状、壳状、半圆形和马蹄状四种。位于今大同县城东北部的西区火山是火山锥景观最密集、最壮观的一部分。著名的如狼窝山、黑山、金山、阁老山、双山、马蹄山、老虎山和昊天寺山等，如图2-69所示。西区火山中火山口直径最大的是狼窝山，达500m左右，几乎呈正圆形状，山口深度平均30~50m，这也是大同火山群中火山口最深的一座(文慧，2014)。

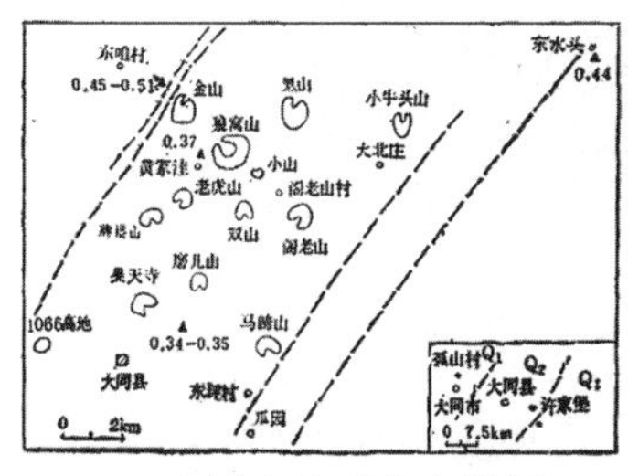

(a)大同火山群分布简图
(邓晋福等，1987)

(b)大同火山群影像

(c)狼窝山照片(文慧，2014)

(d)线形排列的山西大同火山群照片(镜像 NE，孙嘉祥，2020)

图 2-69　山西大同火山群

腾冲火山群位于云南省腾冲市境内，是我国著名的第四纪火山群。“好个腾越州，十山九无头”，这一谚语生动地道出腾冲的地质之奇。该火山群以类型齐全、规模宏大、分布集中、保存完整而著称于世，被誉为“天然的火山地质博物馆”，既有黑空山、打鹰山、马鞍山等一系列晚第四纪新期火山，也有早更新世以来有过喷发活动的大六冲、余家大山和来凤山等老火山。其中，位于火山区中东部的大六冲山势高峻，其顶峰是本区内的最高峰(李霓等，2014)。图 2-70 为云南腾冲第四纪火山群，(a)为该火山群照片，(b)为火山群分布简图，(c)为火山群影像，其中方框代表图(d)的范围，三角点为六大冲山顶。在该火山群北部地区的影像(图 2-70(d))上，多个线状排列的火山口清晰可见。图 2-70(e)为大六冲火山通道影像。

2.9.2　熔岩地貌

熔岩地貌主要包括熔岩堰塞湖、熔岩高原、熔岩流和熔岩穹丘等。

五大连池最后一次火山爆发发生在 1719—1721 年间，火山熔岩阻塞了当时的河流，形成了五个串珠状的火山堰塞湖，故得名“五大连池”。图 2-71(a)为五大连池火山与熔岩平原的照片，其中近景的乱石堆为熔岩平原。图 2-71(b)为熔岩平原影像，整体颜色灰暗，纹理混乱，蠕虫状熔岩流动痕迹明显，其中的黑色斑块为熔岩流动过程中形成的绳状构造，其照片和影像如图 2-71(c)、(d)所示。图 2-72 为黑龙江牡丹江市沙兰镇的熔岩平原，其影像特征也较为典型。

(a)云南腾冲火山群照片

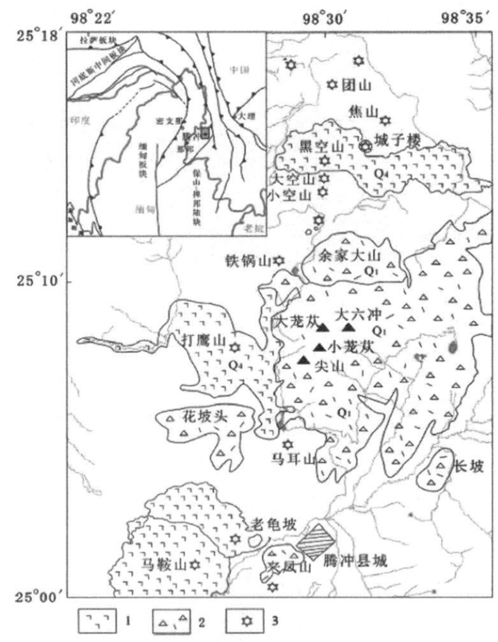

1. 黑空山、打鹰山、马鞍山火山熔岩；
2. 火山碎屑岩；3. 火山口

(b)腾冲火山分布简图(李霓等，2014)

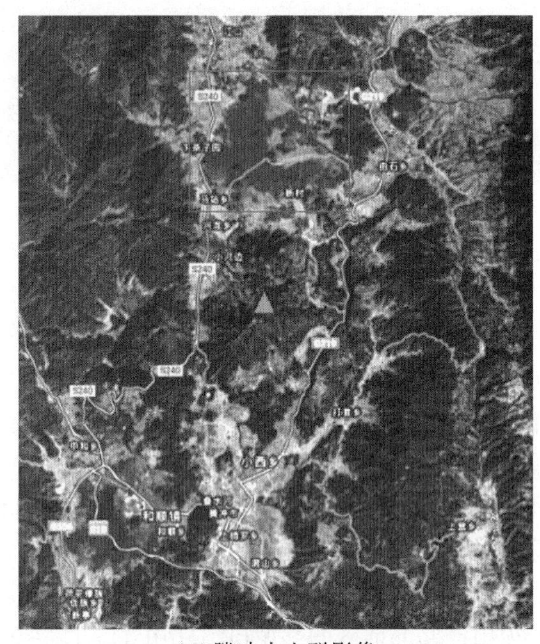

(c)腾冲火山群影像

(d)腾冲火山群北部区域影像

(e)大六冲火山通道影像

图 2-70　云南腾冲第四纪火山口群

(a)五大连池火山与熔岩平原照片

(b)五大连池熔岩平原影像

(c)五大连池绳状构造照片

(d)五大连池绳状构造影像

图 2-71　五大连池熔岩高原与绳状构造

(a)黑龙江牡丹江市沙兰镇熔岩平原

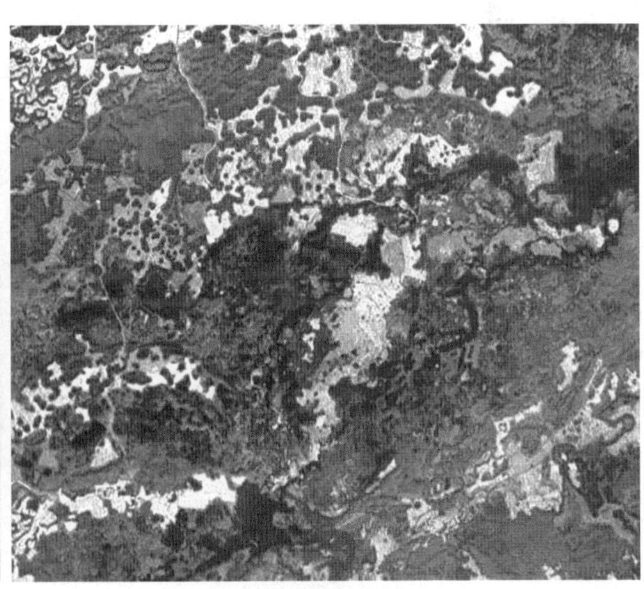

(b)熔岩平原影像

图 2-72　黑龙江牡丹江市沙兰镇的熔岩平原

第3章　土地资源遥感

土地资源是一种自然资源，指可供农、林、牧业或其他产业利用的土地，是人类生存的基本资料和劳动对象，具有质和量两方面的属性。在土地资源的利用中，往往需要采取不同方式和不同程度的改造措施，以提高其适用性和预期产出。因此，土地资源实际也是土地实体及其创造的价值的统称，既具有自然属性，也具有经济属性(即社会属性)。此外，土地资源及其属性还具有一定的时空差异性，即在不同地区和不同历史时期的技术经济条件下，所包含的内容可能不一致。例如，大面积沼泽因渍水而难以治理，在小农经济的历史时期，不适宜农业利用，不能视为农业土地资源，但在已具备治理和开发技术条件的今天，即为农业土地资源。

土地资源研究主要针对其数量和质量的时空特点、组合方式及其满足区域发展需求的程度来开展；识别土地资源类型，掌握不同类型土地资源的数量、分布、构成和变化，评估土地质量和利用潜力，是土地资源研究的基本内容。这是狭义上的土地资源研究，其目的是为一个国家、一个地区合理调整土地利用结构和农业生产布局、制订农业区划和土地规划提供科学依据，并为进行科学的土地管理创造条件。从广义上讲，近代工业革命以来土地利用对土地覆被格局产生了前所未有的影响，土地格局的改变对局地、区域及全球气候的变化都具有广泛而深远的意义。因此，作为全球环境变化和陆地生态系统中对全球气候变化和人类活动最重要的响应之一，土地利用与土地覆被变化 LUCC(Land Use and Cover Change)近年来备受各方关注。此外，防止土地资源退化，保护人类赖以生存的以耕地、林地、草地、湿地和人居社区等为主体的土地资源，实现土地可持续管理，也是当今人类社会实现可持续发展的首要任务。因此，在当代全球变化背景下，土地资源研究被赋予了新的内涵。

遥感数据与土地资源在时空特性方面具有高度的一致性，无疑为土地资源研究提供了一种有力的手段。遥感技术与土地资源领域的应用需求相融合，形成了一个重要的遥感应用分支，即土地资源遥感。土地资源遥感技术很早就被应用于土地资源调查，目前已成为土地利用现状调查的主要方法。在土地覆盖分类中，遥感是唯一可实现大范围乃至全球地表覆盖分类工作的技术方法。在土地资源专题研究中，遥感也在土壤退化等领域发挥着重要作用。

3.1　土地资源遥感研究

土地资源遥感应用的初期，其主要作用体现在土地资源调查方面，重点是土地资源的分类识别，更多情况下具有“摸清家底、填补空白”的性质。随着遥感技术的发展，在土地资源调查的基础上，遥感技术也开始更多地被应用于土地资源的动态监测和数据信息的更新，以获得土地资源数量、分布、构成、类型转换等方面的动态变化信息，并逐步开展了土地资源的现代过程研究。可以说，遥感技术为土地资源研究提供了丰富的信息源和实现手段，拓展了土地资源的研究内容，强化了土地资源的研究程度(张增详等，2016)。

3.1.1 土地资源遥感调查

从区域范围来讲，为了更合理地利用土地资源、优化产业布局，需要对土地资源进行自然属性和社会经济属性的综合调查，即进行土地资源调查。在土地资源调查的基础上，可以进一步揭示土地资源的生产力，包括土地的现实生产力和潜在生产力。自遥感技术出现以来，其首要的应用领域就是包括土地资源在内的地表资源与环境领域。土地资源遥感的基本工作是利用遥感技术进行土地资源调查和监测，即基于遥感数据获取土地资源信息、提取土地资源专题知识，从而为相关领域的研究和决策提供信息支持。

对全球范围而言，人类在利用和改造自然的过程中，对自然环境造成了一定程度的破坏和污染，现在已经面临危害人类生存和发展的各种负反馈效应，即面临生态环境问题。土地利用和土地覆盖变化是人类造成生态环境变化的主要原因之一，局部到区域性的土地退化，如净基本生产率、作物产量、土壤肥力下降等是土地利用与土地覆盖变化的直接结果，并可能导致生物多样性的减少。过去300年间，地表被开垦的面积大约相当于整个南美洲的面积，由于土地利用和土地覆盖变化而进入大气中的二氧化碳净流量与矿物燃料源相当，人类活动向大气中排放的甲烷，绝大多数与土地利用相关(赵振家，1994)。土地利用与土地覆盖变化已成为全球环境变化研究中必不可少的内容。

土地资源调查就是要实现对土地资源的类型、数量、质量特征间变异及在各种社会经济活动中利用和管理土地资源的状况的综合考察。具体而言，土地资源调查就是指为查清某一国家、某一地区或某一单位的土地数量、质量、分布及其利用状况而进行的量测、分析和评价工作。在土地资源遥感调查中，根据调查的目的和任务首先需要制定合适的土地资源分类系统，这是决定调查工作能否顺利进行的关键。

对土地资源的调查研究首先应从土地类型研究入手，其主要任务包括：清查各类土地资源的数量；清查土地资源的基本特征和质量状况；分析土地利用存在的问题，并进行土地利用分区；土地资源调查的成果记录。调查的基本内容，包括对土地资源构成要素的调查和分析，以及土地类型和土地利用类型的空间分布、数量、质量、权属调查，专项土地资源调查，区域土地资源综合调查等，并在此基础上进行土地统计、土地登记以及土地评价、土地利用规划和土地管理方面的工作。

古代的土地资源调查一直都是通过人工丈量登记的方法进行。随着近代以来测量技术的兴起和发展，经纬仪、全站仪等常规的测图测量方法也被应用于土地资源调查中。而20世纪60年代开始迅猛发展的遥感技术则首先被应用于土地资源等领域，并随着应用的不断深入形成了土地资源遥感这一新的交叉研究方向，使得土地资源调查这一古老的问题焕发了新的活力。实际上，开始大区域、大规模的土地利用调查工作基本是与遥感技术的兴起和发展相同步的。目前不仅航空遥感和卫星遥感已成为土地资源调查的主要方法，而且在全球环境变化研究的大背景下，土地资源遥感也已成为土地覆盖/土地利用变化监测的唯一手段。同时，土地资源遥感的方法也逐渐深入土地退化专题的研究中，如在土壤退化监测与防治等方面也取得了丰硕成果。20 世纪 80 年代后，我国共开展了三次全国性的土地资源详查工作。30 多年来，全球范围的土地利用/覆盖变化监测工作，在多个国际组织、国家的努力和协作下，也取得了非常重要的研究成果。

根据《中国资源科学百科全书》(2000 年)，可依据目的和任务的不同将具体的土地资源调查工作分为以下五类：①以反映土地类型为主的土地类型调查；②以反映土地利用状况为主的土地利用现状调查；③以反映土地适宜性和限制性为主的土地资源质量调查；④以反映土地潜在资源的土地潜在资源调查；⑤以反映土地权属的地籍调查。

3.1.2　土地资源分类

土地是由气候、土壤、地质、地貌、水文以及植被等自然地理要素组成的自然地理综合体，各要素的空间变异造成了土地在地理空间上的类型分异。因此，土地类型是指构成土地的各要素相互影响、遵循一定的规律而形成的一些不同地域组合，这些有规律的、大小不同地域组合的相对均一的单元地域就属于同一土地类型。简而言之，土地类型就是构成土地各个自然要素的性质相对均一的土地单元。区分土地资源类型，是为了满足土地资源构成分析、空间格局分析及动态模式分析等方面的需要，根据土地资源的差异性，按照类别获取土地资源的面积、分布及动态信息。利用遥感手段识别土地资源类型，掌握不同类型土地资源的数量、分布、构成和变化，评估土地质量和利用潜力，是土地资源遥感研究的基本内容。

土地资源分类方法有很多种。一般而言，不同研究目的对土地资源的不同属性关注度并不相同，因此基于土地资源的某些属性可划分出若干种土地类型，由这些土地类型组成的具有一定结构关系的系统框架称为土地资源分类系统。适用于一个具体应用任务的分类系统应客观、准确地反映其中所有土地类型之间的结构关系，是分类实施过程中应该遵循的标准。土地资源分类系统的完整性、系统性、合理性、适用性和可操作性至关重要，合理与否直接决定了研究结果的准确程度。因此，制定土地资源分类系统的基本要求是应充分考虑研究区域的特点、分类目的和内容等方面的需求，将土地资源的自然和社会两种属性有效结合，实现全区域覆盖、全类型覆盖，而且不同类型相互独立。此外，为适应现代土地资源调查中数字化制图的需求，并符合 GIS 空间分析及各种统计操作的技术标准，在土地资源分类系统中往往采用数字编码系统对各种土地类型进行编码，并且编码具有唯一性、语义性及数字地图目标属性的统一性。

在土地资源遥感研究中，常采用两类土地资源分类方法，即基于土地覆盖(Land Cover)的土地资源分类和基于土地利用(Land Use)的土地资源分类，前者侧重于土地资源的自然属性，后者则侧重于土地资源的综合属性(自然属性和社会属性)。基于土地覆盖的分类方法在国内外研究中应用较多，而基于土地利用的分类方法则在我国应用较为普遍，特别是在土地资源研究与土地利用规划方面都使用这种分类方法，有时候还会将土地利用分类与地形分类方法结合使用。

土地覆盖，也称为地表覆盖、土地覆被，是指自然营造物和人工建筑物所覆盖的地表诸要素的综合体，包括地表植被、土壤、湖泊、沼泽湿地及各种建筑物(如道路等)，具有特定的时间和空间属性，其形态和状态可在多种时空尺度上变化。土地利用是指在一定社会生产方式下，以一定的目的，人类劳动与土地结合获得物质产品和服务的经济活动过程。在这一过程中，人类与土地之间进行着物质、能量、价值和信息的交流与转换。具体的土地利用方式被称为土地用途。如上所述，土地覆盖与土地利用分别反映了土地的不同属性，土地覆盖反映地球表层的自然属性，土地利用则反映着土地的社会属性。

理论上，土地覆盖和土地利用是两个不同的概念，表3-1对土地覆盖与土地利用的相关内容进行了对比。除了所反映的土地属性不同外，土地覆盖与土地利用所属的研究领域和研究意义、研究内容也有差异，并且在遥感影像上也具有不同的可解译性。严格意义上讲，通过遥感影像专题分类获取的信息属于土地覆盖信息；而土地利用信息仅通过遥感影像是无法获取的，还需要结合其他辅助信息才能准确区分不同的土地利用类型。但是，土地覆盖和土地利用两者间又存在不可分割的联系，土地利用会造成土地覆盖的变化，土地覆盖的变化又会对土地利用方式产生影响。因此，在实际应用中，有时对土地利用与土地覆盖之间往往不作过多的区分，特别是在目前常见的土地覆盖数据产品中，也会包含土地利用类型(如耕地类型)的信息。

表3-1　**土地覆盖与土地利用对比**

对比项目	土地利用	土地覆盖
所反映的土地属性	人类控制下的社会属性，如耕地、林地、草地、城乡用地等	地球表层的自然属性，如农业用地、森林、草地、湿地等
重要领域及意义	属资源学与经济地理学领域，且具有政策法规性质	对全球环境变化研究具有重要意义
主要研究内容	土地开发程度、土地利用结构、土地利用效益，土地监管、土地利用规划、土地开发、土地保护等	确定覆盖类型及其变化幅度和变化机理
可解译性	一些信息在遥感图像上不可解译	相关信息可利用遥感图像直接获取
解译内容	土地利用现状调查、分类、统计、分析等	土地覆盖类型

上述两类土地资源遥感分类方法基本采用层次分级结构的分类系统，应用中需要根据实际需求来确定具体层级数。由于对土地类型及其分类制图的研究历史较短，目前尚没有能够被普遍认可的土地资源分类系统，多数情况下属于从某一具体应用目的出发而制定的独立分类系统，这样的分类系统往往具有针对性强、普适性不足的特点。尽管很多分类系统的有效性在面向特定土地项目应用时也得到验证，但两类分类系统之间显然存在明显的交叉，在有些情况下也不能完全区分，因此对应用带来了一定的不便。

3.1.3　土地资源遥感应用研究技术路线

传统的土地资源研究内容一般包括土地资源分类、各类土地面积获取、各类土地的分布、不同类型土地资源的构成、土地资源利用方式的转变、面积与构成的变化、对区域社会经济发展的作用和意义、资源利用与生态环境的关系等诸多方面。通过土地资源调查获取类型、数量、分布、变化等属性信息，并以制图的方式承载这些信息，供进一步的分析研究所用。土地资源调查多采用直线型技术路线，主要包括七个技术环节，即分类系统制定，点、线调查，专题制图，面积量测，数据汇总，数据分析，以及成果处理与应用。

遥感技术的出现极大地提高了土地资源调查中土地信息，尤其是空间信息获取的能力。土地资源遥感技术应用早期，其作用主要体现在土地资源调查技术流程的前期阶段。当时土地资源遥感研究的重点是结合土地资源领域的专业知识，通过目视判读的方法，利用遥感影像识别不同类型的土地、编制图件、量算面积等。上述技术流程中后期的数据汇总与分析仍需要利用传统的方法来进行。调查成果的形式主要包括图、表和报告等。

随着遥感技术的发展，特别是卫星数量和传感器种类的增加，有效降低了天气等外部因素对遥感数据质量和可用性的不利影响，使时间序列的遥感数据逐渐成型并日臻完善，伴随土地资源信息计算机自动提取技术水平日益提高，进一步拓展了土地资源遥感的研究内容，并使研究程度不断深化。由于遥感信息的应用，结合点、线为主的实地调查，能够将相关知识拓展到整个空间区域，强化了对研究区域的整体认识。专题制图无论采用人机交互的判读分析还是计算机自动分类方法，都得益于遥感数据提供的空间信息，制图过程更易于实现，制图结果更符合实际。土地资源遥感应用研究在土地资源调查的基础上，更多开始关注动态监测和数据信息更新，获得了大量的关于土地资源数量、分布、构成、类型转换等方面的动态变化信息，逐步开展了土地资源的现代过程研究，在此基础上，很多学者还进行了探索性的预测分析工作。

20 多年来，GIS 技术与遥感技术的结合，进一步推动了土地资源遥感应用研究的发展，动态监测与过程分析备受关注。不仅实现了动态信息的获取，而且加快了整个技术流程的实现，有效提高了应用成果的现势性和应用价值。土地资源研究的技术路线也由传统的直线式逐步开展，演变出螺旋式演进的周期性特点。成果形式除了图、表和报告外，增加了影像库、专题信息库等数据库形式，多数情况下还实现了现状库与动态库的结合。

3.1.4　土地资源信息提取方法

基于遥感数据的土地资源信息提取主要是指对遥感数据所包含的不同时期、不同空间、不同类型的土地，依照其属性特征加以识别和表示的过程。信息提取方法一般归为两类，一类是基于专业人员对遥感数据及其区域状况的了解，采用遥感地学综合分析分类的方法来实现；另一类就是利用计算机技术，主要过程是通过不同波段信息的组合计算加以区分和表示。就信息提取方法的效率和精度而言，两类方法各有利弊。

1. 综合分析方法

目视解译方法是早期出现的遥感信息提取方法，也是人们通过遥感技术获取目标信息最直接、最基本的方法。目视解译方法具有便于利用地学知识综合分析判断、便于利于空间信息进行地物提取以及灵活性强等优点，但同时也存在人工投入大、解译经验要求高且受个人主观因素影响大，在广泛推广时面临效率低和精度控制困难等问题（方臣等，

2019）。

随着遥感技术和GIS技术的发展及其在土地资源应用研究中的不断深入，以纸质遥感影像为分析介质的传统遥感目视判读方法，逐步转化为人机交互方式，人们可以直接利用计算机显示遥感数据，在屏幕上进行判读分析，便于修改，也能够利用缩放功能，更细致地观察对象，对于效率的提高有明显帮助，而且更便于专题信息的更新和动态信息的获取。

尽管综合分析方法具有一定的主观性，但目前仍然是土地资源遥感应用中较为成功且精度被普遍认可的分类方法，已广泛应用于全国土地资源调查等大型项目中，形成了不同的土地资源遥感监测数据产品。

2. 计算机信息提取方法

30多年来，计算机分类技术的出现，使得从遥感数据中提取土地类型信息的效率和自动化程度大大提高。学者研究发展了大量的遥感计算机分类方法，例如基于统计分析原理的非监督分类法和监督分类法、人工神经网络方法、支持向量机分类方法、决策树分类以及面向对象分类等方法，在土地覆盖和土地利用分类中均得到广泛应用。然而，由于计算机自动分类算法目前尚不能够充分利用遥感影像上地物的空间信息，加之影像上的同物异谱、异物同谱以及混合像元现象的存在，导致分类结果存在一定的不确定性。此外，由于计算机分类对于地学知识的运用能力也有限，因此，相对来说，计算机分类方法在侧重土地自然属性的土地覆盖分类中应用较多，而在侧重土地综合属性的土地利用分类中仍然无法大量应用。

定量遥感是综合利用地面观测和遥感数据，经过物理模型、统计模型或模型耦合，对观测对象或现象的特征、关系与变化的数量进行反演。定量遥感反演的方法使地表连续变量的获取成为可能。在土壤水分含量监测、土壤重金属含量分析以及土壤退化研究等方面，定量遥感反演是重要的信息获取途径。

3.1.5　土地资源的静态信息与动态信息

土地资源具有一定的时空变化特征，人类改变土地利用和管理方式，会导致土地覆被的变化。例如，建设用地扩张会导致耕地面积减少，建设用地面积增加，这是经济发展城市扩张的必然结果。生态退耕，如退耕还林、退耕还草、退耕还湖等政策会使耕地面积减少，但会使林地、草地、水体的面积增加，这是以减少耕地的代价来换取生态环境的改善。一般通过土地资源调查获取的土地利用现状数据库，其反映的是土地资源在特定时间节点的静态信息，而相较于不同时间节点的现状数据库，动态信息在实际应用中具有同等重要的价值。遥感和GIS技术应用于土地资源研究带来的最明显变化就是数据表示方式的多样化和信息的大量化。一系列的土地资源遥感应用专题数据库相继建设完成，在现状数据库基础上，也逐步开展了动态数据库的建设。

理论上，利用比较前后两期的遥感影像，前后两期的土地利用现状数据，或者前期的土地利用现状数据和后期的遥感影像这三种方法都可以获取土地资源的动态信息。但是直接比较前后两期的遥感影像相当于要在先做两个时点的土地利用现状调查的基础上，再做变化分析，这一思路难以实现，因为无法对前期影像展开外业调查。若要采用比较前后两期的土地利用现状数据的方法，则不得不考虑数据质量对动态信息提取结果的影响，这样会让问题变得比较复杂。因此，实际操作中往往采用第三种方法。

同时，为了避免前期现状数据质量对动态信息的不利影响，自 20 世纪 90 年代以来开展的土地资源遥感研究中，普遍采用人机交互的判读分析方式，实现了专门针对动态信息的专题制图。具体做法是，在早期或起始年度现状数据的基础上，补充后期或监测末期的遥感数据，通过比较分析来识别动态，并且采用独立的动态编码在动态制图中加以表示。因为现状信息与动态信息的紧密结合，以及动态信息提取中对早期现状数据可能存在的错误进行修改，有效地保证了动态信息的准确性，也保证了动态信息与现状信息的一致性。例如，在第三次全国国土调查(2017—2019 年)(原称为第三次全国土地调查)中，土地资源动态信息的获取通常采用的方式是：首先，利用现有的土地利用调查成果与最新遥感影像进行充分比对，人工提取数据库地类与遥感影像地物特征不一致的图斑，预判土地利用类型，制作调查底图；然后，在外业调查中逐图斑地开展实地调查，以确定其相应的地类、范围和权属等信息，对实地调查地类与内业预判地类不一致的图斑，还需实地拍摄带定位坐标的举证照片。因为自然界中的地表覆盖通常是稳定的，其变化相对缓慢，所以采用这样的调查方法既可获得土地资源的准确动态信息，又可大大节省外业工作量。

3.1.6　土地资源系列专题研究

在传统的土地资源研究中就有系列制图的概念和实例(申元村，1988)，如果说早期的系列制图只是侧重不同比例尺序列，那么随着土地资源遥感研究的不断深入，系列专题的含义也更广泛，例如针对土地资源开展的不同时间序列、不同专题内容序列等的研究，都属于土地资源系列专题研究的范畴。通过土地资源的系列专题，可以从不同侧面对土地资源开展更有针对性的研究，也能综合不同侧面实现对土地资源的整体性了解。

我国的土地资源遥感工作已经并正在持续开展系列专题研究。长时间序列的我国土地资源数据库已能涵盖 20 世纪 80 年代以来的变化过程。采用相同的遥感信息源、相同的技术路线、相同的时间尺度、相同的技术参数也建设完成了不同的专题数据库，包括我国土地利用、土地覆盖、土壤侵蚀和城市扩展等时空数据库。这种时间序列和专题序列的结合，能够更好地支持土地资源的社会属性和自然属性、资源与环境的综合分析，兼顾了状态评估、趋势比较和驱动因素分析等多重需求。此外，在系列专题研究中，不同专题的系列化、城镇化与人造覆盖相结合、土地类型与遥感参数相结合、自然属性与社会属性相结合等，在越来越多的研究中得到重视并得以实现。

3.2　地表覆盖遥感监测

地表覆盖，也常称土地覆盖，是描述地球表面特性的重要参量，通常被定义为一组类别，用于描述地表景观特征。目前已有很多地表覆盖信息产品，随着土地资源遥感信息提取技术的不断发展，不同时期的地表覆盖产品从遥感数据源的数量和种类、地表覆盖信息提取技术路线与方法、产品可靠性的验证方法等方面都有很大的不同。

3.2.1 地表覆盖遥感监测方法

通过遥感影像可以获取静态的地表覆盖类型信息和动态的地表覆盖类型变化信息。尽管在概念上，单时相静态类别与双(多)时相变化类别分属不同的概念，但两者在本质上存在共同之处，即均属于类别信息，因此两者在分析与建模中往往采用相同或相似的分类处理方式，只是动态变化类别较静态类别更复杂，需要利用双(多)时相的遥感影像进行变化检测。变化检测除了用于提取地表覆盖的动态变化信息外，对于数据更新与生产也具有重要意义。

1. 地表覆盖遥感信息表达

地表覆盖类型是地理类别信息，属于类别型变量。获取这种类别型变量信息的基本方法就是遥感影像分类。按照确定的地表覆盖类别体系对研究区域的遥感影像进行分类，并对分类结果进行整饰，即可获得该区域的地表覆盖专题地图。地表覆盖遥感分类通常基于像素级进行，像素是基本制图单元。每个制图单元以类别标签(或编码)的方式存储记录对应的类别信息，反映当前对应空间位置上的地表覆盖类别。不同类别标签之间并没有大小或位序之间的关系，仅代表不同编码的类别。

不同于单时相静态地表覆盖分类，在双(多)时相动态地表覆盖变化研究与分析中，变化专题图上的类别信息为地表覆盖变化类别信息，简称变化类别。变化类别常按照以下两种方式定义。

1)按照类别转换方式定义

类别转换即“从某类到某类”(from A to B)。如某一单元在上一个时相中为“耕地”，而当前时相中为“草地”，则在该变化过程中，其变化类别为“耕地到草地”；类似地，若当前时相中该单元仍为“耕地”，则其变化类别为“耕地不变”。需要注意的是，无论该单元在图上是否发生了变化，在变化地图上其类别均属于变化类别。若发生了变化，则称之为变化的变化类别(如“耕地到草地”)；反之，为不变的变化类别(如“耕地不变”)。

当具有多个时相时，任意两个时相间均存在变化过程，同时任意多个时相间也存在对应的变化过程。不妨假设现有三个时相，按照时间顺序依次为时相 1、时相 2 与时相 3，那么共有 1—2、2—3、1—3 以及 1—2—3 共计 4 种时相组合所产生的变化。理论上，若对应双时相的地表覆盖类别数分别为 m、n 时，变化类别最多会有 $m \times n$ 个。但是在实际变化过程中，并非所有的变化类别都是真实发生的。相当数量的变化类别在实际中很难发生或稀有，导致实际变化类别数并不足 $m \times n$ 个，但其增长的规模不可忽视，随着时相数增加，变化类别数会呈现指数级增加，因此这样的变化类别定义方式通常适用于时相数较少的情况。

2)按照某一类别的增减变化定义

实际应用中，用户往往关注的是某一特定类别的增减变化及其空间分布。因此，在上述变化类别定义的基础上，可以采用报告层的方式重新组织各个变化类别。同样以双时相条件下“耕地”类别为例，与耕地有关的变化类别包括“耕地不变”“耕地到某类”与“某类到耕地”三大类，分别对应三种报告层，即“耕地不变”“耕地减少”与“耕地增加”。若采用报告层的方式组织变化类别，则最多包含 3 倍单时相类别数个报告层。

2. 地表覆盖遥感信息提取

静态地表覆盖类型信息的提取方法是单时相遥感影像的地表覆盖分类，关于地表覆盖的类别体系、分类技术路线和策略方法等内容，将在下一节结合具体的土地覆盖信息产品进行介绍。下面重点讨论地表覆盖动态变化信息的提取方法。

地表覆盖动态信息需要利用多时相的遥感影像进行变化检测。遥感变化检测需要依据同一研究区域内两个或多个时相的遥感影像来鉴别地表覆盖变化的区域与变化类型。变化类别可以采用“变化、不变”表示变化与否两种选项，也可以是具体的变化类别，视具体应用场景而定。

最简单的变化检测方法为目视解译，分别对比不同时相的遥感影像，确定变化类别，该方法相对准确，但依赖于解译者自身的解译与实地经验，且工作量较大。

“分类后对比”(PCC，Post-Classification Comparision)是进行变化检测的有效方法。此方法的流程可概括为“先分类再对比”。首先对单时相影像分类获取专题地图，再通过对比不同时相的单时相地表覆盖地图，生成对应时相之间的地表覆盖变化地图。该方法操作简单，可以直接获取具体的变化类别及空间分布。但受单时相专题地图的精度影响，若在任何一个时相上的分类出现了错误，都会导致最后变化类别提取错误。此外，不同时相间的遥感影像或专题地图之间可能存在配准误差，而因位置误差产生的误差也会被归入专题误差之中。因此，采用分类后对比的方法进行变化检测会导致大量虚假的变化类别被检出，需在后续应用中进一步筛选与核实。

与“分类后对比”相对的，采用“先对比后分类”的方法进行变化检测也是一种可行的策略。此类方法从遥感影像而非专题地图出发，对比不同时相下研究区域内影像的光谱及其他特征的变化，选取变化强度量化指标，计算变化强度并进行阈值分割，提取出变化与不变化的区域；再针对变化区域，采用分类的算法确定其变化类别。计算变化强度时可采用不同时相间的差值或比值计算，也可以计算单时相特征向量的夹角，或是采用变化向量在特征空间内的某些特征作为变化强度，如变化向量与参考向量夹角、两时相间特征向量夹角等。显然，此类变化检测方法的效果依赖于具体的变化检测算法与特定的检测类别。对于光谱层面上区分度较强的类别具有较好的检测效果，对于难以区分的类别，则存在漏检与误检的情况，并且同样对匹配误差不敏感。

从用户的角度出发，变化检测的过程旨在为用户提供变化信息，包括具体的变化类别与其空间分布。但是对于生产者而言，变化检测的意义不仅局限于此，变化检测对于数据更新与生产具有更重要的意义。实际上，自然界中的地表覆盖通常是稳定的，其变化相对稀有。因此在进行多个时相的地表覆盖产品生产过程中，特别是在长期的监测工作中，数据生产者会采用变化检测的结果指导数据更新与生产。对于有一定积累的地表覆盖数据产品，生产者选取某一个年份(通常是数据产品的起始年份)作为基准年份，将对应时相的影像进行分类并制作成单时相地表覆盖数据产品。在制作下一个时相的数据产品时，先进行变化检测，找出潜在发生变化的区域，再对潜在变化的区域进行变化分析，利用各种分类算法进行分类，确定其变化类别。在之后章节介绍地表覆盖产品生产过程时，会进一步探讨此类方法及其在相关数据产品生产过程中的实践应用。

3.2.2 地表覆盖信息产品

国际社会十分重视全球地表覆盖及其变化研究。国际地圈生物圈计划 IGBP (International Geosphere-Biosphere Programme)和国际全球环境变化人文因素计划 IHDP (International Human Dimensions Programme on Global Environmental Change)开展了土地利用/覆盖变化核心项目，联合国粮农组织 UN/FAO(Food and Agricultural of the United Nations)开展了土地利用分类项目，国际卫星对地观测委员会 CEOS(Committee on Earth Observation Satellites)提出了全球森林和地表覆盖动态监测项目；美国启动了 NASA 土地利用/覆盖变化研究项目以及部门间气候变化科学项目中的地表覆盖项目等。我国在做了多期全国地表覆盖与土地利用制图、中国湿地遥感制图、南极洲地表覆盖制图、全国土地资源大调查等工作的基础上，2010 年启动了 863 重点项目"全球地表覆盖遥感制图及关键技术研究"，经过技术攻关和组织生产，最终制作完成并于 2014 年发布了 30m 分辨率的全球地表覆盖产品 GlobeLand30 的 2000 和 2010 版本，目前 2020 版本也已经发布。

根据相关数据产品所包含的不同专题信息，可将其分为一般的土地覆盖/土地利用及其变化数据产品与单要素覆盖产品两类。单要素覆盖产品通常只包含一个专题层，常见的专题层包括不透水表面、耕地、森林和水体等。此类产品侧重某一具体类别，服务于特定的应用。开放获取的卫星遥感影像数据是制作土地覆盖数据产品的重要数据源。从早期的 Landsat 与 NOAA AVHRR 开始，经历诸如 TERRA、Sentinel 系列卫星的发展，现今多种卫星传感器收集的大量数据，包括历史影像档案数据，极大地丰富了土地覆盖制图的数据支撑，加之计算能力的大幅提升，土地覆盖数据产品不断涌现。表 3-2 对比列举了目前已研制的部分地表覆盖信息产品。

早期的地表覆盖数据产品，通常采用单一数据源，如 TERRA、Landsat 系列卫星等，同时制图区域相对较小，多为区域级或国家级。主要处理流程可概括为数据预处理、分类与精度验证三大步骤。其中的数据预处理流程包含辐射/几何校正、大气校正等。分类过程则多采用分类树、随机森林 RF 与支持向量机 SVM 等统计/机器学习方法。对于具有多个时相的地表覆盖数据产品，则还可以进行变化制图，即采用分类后对比，获取对应变化时期的地表覆盖变化地图。精度验证过程则采用抽样调查方式，提供整个制图区域内的全局精度指标。以上内容基本涵盖了一般的地表覆盖数据产品制作流程。

随着数据生产工艺的不断进步，长年数据生产经验的积累，以及大量工程实践的经验迭代，新一代地表覆盖产品 Landcover 2.0 (Wulder et al., 2018)已初具雏形，而且从数据、处理、分类与验证几方面都较传统地表覆盖产品具有很大进步。

在数据层面，传统地表覆盖数据产品所使用的数据源相对单一，在时空层面上存在诸多限制。近年来随着大量存档卫星数据的开放，数据获取的门槛进一步降低。更丰富的数据资源，会导致时相数进一步上升，数据生产者将逐步从刻画少数时相上的状态过渡至详尽描绘整个时间序列上变化的趋势，如年度变化趋势、变化时间等地表覆盖衍生产品。

表 3-2　**部分地表覆盖信息产品**

产品名称	分类系统	使用的资料	覆盖区域	图像分类方法	精度评价
USGS	IGBP17 类覆盖类型分类系统	1992—1993 年 AVHRR 数据合成的 NDVI 时间序列数据	全球	基于非监督分类和人工解译编辑	自我评价：用少数样点评估精度，总体精度为 66.9%
UMD	IGBP17 类覆盖类型分类系统	1992—1993 年 AVHRR 数据合成的 NDVI 时间序列数据	全球	监督分类算法	自我评价：用少数样点评估精度，总体精度为 66.9%
BU	IGBP17 类覆盖类型分类系统	2000—2001 年获得的 MODIS 数据	全球	神经元网络与决策树算法	自我评价：总体精度为 78.3%
GLC2000	FAO 的 22 类分类方案	1999—2000 年 SPOT 的 Vegetation 传感器数据	全球	30 个合作伙伴用非监督、监督分类完成	自我评价：558 个样点，总体精度为 78.3%
欧洲 300m 产品	FAO 的地表覆盖分类系统(LCCS)	2004-12—2006-06 300m ENVISAT/MERIS 数据	欧洲	分 22 个生态气候区，采用多维迭代聚类方法	16 位专家在全球 3000 个点验证，总体精度为 73%
NLCD	修改后的 Anderson 地表覆盖/利用分类体系	ETM+，NOAA/AVHRR，SPOT/VGT NDVI 数据	美国	分层分类策略，MIICA 和基于指数的变化检测方法，决策树分类方法	不详
GlobeLand30	GlobeLand30 地表覆盖分类系统	Landsat、HJ-1、GF-1 2000、2010、2020 版本	全球	POK 分类策略，主要使用最大似然分类、支持向量机分类，决策树分类	第三方评估，全球范围内的总体分类精度达到 80%以上
LCMAP	Level 1：Anderson 土地覆盖分类系统	Landsat C1 U. S. ARD	全美	连续变化检测与分类算法 CCDC	不详
WESTDC	中科院资源环境分类系统、IGBP 土地覆盖分类系统	以 2000 年全国 1∶10 万土地利用数据库为主，GLC2000 和 MODIS 数据产品等补充	中国西部	直接矢量栅格转换方法	不详

在数据的预处理过程中，预处理的流程更加规范、透明。同时随着以 Landsat ARD 为代表的 ARD(Analysis Ready Data)数据产品的出现，制图者可以将精力更多地集中于后续的数据处理过程，甚至无须再花费时间与精力在数据预处理过程中。下一小节将介绍的 LCMAP 地表覆盖产品即采用了这一思想。

在分类过程中，数据生产者更多地尝试使用灵活先进的算法，减少对于数据本身的假设。分类器也从早期的K-均值聚类、ISODATA 等非监督分类器与参数监督分类器发展至今日的非参数监督分类器，SVM、RF 等大量先进的分类器/算法逐渐进入遥感影像分类领域，服务于地表覆盖分类制图，并在地表覆盖产品生产过程中广泛应用，同时，深度学习算法也在典型数据集与应用中展示了其潜力。此外，分类步骤不再是孤立的步骤，分类过程与变化检测，特别是长时间连续变化检测技术深度耦合。在变化检测技术支持下，分类的重心更加侧重变化及困难区域，从而做到有的放矢，精准分类。

在分类过程之后，新一代地表覆盖产品还应进行分类后误差改正。此步骤不同于传统意义上利用主要类别投票方法进行类别平滑的处理流程，而是结合精度验证结果，综合分析误差特性及其时空分布规律，建立模型对其进行系统性的改正，并迭代进行，提高变化检测与分类精度，从而提升产品质量。

3.2.3 代表性地表覆盖信息产品

下面以 NLCD、GlobeLand30 和 LCMAP 三个典型的土地覆盖产品为例，对其分类系统、生产过程等内容进行介绍。

1. NLCD

NLCD(National Land Cover Database)，是美国建立的基于 Landsat TM 遥感数据的国家土地覆盖数据集。最新一代的 NLCD 数据产品为 NLCD2019，包含 2001 年、2004 年、2006 年、2008 年、2011 年、2013 年、2016 年、2019 年共计 8 个年份的地表覆盖产品及其他相关产品，如冠层、不透水表面等。

NLCD 地表覆盖分类系统是根据 Anderson Level Ⅱ 分类系统修改而来的，包括 9 个一级类和 21 个二级类。详细类别见表 3-3。

表 3-3　**修改后的 Anderson 地表覆盖/利用分类体系**

Ⅰ级类别	Ⅱ级类别
水体	11 开阔水体　12 永久冰/雪
已开发地	21 低密度居民地　22 高密度居民地　23 商业/工业/交通运输用地
裸地	31 裸露岩石/沙地/泥土地　32 采石场/露天矿/采砾场　33 过渡地区
林地	41 落叶林　42 常绿林　43 混交林
灌木	51 灌木
人工林地	61 果园/葡萄园/其他
自然/半自然草本植物	71 草地/草本植物
种植草地/耕地	81 牧草地/干草地　82 行栽作物　83 小粒谷类作物　84 休耕地　85 城市/休闲草地
湿地	91 森林湿地　92 非森林湿地

NLCD 系列产品对于 Landsat 系列影像的处理主要包括重投影与云雾(烟)处理及空隙填充。Landsat 系列影像采用 UTM 投影坐标系，而 NLCD 的制图区域为美国大陆。同时，许多基于地表覆盖产品的应用关注特定专题类别的面积，如水体面积、耕地面积等。因此，需要将等角的 UTM 投影转换为等积投影，如 WGS-84 下的 Albers 投影。

尽管 Landsat 系列影像有着丰富的积累，但是并非每一幅影像都可以直接用于制图。NLCD2016 在制图过程中选用云覆盖率小于 20%的影像；对于每一个目标年份会选取一幅有叶无云影像，对于 NLCD2016 还会额外选取一幅无叶影像。若当年没有无云影像，则会选取前后 1 年内的影像作为替代。如果选择的影像存在云污染、阴影或烟雾等，则会在前后 2 年内最多选取 3 幅影像作为填补影像。在填补过程中，NLCD 会采用一种基于光谱相似组 SSG(Spectral Similarity Group)的方法进行。将填充影像与基础影像相似，且处于相同 SSG 的像素投影至基础影像，并以其均值进行填补。此外，邻近相似像元插补算法(NSPI)也可用于填补，此处不再赘述。

NLCD 采用一种层次制图的策略，即对不同的专题层依次进行训练、分类与分类后处理。NLCD 在制图过程中，首先需要进行多时相光谱变化检测，即从基础数据集(早期 NLCD 版本)出发进行变化检测；然后再对变化区域进行分类。NLCD 所使用的变化检测算法包括 MIICA (Multi-Index Integrated Change Analysis)以及基于指数的变化检测方法，所使用的指数有 NBR(Normalized Burn Ratio)、NDVI (Normalized Difference Vegetation Index)、CV (Change Vector)、RCV (Relative Change Vector)、NSD(Normalized Spectral Distance)等。在分类过程中，NLCD 采用了一种名为 C5 的决策树作为分类器。该方法采用信息增量比特征选择方法进行决策树建立与剪枝。分类完成后，需要对原始地表覆盖地图进行后处理，改正分类误差。

2. GlobeLand30

GlobeLand30 是由中国国家基础地理信息中心 NGCC(National Geomatics Center of China)开发的首个全球 30m 地表覆盖数据产品，已被 130 多个国家的科学家和用户用于环境变化分析、地理条件监测、城乡管理、地表过程建模和可持续发展等方面的研究。

GlobeLand30 数据研制所使用的分类影像主要是 30m 多光谱影像，包括 Landsat 系列卫星中的 TM、ETM+、OLI 多光谱影像和中国环境减灾卫星(HJ-1)多光谱影像，2020 版数据还使用了 16m 分辨率的高分一号(GF-1)多光谱影像。GlobeLand30 数据采用的地表覆盖分类系统共包括 10 个一级类型，其定义如表 3-4 所示。

GlobeLand30 数据采用 WGS-84 坐标系。南纬 85°—北纬 85°之间的区域投影方式采用 UTM 投影，6°分带，坐标单位为米，坐标不加带号；南北纬 85°—90°之间的区域投影方式采用极地方位投影，投影面切于地球南北极点。

GlobeLand30 在分类过程中，采用了一种基于“像元-对象-知识”(Pixel-Object-Knowledge，POK)的分类策略(Chen et al.，2015)。即首先利用基于像素的分类方法得到初始的分类结果，再利用对象化过滤的方法去除椒盐误差，最后基于目视解译在对象层面上修正分类结果。像素级分类的技术路线可以概括为：计算机自动提取、人工提取、人机交互方法都可用。以同一套数据将各类型分为不同层次分别提取；针对不同类别，制定不

表 3-4 **GlobeLand30 地表覆盖分类系统**

类型	内容	代码
耕地	用于种植农作物的土地，包括水田、灌溉旱地、雨养旱地、菜地、牧草种植地、大棚用地、以种植农作物为主间有果树及其他经济乔木的土地，以及茶园、咖啡园等灌木类经济作物种植地	10
林地	乔木覆盖且树冠盖度超过 30%的土地，包括落叶阔叶林、常绿阔叶林、落叶针叶林、常绿针叶林、混交林，以及树冠盖度为 10%~30%的疏林地	20
草地	草本植被覆盖，且盖度大于 10%的土地，包括草原、草甸、稀树草原、荒漠草原，以及城市人工草地等	30
灌木地	灌木覆盖且灌丛覆盖度高于 30%的土地，包括山地灌丛、落叶和常绿灌丛，以及荒漠地区覆盖度高于 10%的荒漠灌丛	40
湿地	位于陆地和水域的交界带，有浅层积水或土壤过湿的土地，多生长有沼生或湿生植物。包括内陆沼泽、湖泊沼泽、河流洪泛湿地、森林/灌木湿地、泥炭沼泽、红树林、盐沼等	50
水体	陆地范围液态水覆盖的区域，包括江河、湖泊、水库、坑塘等	60
苔原	寒带及高山环境下由地衣、苔藓、多年生耐寒草本和灌木植被覆盖的土地，包括灌丛苔原、禾本苔原、湿苔原、高寒苔原、裸地苔原等	70
人造地表	由人工建造活动形成的地表，包括城镇等各类居民地、工矿、交通设施等，不包括建设用地内部连片绿地和水体	80
裸地	植被覆盖度低于 10%的自然覆盖土地，包括荒漠、沙地、砾石地、裸岩、盐碱地等	90
冰川和永久积雪	由永久积雪、冰川和冰盖覆盖的土地，包括高山地区永久积雪、冰川，以及极地冰盖等	100

同的提取策略，并按照水体、湿地、冰川和永久冰雪、人造地表、耕地、林灌草、裸地、苔原的顺序进行分层提取；按照处理流程中的顺序，在提取某一类型的信息时，所采用的影像是用位于其类型前的其他类型提取结果掩膜后的结果；分类型单独提取后，最后将各类型提取结果进行合并。选择分类特征时，对于一般地物的分类采用原始的光谱波段作为主要的输入特征，一些基于光谱特征的信息也是重要的输入特征，如 NDVI 和 NDSI 等。除上述特征外，对于特定的类别，如耕地类型，还可以采用多时相时序特征及纹理特征。分类器主要采用了最大似然法 MLC、支持向量机 SVM 与决策树 DT 三种。分类结束后，GlobeLand30 采用了一种对象化过滤的方式对类别地图进行平滑，即利用影像分割的方法，将获取的图斑与逐像素分类结果进行综合，统计每个图斑中目标类别像元的比例，根据特定阈值对图斑进行填充过滤。

经第三方专家使用 15 万个像素样本的二级抽样策略进行评估，认为 GlobeLand30

2000 版和 GlobeLand30 2010 版在全球范围内的总体分类精度达到 80%以上。

3. LCMAP

LCMAP(Land Change Monitoring, Assessment, and Projection)是美国地质调查局下属的地球资源观测与科学 EROS(Earth Resource Observation and Science Center)中心研制的新一代土地覆盖制图和变化监测产品。与以往的工作相比，LCMAP 可以更好地满足对更高质量结果的需求，并提供更多的土地覆盖和变化量。

LCMAP 一级分类体系包含已开发土地、耕地、草地/灌木、树木覆盖、水体、湿地、冰雪与荒原等类别。在 LCMAP 的产品中，第一似然类别 LCPRI，即最似然的 1 级类别，与传统意义上的土地覆盖在概念上最接近。除此之外，LCMAP 还提供了第二似然类别、第一似然类别的置信度和第二似然类别的置信度以及基于第一似然类别生成的年度地表覆盖变化产品。

1)数据源

不同于其他地表覆盖产品自行对原始影像进行预处理，LCMAP 在制图过程中使用了 ARD(Landsat Collection 1 U. S. Analysis Ready Data)数据，简称 Landsat C1 U. S. ARD。Landsat ARD 覆盖全美地区，具体分为美国相邻各州、阿拉斯加与夏威夷三部分，每部分由若干 150km×150km 的 ARD 瓦片组成。ARD 采用 WGS-84 坐标系下的 Albers 等积圆锥投影，具体包括各 Landsat 系列传感器各个波段的大气表层(TOA)反射率或亮温、成像信息，表面反射率以及质量评价波段三大部分。其中，Landsat 4、5 TM 及 Landsat 7 ETM+的地表反射率是采用 LEDAPS(Landsat Ecosystem Disturbance Adaptive Processing System)表面反射算法进行大气校正获取，Landsat 8 OLI 反射率则由 LaSRC(Landsat Surface Reflectance Code, Vermote et al., 2016)算法进行大气校正获取。

2)LCMAP 系列产品

LCMAP CONUS 科学产品以系列形式发布，新系列包括上一系列最后(暂定)年度的非暂定版本，以及最近产品年度的暂定版本。当对算法进行更改或改进时，或者当输入数据被更新时，就会出现一个新的 LCMAP 产品集。一个主要的 Collection 发行版通常是与用于变更检测的基本输入数据中的基本变更绑定在一起的。例如，LCMAP CCDC 1. x 产品系列与 Landsat C1 U. S. ARD 捆绑，LCMAP CCDC 2. x 产品系列将与 Landsat C2 U. S. ARD 绑定。次一级的产品系列(例如，LCMAP CCDC 1. 2)发布时，通常表示算法的改进，或者是由于更新的基础输入数据而增加的年度产品。例如，在 LCMAP CONUS1. 2 中使用了额外一年的 Landsat C1 U. S. ARD 数据，将临时年份从 2019 年(1. 1)移至 2020 年。

从内容来看，后发布的 LCMAP 产品系列相较于以前而言是全新的，因为通过扩展数据的时间序列，以前的变化检测谐波和土地覆盖分类可能会受到影响。除特殊情况外，一般像素位置上最后一个光谱中断之前的数据在两个数据集之间不会改变，能预测到多久远的变化取决于任何给定像素位置的最后光谱间断。因此，不能将新产品简单地理解为只是添加了新的年份的数据，而应该用新的产品去替代以前的版本。

LCMAP CONUS 1. 0 系列涵盖 1985—2017 年，于 2020 年夏季发布。该系列在 2021 年春季被 1. 1 系列(1985—2019 年)所取代，随后在 2021 年秋季被 1. 2 系列(1985—2020 年)

所取代。三个产品系列的信息见表 3-5。每个产品系列中包含所涵盖年份的 10 个科学产品，如图 3-1 所示。

表 3-5　　**LCMAP 产品系列及其基本信息**

LCMAP 产品	Landsat ARD 数据源	产品涵盖年份	发布时间
CONUS 1.0	Collection 1 Landsat ARD	1985—2017 年	2020 年 6 月
CONUS 1.1	Collection 1 Landsat ARD	1985—2019 年	2021 年 4 月
CONUS 1.2	Collection 1 Landsat ARD	1985—2020 年	2021 年 11 月

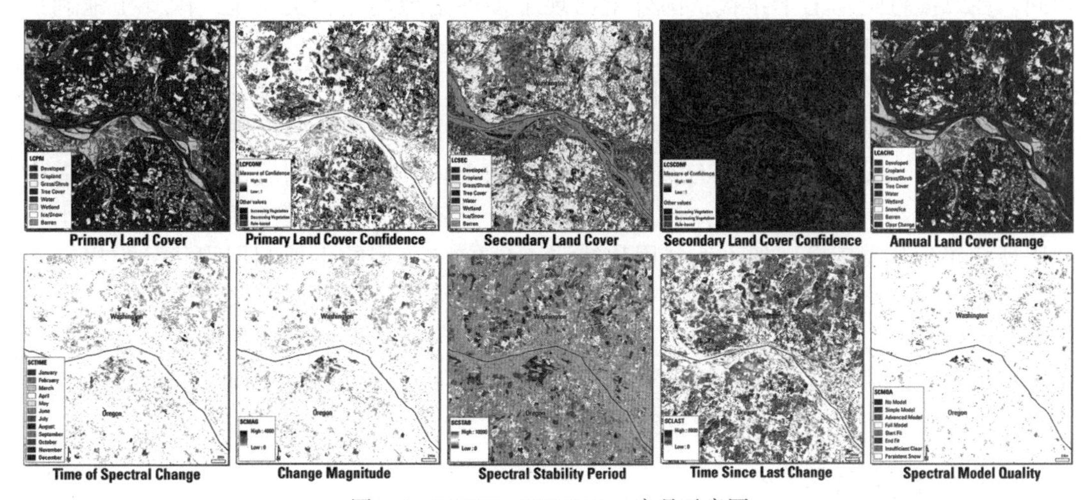

图 3-1　LCMAP CONUS 1.0 产品示意图

3)LCMAP 核心算法

LCMAP 制图过程的核心算法为连续变化检测与分类算法 CCDC(Continuous Change Detection and Classification)。前文述及 Landsat ARD 包含表面辐射、亮温以及质量验证数据，以 ARD 数据作为连续变化检测(CCD)步骤的输入。首先对输入的数据进行平滑，以剔除无效或受到云污染的数据，再构建模型，采用 LASSO 的方法求解模型参数。获得模型后，计算模型预测残差，并以此为依据计算变化强度，进行变化检测。LCMAP 在分类过程中，使用 XGBoost(eXtreme Gradient Boosting)方法(Chen，Guestrin，2016)，该方法属于监督分类，是一种梯度树提升(Gradient Tree Boosting)的方法。

3.3　土地利用遥感调查

土地利用调查是针对土地资源的自然属性和社会经济属性进行的综合调查。自然属性调查需要依据一定的原则划分土地类型，注重土地的自然综合特性，调查土地的数量、质量和分布规律及其分异、演化的动态过程；社会经济属性调查则涉及土地利用现状、土地生产水平、土地利用的合理性等。现代土地利用调查工作具有很强的政策性、科学性和技术性。以3S技术为核心的现代地理空间信息技术是土地利用调查工作的重要技术支撑，遥感影像是土地利用调查重要的数据来源，调查工作中主要基于遥感正射影像并采用人工目视解译的方法进行土地利用数据的采集；GNSS是为遥感数据提供空间坐标及建立实况数据库的重要手段；GIS是实现遥感影像的人机交互判读过程、建立土地调查数据库等工作的基本平台。受篇幅所限，以下仅围绕土地利用分类系统及土地利用遥感调查的具体工作流程两方面的内容，并结合我国的土地利用遥感调查工作展开讨论。

3.3.1　土地利用分类系统

国内外土地利用分类的依据基本相似，但由于国情差异，在具体划分的类型上不尽相同。在二十世纪六七十年代，国外就出现了多种土地利用分类系统。国外土地利用分类多数以土地利用现状作为分类依据，具体到各国又有差异。如美国主要以土地功能作为分类的主要依据，英国和德国以土地覆盖(是否开发用于建设用地)作为分类依据，俄罗斯、乌克兰和日本以土地用途作为分类的主要依据，印度则以土地覆盖情况(自然属性)作为划分土地利用分类的依据。国内土地利用分类研究工作起步较迟，主要工作开始于新中国成立以后。国内土地利用分类依据与国外基本相同，也是以土地利用现状作为分类依据，如土地利用现状调查(详查)采用的土地利用现状分类以土地用途、经营特点、利用方式和覆盖特征为分类依据，城镇地籍调查采用的城镇土地分类以土地用途为分类依据，中国科学院中国土地利用分类以利用方式和土地覆盖为分类依据(徐新良等，2018)。总体上，国外的分类依据相对较粗，而我国是农业大国，人多地少，因此对农用地的分类较细。

1. 我国的土地分类系统

我国的土地分类系统经历了一个不断发展、完善的过程。在土地利用分类国家标准颁布之前，有一些在行业内使用的土地分类规定，现举例如下。

1984年，全国农业区划委员会发布的《土地利用现状调查技术规程》规定了“土地利用现状分类及含义”。土地利用现状分类主要依据土地的用途、经营特点、利用方式和覆盖特征等因素，采用两级分类。其中，一级分耕地、园地、林地、牧草地、居民点及工矿用地、交通用地、水域及未利用土地8个，二级分46个类。土地利用现状分类用于土地利用现状调查(简称详查)和土地变更调查。

1989年9月，国家土地管理局发布的《城镇地籍调查规程》规定了“城镇土地分类及含义”。城镇土地分类主要根据土地用途的差异，将城镇土地分为商业金融业用地、工业仓储用地、市政用地、公共建筑用地、住宅用地、交通用地、特殊用地、水域用地、农用地及其他用地10个一级类，24个二级类。城镇土地分类用于城镇地籍调查和城镇地籍变更调查。

上述两个分类规定一直沿用到2001年12月。在当时的经济体制下，这些土地分类标准都发挥了积极作用。但由于历史原因，此类标准是根据需求由各部门自行制定的，因此无论从法律上、管理体制上，还是从技术标准上，都不可能统筹考虑、整体安排。

为了满足土地用途管制的需要，科学实施全国土地和城乡地政统一管理，扩大调查成果的应用，在研究、分析上述两个土地分类规定的基础上，原国土资源部组织修改、归并，形成了城乡统一的《全国土地分类》，并于2002年1月1日起在全国试行，同时也作为国家标准颁布了之前的过渡期的土地分类标准。城镇和村庄地籍调查直接执行《全国土地分类》(试行)，土地变更调查和全国土地统计年报执行《全国土地分类》(过渡期间适用)。

为了统一不同的土地利用分类体系，从2000年开始筹备《土地利用现状分类》国家标准编制工作。《土地利用现状分类》(GB/T 21010—2007)于2007年8月10日由国家质量监督检验检疫总局和国家标准化管理委员会联合发布，这标志着我国土地资源分类第一次拥有了全国统一的国家标准。土地利用现状分类标准的统一，将避免各部门因土地利用分类不一致而引起的统计重复、数据矛盾、难以分析应用等问题，对科学划分土地利用类型、掌握真实可靠的土地基础数据、实施全国土地和城乡地政统一管理，乃至国家宏观管理和决策具有重大意义。

为了更好地满足生态用地保护需求、明确新兴产业用地类型、兼顾监管部门管理需求的思路，2017年11月1日，由原国土资源部组织修订的国家标准《土地利用现状分类》(GB/T 21010—2017)，经国家质量监督检验检疫总局、国家标准化管理委员会批准发布并实施，并代替2007年发布的标准。新的标准可适用于土地调查、规划、审批、供应、整治、执法、评价、统计、登记及信息化管理等。表3-6对中国主要土地分类标准进行了对照。

表3-6　**我国主要土地分类标准对照表**

对比项	《土地利用现状分类及含义》	《城镇土地分类及含义》	《全国土地分类》	《土地利用现状分类》(GB/T 21010—2007)	《土地利用现状分类》(GB/T 21010—2017)
发布实施年份	1984年	1989年	2001年 (2002年试行)	2007年	2017年
发布部门	全国农业区划委员会	国家土地管理局	国土资源部、农业部	国家质量监督检验检疫总局、国家标准化管理委员会	
分类体系	两级分类 一级类8个 二级类46个	两级分类 一级类10个 二级类24个	三级分类 一级类3个 二级类15个 三级类71个	两级分类 一级类12个 二级类57个	两级分类 一级类12个 二级类72个
应用	土地利用现状调查(简称详查)和土地变更调查	城镇地籍调查和城镇地籍变更调查	城镇和村庄地籍调查(试行)，土地变更调查和全国土地统计年报(过渡期间适用)	第二次 全国土地调查	第三次 全国国土调查

2. 全国土地调查及相关土地分类系统

自 20 世纪 80 年代起，我国共进行了三次全国性的土地资源调查。在不同的经济发展阶段，针对不同的调查目的、内容和要求，三次全国土地调查中采用了不同的土地分类系统。

1)第一次全国土地调查

第一次全国土地调查(以下简称“一调”)是由《国务院批转农牧渔业部、国家计委等部门关于进一步开展土地资源调查工作的报告的通知》(国发〔1984〕70 号)下发的通知，于 1984 年 5 月开始一直到 1997 年年底结束。当时新中国成立已 30 多年，尚未做过全面的土地资源调查，土地资源家底长期不清，耕地面积不实，草地、水体和各项建设用地也缺乏准确的统计数据，急需进一步将土地资源查清。

第一次全国土地调查总的要求是：全面查清我国土地的类型、数量、质量、分布及利用状况，并作出科学评价。由于当时经济条件、技术条件等方面的限制，第一次全国土地调查一直持续了 13 年，投资十几亿元，参加人员近百万，完成时间比预期计划推迟了 7 年，可见这项工作的复杂与艰巨。

第一次全国土地调查采用的土地分类标准是《全国土地分类》(过渡期间适用)，其整体框架与《全国土地分类》(试行)相同，也是采用三级分类。其中农用地和未利用地部分与《全国土地分类》(试行)完全相同，建设用地部分进行了适当归并，将商服用地、工矿仓储用地、公用设施用地、公共建筑用地、住宅用地、特殊用地 6 个二级类和交通运输用地中的三级类街巷，合并为居民点及工矿用地，作为二级类，在其下划分城市、建制镇、农村居民点、独立工矿、盐田和特殊用地 6 个三级类。

2)第二次全国土地调查

第二次全国土地调查(以下简称“二调”)于 2007 年 7 月 1 日全面启动，于 2009 年完成。作为一项重大的国情国力调查，第二次全国土地调查的目的是全面查清全国土地利用状况，掌握真实的土地基础数据，并对调查成果实行信息化、网络化管理，建立和完善土地调查、统计制度和登记制度，实现土地资源信息的社会化服务，满足经济社会发展、土地宏观调控及国土资源管理的需要。

“二调”的具体任务有：①农村土地调查。逐地块实地调查土地的地类、面积和权属，掌握各类用地的分布和利用状况，以及国有土地使用权和集体土地所有权状况。②城镇土地调查。调查城市、建制镇内部每宗土地的地类、面积和权属，掌握每宗土地的位置和利用状况，以及土地的所有权和使用权状况。③基本农田调查。依据基本农田划定和调整资料，将基本农田地块落实至土地利用现状图上，掌握全国基本农田的数量、分布和保护状况。④土地调查数据库和管理系统建设。建立国家、省、市(地)、县四级集影像、图形、地类、面积和权属于一体的土地调查数据库及管理系统。

考虑到国家和部门管理需求，“二调”分类基于土地综合特性分类，即土地利用分类。首先考虑分类的科学性和合理性，对地类的含义和概念进行系统界定，保证地类全覆盖、不交叉，同时还在科学性和合理性基础上，保证分类的实用性，并与其他部门的相关规定及国际惯例保持一致，对已运用并无争议的分类，尤其是本部门成熟的分类予以继承应用，具体采用《土地利用现状分类》(GB/T 21010—2007)国家标准。标准中土地利用类型共分12个一级类、57个二级类。其中一级类包括耕地、园地、林地、草地、商服用地、工矿仓储用地、住宅用地、公共管理与公共服务用地、特殊用地、交通运输用地、水域及水利设施用地和其他土地。

3)第三次全国国土调查

"二调"之后的10年，我国的土地利用发生了很大的变化。2017—2020年进行了第三次全国国土调查(以下简称"三调")。"三调"作为一项重大的国情国力调查，目的是在第二次全国土地调查成果基础上，全面细化和完善全国土地利用基础数据，国家直接掌握翔实、准确的全国土地利用现状和土地资源变化情况，进一步完善土地调查、监测和统计制度，实现成果信息化管理与共享，满足生态文明建设、空间规划编制、供给侧结构性改革、宏观调控、自然资源管理体制改革和统一确权登记以及国土空间用途管制等各项工作的需要。

"三调"的具体任务有：①土地利用现状调查。包括农村土地利用现状调查和城市、建制镇、村庄(简称城镇村庄)内部土地利用现状调查。②土地权属调查。结合全国农村集体资产清产核资工作，将城镇国有建设用地范围外已完成的集体土地所有权确权登记和国有土地使用权登记成果落实在土地调查成果中，对发生变化的开展补充调查。③专项用地调查与评价。基于土地利用现状、土地权属调查成果和国土资源管理形成的各类管理信息，结合国土资源精细化管理、节约集约用地评价及相关专项工作的需要，开展耕地、批准未建设的建设用地等系列专项用地调查，耕地质量等级调查评价和耕地分等定级调查评价。④各级土地利用数据库建设。建立四级土地调查及专项数据库，建立各级土地调查数据及专项调查数据分析与共享服务平台。⑤成果汇总。包括数据汇总、成果分析和数据成果制作与图件编制。

"三调"采用《土地利用现状分类》(GB/T 21010—2017)新版标准。新标准秉持满足生态用地保护需求、明确新兴产业用地类型、兼顾监管部门管理需求的思路，完善了地类含义，细化了二级类划分，调整了地类名称，增加了湿地归类。其中规定了土地利用的类型、含义，将土地利用类型分为12个一级类、72个二级类，其中一级类包括耕地、园地、林地、草地、商服用地、工矿仓储用地、住宅用地、公共管理与公共服务用地、特殊用地、交通运输用地、水域及水利设施用地和其他用地。

3.3.2 土地利用遥感调查工作流程

传统的土地利用遥感调查技术流程是直线式逐步开展的，主要包括五个环节：①准备工作。包括组织、物资、资料和图件、仪器设备等的准备。②外业调查。利用航片、卫星影像或地形图进行外业判读调绘和补测，土地利用现状调查、土地权属调查、城镇地籍测量等，并填写外业调查原始记录，外业调查成果检查等。③内业整理。包括航片或卫星影像转绘、资料分析整理，各类土地面积量算、编制各类土地面积统计和土地总面积汇总平衡表等。④成果整理。编制土地利用图、土地利用统计表，编写土地利用现状调查报告等。⑤检查验收。

在传统技术流程中，遥感技术的作用主要体现在前期阶段，特别是在外业调查环节遥感影像对于获取空间信息具有很大作用，而到了后期阶段仍然是采用传统的面积量算、统计制图方法。第一次土地调查时由于计算机应用刚刚起步，大部分内业工作是人工操作，如航片转绘、编图绘图、图件缩编等，仅面积量算采用了当时较先进的计算机扫描计算技术，但仍有少数单位采用求积仪人工计算，工作量大，耗时长，这是导致"一调"耗时十几年才完成的原因之一。

"二调"的主要工作流程如图 3-2 所示。尽管"二调"采用的基本还是属于传统的工作流程，但是其充分应用航空、航天遥感技术手段，及时获取客观现势的地面影像作为调查的主要信息源，并且在流程的后期内业整理和成果整理环节，以 GIS 为图形平台，以大型的关系型数据库为后台管理数据库，存储各类土地调查成果数据，实现对土地利用的图形、属性、栅格影像空间数据及其他非空间数据的一体化管理，因而效率大大提高。

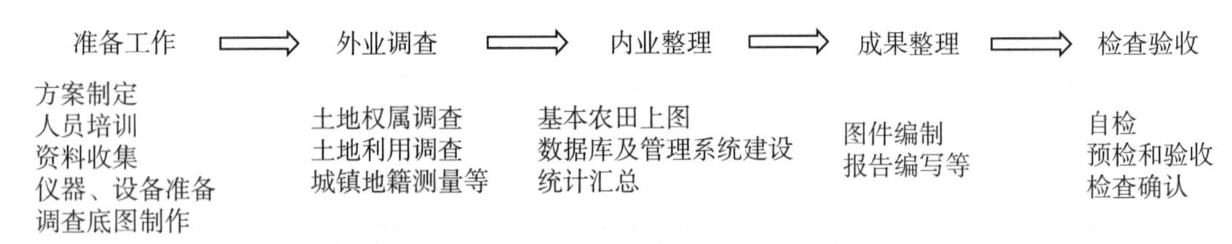

图 3-2　第二次全国土地调查主要工作流程图

近 20 年来，GIS 技术与遥感技术的快速发展与结合，进一步推动了土地资源遥感技术的发展和应用。遥感数据的种类不断增多，数据的特性也大为改善，为土地调查工作提供了更加丰富的数据源，进一步加强了对研究区域内土地调查内容的整体认识。特别是高空间分辨率卫星遥感影像的出现，基于遥感数据提供的空间信息在调查、制图中发挥了越来越重要的作用，使得土地制图水平大大提高。并且通过长期土地调查工作积累的丰富资料，遥感变化检测技术、GIS 技术、数据库技术以及"互联网+"技术在土地调查工作中的融合和优势互补，进一步实现了土地利用动态信息的获取，而且加快了整个技术流程的实现，有效提高了应用成果的现势性和应用价值。土地资源研究的技术路线也由传统的直线式逐步开展，演变出螺旋式演进的周期性特点。成果形式除了图、表和报告外，增加了影像库、专题信息库等数据库形式，多数情况下还实现了现状库与动态库的结合。在"三调"中，上述发展趋势表现得尤为明显，调查中采用大数据、云计算、"互联网+"以及 3S 一体化调查等技术，实现了高要求的全国土地资源调查，加快了调查速度，降低了调查成本。

"三调"的技术路线是，采用高分辨率的航天航空遥感影像，充分利用现有的土地基础资料及调查成果，采取国家整体控制和地方细化调查相结合的方法，利用影像内业比对提取和 3S 一体化外业调查等技术，准确查清全国城乡每一块土地的利用类型、面积、权属和分布情况，采用"互联网+"技术核实调查数据真实性，充分运用大数据、云计算和互联网等新技术，建立土地调查数据库。经县、市(地)、省、国家四级逐级完成质量检查合格后，统一建立国家级土地调查数据库及各类专项数据库。在此基础上，开展调查成果汇总与分析、标准时点统一变更以及调查成果事后质量抽查、评估等工作。具体工作流程如图 3-3 所示。

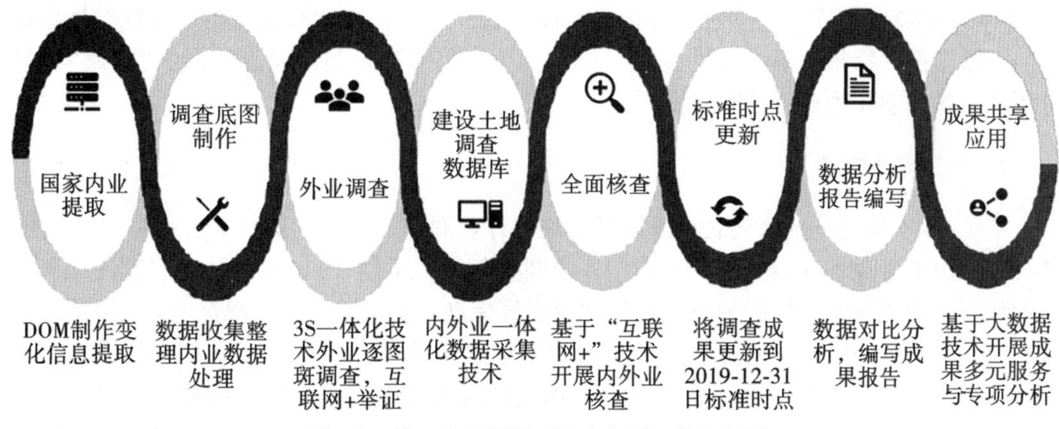

图 3-3 第三次全国国土调查主要工作流程图

3.3.3 土地利用遥感调查技术方法

在不同的经济发展阶段，土地调查的目的、任务和要求不同，现有的遥感影像特性、基础数据不同，计算机、空间信息等技术的发展水平及其在土地资源遥感研究中的应用程度不同，导致土地调查技术方法存在很大差异。“一调”主要采用普通航摄照片和部分正射影像图，土地调查基础数据较少，基础图件也不理想，多采用人工操作的技术方法。“二调”时以航空、航天遥感影像为主要信息源，采用内外业相结合的土地调查方法，并利用 GIS 技术、大型的关系型数据库技术来实现土地利用的图形、属性、栅格影像空间数据及其他非空间数据的一体化管理。到“三调”时，全面采用了高分辨率的卫星遥感影像，以及长期积累的土地调查及相关基础数据，使土地调查信息源得到前所未有的丰富和全面；同时，在 3S 等常规调查技术基础上，进一步整合了移动互联网、云计算、无人机等新技术，从而使土地资源遥感的技术方法发展到一个新的高度。因此，下面重点介绍“三调”的主要技术方法，并与“二调”的相关内容进行对比分析。

1. 调查资料和调查底图

国家统一制作优于 1m 分辨率的数字正射影像图，统一开展图斑比对工作，为地方直接提供调查底图数据和资料。

基于高分辨率遥感数据制作遥感正射影像图。农村土地调查全面采用优于 1m 分辨率的航天遥感数据，城镇土地利用现状调查采用现有优于 0.2m 的航空遥感数据，制作正射影像图时采用高精度数字高程模型或数字地表模型和高精度纠正控制点。“二调”中采用多平台、多波段、多信息源的遥感影像，包括航空、航天获取的光学及雷达数据，以确保在较短时间内对全国各类地形及气候条件下现势性遥感影像的全覆盖；采用基于 DEM 和 GPS 控制点的微分纠正技术，提高影像的正射纠正几何精度；采用星历参数和物理成像模型相结合的卫星影像定位技术和基于差分 GPS/IMU 的航空摄影技术，实现对无控制点或稀少控制点地区的影像纠正。

基于内业对比分析制作土地调查底图。国家在最新数字正射影像图基础上套合“二调”的土地调查数据库，逐图斑开展全地类内业人工判读，通过对比分析，提取数据库地类与遥感影像地物特征不一致的图斑，预判土地利用类型，制作调查底图。“二调”直接采用正射影像图作为调查基础底图。

2. 外业调查方法

基于 3S 一体化技术开展农村土地利用现状外业调查。地方根据国家下发的调查底图，结合日常国土资源管理相关资料，制作外业调查数据，采用 3S 一体化技术，逐图斑开展实地调查，细化调查图斑的地类、范围和权属等信息。对于地方实地调查地类与国家内业预判地类不一致的图斑，地方需实地拍摄带定位坐标的举证照片。“二调”中，采用基于内外业相结合的调查方法进行农村土地利用现状调查，即以正射影像图作为调查基础底图，充分利用现有资料，在 GPS 等技术手段引导下，实地对每一块土地的地类、权属等情况进行外业调查，并详细记录，绘制相应图件，填写外业调查记录表，确保每一地块的地类、权属等现状信息详细、准确、可靠；以外业调绘图件为基础，采用成熟的目视解译与计算机自动识别相结合的信息提取技术，对每一地块的形状、范围、位置进行数字化，准确获取每一块土地的界线、范围、面积等土地利用信息。

城镇村庄内部土地利用现状调查。基于地籍调查成果开展城镇村庄内部土地利用现状调查。对已完成地籍调查的区域，利用现有地籍调查成果，获取城镇村庄内部每块土地的土地利用现状信息。对未完成地籍调查的区域，利用现有的航空正射影像图，实地开展城镇村庄内部土地利用现状调查。“二调”中，城镇土地调查时，充分运用全球定位系统、全站仪等现代化测量手段，开展大比例尺权属调查及地籍测量，准确确定每宗土地的位置、界址和权属等信息；地籍调查尽可能采用解析法。

3. 土地调查数据库建设

基于内外业一体化数据采集技术建设土地调查数据库。按照全国统一的数据库标准，以县(市、区)为单位，采用内、外业一体化数据采集建库机制和移动互联网技术，结合国家统一下发的调查底图，利用移动调查设备开展土地利用信息的调查和采集，实现各类专题信息与每个图斑的匹配连接，形成集图形、影像、属性、文档为一体的土地调查数据库。“二调”中仅统一了土地利用数据库的建设标准，要求系统地整理外业调查记录，以县区为单位，按照国家统一的土地利用数据库标准和技术规范，逐图斑录入调查记录，并对土地利用图斑的图形数据和图斑属性的表单数据进行属性联结，形成集图形、影像、属性、文档于一体的土地利用数据库。

4. 调查数据核查、时点更新、质量检查

基于“互联网+”技术开展内外业核查。国家和省(区、市)利用“互联网+”技术，对县级调查初步成果开展全面核查和抽样检查。采用计算机自动比对和人机交互检查方法，对地方报送成果进行逐图斑内业比对，检查调查地类与影像及地方举证照片的一致性，确保成果质量；各地在实地调查时可利用全国统一核查举证平台系统，拍摄带有定位、方向的实地照片。“二调”外业没有核查。

基于增量更新技术开展标准时点数据更新。按照第三次全国国土调查数据库标准，设计土地调查增量更新模型，结合2019年度土地变更调查工作，获取土地调查成果标准时点变化信息，开展实地调查，形成增量更新数据，将各级土地利用现状调查成果统一更新到2019年12月31日标准时点。

基于“独立、公正、客观”的原则，由国家统计局负责完成全国土地调查成果事后质量抽查工作。国家统一制定抽查方案，结合统计调查的抽样理论和方法，在全国范围内利用空间信息与抽样调查等技术，统筹利用正射遥感影像图、土地调查成果图斑，开展抽查样本的抽选、任务包制作、实地调查、内业审核、结果测算等工作，抽查耕地等地物类型的图斑地类属性、边界及范围的正确性，客观评价调查数据质量。

5. 成果共享与应用

基于大数据技术开展土地调查成果多元服务与专项分析。利用大数据、云计算等技术，面向政府、国土资源管理部门、农业部门、科研院所和社会公众等不同群体特点，优化海量数据处理效率，提供第三次全国国土调查成果快速共享服务；开展各类自然资源、重点城镇节约集约用地分析，形成第三次全国国土调查数据成果综合应用分析技术机制。“二调”是借助现有的国土资源信息网络框架，采用现代网络技术，建立先进、高速、大容量的全国土地利用信息管理、更新的网络体系，按照“国家—省—市—县”四级结构分级实施，实现各级互联和数据的及时交换与传输，为国土资源日常管理提供信息支撑。同时，借助现有的信息网络及服务系统，依托国家自然资源和空间地理基础数据库信息平台，实现与各行业的信息共享与数据交换，为各相关部门和社会提供土地基础信息和应用服务。

3.4 土壤退化遥感专题

土地资源是指在一定的技术条件和一定时间内可以为人类利用的土地，侧重从土地所具有的资源利用价值角度出发来阐述土地。实际上，土地的范畴比土地资源更广，是指地球陆地表面一定立体空间范围内的自然经济综合体，包括了构成土地的各组成成分，如近地表气候、地貌、表层地质、水文、土壤、动植物及人类活动的物质结果等。可见，土壤是土地的组成要素之一，为土地的主体部分，有时也会狭义地把土地理解为土壤。

当土地受到自然力或人类不合理开发利用从而导致其质量下降、生产力衰退的时候，这一过程被称为土地退化。例如，干旱、洪水、大风、暴雨、海潮等自然力，可导致土地沙化、流失、盐碱化等；人类不适当的开垦、乱伐，过度放牧、不合理的种植制度和灌溉，农药、化肥使用不当等，也会引起土地沙化、土壤侵蚀、土壤盐碱化、土壤肥力下降、土壤污染等。土地退化会产生严重的后果，包括生产能力下降、人口迁移、粮食不安全、基本资源和生态系统遭到破坏以及由于物种和遗传方面的生境变化而造成的生物多样性遗失等。更严重的是，土地退化引发的破坏性过程能够在整个生物圈产生级联效应，植被砍伐殆尽造成了生物量的损失，再加上土壤侵蚀的加剧，温室气体逐渐增多，加剧全球变暖和气候变化。因此，土地退化的影响远远超出局地尺度或区域尺度，如今全球约有 15 亿人遭遇农业用地退化，全球土地退化问题日益严峻。

健康的土地是支持人类生存的主要资产，为了维持人类生存环境的可持续发展，合理有效的土地管理至关重要。中国科学院发布的《地球大数据支撑可持续发展目标报告(2020)》中，针对零饥饿目标的“中国土地退化零增长进展评估和生物多样性保护对策案例”显示，中国土地退化零增长趋势持续向好，与 2015 年相比，2018 年净恢复土地面积增长 60.3%，土地恢复净面积约占全球的 1/5，对全球土地退化零增长贡献最大。同时，在土地退化零增长积极进展的同时，我们尚需认识到我国土地退化形势仍较为严峻，未来还应加大土地科学保护与治理力度。

然而，土地退化防治是一项长期而复杂的系统工程，需要科学的理念指导和先进的技术支撑。目前，遥感技术在土地退化监测与评价中已得到广泛应用，遥感地学分析是获取土地退化信息的基本方法。但是，土地退化过程可以发生在不同时间和空间尺度，土地退化遥感监测与评价的技术、方法和数据也必须与土地退化过程发生的时空尺度相对应。土地退化的核心内容是土壤退化，土壤退化也是土地退化中最基础、最重要且具有生态环境连锁效应的退化现象。因此下面重点介绍土壤退化遥感调查与监测方面的相关内容。

3.4.1　土壤退化遥感的概念

土壤是指位于地球陆地表面，由各种颗粒状矿物质、有机物质、水分、空气、微生物等组成的，具有一定肥力、能够生长植物的疏松层。土壤是非常重要的自然资源，不仅能提供食物和原材料，而且在维持气候和陆地生态系统稳定方面发挥关键作用，是人类赖以生存和发展的基石。

在各种自然尤其是人为因素影响下，土壤层会发生不同强度的侵蚀而导致土壤质量及肥力下降，乃至土壤环境全面恶化的现象，这就是土壤退化。调查土壤状况并及时掌握土壤退化的分布范围、诱发原因、退化程度等信息是研究和防治土壤退化的前提和基础。土壤退化遥感就是基于遥感技术的土壤退化研究方法。遥感技术在土壤退化调查中的应用，克服了传统野外调查方法耗时耗力，且受交通、地形等条件的限制使得部分地区的土壤调查不能实现，很难进行大范围的土壤信息重复获取等诸多不足，目前已成为深入研究土壤退化以及更高精度、更高效率地获取土壤信息的不可替代的手段和方法。

在土壤退化遥感应用中，目视解译是最早使用的一类方法。目视解译方法是根据遥感影像上的土壤退化解译标志，结合解译者的知识和经验进行遥感地学分析，常被应用于识别土壤退化的类型、分布区域，以及区分不同退化程度等级等方面。人机交互环境下的目视解译，可以在 GIS 系统的支持下实现常规土壤信息图上所表示的土壤空间信息与其他空间信息之间的完全匹配，为更好地进行遥感地学综合分析带来了极大便利，也在一定程度上改善了判读成果的数字化表达水平。随着遥感光谱分析理论方法、遥感信息计算机提取技术的不断发展，多种计算机分类方法、地物特征提取方法也被应用于土壤退化研究中，使得综合多种因子的土壤退化程度计算机分类成为可能，并为基于土壤退化机理、过程建模的土壤退化分析提供了新的思路和途径。随着定量遥感技术的发展，目前已实现了对一些表征遥感特性指标的定量获取，也为基于土壤退化机理和过程的模型化研究方法提供了新的参数获取途径，成为土壤退化深入研究的新契机。

3.4.2 土壤理化参数的遥感反演

遥感传感器获取的土壤波谱数据是土壤组分、土壤性质以及土壤附着物特性的综合反映，裸露土壤的颜色、质地、有机质含量、水分含量和各种矿物成分及其变化等都对土壤波谱特性有明显作用，这就构成了利用遥感影像进行土壤环境条件、成土因素、土壤退化等调查研究的基础。在土壤退化过程中，土壤的性质通常也会发生变化，从而导致遥感影像上的土壤光谱相对异常，因此可以通过遥感影像获取到土壤的相关性质指标，并根据其异常对土壤的退化状况进行直接识别。然而，土壤在很多情况下都会被其上生长的植被及其他类型的地物所覆盖，通过遥感手段不能直接探测到土壤，在遥感影像上土壤的信息是隐含在其上的景观特征之中，此时就只能结合一些间接指标对土壤的退化状况进行综合分析推测，如反映植被信息的植被指数、土地覆盖/利用类型及其变化等。因为植被指数、土地覆盖/利用分类相关内容在本书其他章节已详细论述，因此，下面仅介绍土壤性质直接指标的遥感表征。

土壤由固体、液体和气体三类物质组成，其中固体物质指土壤矿物质、有机质和微生物等；液体物质指土壤水分；气体指存在于土壤孔隙中的空气。土壤的物理和化学性质主要包括土壤的容重、相对密度、通气性、透水性、养分状况、黏结性、黏着性、可塑性、耕性和磁性等。目前，遥感技术在土壤的物理、化学性状定量研究方面的技术已相对较成熟，实现了部分土壤理化性质指标的遥感反演，如土壤的矿物成分、有机质含量、土壤质地、水分含量、氮含量、氧化铁含量以及重金属含量等的反演(何发坤等，2021；方臣等，2021；曾桂香等，2014)。通过遥感影像定量获取土壤的这些组分及性质信息，是实现土壤退化计算机分析的基础。

1. 矿物成分

土壤矿物成分是主要的成土母质，包括原生矿物(如石英、长石)、次生矿物(如高岭石、蒙脱石、伊利石)，其组成在一定程度上反映了土壤的理化性质。目前已有研究通过土壤矿物含量的变化来推测土壤退化状况。

地表矿物组成可以通过露头的岩石和裸地土壤的遥感光谱特征来确定。研究表明8~14μm的热红外大气窗口，能够反映出岩石和矿物的发射光谱特征；0.4~2.5μm的可见近红外-短波红外大气窗口，能够反映岩石矿物的反射光谱特征。土壤中的典型矿物(黏土矿物、硅酸盐矿物、碳酸盐矿物、硫酸盐矿物及含铁矿物)都可以利用多光谱遥感的可见光和红外波段加以识别。高光谱遥感能监测到更细微的差别，且能更精确地识别土壤矿物成分。

2. 土壤有机质

有机质是土壤结构的重要组成部分，可保持土壤水分，增强土壤的稳定性，影响土壤的结构和孔隙度，是植物获取营养的源泉。土壤有机质含量是评价土壤质量和土壤退化的基础性指标。有机质含量的高低与土壤颜色的深浅有直接关系，有机质含量高时，土壤呈深褐色至黑色；有机质含量低时，土壤呈浅褐色至灰色。通常颜色越深的土壤，其光谱反射率越低，而其相对肥力则越高；反之，颜色越浅的土壤，其光谱反射率越高，而其相对肥力则越低。因此，根据土壤光谱反射率随着有机质含量的增加而降低这一特征，可以利用土壤的光谱特征来进行土壤有机质含量的定量反演。

研究表明，0.55～0.70μm 的土壤光谱吸收特征主要受有机质的影响(Galvao，Vitorelle，1998)。基于有机质的特征波段，可以利用多光谱、高光谱遥感影像对土壤有机质含量进行反演，通常采用统计分析的反演方法来构建定量提取模型。土壤有机质含量遥感反演时还需要注意两个问题：一是不同区域土壤样品选取的特征波段和建立的反演模型会存在差异，需要进行大量的试验来验证和评价(方臣等，2021)；二是土壤有机质含量具有较高的空间变异性，当有机质含量低于2%时，有机质含量在土壤反射特征中的主导作用减弱，土壤的其他光谱特性可能被显现出来，这在一定程度上会对反演结果的精确性产生影响。

3. 表面粗糙度

土壤表面粗糙度是指由于土壤颗粒、团聚体、岩石碎片和微地貌形态的存在而引起的土壤表面的不规则性。一般来说，地表粗糙度越大，径流阻力越大，其流速和携带泥沙的能力越小，进而影响整个径流及土壤侵蚀过程。因而，表面粗糙度是土壤侵蚀的重要变量之一。

表面粗糙度具有显著的光谱反射特性。当土壤表面不规则时，会产生阴影区，在遥感影像上表现为暗色调。由于微波雷达成像主要是利用电磁波与地物作用后的后向散射信号，因此地表越粗糙，后向散射信号越强，在影像上表现越亮，合成孔径雷达 SAR (Synthetic Aperture Radar)技术在这方面已经表现出巨大的潜力。

4. 土壤含水量

含水量在土壤形成过程中起着极其重要的作用。土壤水分作为水循环的一部分，含量多少直接影响植物的生长及土壤的理化性质，也是评价土壤优劣的主要指标之一。

在光学波段，土壤光谱反射率可直接反映含水量的变化特征，尤其体现在 0.76μm、0.97μm、1.19μm、1.45μm、1.94μm、2.95μm 的水分吸收波段。随着土壤含水量的增加，土壤的光谱反射率会明显下降，而且其差异随波长的增加而加大，因此应尽可能地应用近红外波段来估计土壤水分含量。由于各种土壤的持水能力有差异，所以反射率变化对应于湿度变化的灵敏度范围也不同：一般含水量在10%～25%，反射率变化显著；而持水性差的土壤，其灵敏度范围可能少于10%；当超过田间持水量时，由于土壤表面膜水层形成镜面反射，反而会提高反射率。无人机、多光谱、高光谱技术以及机器学习算法等用于土壤含水量的估算是该领域的研究热点。

主动微波遥感可用于土壤水分反演，在裸露地表的土壤区域，此项技术应用较为成熟，但就如何消除植被、地表粗糙度等对雷达后向散射系数的干扰，仍有待进一步研究。被动微波遥感虽然也可以用于土壤含水量的研究，其主要依据是地表土壤水分与微波辐射计获取的亮温之间的关系，但是该方法不利于获取大面积土壤的含水量信息。

5. 氧化铁含量

铁是土壤组成的基本元素之一，主要是以氧化物形式存在，氧化铁可以作为土壤肥力和沉积年龄的指标。当土壤中氧化铁含量达到一定量时，土壤会出现红土化。土壤氧化铁的含量与土壤侵蚀有一定关系，随着土壤侵蚀的加重，土壤氧化铁的含量会增加。

氧化铁含量对土壤光谱反射特征影响较大，土壤可见光波段的光谱吸收特征大多是氧化铁引起。一般情况下，铁氧化物引起的光谱吸收波段为0.4~1.1μm。随着土壤铁含量的增多，会引起光谱反射率的下降，根据该特征可以实现土壤氧化铁含量的反演。

6. 全氮含量

全氮含量是衡量土壤肥力的重要指标，实时土壤氮素含量监测可以为农业管理提供服务，是现代精细农业的研究方向之一。土壤全氮的光谱特征及含量估测研究主要选用红外波段光谱信息进行定量直接或间接反演。

7. 重金属含量

土壤重金属元素包括As、Be、Cd、Cr、Cu、Co、Hg、Ni和Zn等。重金属元素是植物生长所必需的微量元素，但是超过一定浓度就会对农作物产生毒害，并在植物中累积，间接影响人类身体健康，因此需要开展土壤重金属污染监测与超标修复。土壤重金属含量估测方法有两类：一是直接建立土壤重金属含量与光谱反射率之间的响应机制，来进行模型预测；二是分析土壤组分中有机质、黏土矿物及氧化铁的光谱特征与重金属含量的相关性，建立某种相关关系模型实现间接估测。

3.4.3　土壤退化遥感监测

土壤退化的成因很多，导致其表现形式也复杂多样，常为多种形式共存。土壤退化的综合表现形式有土壤侵蚀、荒漠化、盐渍化和土壤污染等。

1. 土壤侵蚀

土壤侵蚀也称为水土流失，包括风力侵蚀、水力侵蚀、冻融侵蚀和重力侵蚀等类型。土壤侵蚀现象如图3-4所示。从20世纪70年代起，遥感技术就开始应用于土壤侵蚀的监测工作，现在土壤侵蚀遥感监测技术已比较成熟，常用的方法可概括为遥感影像目视解译法、遥感光谱分析监测法、人机交互式解译监测法、智能化土壤侵蚀监测法和模型参数化监测法等，这些方法在区域土壤侵蚀分类、监测、评估和模型因子反演中极大地弥补了人为实地采样的不足(张骁等，2017)。

地表土壤侵蚀分类和侵蚀程度分析与制图研究中，多采用遥感目视解译(或人机交互解译)方法。例如，在我国的《土壤侵蚀分类分级标准》(SL 190—2007)中就明确将土壤侵蚀程度分为无明显侵蚀、轻度侵蚀、中度侵蚀、强烈侵蚀和剧烈侵蚀五个级别。20世纪80年代，依据土壤侵蚀的机理，对影响侵蚀的地形、地貌、地表物质组成及植被覆盖等因素，结合地形图及常规资料进行遥感影像目视判读，并综合因子分析、主导因子定性，绘制了土壤侵蚀类型与强度图。到20世纪90年代，已经有十多年的土壤调查成果积累，就可以在GIS系统支持下，利用遥感影像、土地利用图、以前的土壤侵蚀图等，采用多层面动态对比与常规资料互补的方法，通过人机交互解译及专家思想的综合评判，生成不同侵蚀强度数据集。

图3-4　土壤侵蚀现象照片

随着遥感影像信息提取技术的进一步发展，在土壤侵蚀研究中越来越多地引入量化的土壤特性表征因子进行分析判断。例如，风力侵蚀的发生，是当风力超过某一水平时，导致小于某一尺寸的土壤颗粒发生剥离，并通过跃移和悬浮输送一段距离的现象。也就是说，风力侵蚀会造成表面粗糙度的改变。因此，可以借助激光雷达和合成孔径干涉雷达对地面沉降和地表粗糙度进行量化反演，进而实现对风力侵蚀的遥感监测，已有研究表明该方法能实现厘米到毫米精度的监测。此外，地表植被覆盖类型、归一化差分植被指数(NDVI)等反映植被信息的遥感指标，也常常与地形因子相结合以间接评估土壤风蚀的程度。

对于土壤侵蚀量和侵蚀速率的研究需要采用定量的方法，其中土壤侵蚀量的估算是土壤侵蚀研究的核心问题。例如，水力侵蚀是地表土壤颗粒在径流作用下被剥离和运移的过程。利用遥感技术研究水力侵蚀的主要手段是通过模拟水土流失过程而建立相关模型来估算水土流失量。目前已提出多种模型，这些模型大多依赖与水土流失相关因素的输入，而这些参数(如植被覆盖度、土壤可蚀性因子、坡度坡长因子等)大多可通过遥感技术提取。其中由美国学者在1965年提出的通用水土流失方程USLE(Universal Soil Loss Equation)应用最广泛。USLE是在试验观测数据的基础上，结合统计分析和对土壤侵蚀影响因子的概化而建立的一个经验性土壤流失预报方程，可用于定量预报农耕地或草地坡面的年平均土壤流失量。其数学表达式为

$$A = R \cdot K \cdot L \cdot S \cdot C \cdot P \tag{3.1}$$

式中，R为降雨侵蚀力因子；K为土壤可蚀性因子；L、S分别为坡长和坡度两个地形因子，C为植被管理因子，P为水土保持措施因子。地形因子在短时间内变化较小，目前几乎都是利用DEM输入作为坡度等地形因子的数据源。土壤因子的监测主要是通过对土壤的目视解译来绘制土壤类型图，从而进行土壤可蚀性差异的评估。植被管理因子可以利用

植被指数来估算，归一化差分植被指数 NDVI 最常用；为了提高估算精度，发展了一系列以 NDVI 为核心的遥感指数，如植被恢复度 VRD、植被覆盖率指数 FVC 等。水土保持措施因子与人类活动息息相关，其侵蚀控制措施包括等高耕作、等高带状种植、梯田种植、地埂、截流沟和植物防冲带等，实地测定较为困难，通常采用赋值法对不同措施在 0~1 间进行赋值。

在 USLE 模型中，并未考虑对土壤沉积的模拟，虽然模型极为简单，但具有明显的局限性，因此在实践中往往需要根据研究区的实际情况增加相应的因子进行分析。随着各个因子的引入，出现了各种修正后的通用土壤流失方程，如 RUSLE、RULSE2、RUSLE3D 及 CSLE 等，其中 CSLE 是中国土壤流失方程，该方程是在 USLE 的基础上依据我国实际情况改进后建立的。QuickBird、WorldView、Sentinel 系列等商业化小卫星的投入使用、气候数据集的发布、对地观测数据可用性的提高以及 3S 技术进一步的融合等，都是推动基于过程和动态化研究的有利因素，也将进一步提高上述模型参数的精度，使水土流失预测模型更加完善，从而大力推动土壤侵蚀的定量化研究。

2. 土壤荒漠化

荒漠化指包括气候变化和人类活动在内的种种因素造成的干旱、半干旱和亚湿润干旱地区的土壤退化，如图 3-5 所示。荒漠化遥感监测是一种能够快速了解区域荒漠化演化的手段，通过对荒漠化的监测，掌握荒漠化的现状、程度及其动态演变规律，是有效预防和治理荒漠化的必要前提。

图 3-5　荒漠化土地

人工目视解译是荒漠化评价中使用最广泛、最成熟的技术，随着计算机分类方法在遥感信息提取领域的应用，监督分类、非监督分类、决策树分类、模糊分类、人工神经网络分类等方法也被应用于具体的荒漠化评价项目，并取得了较好的效果。但总体来说，不同计算机分类方法各有优劣，针对某一特定区域，没有最优的监测方法。目前，荒漠化遥感监测的方法正处于从定性向定量、主观向客观演变的过程中。荒漠化评估遥感信息模型的精度主要取决于荒漠化评价方法，包括评价指标是否科学合理、专家给定的权重和等级标准是否客观以及各指标数据的获取精度等方面。

自 1977 年联合国荒漠化大会以来，通过近 40 年的不懈努力和实践，荒漠化遥感监测已构建了一套以遥感目视解译为主的经验性指标体系，但尚未形成一个完全适应于遥感监测的指标体系。具体工作中一般是在充分理解解译用的遥感影像的分辨率特点的基础上，利用研究区的生长季遥感影像分析研究区的荒漠化特点，建立一套有效、实用的解译标志。例如，表 3-7 列举的是基于 TM 标准假彩色图像建立的新疆地区荒漠化土地解译标志（李霞等，2002），其中仅利用了色调、形态和结构（纹理）三项指标。

表 3-7　**新疆主要荒漠化土地资源 TM 影像解译标志表**

0 级土地类	1 级土地类	2 级土地类	色调	形态	结构(纹理)
荒漠化土地	风蚀荒漠化土地	潜在荒漠化土地	土地利用类型所反映的色调	无规则形态	不光滑，无阴影和纹理
		轻度荒漠化土地	青色夹杂不规则红色斑点	小面积的片状	无明显沙地阴影和纹理
		强度荒漠化土地	青灰色	大面积，边界不规则	波浪状、垄状、长条状、阴影纹理明显
		严重荒漠化土地	青灰色，青色	大面积，不规则边界不清晰	明显参差状，蜂窝状，波浪状，有明显阴影、纹理
	盐渍化荒漠化土地	轻度盐渍化土地	青灰色，浅蓝	没有明显边界	极均匀，光滑
		中度盐渍化土地	青灰色夹杂白色斑点	片状，斑块状，不规则	均匀，光滑
		重度盐渍化土地	白色，浅玫瑰红	大面积，不规则	不光滑
		极重盐渍化土地	白色	大面积，边界不规则	不光滑，有絮状条纹，吹蚀条纹
	水蚀荒漠化土地	轻度水蚀荒漠化土地	灰蓝色	边界不清晰，线状	长条曲线形，不均匀
		重度水蚀荒漠化土地	青灰色	大面积，边界不清晰，长条状	呈树枝状，有切割痕迹

荒漠化是一个连续渐变的过程，这在很大程度上决定了荒漠化程度分类问题的复杂性。在复杂的荒漠化遥感信息模型中，植被无疑是区域尺度荒漠化评价最有效的指示因子，利用遥感进行土壤荒漠化评价最常用的方法就是对植被参数进行趋势分析。例如，植被覆盖是植被对降雨、温度、土壤和地形等环境因素以及人类活动相关因素的综合反映，通过遥感影像定量反演的地表植被覆盖度可以作为荒漠化的评价指标。初级净生产力

NPP(Net Primary Productivity)是植被动态的直接反映，而NDVI与NPP之间保持紧密的耦合关系，因此以NDVI代替NPP进行荒漠化程度的估算，在不影响精度的前提下使整个过程更加简单和高效。

虽然目前基于遥感技术的荒漠化评价工作取得了很多成效，但荒漠化遥感监测还存在很多问题需要深入研究，包括评价指标体系、评价方法、遥感监测技术路线和工作流程以及荒漠化遥感监测相关的一系列理论与技术问题。一方面，荒漠化是一个相对的定义，尽管荒漠化应该是相对于初始或曾经的状态而言的，涉及一个时间基准问题，这是目前荒漠化评价面临的难题之一。但是，对荒漠化的动态监测能够较为直接地发挥遥感的优势，因此遥感方法是进行荒漠化监测的不二选择。另一方面，也有专家认为，荒漠化本质上是一种区域尺度的生态退化过程，即区域生态系统结构和功能的退化，所以荒漠景观与荒漠化之间并没有必然联系。因此，在荒漠化监测与评估中还需从荒漠化定义、荒漠化发生的机理过程、荒漠化对生态环境的影响以及遥感技术对荒漠化监测的优势和局限性等方面进行深入思考。

3. 土壤盐渍化

土壤盐渍化是土壤退化的重要表现之一，常发生在干旱和半干旱地区。在这些地区，降水不足，雨水无法通过土壤有规律地渗滤，因此可溶性盐会积累在地表。此外，灌溉也可能引起地表盐分含量增高，从而影响土壤结构等性质，引起土壤盐渍化(何发坤等，2021)。

盐渍化土壤表面由于有盐分积累、结晶，从而形成盐壳或盐皮，使地表反射率明显高于非盐碱化土壤，因而具有特殊的光谱特征。目前基于多光谱和高光谱遥感数据的盐碱土光谱特性研究比较多，表明了不同地域、不同类型盐碱土的光谱特征也具有一定的差异性，这是利用遥感技术识别土壤盐碱化程度的理论基础。此外，土壤盐碱化的程度也会通过地表植被的情况反映出来，随着盐渍化水平的不断加重，土壤表层积盐现象越来越严重，导致植被覆盖度减少，如图3-6所示。

(a)戈壁滩盐碱地

(b)盐碱地

图3-6 盐渍化土地

对于盐渍化土壤的分类，可直接基于土壤表层在遥感影像上的光谱特征进行目视判读识别，例如在航空影像、多光谱假彩色卫星影像以及高分辨率影像上，盐渍化土壤都具有明显发白的特征。也可以通过遥感影像定量反演土壤的盐渍化特征，进而间接地区分不同的盐碱化程度。例如，依据多光谱数据计算盐度指标的值，基于高光谱数据定量反演地表矿物和植被特征指标，基于微波遥感技术获取与盐渍化密切相关的土壤介电常数信息等，这些都是判断土壤盐碱化程度的重要指标。此外，遥感技术在长期的对地观测过程中形成了一系列宝贵的历史数据资料，为长时间序列的动态监测提供了数据支撑，也为构建盐渍化土壤定量监测模型提供了依据。若能设法建立地表土壤和植被的光谱信息与地下土壤盐分数据之间的联系，就可以间接探测土壤深层的盐渍化状况。

4. 土壤污染

当土壤中有害物质含量过多，超过土壤的自净能力，就会引起土壤的组成、结构和功能发生变化，微生物活动受到抑制，有害物质或其分解产物在土壤中逐渐积累，通过“土壤→植物→人体”，或通过“土壤→水→人体”间接被人体吸收，达到危害人体健康的程度，就形成土壤污染。

土壤污染会使农作物减产减质，而且污染物也会通过全球物质和能量循环进入大气和水环境，严重威胁人体健康。由于工业的快速发展和城镇化进程的加快，土壤成为各种污染物的汇集点，这些物质包括重金属（镍、铬、铜、镉、汞、铅、锌、砷）、石油烃等。进行土壤污染遥感评价的依据是土壤的反射率特性，因此在土壤污染监测方面高光谱遥感具有巨大的优势，是目前监测土壤污染的重要手段。本节前面已对土壤重金属含量反演等内容作过介绍，此处不再赘述。

第4章 水体遥感

水体指水的聚集体，包括江、河、湖、海、地下水和冰川等。各种水体由于其自身的循环和动力学规律不同，因而在形状、大小和水质等方面存在差异。从地学研究的角度，水体是被水覆盖地段的自然综合体，不仅包括水，还包括水中的溶解物质、悬浮物、底泥和水生生物等。

水是支持人类生存和社会发展最重要的因素，它既是一个资源问题，又是一个环境问题。无论作为一种资源，还是作为一个独立的环境因子，水的研究都被人们格外重视。遥感技术在水体研究领域中的应用始于20世纪70年代，早期的水体遥感监测多是对地表水体进行空间识别、定位、定量计算面积和体积，或模拟水体动态变化。随着遥感基础研究的进展，对水体本身的光谱特性有了深入了解，加之高光谱遥感、定量遥感、水色遥感等研究方法的发展，使得对水体的遥感监测内容扩展到水体属性特征参数的定量测定，如水深、水温、悬浮泥沙和叶绿素含量等的测定，以及对水体污染状况的监测等方面。可以说从20世纪70年代开始，水体遥感的研究重点还是单纯的"水体识别"，而现在对于"水质参数的监测、制图和预测"已成为很重要的研究方向。因此，水体遥感的主要任务就是通过对遥感影像的分析，获得水体的地表分布信息，水体的泥沙、有机质含量等状况信息，水深、水温等水体要素信息，以及水体的变化信息等，从而对一个地区的水资源和水环境作出评价，为水利、交通、航运和资源环境等部门提供决策服务。本章将在了解水体遥感原理的基础上，从水资源遥感(包括陆地水资源和海洋资源)和水环境遥感监测两个方面介绍水体遥感研究的主要内容和方法。

4.1 水体遥感原理

光学遥感和微波遥感都可以用于水体研究。光学遥感研究水体主要是利用水的光谱波段的反射或辐射特征(如反射率、辐射温度或遥感专题指数)与准同步实测的各种水体参数(如叶绿素含量、悬浮泥沙浓度、水深和水温等)的关系，建立一系列相关模型来提取水体或者反演水体参数。微波遥感则是建立水体微波辐射、散射特征(亮度温度、后向散射系数)与准同步实测的水体参数(水面温度、含盐量、水面形态等)之间的定量关系模型，以实现对水面温度、海洋渔业以及水面风浪等现象的监测与预报等。

4.1.1 水体的光谱特性

水体的光谱特性也称为水色，主要取决于水体的物质组成，并受水体状态的影响。如水体中浮游生物含量(叶绿素浓度)、悬浮泥沙含量(浑浊度大小)、营养盐含量(黄色物质、溶解有机物质、盐度指标)以及其他污染物、底部形态(水下地形)和水深等不同，会使水体具有不同的光谱特性。在光学波段，水体的光谱特征主要表现在可见光波段的水面反射特征、水体透射特征，近红外波段的吸收特征，热红外波段的辐射特征，以及水体中泥沙、水生植物和污染物形成的特征性光谱特征。

在可见光波段，水的吸收少，反射率低，透射率高。如图4-1所示，纯水在可见光范围吸收相对较小，而在近红外—短波红外波段吸收强烈。纯水的散射系数随波长的增加而呈单调递减。在蓝光波段范围纯水的散射系数较大，同时在蓝光波段范围纯水的吸收系数很小，所以比较纯净的水体会呈现蓝色。

水体光学遥感的反射主要集中在可见光波长范围内，水体可见光反射包含水表面反射、水体底部物质反射及水中悬浮物质(浮游生物或叶绿素、泥沙及其他物质)反射三个方面的贡献。如图4-2中所反映的水的光谱反射递减规律，清水在蓝绿光波段反射率为4%~5%，在0.6μm以上的红光部分反射率降到2%~3%，在近红外、短波红外部分几乎吸收全部的入射能量，因此水体在这两个波段的反射能量很小。这一特征与植被和土壤光谱形成十分明显的差异，因而在红外波段识别水体是较容易的。

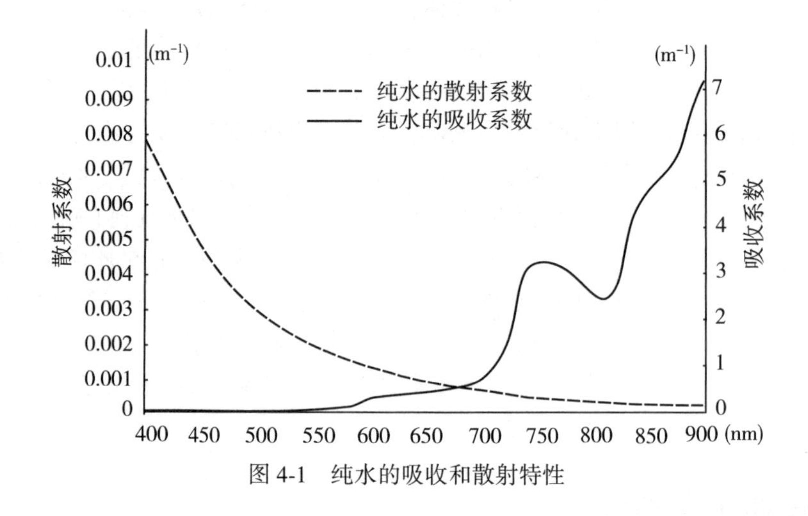

图4-1　纯水的吸收和散射特性

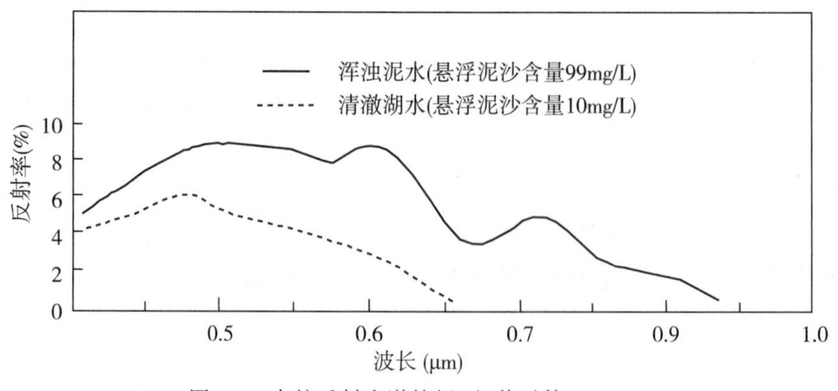

图4-2　水的反射光谱特征(赵英时等，2003)

实际上水体中某些成分对波谱信号的散射远远大于水分子本身对波谱信号的散射，因此不同水质呈现出不同的光谱特性。当水体中含有浮游植物时，其中的叶绿素含量会使水体的光谱特性呈现明显变化。一般情况下，随着水体中叶绿素浓度的增大，蓝光波段的反射率下降，绿光波段的反射率增高；当水面叶绿素和浮游生物浓度较高时，近红外波段也存在一定的反射率。

图 4-3 为不同叶绿素含量时的水面光谱特性曲线的变化情况，由图可见蓝光处的吸收峰、绿光处的反射峰以及红光处的荧光峰等特征(赵英时等，2003)。一般而言，水体叶绿素含量不同，在 0.43～0.70μm 光谱段会有选择地出现较明显的差异。例如，在 0.44μm 处的吸收峰高度不同；0.40～0.48μm 光谱段反射辐射随叶绿素浓度升高而降低，至 0.52μm 处出现“节点”(该“节点”位置会随着水体中悬浮物质浓度的升高，而向长波方向发生位移)；0.55μm 处出现反射辐射峰，并随着叶绿素含量增多，反射辐射上升；0.685μm 附近有明显的荧光峰，见图 4-4(赵英时等，2003)。但是，我们应注意上述水面光谱曲线中的波峰、波谷带宽是比较窄的，为获取这些有指示意义的信息，需要利用高光谱遥感技术进行分析。

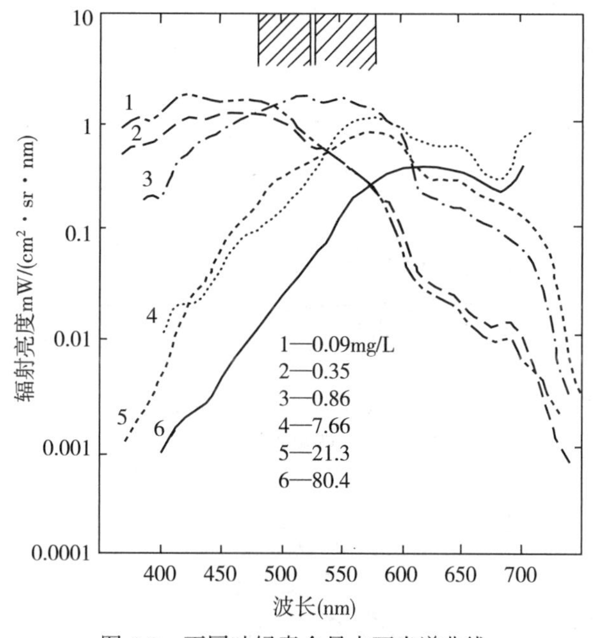

图 4-3 不同叶绿素含量水面光谱曲线

当水体比较浑浊时，其中的悬浮泥沙也会造成水体光谱特性的变化。一般来说，浑浊水体的反射光谱曲线整体高于清水；波谱反射峰值向长波方向移动(红移)；随着悬浮泥沙浓度的升高，可见光对水体的透射能力减弱，反射能力增强；波长较短的可见光，如蓝光和绿光对水体的穿透力相对较强，可反映出水面下一定深度的泥沙分布状况。

图 4-5 为不同含沙量的水体反射光谱曲线，可以看到随着水体含沙量的增大，其反射率呈现整体增大的趋势。图 4-6 是对 7 种不同悬浮泥沙浓度的水库进行反射率测定的结

果，由图可见，随着水中悬浮泥沙浓度的增加及泥沙粒径的增大，水体的反射率上升，反射峰值向长波方向移动，“红移现象”明显。但由于 0. 93μm、1. 13μm 红外强吸收的影响，反射峰值移到 0. 8μm 终止(赵英时等，2003)。

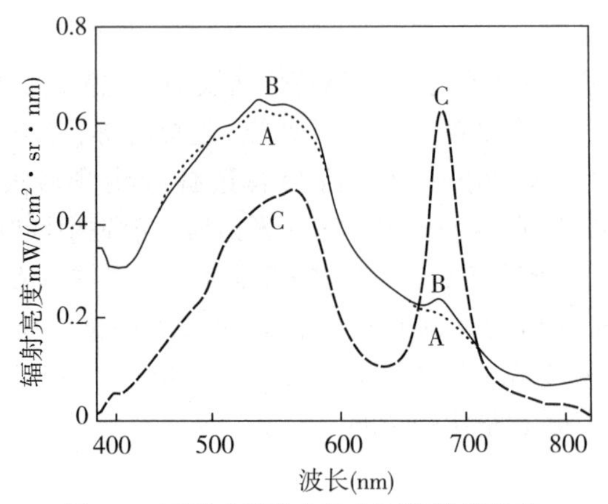

图 4-4　不同叶绿素含量水面光谱荧光峰

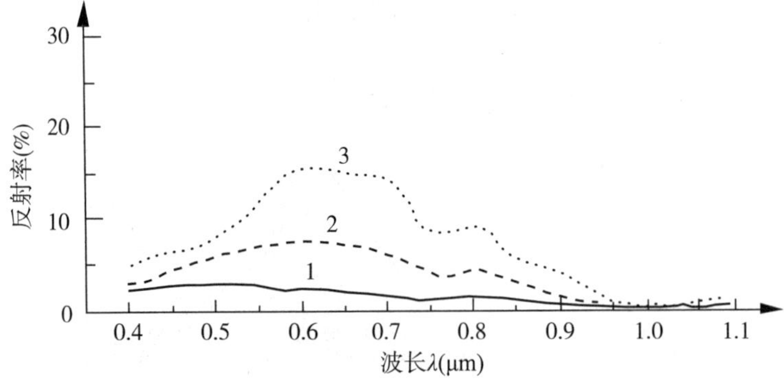

1. 湖水(泥沙含量 47. 9mg/L)；2. 长江水(泥沙含量 92. 5mg/L)；3. 黄河水(泥沙含量 960mg/L)

图 4-5　不同含沙量水体反射光谱曲线

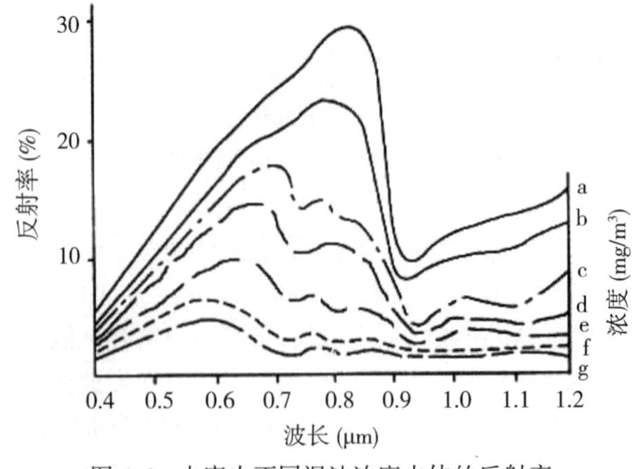

图 4-6　水库中不同泥沙浓度水体的反射率

总之，不同波谱段对水体有不同的穿透能力，同一波谱段对不同类型水体的穿透能力也有所不同，从而造成不同水体间光谱特征的差异，这就是水体光学遥感分类中区分水体类型与非水体类型、不同性质水体的基本理论依据。

4.1.2 水体光学辐射传输机理与模型

水体光学辐射传输机理是水体光学遥感(水色遥感)的理论基础，它描述了辐射在水体这种具有一定透明度的介质中传输的物理过程。水体辐射传输模型是进行水体光学遥感建模的重要工具，它基于水体辐射传输机理用模型模拟了水体辐射传输过程。具体而言，描述水体光学特性的参量有表观光学量和固有光学量两类，水体辐射传输机理就是描述水体表观光学量和固有光学量之间的联系，水体辐射传输模型就是模拟水体表观光学量和固有光学量的关系式。水体光学遥感一个最主要的内容就是基于水体辐射传输模型，由水体表观光学量反演水体组分等固有光学参量。

1. 水体表观光学量

水体表观光学量 AOPs(Apparent Optical Properties)，又称水体表观光学特性，是指随水体成分和入射光场几何结构变化而变化，而且具有规律性和稳定性的光学参量。水体表观光学量一般需要满足随水体成分(固有光学量)变化、随光场分布的方向性结构变化、具有规律性和稳定性三个条件。

水体表观光学量可以由辐射度量学物理量导出定义。但是，常见的辐射度量学物理量(如辐照度、辐亮度)并不属于水体表观光学量。理想的水体表观光学量应该随外部环境(入射光场)变化较小，而随水体成分变化较大，这样才便于描述不同水体的光学特性。表观光学量不能通过现场采集水样送到实验室内进行测量，而是必须进行现场测量，因为表观光学量依赖于现场的入射光场分布情况。除非特别说明，表观光学量一般都是随波段 λ 和水体深度 z 变化的，刚好在水表面上用 0^+ 表示，刚好在水表面下用 0^- 表示。

目前水体光学遥感中最常使用的表观光学量之一是水面遥感反射率。水面遥感反射率是刚好在水表面以上的离水辐亮度 $L_w(\lambda)$ 与下行辐照度 $E_s(\lambda)$ 的比值，一般用符号 $R_{rs}(\lambda)$ 表示，单位为 sr^{-1}。

$$R_{rs}(\lambda)=\frac{L_w(\lambda)}{E_s(\lambda)} \tag{4.1}$$

在水色遥感中常使用的水体表观光学量是刚好在水表面下辐照度比，它常被用来构建水体辐射传输模型。刚好在水表面下辐照度比是刚好在水表面下的上行辐照度 $E_u(0^-, \lambda)$ 与下行辐照度 $E_d(0^-, \lambda)$ 的比值，一般用符号 $R(0^-, \lambda)$ 表示。

$$R(0^-, \lambda)=\frac{E_u(0^-, \lambda)}{E_d(0^-, \lambda)} \tag{4.2}$$

此外，漫衰减系数、平均余弦也是水体光学遥感的常用表观光学量。漫衰减系数用于描述辐射随深度的衰减程度，平均余弦是对于描述水体上行和下行光场的方向性结构十分有用的参数。

2. 水体固有光学量

水体固有光学量是指不随入射光场变化而变化，仅与水体成分有关的光学量，也称为水体固有光学特性。常用的水体固有光学量主要包括吸收系数、散射系数、光束衰减系数和体散射函数等，这些固有光学量之间存在联系，其中吸收系数和体散射函数是最基本的两个固有光学量，其他的固有光学量都可以由这两个量推导得到。

考虑水体的一个很小的体积 ΔV，厚度是 Δr，被一束准直单色光 $\Phi_i(\lambda)$（单位为W/nm）照射，如图4-7所示。入射能量的一部分 $\Phi_a(\lambda)$ 被水体吸收，还有一部分 $\Phi_s(\psi,\lambda)$ 在 ψ 角度被散射出来，剩余的能量 $\Phi_t(\lambda)$ 是穿过该体积而没有发生方向变化的部分。

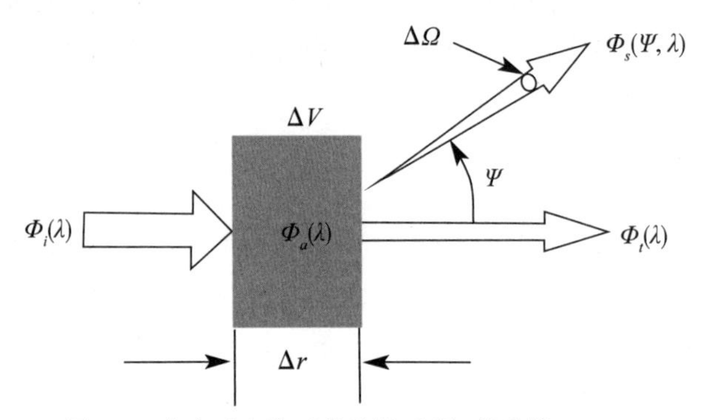

图4-7　光穿过水体时的传输过程(张兵等，2012)

假设 $\Phi_s(\lambda)$ 是散射到各个方向的总能量，且没有非弹性散射，那么根据能量守恒定律，则有

$$\Phi_i(\lambda) = \Phi_a(\lambda) + \Phi_s(\lambda) + \Phi_t(\lambda) \tag{4.3}$$

利用这4个辐射量可以定义光线经过这段水体的吸收率、散射率、透射率和衰减率，即吸收率 $A(\lambda) = \Phi_a(\lambda)/\Phi_i(\lambda)$，散射率 $B(\lambda) = \Phi_s(\lambda)/\Phi_i(\lambda)$，透射率 $T(\lambda) = \Phi_t(\lambda)/\Phi_i(\lambda)$，衰减率 $C(\lambda) = \Phi_c(\lambda)/\Phi_i(\lambda)$，其中 $\Phi_c(\lambda) = \Phi_a(\lambda) + \Phi_s(\lambda) = \Phi_i(\lambda) - \Phi_t(\lambda)$。

不过，水体对光线的吸收率、散射率和衰减率与光线穿过的路径 Δr 有关，并不是水体的固有光学量。水体的固有光学量应该是单位路径上水体的吸收率、散射率和衰减率，分别表示单位路径上的入射光被吸收、散射和衰减的比例，也被定义为水体的吸收系数 $a(\lambda)$、散射系数 $b(\lambda)$ 和衰减系数 $c(\lambda)$。

对于体散射函数的理解，需要考虑散射能量的角度分布。若被散射的入射光从某个方向 ψ 射出，进入以 ψ 为中心的立体角 $\Delta\Omega$，角度 ψ 称为散射角(取值范围是 $0\leqslant\psi\leqslant\pi$)，假设 $\Phi_s(\psi,\lambda)$ 是被散射到该 ψ 方向的辐射通量，那么单位路径单位立体角内被散射的比例定义为体散射函数 $\beta(\psi,\lambda)$。体散射函数描述了散射后光的空间分布情况，也可以解释为由入射到单位水体体积上的单位辐照度散射所形成的单位角度的辐射强度，此即它被定义为“体散射”函数的依据。体散射函数由水中粒子大小、谱分布及复折射指数共同决定。

水体中除了纯净水外，还包括水中溶解和悬浮的多种物质，即水体中包含多种组分，并且不同组分对于水体光学特性的影响也不同；换言之，不同的水体组分的固有光学量也不同。在给定波段，水体总的吸收系数等于水体中各组分在该波段的吸收系数之和，水体总的后向散射系数等于纯水的后向散射系数和悬浮物后向散射系数之和；水体中各组分的吸收系数或散射系数等于水体各组分的浓度与单位吸收系数或单位散射系数的乘积。因此，如果已知水体各种组分的固有光学特性，那么理论上就有可能依据在特定环境下水体的表观光学量来推算水体的组分含量(即水质参数)，这就是水色遥感的主要研究内容。

3. 水体辐射传输方程

水体辐射传输方程可以描述水体表观光学量和固有光学量之间的关系，以水体固有光学量(水体散射和吸收特性)和环境参量(水面入射光场、水面波浪和水底条件)作为输入，通过水体辐射传输过程的模拟，得到光场(辐射场)在水中的分布，进而可以计算得到水体表观光学量。

当一束平行的太阳光线通过水体介质时会发生吸收、散射和发射等作用，这个作用过程符合能量守恒原理，可以通过分析光子与水中物质(原子和分子)的相互作用来分析水体的辐射传输过程。当光子通过原子或分子时会被原子或分子吸收，使原子或分子的内部能量增加而处于活跃状态，然后会发生两种可能的作用：一是吸收作用，即原子或分子吸收光子的部分或全部能量，随后转化为热能或者化学能，如光合作用生成有机物，其中将辐射能量转化为非辐射能量；二是散射作用，即原子或分子向外发射光子，从而返回低能级状态。散射作用也包括两种情况：如果活跃的分子发射光子的波长与入射光相同，这个过程叫作弹性散射；如果发射光子的波长长于或短于入射光的波长，这个过程叫作非弹性散射，如拉曼散射、荧光和磷光。此外，化学能也有可能转化为辐射能(发光)，如生物荧光，这个过程称为发射。

对于特定的水体，可以在相应的条件下对上述过程进行简化。例如，对于浑浊的内陆水体，弹性散射远大于非弹性散射，所以研究其水体辐射传输作用时通常可以忽略非弹性散射。而在水色遥感关注的表层水体中，内部发射作用也可以忽略。这些忽略的因素对于水体辐射传输过程的影响非常小。

以内陆水体为例，在忽略非弹性散射、内部发射和极化作用的前提下，为了描述光在水体中的传输过程，可以想象许多条光束从各个方向通过一个薄层水体，并分析这些光束中的一条经过水体内部任意薄层的变化过程。如图 4-8 所示，当其中一束光辐射(某个深度 z、某个方向(θ, φ)的辐亮度 $L(z, \theta, \varphi)$) 从水深为 Z_0 的 M 处沿路径 MN 传输至水深为 z 的 N 处，由于光线传播方向与垂直向下的方向存在夹角 θ，光线经过薄层水体 $\mathrm{d}z$ 的实际路径为 $\mathrm{d}z/\cos\theta$，记为 $\mathrm{d}r = \mathrm{d}z/\cos\theta$，即实际通过的是 $\mathrm{d}r$ 的直线路径。该光束在 $\mathrm{d}r$ 的传输路径上，与水体发生了三种相互作用：一是被吸收，辐射能量转化为非辐射能量，造成光子损失；并且由于水的吸收而损失的能量同水吸收系数 a 成正比。二是被散射到其他方向，造成光子损失；并且在 θ 方向受水体的散射而损失的能量同水的总散射系数 b 成正比。三是所有其他方向(4π 空间)的光被散射到该光束的入射方向，造成光子增加；路径 $\mathrm{d}r$ 周围的辐射场受到水体散射被转换为 θ 方向的辐亮度增量(用 L^* 表示)，与水的体散射函数 β 和 $\mathrm{d}r$ 周围的辐亮度 L 成正比。因此，沿路径 $\mathrm{d}r$ 的辐亮度变化 ΔL 等于沿 $\mathrm{d}r$ 辐亮度

的衰减 $[-(a+b)L\cdot \mathrm{d}r]$ 加上沿 dr 的辐亮度增量 L^*。

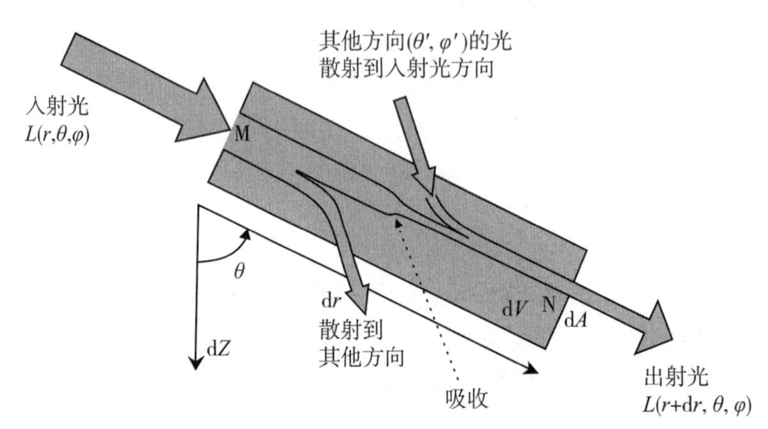

图4-8 单束光传播 dr 距离的辐射传输影响过程(张兵等，2012)

根据上述分析，经进一步推导可得如下简化的水体辐射传输方程

$$\cos\theta\frac{\mathrm{d}L(z,\ \theta,\ \varphi)}{\mathrm{d}z}$$

$$=-c(z)L(z,\ \theta,\ \varphi)+\int_{\varphi'=0}^{2\pi}\int_{\theta'}^{\pi}L(z,\ \theta',\ \varphi')\beta(z,\ \theta',\ \varphi'\rightarrow\theta,\ \varphi)\sin\theta\mathrm{d}\theta'\mathrm{d}\varphi' \quad (4.4)$$

式中各符号的含义与图4-8中相同。等式右边第一项表示光辐射被吸收和被散射的部分，两者都是能量的减少，$c(z)=a(z)+b(z)$；第二项表示所有其他方向(4π 空间)的光被散射到入射光方向造成能量增加的部分，该方程对于水体辐射传输的模拟具有非常重要的作用。由式(4.4)可见，水体辐射传输方程是非常复杂的微积分方程，一般难以解析求解，求其数值解的运算量也很大。

4. 水体辐射传输模型

在水色遥感中一般不直接解算水体辐射传输方程，而是经常使用由辐射传输方程经过简化后得到的生物光学模型，以及基于不变嵌入法开发的 Hydrolight 模型等，这些模型为进一步有效地构建水质参数遥感反演模型奠定了基础。在海洋光学中一般将水体光学模型称为生物光学模型，因为海水光学特性主要受浮游植物影响，而浮游植物属于生物，后来生物光学模型的概念也被推广到内陆水体。下面介绍一个简化的生物光学模型。

构建生物光学模型就是建立水体表观光学量和固有光学量之间的关系，其中使用的表观光学量通常是刚好在水面以下辐照度比 $R(0^-)$，使用的水体固有光学量通常是水体吸收系数 a 和后向散射系数 b_b。

通常将那些水底反射对水体光场没有影响的水体称为光学深水，与之相反，将水底反射对水体光场有影响的水体称为光学浅水。需要注意的是，光学水深与几何水深不同，对于很多浑浊的内陆水体，虽然几何深度只有几米，但由于水体对入射到水体中的太阳光具有强烈的衰减作用，在光线到达水底之前就已经衰减完，因此也属于光学深水。光线在光学深水中的传输过程完全由水体的固有光学量决定，过程相对简单，不确定性远小于光学浅水。所以对于内陆光学深水(即下行辐射到达水底之前已经衰减为0，水底反射对水体光场没有影响)，由于可以忽略非弹性散射，若再假设：①水体的固有光学量(吸收系数 a 和散射系数 b 等)不随深度变化；②辐射场各向同性，辐射以漫辐射形式向下传输；③水中的悬浮颗粒物散射(米氏散射)占主导地位，前向散射系数远大于后向散射系数，则可以推导得到如下简化的生物光学模型：

$$R(0^-) = f\frac{b_b}{a + b_b} \tag{4.5}$$

式中，f 系数受太阳天顶角等条件影响，一般取值为 0.32~0.37，多数取 0.33(徐希孺，2005)。

4.1.3 水体的微波辐射特征

水体的微波辐射特征是指水体在微波波段的特性，是基于微波波段的水体遥感的物理基础。微波遥感可用于海洋水体探测以及洪涝灾害监测等方面。在微波波段，因为微波无法穿透水体，从而表现出水面的微波散射特征；而微波遥感中，水体的微波辐射特征即是水体的微波后向散射辐射特征。在特定的雷达系统条件下，水体的微波后向散射辐射特性取决于复介电常数和粗糙度两个主要因素。

一定深度水体的复介电常数 ε，由其表层物质组成及温度所决定，反映了水体的电学性质。例如，海水是由各种盐类、有机质和悬浮颗粒等组成的复杂水体，从微波辐射角度，可视海水为含 NaCl 等盐类的导电溶液。海水的介电常数是海水温度(T，单位为℃)和盐度(S，单位为‰)的函数。根据德拜(Debye)公式，海水的介电常数计算式为

$$\varepsilon(S, T, \omega) = \varepsilon_\infty(S, T) + \frac{\varepsilon_1(S, T) - \varepsilon_\infty}{1 - i\omega\tau(S, T)} - \frac{i\sigma(S, T)}{\omega\varepsilon_0} \tag{4.6}$$

式中，ε_0 为自由空间介电常数，值为 8.854×10^{-12}；$\varepsilon_\infty = 4.9$；$\omega = 2\pi f$，为电磁波角频率。ε_1、τ、σ 均为温度和盐度的函数，计算公式为

$$\begin{aligned}
\varepsilon_1(S, T) =& (87.134 - 0.1949T - 0.01276T^2 + 0.0002491T^3) \times \\
& (1 + 1.613 \times 10^{-5}TS - 0.003656S + 3.21 \times 10^{-5}S^2 - 4.232 \times 10^{-7}S^3) \\
\tau(S, T) =& (1.768 \times 10^{-11} - 6.086 \times 10^{-13}T + 1.104 \times 10^{-14}T^2 - 8.111 \times 10^{-17}T^3) \times \\
& (1 + 2.282 \times 10^{-5}TS - 7.638 \times 10^{-4}S - 7.760 \times 10^{-6}S^2 + 1.105 \times 10^{-8}S^3) \\
\sigma(S, T) =& S(0.182521 - 0.00146192S + 2.09324 \times 10^{-5}S^2 - 1.28205 \times 10^{-7}S^3) \times \\
& \exp((T - 25)(0.02033 + 0.0001266(25 - T) + 2.464 \times 10^{-6}(25 - T)^2 - \\
& S(1.849 \times 10^{-5} - 2.551 \times 10^{-7}(25 - T) + 2.551 \times 10^{-8}(25 - T)^2)))
\end{aligned} \tag{4.7}$$

由以上关系可知，通过海洋微波遥感手段可以测得海面及水面下一定深度的温度和含盐度等信息。

水面粗糙度即水面至一定深度内的几何形状结构。对雷达波长(一般是厘米波)来说，海水表面在不同的情况下往往表现出不同的粗糙度，从这一角度可以将海面分为4类：①平静海面，海面无风或风速很小，可用物理光学理论处理，当水面粗糙度较微波波长小

得多时，可视为平坦表面，以镜面反射为主。②风浪海面，海面有波浪而成为一个随机起伏的粗糙面。此时微波在水面上产生复杂多变的多次反射和散射，散射回波会增强。同时，大风浪海面往往伴有泡沫带(含有大量气泡和水滴)。它的特征除与辐射亮度温度有关外，还与海浪谱、海面风速等有关。③污染海面，一般指因为油污染等而形成两层介质，会引起亮度、温度的显著差异。油膜使海面趋于平滑，减弱回波强度，而呈黑色。④冻结海面，海面有海冰和冰山等，由于冰雪的介电常数较水体小，引起亮度、温度的明显差异。

地表的复介电常数通常受多种因素的影响，而不是一个定值(特别是在山区地表)，但是研究表明它与表层土壤水分含量具有较好的相关性。在洪水期间，表层土壤的湿度相差不大，所以可以简单地说地表复介电常数 ε 一般不会有太大变化，水域和陆地的粗糙度差异则会使两者表现出明显不同的微波后向散射辐射特征，这为区分水域和非水域提供了重要依据。

4.1.4　水体遥感信号

由于水在近红外波段 NIR(Near Infrared)和短波红外 SWIR(Shortwave Infrared)的强吸收作用，水体的光学特征集中表现为可见光在水体中的辐射传输过程。如图 4-9 所示，到达水面的入射光 L 包括太阳直射光和天空散射光(天空光) L_p，其中约 3.5%被水面直接反射返回大气，形成水面反射光 L_s，其余的光经折射、透射进入水中，大部分被水分子和水中其他物质吸收和散射形成水中散射光，部分水中散射光会到达水体底部(固体物质)，形成水底反射光。水中散射光的向上部分及水底反射光共同组成水中光 L_w，也称为离水反射辐射、离水辐亮度。遥感探测时，水中光 L_w、水面反射光 L_s 以及天空散射光 L_p 共同被空中遥感器接收，即有

$$L = L_s + L_w + L_p \tag{4.8}$$

式中，各量均为波长、遥感器高度、入射角和观测角的函数。

由水体中的辐射传输过程可知，从水体中得到的遥感光谱信号，实际上是多种信号的复合体。由于水体的透光性和水面的反射性，由传感器接收到的水体遥感光谱信号包含了来自大气、水面、水体以及水底各个不同层次的光谱信号，是一个经过叠加的综合信号，其中也包括了水体中叶绿素、悬浮泥沙、污染物和流场等各类物质的光谱信号。

水体遥感信号的复合性，决定了水体遥感研究的复杂性。在水体遥感探测时，与陆地特征不同，水体的光谱特性主要表现为体散射，而非表面反射。因此，水体的光谱特性不仅反映了一定的水体表面特征，而且包含了一定厚度水体的信息，且这个厚度及反映的光谱特性是随时空而变化的。如何通过遥感传感器接收的水体信号获得水体的相关信息，这就是水体遥感研究要解决的问题。

总体而言，水体的遥感信号相对于陆上植被、土壤等其他地物类型而言是比较弱的，所以往往在遥感影像上表现为暗色调，可以利用水体的暗色调与其他地物类型加以区分，这就是水资源遥感研究的角度。但是来自水体的微弱遥感信号中仍然包含水体本身的信息，如水色、水深和水面形态等，这些信息可通过遥感手段加以探测，这是水色遥感(详见本章 4.4 节)的研究角度。这里可以看到，水色遥感与陆地光学遥感之间存在两点不

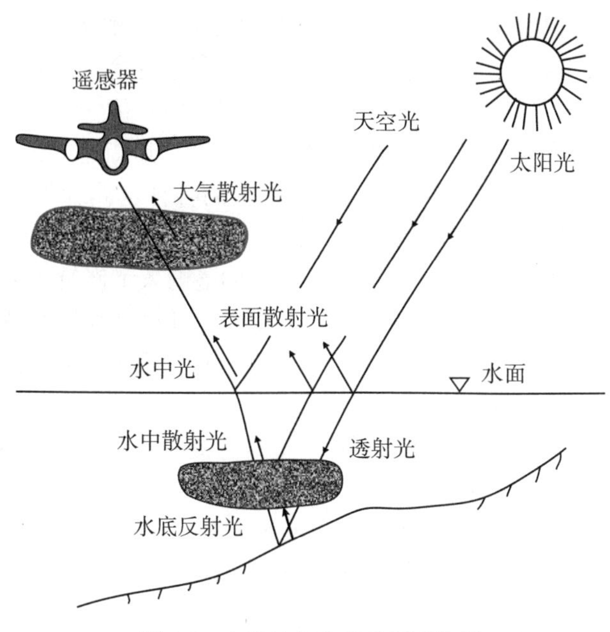

图 4-9　电磁波与水体的相互作用

同：一是因为水体反射率低，辐射信息属于弱信号，在陆地遥感研究中往往被当作暗目标处理，而在水色遥感中正是这种来自水体的弱信号才是需要获取的辐射信号；二是水色遥感中对于大气校正有更高的要求。因为离水辐亮度是与大气散射光混在一起的，要高精度地获得离水辐亮度就需要消除大气的影响，而陆地遥感中大气校正的精度无法满足水色遥感的要求，所以需要对不同水体特性研究有针对性的大气校正算法，提高离水辐射反演的精度。

4.2　水资源遥感

地表水是人类生产生活和社会发展必不可少的物质资源，随着我国社会经济的高速发展，地表水体无论是在空间分布还是在水体环境上均受到严峻的挑战。现代遥感技术以其大空间尺度、数据客观实时获取、适于长时间跟踪等优势，在地表水资源监测领域发挥着不可替代的作用。特别是在人类足迹难以到达的偏远荒凉地区，遥感技术已成为水文、水资源调查的有效手段。从 20 世纪 70 年代开始，遥感技术就被应用于陆地水资源的调查与监测，主要任务是对陆地地表水资源及地下水资源进行调查与评价。水资源遥感主要研究内容包括地表水体遥感调查与制图、水文要素遥感研究、水资源变化监测以及水体污染等方面。

4.2.1　水资源遥感调查

水资源遥感调查主要是针对陆地地表水体的遥感调查，一般是将水体看作一种地表覆盖物(与林地、居民地等地表覆盖类型一样)，利用遥感影像进行宏观、定性的分类研究。因此，地表水体的遥感识别是其中最基础和关键的技术。一般来说，在可见光/近红外波段水体的反射率很低，因此在光学遥感影像上水体一般呈现暗色调，而植被和土壤在这两个波段吸收的能量较少，具有较高的反射率，这使得纯净水体在这两个波段的影像特征与植被和土壤类型具有明显区别。但不同的地表水体类型及其特性差异使其在遥感影像上也具有不同的影像特征。以图4-10中所示TM影像上的各种水体为例，我们可以仔细观察影像上不同类型的水体特征：显然，深水河流(a)与浅水河流(b)的颜色不同；水库(c)与湖泊(d)间形状差异很大；池塘(e)与沟渠(f)具有明显的人工修筑的痕迹；而含植被的水体(g)也表现出红色特征，这与植被的光谱特性相似。可见，水体类型与植被和土壤等类型之间、不同的水体之间，往往在光谱和空间特性上存在很大差异，这些差异为水体的识别提供了直接的目视判断依据。

目前，基于卫星遥感数据的水体信息计算机自动提取已经成为遥感研究的重要内容之一，也是构建各种水文模型、进行不同场景水文模拟等相关研究的前提和基础(李丹等，2020)。利用遥感数据进行水体信息提取的数据源主要包括光学遥感数据和雷达遥感数据两类，对不同的数据源需要采用不同的分析方法进行水体信息的提取。

1. 基于光学遥感数据的水体信息提取方法

人工目视解译方法提取水体，优点是对地物提取精度高，但是时间效率低、成本高，不适于大区域的水体信息提取。随着计算机水体提取方法的不断改进，通过加入一些规则、构建一些参数等也可实现水体信息的自动分类提取。目前，应用最多的水体信息自动提取方法包括阈值法和分类法两类。一般来说，阈值法多应用于中、高分辨率影像，主要是基于地物的光谱特征，利用光谱知识构建各种分类模型和水体指数来进行水体的提取。分类法更适用于高分辨率影像，综合影像的光谱、纹理和空间等特征来提取水体信息。

1)阈值法

阈值法主要是基于单个光谱波段或各种水体指数进行水体信息提取，其中需要设定合适的阈值，对水体与不同的背景地物进行区分，除了采用合适的特征外，如何设定最优的阈值是此类方法应用的关键。

(1)单波段阈值法。

单波段阈值法是利用某些波段上水体与其他地物类型间存在的较大色调差异，通过合适的阈值来提取水体。例如，近红外波段、中红外波段的影像(如Landsat TM5波段)适合采用阈值法来提取水体，但合适的阈值则需要反复的试验才能确定，如图4-11所示为TM5波段影像，其中黑色区域为水体，水体的提取阈值经试验可确定为18。

单波段阈值法虽然简单易行，但是它难以消除遥感影像中山体阴影的影响，往往会导致提取的水体多于实际的水域，并且水体与非水体之间的过渡区被忽略，无法提取细小的水体。因此，这种方法适用于无地形起伏的平原地区，对于地形起伏较大、阴影较多的山地地区以及地物类型丰富、波段灰度值接近的影像，具有一定的局限性。

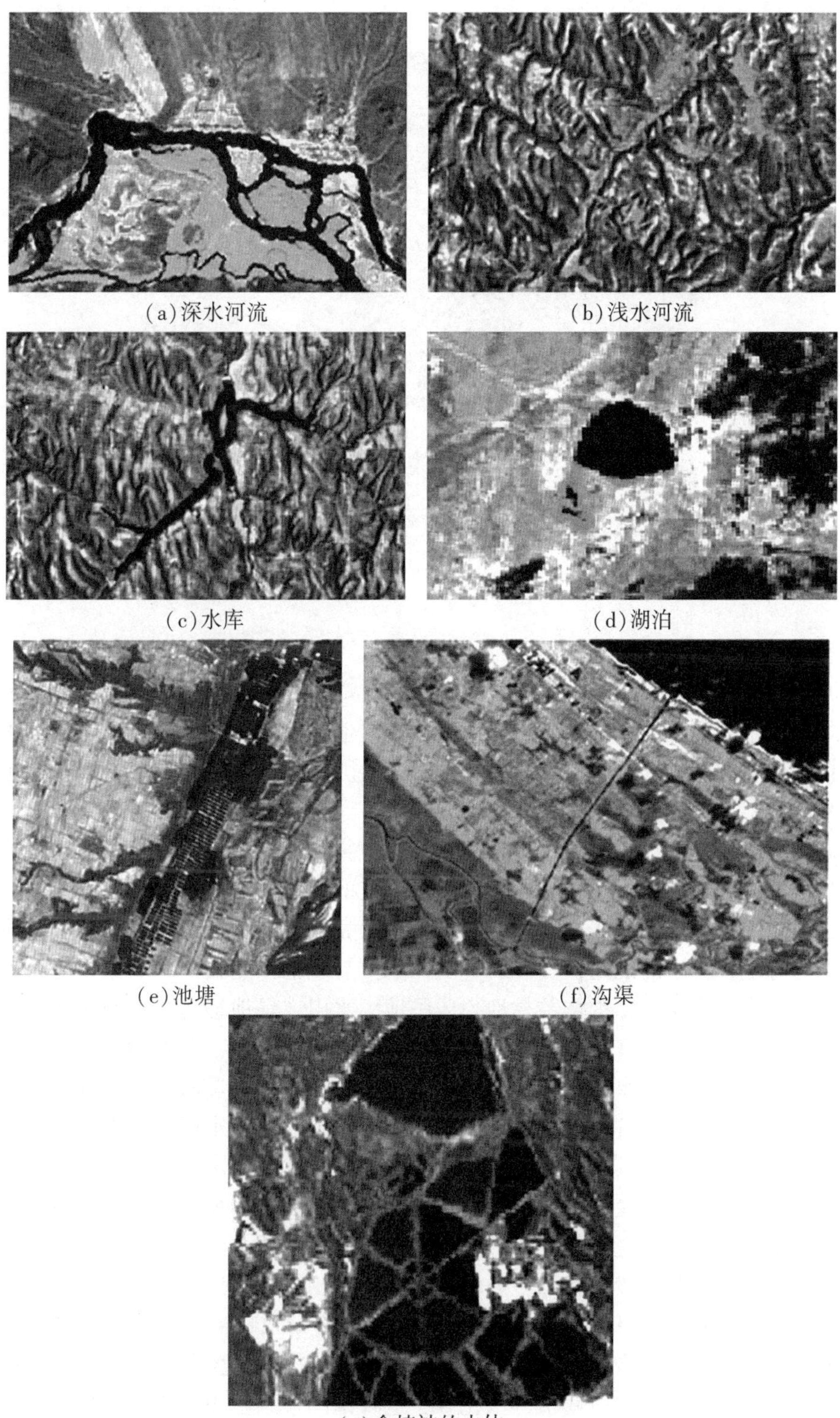

(a)深水河流
(b)浅水河流
(c)水库
(d)湖泊
(e)池塘
(f)沟渠
(g)含植被的水体

(图中除(g)为432波段合成外，其余均为743波段合成假彩色影像)

图4-10 不同类型水体的图像标志

图 4-11　Landsat TM5 波段影像上的水体

(2)多波段阈值法。

多波段阈值法是通过分析水体与背景地物的波谱曲线特征规律，选择合适波段构建逻辑关系式进行水体信息的提取。常用的比值法、差值法、谱间关系法和水体指数法等就是利用地物在不同波段的光谱特征和光谱差异，通过构造光谱差异关系和水体信息提取模型，将水体和其他地物类型最大化地区分开来。

例如，在 Landsat 5 TM 影像上可针对每一种地物类型，测定其样本在各波段的光谱亮度值，并经统计分析后利用各类别样本在各波段上的亮度均值作出地物波谱图，如图 4-12 所示，在波段 2 上，水体与居民地、水田和旱地的亮度值混淆较大，而与阴影和林地有所区别，但与林地存在边际混淆。在波段 3 上，水体与旱地区别较大，而与林地、阴影都有一定的混淆。在波段 4 上，水体与林地、居民地、水田、旱地均有明显的区别。可用阈值法将水体与这些类型区分开来，但水体与阴影之间有明显混淆。在波段 5、波段 7 上，水体同样与林地、居民地、水田和旱地有明显区别，而与阴影有混淆，在波段 7 上，混淆尤为严重。进一步分析对比各种地物类型的波谱形态，可以发现水体、阴影的第 5 波段亮度值明显小于第 2 波段；而其他地物则刚好相反。在波段 2 上，水体的亮度值大于阴影，在波段 3 上阴影的亮度值不超过水体的亮度值；将这两个波段相加可以增大这种差异。在波段 4 和波段 5 上，阴影的亮度值一般都大于水体；而将这两个波段相加，可以增大这种差异。因此，将波段 2 与波段 3 相加，波段 4 与波段 5 相加，作出改进后的地物波谱图，如图 4-13 所示，可见水体具有独特的谱间关系特征，即(TM2+TM3)>(TM4+TM5)；利用水体这个谱间关系特点，或者将(TM2+TM3)-(TM4+TM5)和阈值相结合进行水体信息提取，漏提的水体非常少。与单波段阈值方法比较，这种谱间关系法更具优势，尤其是它能将山体与阴影区分开来(周成虎等，1999)。

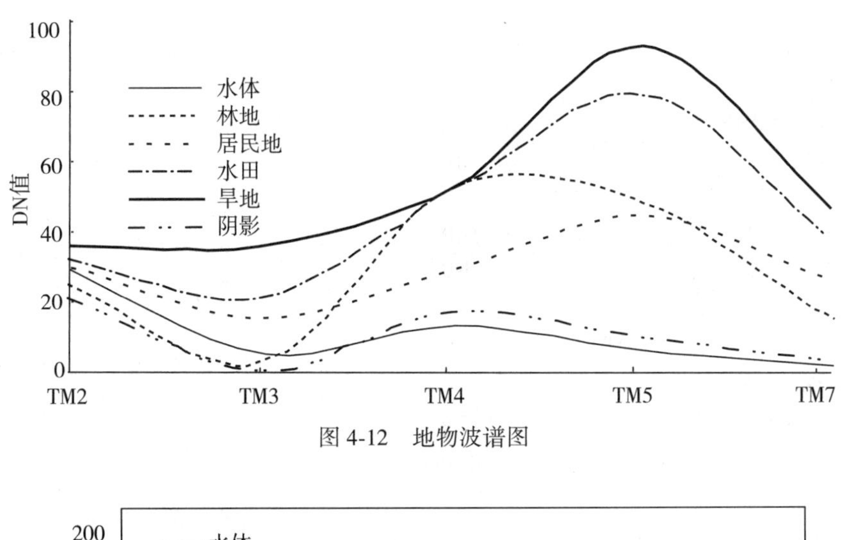

图 4-12 地物波谱图

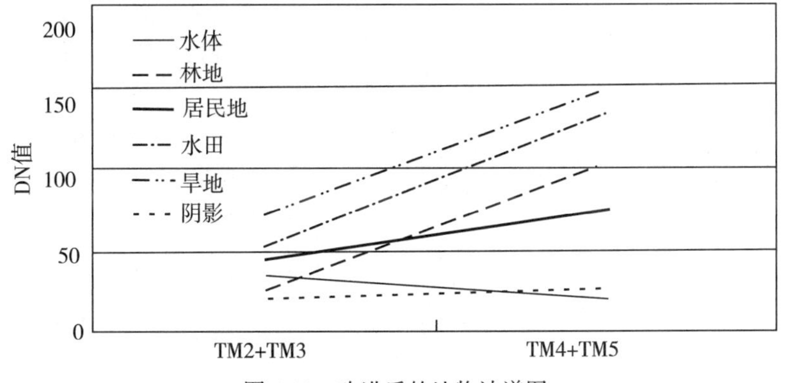

图 4-13 改进后的地物波谱图

水体指数法是基于水体光谱特征分析，选取与水体识别密切相关的波段，通过构建水体指数模型来分析水体与其他类型地物的光谱值之间的关系，并给定相应的阈值，实现水体信息的提取。常见的水体指数模型及其特点见表 4-1。例如，根据归一化差分植被指数 NDVI(Normalized Difference Vegetation Index)的构建原理，对应 TM 影像，利用绿波段和近红外波段构建的归一化差异水体指数 NDWI(Normalized Difference Water Index)，可以最大限度地抑制植被信息，突出水体信息，有效地区分水体与植被。

表 4-1 **常用水体指数模型及其特点(修改自李丹等，2020)**

指数名称	模型公式	特 点
归一化差分植被指数 NDVI	$NDVI=\frac{NIR-R}{NIR+R}$	能很好地区分水体和植被、土壤等背景；受冰雪和地形影响较小，受薄云影响大；难以区分水体和阴影
归一化差异水体指数 NDWI	$NDWI=\frac{G-NIR}{G+NIR}$	能最大限度地抑制植被信息，突出水体特征；建筑物和土壤易与水体混淆；受冰雪、薄云和山体阴影影响较大

续表

指数名称	模型公式	特　点
归一化差异水体指数 $NDWI_3$	$NDWI_3=\frac{NIR-MIR}{NIR+MIR}$	在建筑区域应用效果较好；受山体阴影影响较大；不适用于无中红外波段的影像
改进的归一化差异水体指数 MNDWI	$MNDWI=\frac{G-MIR}{G+MIR}$	最大限度地抑制居民地和土壤等噪声，突出水体；水体与阴影易混淆；不适用于无中红外波段的影像
自动水体提取指数 $AWEI_{nsh}$，$AWEI_{sh}$	$AWEI_{nsh}=4\times(\rho_{b2}-\rho_{b5})-(0.25\times\rho_{b4}+2.75\times\rho_{b7})$ $AWEI_{sh}=\rho_{b1}+2.5\times\rho_{b2}-1.5\times(\rho_{b4}+\rho_{b5})-0.25\times\rho_{b7}$	抑制地形阴影和暗表面，使水体像元和非水体像元的可分性最大化；受冰雪等高反射表面影响较大
Gauss 归一化差异水体指数 GNDWI	$GNDWI_{i,j}=\frac{NDWI_{i,j}-\overline{NDWI}}{\sigma}$	针对线状河流水体的精确提取，可较好地保留水体的完整性；受云和阴影的影响较大
修订型归一化差异水体指数 RNDWI	$RNDWI=\frac{SWIR-R}{SWIR+R}$	能削弱混合像元和山体阴影的影响，最大程度地提取水陆边界；不适用于无短波红外波段的影像
增强水体指数 EWI	$EWI=\frac{G-NIR-MIR}{G+NIR+MIR}$	抑制居民地、土壤和植被等噪声，突出半干旱区的水体特征；水体与阴影和河滩易混淆
阴影水体指数 SWI	$SWI=B+G-NIR$	能较好地区分水体和阴影，能削弱积雪和山体、裸地的影响

注：B、G、R、NIR、MIR、SWIR 分别为蓝波段、绿波段、红波段、近红外波段、中红外波段和短波红外波段的亮度值；ρ_{b1}、ρ_{b2}、ρ_{b4} 分别为蓝波段、绿波段、近红外波段的反射率，ρ_{b5}、ρ_{b7} 为短波红外波段的反射率；$GNDWI_{i,j}$ 为像元(i，j)处的 Gauss 归一化水体指数；$NDWI_{i,j}$ 为像元(i，j)处的归一化差异水体指数；$\overline{NDWI}$为影像所有像元的 NDWI 均值；σ 为影像所有像元的 NDWI 标准差。

2)分类法

对于中、高分辨率影像，单波段阈值法和多波段阈值法都不适用于细小水体信息的提取，原因在于过渡区域均由混合像元组成，单一阈值无法准确划分混淆的地物。为了提高对细小水体的提取精度，需要采用更高分辨率的影像进行水体信息的提取，然而水体指数大部分是基于中红外和短波红外波段构建的，高分辨率卫星影像一般只包含可见光和近红外波段，对水体指数的构建有一定的局限性。因此，对于高分辨率影像，研究者通过结合光谱、空间和纹理等特征构建了影像分类方法，进行更精细的水体信息提取。目前采用的影像分类方法主要有支持向量机 SVM 法、决策树法和面向对象法，三者中以面向对象分类方法应用得最广。

3)一种改进的水体提取方法

上述的阈值法和分类法在水体分布的自动提取中不可避免地存在一些缺点。阈值法往往需要人工确定最佳分割阈值，而由于光照条件、大气条件、观测角度、下垫面性质等存在差异，不同数据的最佳阈值变化较大，为每一景图像或者每一个水体自动确定合适的阈值十分困难(张兵等，2019)。分类法实现了自动化水体分布的提取，但也存在算法复杂性较高、提取效果不稳定等问题，给大范围使用带来较大困难。基于以上问题，学者一直在研究、发展更有效的水体分布自动提取方法。下面介绍一种基于水体光谱指数的改进双峰法，用于水体分布自动化提取。

改进双峰法通过以下改进实现了面向对象的水体分布自动化提取，并有效地降低了算法复杂度：①首先根据水体光谱指数进行水体分布粗提取(或用经验边界代替)，并将粗提取区域放大 2 倍作为感兴趣区域，通过限定研究区的方法提高阈值稳定性；②根据大量经验阈值限定合理阈值区间，并在阈值区间内搜索水体光谱指数图像直方图的最小值作为最优阈值精确提取水体，避免双峰法谷值难以自动搜索的问题，如图 4-14 所示。改进双峰法在简化算法复杂度、减少辅助数据使用的基础上实现了较高的精度，可以较好地用于长时间序列大批量数据的大型水体分布的自动化提取。

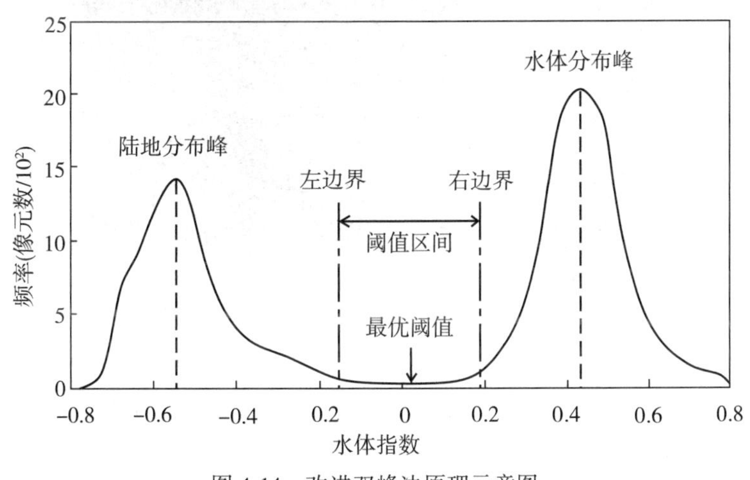

图 4-14 改进双峰法原理示意图

2. 基于雷达遥感数据的水体信息提取方法

微波遥感不受天气的制约，具有全天候、全天时的数据获取能力。其中，雷达遥感图像为水体信息的提取提供了新的途径，特别是在洪水监测领域具有极大的优势。由雷达成像原理可知，雷达图像的亮度值代表了雷达回波强度的大小，雷达回波强度取决于微波后向散射系数，而后向散射系数由雷达系统参数(包括波长、极化和视角等)和地面目标参数(包括表面粗糙度和复介电常数)决定。对特定的雷达系统来说，雷达系统参数都是固定的。地面复介电常数受多种因素的影响，而不是一个定值(特别是山区)，但是它与表层土壤水分含量具有较好的相关性。洪水期间，表层土壤的湿度相差不大，所以可以简单地说地面分辨率单元内的回波强度主要由该单元范围内的平均表面粗糙度决定，那么图像中的像元亮度值也就反映了该像元所对应地表的平均粗糙度。粗糙表面具有对雷达波束产生漫反射或向各个方向散射的特点，表面粗糙度越大，这种无方向性表现得越明显，其回波强度也越大，图像上表现为较亮的区域。对合成孔径雷达SAR的波长(如C波段，为厘米波)而言，陆地表面属于粗糙表面，所以在图像上呈现灰白色或黑灰色的色调；而水体表面属于光滑表面，因而在图像上表现为暗色或黑色，如图4-15所示。

图4-15 SAR强度影像上的水体(深色区域)

水体在SAR图像中除了具有较深的色调之外，还具有一些一般特征，如表现为形状不规则的连通区域、灰度值偏低且变化缓慢、纹理特征一致等，利用这些特征可以进一步提高在SAR影像中水体信息提取的精度。基于雷达遥感数据的水体信息提取方法主要包括灰度阈值分割法、滤波法、机器学习法和结合辅助信息的提取方法等。

1)灰度阈值分割法

与基于光学影像提取水体信息的阈值法的原理相类似，灰度阈值分割法是依据表面近似平滑的水体在SAR图像中散射值低、表现为暗区的特点，通过求解图像直方图的极值点来获取水体分割阈值，将图像中小于阈值部分标记为水体，大于阈值部分标记为背景，形成二值图。该方法的优点是速度快、原理简单、计算量小，适用于低噪声、图幅较小的SAR图像的水体提取。但是，当处理大面积图像时，该方法耗时长，精度和鲁棒性较差，同时由于受相干斑噪声和图像各处灰度信息不均匀的影响，难以获取准确的阈值点，大部分阈值确定需要通过人机交互实现。

2)滤波法

在SAR影像上，相干斑噪声是水体高精度提取的最大影响因素。雷达发射的是纯相干波，当雷达波照射到一个雷达波长尺度的粗糙表面时，返回的信号包含一个分辨单元内部许多基本散射体的回波，由于表面粗糙的原因，各基本散射体与传感器之间的距离是不一样的。因此，尽管接收到的回波在频率上是相干的，回波在相位上已经不再是相干的。如果回波相位一致，那么接收到的是强信号；如果回波相位不一致，则接收到的是弱信号。一幅 SAR 影像是通过对来自连续雷达脉冲的回波进行相干处理而形成的，因而会导致回波强度发生逐像素的变化，这种变化在模式上表现为颗粒状，成为斑点噪声(Speckle)。斑点噪声在 SAR 影像上表现为一种颗粒状的、黑白相间的纹理。例如对于一个均匀目标，如一片草地覆盖的地区，在没有斑点噪声影响的情况下，影像上的像素会呈现淡色调；然而，每个分辨单元内单个草的叶片的回波会导致影像上某些像素比平均值更亮，而另外一些像素则比平均值更暗，这样该目标就表现出斑点噪声效果。SAR 影像上存在斑点噪声产生了许多后果，最明显的后果就是用单个像素的强度值来度量分布式目标的反射率时会发生错误。针对相干斑噪声，研究者陆续发展了边界追踪法、Markov 分割法、滤波法和 Snake 模型等方法，其中滤波法应用最广。滤波法主要是基于小波变换、形态学滤波、Sigma 滤波和 Gamma 滤波等，通过结合不同的滤波算法和规则，可以较好地抑制 SAR 图像的斑点噪声，取得良好的降斑效果。如图 4-16 所示，滤波前后的 SAR 影像差异明显。

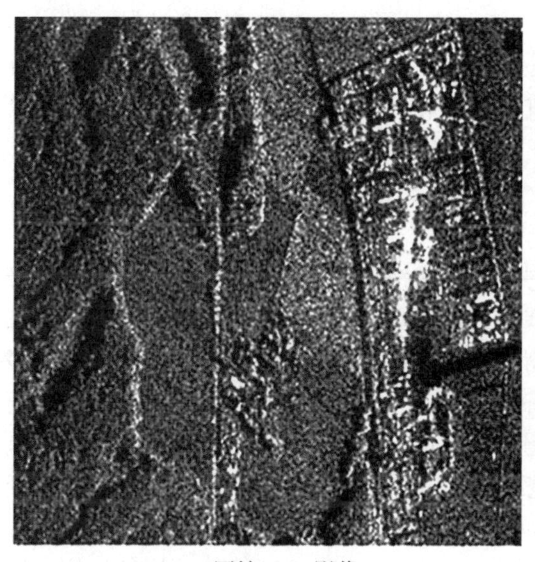

(a)原始 SAR 影像

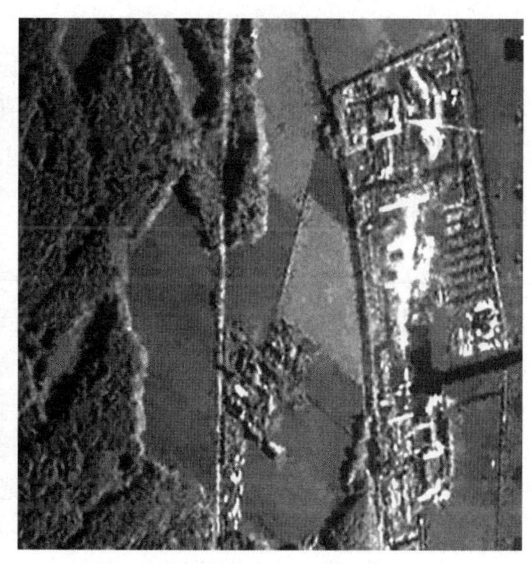

(b)滤波后的 SAR 影像

图 4-16 滤波前后的 SAR 影像对比

3)机器学习方法

随着 SAR 图像空间分辨率的提高，SAR 图像的像元亮度范围更大，且纹理结构信息更加丰富。纹理特征的量化描述方法以灰度共生矩阵 GLCM (Gray-Level Cooccurrence Matric)的应用最广泛。将纹理灰度共生矩阵特征与 SAR 图像中的灰度信息相结合，可以减弱 SAR 图像的斑点噪声的影响，使分类结果的“椒盐现象”明显减少。但是基于灰度共生矩阵提取纹理特征信息的计算量很大，灰度量化导致损失大量的纹理信息，纹理提取的窗口大小也需要不断调试。考虑到获取样本的代价比较大，且分类器的训练需要花费大量时间，目前水体信息提取实践中采用较多的做法是将灰度共生矩阵与机器学习方法相结合，例如，基于灰度共生矩阵提取多种纹理特征并用以建立多维特征空间，通过样本采集，使用支持向量机 SVM 等来实现水体信息提取。与传统的阈值法相比，该类方法能更好地区分水域和其他地物类型区域，但是由于 SAR 图像场景复杂，仅用一类特征还是很难准确描述水域和非水域之间的差异。

3. 光学遥感数据与雷达遥感数据相结合的提取方法

光学影像具有较高空间分辨率和丰富的光谱信息，但是在水体识别时受云层和阴影的影响较大。相对高分辨率光学影像而言，SAR 图像具有较低的空间分辨率和较多的噪声，但是在浅水和阴影区域可以提供有价值的信息。因此，一些研究者通过结合 SAR 和光学遥感影像，或者辅助 DEM 等信息，构建相应的模型来实现水体的提取。例如，有学者利用非监督分类方法先从光学影像中提取较粗尺度的水体，然后利用 SAR 的后向散射值对提取的水体进行掩膜细化，最后采用形态学滤波方法得到最终的水体(Zeng et al.，2015)。也有学者结合 SAR、光学遥感影像和机载激光雷达 LiDAR 数据，建立 3 个数据集的融合分类模型，采用多级决策树，通过最小化单个数据集模型之间的差异实现水体的高精度提取(Irwin et al.，2017)。此外，还有学者结合 SAR、光学影像和 DEM 来提取水体，首先利用 ISODATA 算法从 Landsat TM 图像中生成土地覆盖图，然后利用土地覆盖图确定水体分类时 SAR 影像的振幅和 DEM 地形信息的阈值，最后采用面向对象的方法消除剩余噪声以提高水体信息提取的精度(Hong et al.，2015)。

4.2.2 水文要素研究

水文要素是构成某一地点或区域在某一时间的水文情势的主要因素，是描述水文情势的主要物理量，也是反映水文情势变化的主要指标。传统的水文要素获取方法是设立水文监测站点并通过水文测验、观测和计算等取得数据。这种方式获得的只是点位信息，很多地区由于位置偏远、气候恶劣等原因，站点稀疏甚至缺失，所能获得的水情要素方面的信息极其有限。相比于传统的水文观测方法，遥感技术可以及时、稳定地获得全方位、多时相、大区域的水文要素信息，特别是利用遥感技术可获得一些传统方法无法观测的水文变量。例如，可进行水域面积计算、流域河网提取、水深探测、水温探测、径流估算以及水域变化监测等。值得一提的是，20 多年来，随着 AMSR-E 和 MODIS 等传感器的应用，遥感技术在水资源环境领域的应用深度和广度也在不断地增加，遥感技术的应用已不再局限于单个水文因子的研究，而是越来越多地从水环境整体过程研究的角度为水文模型的使用提供重要的输入变量。水文模型一直是水文过程研究的核心内容，但由于计算能力和数据获取技术的限制，其发展相对缓慢。由于数字高程模型和海量遥感影像数据的出现，分布式水文模型在 21 世纪得到了快速发展。目前水文循环中的大部分组成变量和相关的必要气候变量，如降水、温度、水蒸气、土壤湿度、蒸散发、植被覆盖、地下水和冰川，都可以通过遥感实现水文建模。总体而言，遥感在水环境过程研究中的应用已经从单一水文变量的简单数据采集发展到流域过程的综合研究，以及不同过程相互作用机制的数据自验证的更高阶段。下面仅对遥感技术在水资源面积和流域河网提取、水深及水温信息提取方面的应用原理和方法进行介绍。

1. 水体面积、水位、水量和流域河网的提取

基于遥感影像上水体提取的结果，可以直接统计水域的面积。一般来说，水面面积遥感测量的精度与遥感影像的地面分辨率有关，地面分辨率低，则精度差；地面分辨率高，则精度高。除直接通过卫星遥感数据进行水体提取以获得水域面积的方法外，还可以通过水体遥感提取结果与地面监测数据之间建立水域面积与水位之间的关系模型，即水域面积-水位法，通过水位计算水域面积。水域面积-水位法适用于那些面积与水位相关性较大的水域，而且精确度取决于模型中的相关系数。关系模型建立之后，可以通过水位快速反演水面积变化情况，这为在空间数据获取能力差的区域进行水域面积监测提供了途径。从长期监测的角度来讲，水域面积-水位法更便利，也降低了监测成本；但对于某一特定水域建立的模型，并不一定适用于其他水域，所以这种方法不如光学遥感法和雷达遥感法应用广泛。

对于受限于经济或地理因素，因缺乏观测站至今无法获得实测水位数据的区域，近年来测高卫星的发展为湖库和河流水位的获取带来更多的可能性，并产生了一些被广泛应用的卫星测高数据集，如二级全球陆面高度测量数据(ICESatGLAS)，由法国的 LEGOS/GOHS 开发的 Hydroweb 数据集，以及对全球 228 个湖泊和水库水位进行近实时监测的 GRLM(Global Reservoir and Lake Monitor)数据集等。

湖泊水量变化是分析水量平衡的重要参量。理论上，湖泊水量可以看作湖表面积(S)和湖泊深度(H)的函数，即 $W=f(S, H)$。但目前针对全球湖泊高精度的水量及其变化估算尚不够充分，例如 NASA 提供的基于 GRACE 重力卫星的陆地水储量变化数据(ESMDATA)的空间分辨率只有 1°。实际应用中，可基于遥感获取的湖泊面积和水位数据集，构建起湖泊面积-水位二次关系模型，利用推导的湖泊蓄水量公式，估算湖泊的水量。

对于流域河网形状的界定，需要结合一些实际经验以进行人工判读。因为通过计算机自动分类的方法识别水体，其结果往往会存在一些缺陷，特别是对于细小水体，可能会存在河流不连续等现象，所以往往还需要进行一些后处理工作，必要时需要通过人工判读的方法结合 DEM 等辅助信息进行符合实际的补充分析。后处理主要包括断流连接和矢量化处理两项工作。

1)断流连接

由于桥梁、枯水期断流等原因会导致基于遥感影像计算机分类方法所提取的河流可能并不是连续的，可以利用形态学的膨胀腐蚀技术连接断流处，并且平滑边缘、填补小孔洞。经过断流连接之后，可能还存在一些独立的、小面积的水体，这可能是被误提的水体，也有可能是真实存在的水体(如池塘等)，需要根据其所处位置和面积形状等要素进行判断，并删除误提区域。

2)河流骨架的抽取和矢量化处理

通常为了突出河流区域的形状特征，减少繁杂的冗余信息，需要对影像提取结果进行细化，从而提取河流的骨架情况。细化后所要求的结果应该是单像素相连的一种骨架，而且中间应该不会断开。河流骨架实质是许多零散像元不同程度的集合，因此，对骨架边缘进行一定规则的追踪处理，就可以得到一条包含众多支流的河流骨骼曲线所涉及的像元点列，一般使用链式码来抽象地表示以上所出现的曲线点列。但因为曲线是由直线段组成的，所以如果能够找到所有的直线段之间的交点，这样便完成了曲线的矢量化。使用基于斜率差矢量化的方法，首先将曲线点列中那些斜率相同的相邻像元点集成合并为一些较短的线，然后将斜率相似的相邻短线进一步合并为一些直线，这些直线之间的交点便是曲线矢量化数据。

2. 水深遥感探测

水深是一个很重要的水文要素。传统的水深测量主要采用船载声呐测量方式，具有测量精度高的优点，但需耗费大量的人力和物力，尤其对于一些多种原因导致难以进入的水域更是难以开展。水深遥感探测因其覆盖面积大、更新快、成本低的优势，成为水深测量的一种重要手段，也成为传统水深测量方法的有效补充。

水深遥感可分为水深微波遥感和水深光学遥感两大类。水深微波遥感具有不受云雾遮挡、全天时等优势，主要应用 SAR 和高度计，但是 SAR 水深反演受水下地形坡度、成像时刻流场和海面风速的限制，高度计水深反演也只适用于小比例尺大范围的大洋地形探测，因此，水深微波遥感具有一定的局限性。目前，光学遥感是水深遥感探测的主要方式。自 20 世纪 60 年代开始，水深光学遥感技术就备受关注，随着多光谱遥感卫星升空，多光谱水深遥感反演模型方法得到迅速的发展，并已进行广泛的研究和应用。随着高光谱遥感、激光雷达、主动光学遥感以及多源遥感数据融合技术的出现，光学水深遥感探测的方法也呈现出多样化的特点。以下重点介绍水深光学遥感的原理和主要方法。

1) 水深遥感测量原理

水深遥感探测中，水深指光对水的穿深能力，即水体的透光性能。光对水的穿深能力与波长、水体浑浊度、水面太阳辐照度、水体的衰减系数、水体底质的反射率、海况以及大气效应等有关。反过来，水体本身的光谱特性也与水深密切相关。图 4-17 中表现的是不同深度清澈水体的光谱特性，可以看出近水面的曲线形态近似于太阳辐射；但随着水深的增大，水体光谱曲线的变化也增大，特别是水体对红外波段辐射能量的吸收从长波红外到短波红外逐渐增强，至水深 2m 处，水体对红外辐射能量几乎全部吸收(赵英时等，2003)。在不同水体深度处的光谱反射峰值对应于 0. 48μm，即水体窗口的最佳波段在蓝绿波段。在水深 20m 处，近红外波段的能量已被水体全部吸收，仅保留了蓝绿波段能量，所以蓝绿波段是研究水深的有效波段。而由图 4-18 中浊水在不同深度的光谱特性可见，由于浊水中所含的悬浮泥沙等具有较强的后向散射，从而导致水的穿深能力变弱，因此在浊水水域不利于进行水深探测(赵英时等，2003)。

实际上水体不同波段的光谱信息就反映了不同厚度水体的信息特征，包含了水深的概念。如表 4-2 所示，蓝绿波段最多可反映深度 30m 的水体综合信息，红波段可反映深度 2m 以内的水体浅部特征，而近红外波段仅能反映水陆差异。

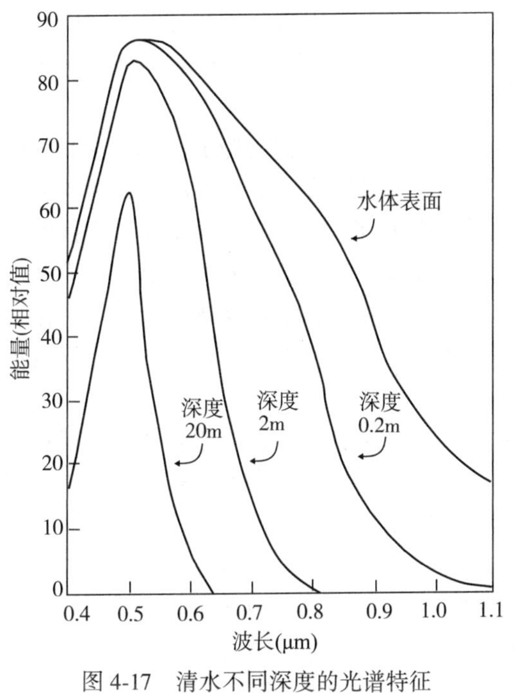

图 4-17 清水不同深度的光谱特征
(赵英时等，2003)

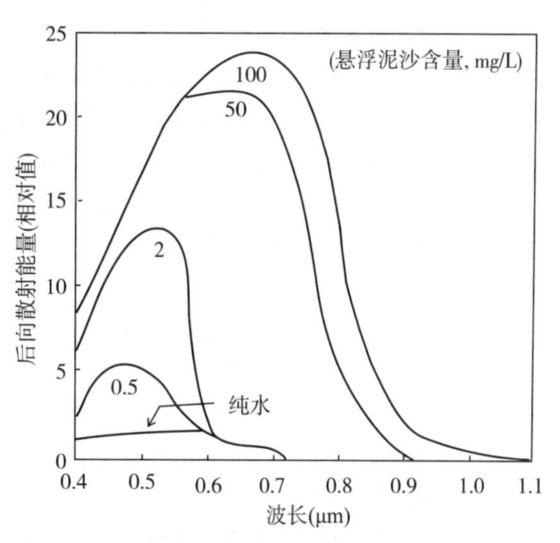

图 4-18 浊水不同深度的光谱特征
(赵英时等，2003)

表 4-2 **不同遥感波段的水深探测能力对比**

波段	光谱特点	测深能力
蓝绿波段	在水体中散射弱、衰减少，穿深能力强	可反映深度为 20~30m 的水体综合信息
红波段	在水体中被较多吸收，透射减少	可用于探测深度在 2m 以内的水体浅部特征
近红外波段	被水体强吸收	仅能反映水陆差异

2)水深被动遥感反演方法

在被动光学遥感中，基于多光谱遥感的水深反演的研究最多、应用最广。尽管多光谱遥感水深反演的精度相对来说并不是很高，但是多光谱遥感数据源丰富、覆盖范围广、时效性强、水深反演模型较丰富，是目前浅海水深遥感反演的主要方法。高光谱遥感具有“图谱合一”的特点，既可获取地物的空间信息，同时也能记录地物丰富的波谱，近年已成为水深遥感反演研究的热点和前沿。

(1)多光谱遥感水深反演。

基于 Landsat、SPOT、MODIS 等多光谱卫星遥感数据，主要形成了理论解析、半理论半经验和统计三种形式的水深遥感反演模型(马毅等，2018)。此外，近年来随着无人机的普及应用及卫星立体像对成像质量的提升，以双介质摄影测量为基础理论的水深光学立体探测也有了较快的发展。

理论解析模型是基于水光场辐射传输方程，建立光学遥感器接收到的辐亮度与水深和底质反射的解析表达式，进而通过表达式解算出水深。理论解析模型精度较高，物理普适性较强，然而在模型构建过程中所需的水体光学参数众多，计算复杂且获取困难，从而使理论解析模型的应用受到限制。

半理论半经验模型采用理论模型和经验参数相组合的方法实现被动光学遥感水深反演。对数线性模型是应用最广泛的半理论半经验模型，该模型将光学遥感器接收到的辐亮度表示为深水区辐亮度和海底反射辐亮度之和，模型简化后只需回归 2 个经验参数就可建立辐亮度与水深的解析关系式，这便是经典的单波段水深反演模型。半理论半经验模型是理论解析模型的合理简化，在具有一定普适性的前提下，模型参数显著减少，这不仅在很大程度上减少了反演的计算量，也保证了水深反演的精度。半理论半经验模型也是目前水深光学遥感应用最多的模型。

统计模型是通过直接建立遥感图像辐亮度值与实测水深值之间的统计关系而实现对水深的反演，表达式主要有基于单波段或多波段遥感数据的幂函数、对数函数和线性模型等，表 4-3 中列举了常用的水深统计反演模型。统计模型没有考虑水深遥感的物理机制，而是直接寻求水深与图像辐亮度值之间的统计关系，该类模型在特定的时间和海域也具有相当的水深反演能力。人工神经网络水深反演是统计模型的一种特殊形式，具有自学习、自组织、自适应和非线性动态处理等特性，比传统的统计法具有更好的适应能力。水深反演神经网络模型的输入有单波段和波段组合等方式，也可考虑悬浮泥沙和叶绿素等环境影响因子。

表 4-3　**常用遥感水深统计反演模型**

模型	模型表示
单波段模型	$Z = a\ln X + b$
双波段模型	$Z = a\ln\left(\frac{X_1}{X_2}\right) + b$
多波段组合模型	$Z = a_0 + \sum a_i \ln X_i$

注：Z 为反演的水体深度值；X、X_1、X_2 为某单波段的辐射量度值 L 与该波段深水区的辐射量度值 L_s 之差；($X = L - L_s$，$X_1 = L_1 - L_{s1}$，$X_2 = L_2 - L_{s2}$)；a、b 为待定系数。

(2)高光谱遥感水深反演。

基于高光谱遥感数据进行水深反演，除了上述基于多光谱数据的单波段、多波段统计反演方法外，还可以通过光谱查找表法、光谱微分统计模型以及半分析模型等进行反演。

光谱查找表法是通过模拟仿真建立研究区的水体遥感反射率波谱库，然后将高光谱影像经过大气校正后提取的遥感反射率与波谱库进行比较，取最匹配的波谱所对应的水深为探测结果。该模型需要坚实的海洋光学基础理论和数值模拟支撑，而且仿真的场景必须涵盖研究区水体的光学组分及其特性，才能保证水深反演精度。

光谱微分统计模型是通过对光谱导出参数与水深进行回归分析，建立两者之间的统计关系。已有的研究结果表明，光谱微分统计模型的反演精度优于单波段对数线性模型、光谱波段比值模型，尤其对于近岸浑浊度高的水体，优势更加明显。其原因是光谱微分技术可以去除部分线性的背景噪声对目标光谱的影响，并减少水体浑浊度变化对反演水深带来的影响。然而，光谱微分统计模型只应用了高光谱数据中很少的波段信息，受其模型机制的限制，难以发挥高光谱遥感波段丰富的优势。

HOPE(Hyperspectral Optimization Process Exemplar)模型是目前应用最多的一种高光谱遥感水深反演半分析模型(Lee，1999)，是一种联合反演浅海水深和水体固有光学性质的半分析模型，其表达式为

$$R_{rs}(\lambda)=f[a(\lambda),\ bb(\lambda),\ \rho(\lambda),\ H,\ \theta_w,\ \theta_v,\ \varphi] \tag{4.9}$$

式中，$R_{rs}(\lambda)$ 是遥感反射率；$a(\lambda)$ 是海水吸收系数；$bb(\lambda)$ 是海水后向散射系数；$\rho(\lambda)$ 是海底光谱反射率；H 是浅海水深；θ_w 为下表面太阳天顶角；θ_v 为下表面天底视场角；φ 是视场方位角。由于 n 个波段的解析表达式可以建立 n 个方程，且波段数 n 远远大于反演参数的个数，即该模型方程数量远大于未知数数量，是一种典型的超定问题。因此，可使用非线性优化算法解算。该模型充分考虑了水体组分的吸收和散射因素，物理机制比较完备，其最大优势是无须实测水深，可直接进行水深反演，因而受到了国内外众多学者的青睐。

3)水深主动式光学遥感探测

水深主动光学遥感主要指激光雷达(LiDAR)测深。激光雷达测深是在浅海、岛礁及船只无法到达水域开展水深测量最具发展前途的技术，具有测量精度高、测点密度大、覆盖面广以及测量周期短等特点，是现代海洋测深领域中的新兴手段。激光雷达(LiDAR)具有测量精度高的突出优势，目前仍处在机载应用阶段，星载激光雷达是未来发展前沿。

激光雷达测深系统有单波段机载激光测深和双波段机载激光测深两种。单波段是用532nm 波长的蓝绿激光作为激光器发射光源，双波段是用 1064nm 近红外和 532nm 蓝绿激光作为激光器发射源。以常见的双波段机载激光测深系统为例，测深系统向海面同时发射两种激光，红外光不易穿透海水，到达海面位置时绝大部分被反射回来；而蓝绿激光能够穿透海水到达一定深度的海底后被反射回来。因此，计算两次激光回波的时间差就可计算得到海水的瞬时水深，这就是激光雷达测深的原理。具体的激光雷达测深方法有回波探测法、数学拟合法和反卷积法等。

回波探测法直接进行激光雷达回波信号的探测，主要包括峰值探测法和均方差函数法。峰值探测法将激光雷达回波局部最大值位置作为目标位置，但是由于太阳和背景噪声的影响，探测到的局部最大值有很多，从这些局部最大值中确定目标信号，还需要最小能量阈值等其他约束条件。均方差函数法是计算发射与接收波形之间的相关性，高相关性的位置认为是目标信号。回波探测法简单易行，但是探测误差较大。

数学拟合法是首先用数学函数对激光雷达水体回波波形进行拟合，这样就可用简单的光滑曲线来表示带噪声的回波信号，然后再用峰值探测等方法从拟合曲线中搜寻局部最大值，将这些局部最大值的位置作为地物目标的信号。数学函数包括高斯函数、三角形函数和四边形函数三种形式。数学函数拟合提高了水深反演精度，且减少了探测地物目标的错误率，但是该方法不考虑激光雷达在水体的辐射传输过程，直接对波形进行数学仿真，缺少物理参数的模拟，使得该模型具有局限性，水深反演的精度提升空间有限。

激光雷达回波波形被认为是发射脉冲与目标横截面的卷积运算。反卷积法就是从返回的波形中去除发射脉冲的成分再恢复目标响应，包括小波反卷积和维纳滤波反卷积等。基于反卷积法的水深反演方法理论精度较高，在底部回波信号较弱以及较浅的海域造成海表面和海底信号难以识别的情况下，反卷积法具有较强的优势。

4）水深遥感融合探测

近年来，发射升空的遥感卫星数量不断增加，主被动遥感数据、多源遥感数据、多时相遥感数据的融合为水深探测提供了新的思路。充分地利用已有遥感影像资源，有效地挖掘多源、多时相信息，有助于提高水深遥感反演精度。基于多源遥感数据进行水深反演，有多种具体的融合方式，例如，对不同遥感数据源的水深反演结果或进行简单的加权平均，或进行复杂的决策级融合等处理，得到对应像素点的最终水深反演结果。而当水深反演受到影像上有云区的限制时，也可采用其他遥感数据源的水深反演结果作为替代。基于多时相遥感数据开展水深反演，可以克服单一时相影像成像时环境条件的限制，更有利于水深信息的提取。由于多源、多时相、多角度遥感影像可以提供多维度信息，克服单源影像成像时环境条件的限制，弥补单一数据源的不足，又可以减少主动光学数据的使用量，降低数据成本，同时也有利于光学水深遥感反演精度的进一步提高，因此已成为水深遥感探测非常具有潜力的研究方向。

3. 水温遥感探测

水温遥感探测是指利用遥感手段对水体表面温度进行探测。遥感传感器可接收地表在热红外波段的电磁辐射，对于一般物体来讲，根据斯忒藩-玻尔兹曼定律的修正式 $M = \varepsilon\sigma T^4$，就可以概略计算出地表物体的温度值，这就是热红外遥感探测和识别目标地物的基本原理。当热红外传感器观测水面时，假设地表和大气对热辐射具有朗伯体性质，且大气下行辐射在半球空间取常数，根据热辐射传输原理，则传感器入瞳处的辐亮度可表示为

$$L_t = \varepsilon\tau L_w + (1-\varepsilon)\tau L_a^{\downarrow} + L_a^{\uparrow} \tag{4.10}$$

式中，L_t 为热红外传感器入瞳辐亮度；等式右边的第一项表示水面的热红外辐射（L_w）透过大气后进入传感器的辐射，这部分的能量取决于水面温度、水的发射率 ε 以及大气透过率 τ；第二项表示大气自身发射的下行热辐射（$L_a^{\downarrow}$）到达水面后，经水面反射并穿过大气层，被传感器所接收的辐射；第三项为大气自身发射的上行热辐射（$L_a^{\uparrow}$）直接进入传感器的部分。

由于水面对热红外波段的吸收率很高，反射率接近于0，类似于黑体，因此式(4.10)中的第二项可忽略不计，即式(4.10)可简化为

$$L_t = \varepsilon\tau L_w + L_a^{\uparrow} \tag{4.11}$$

所以，L_w 就是在一定温度下把水面当作黑体时发射的热辐射，也是水面温度遥感反演中待求解的物理量。求解出 L_w 后，进一步可根据普朗克函数计算出水温。

通过以上分析可见，在运用热红外遥感数据反演水体表面温度时，要特别注意大气热辐射的影响。实际上，当来自水体的热辐射在大气中传输时，大气本身也是热辐射源，热辐射在大气中会被多次吸收、散射、折射，所以在水温遥感探测时，对遥感影像的大气校正尤为重要。目前，水温遥感反演的算法有多种，根据所用的波段数，反演算法可分为单

波段算法、双波段法(劈窗算法)和多波段算法。单波段算法中又有辐射传输模型法、单通道算法和单窗算法等(阎福礼等，2015)。不同的水温遥感反演算法中分别采用了不同的方法来消除大气的影响。

1)辐射传输模型法

由式(4.11)可知，要从热红外遥感数据中提取水面发射的热辐射 L_w，关键是要根据大气条件确定出大气透过率 τ 和大气自身发射的上行热辐射 $L_a^{\uparrow}$。大气辐射传输模型是利用电磁波在大气中的辐射传输原理建立起来的模型，是对大气中辐射传输过程的模拟，物理意义明显，大气影响校正精度高，可以用来模拟热红外通道的大气透过率和大气上行热辐射。常用的大气校正模型有6S模型、LOWTRAN模型、MODTRAN模型和ATCOR模型等。

在获取大气温度和湿度垂直廓线的条件下，将利用大气辐射传输模型计算出的大气辐射和大气透过率代入辐射传输方程，实现对大气效应的订正和剔除，进而就可以从传感器所测得的辐射亮度计算得到地表辐射亮度值。假设已知比辐射率，就可求出表面温度。这是辐射传输模型法反演水温的基本过程。辐射传输模型法考虑到各种大气影响，是较为全面和理想的算法。但是辐射传输模型法计算复杂，且实时的大气垂直廓线数据难以获取，大气廓线数据的不确定性，加大了水体表面温度反演结果的误差。

2)单窗算法

单窗算法是针对陆地卫星TM6数据所提出的地表温度反演算法，根据地表热辐射传输方程推导得到，该算法需要利用地表比辐射率、大气透过率和大气平均作用温度3个参数进行地表温度的估算(Qin et al., 2001)。其计算公式为

$$T_s = \frac{a \cdot (1 - C - D) + [b \cdot (1 - C - D) + C + D] \cdot T_6 - D \cdot T_a}{C} \tag{4.12}$$

式中，T_s 为地表温度(单位为K)；a 和 b 为经验系数($a = 67.35535$，$b = 0.458608$)；T_6 为TM6的亮度温度(单位为K)；T_a 为大气平均作用温度(单位为K)；$C = \tau \cdot \varepsilon$，$D = (1 - \tau) \cdot [1 + \tau \cdot (1 - \varepsilon)]$；$\tau$ 为大气透过率；ε 为地表比辐射率。

大气平均作用温度 T_a 的计算公式为

$$T_a = \begin{cases} 25.9396 + 0.88045 \cdot T_0 & \text{美国1976标准大气} \\ 17.9679 + 0.91715 \cdot T_0 & \text{热带大气} \\ 16.0110 + 0.92621 \cdot T_0 & \text{中纬度夏季大气} \\ 19.2704 + 0.91118 \cdot T_0 & \text{中纬度冬季大气} \end{cases} \tag{4.13}$$

式中，T_0 为近地表气温(单位为K)。

而对于水体而言，因为可忽略水面反射的大气下行热辐射，所以根据单窗算法的原理重新推导公式，则得到适用于水温反演的单窗算法公式：

$$T_w = \frac{a \cdot \tau(1 - \varepsilon) + [1 - (1 - b)(1 - \varepsilon)\tau]T_b - (1 - \tau)T_a}{\varepsilon \cdot \tau} \tag{4.14}$$

式中，a 和 b 的值可由HJ/IRS热红外波段的参数计算得到，$a = -62.360$，$b = 0.4395$；T_b 是遥感图像的亮度温度；ε 是水体的发射率。

3) 单通道算法

单通道算法 SC(Single-Channel Method)是 Jiménez-Muñoz 和 Sobrino 在对 Planck 函数在某个温度值附近作一阶 Taylor 级数展开而得出的一种普适性单通道算法，该算法可以针对任何一种热红外数据反演地表温度。单通道算法反演地表温度需要已知热红外波段的辐射亮度、亮度温度、地表比辐射率以及大气水汽含量，其计算公式为

$$
\begin{aligned}
T_s &= \gamma \cdot [\varepsilon^{-1} \cdot (\psi_1 \cdot L_{\text{sensor}} + \psi_2) + \psi_3] + \delta \\
\gamma &= \left\{ \frac{c_2 \cdot L}{T_6^2} \left[\frac{\lambda^4}{c_1} L + \lambda^{-1} \right] \right\}^{-1} \\
\delta &= -\gamma \cdot L + T_6
\end{aligned} \tag{4.15}
$$

式中, T_s 为地表温度(单位为 K); ε 为地表比辐射率; L 为辐射亮度(单位为 W/(m · sr · μm)); T_6 为 TM6 的亮度温度(单位为 K); λ 为传感器有效波长(TM6 为 11.457μm); c_1 和 c_2 为常数($c_1 = 1.19104\times10^8 \mathrm{W \cdot \mu m^4/(m \cdot sr)}$, $c_2 = 14387.685 \mathrm{\mu m \cdot K}$; ψ_1、ψ_2、ψ_3 分别为大气函数，与大气的水汽含量有关。对于 TM6 可由下式计算：

$$
\begin{cases}
\psi_1 = 0.14714 \cdot w^2 - 0.15583 \cdot w + 1.1234 \\
\psi_2 = -1.1836 \cdot w^2 - 0.37607 \cdot w + 0.52894 \\
\psi_3 = -0.04554 \cdot w^2 + 1.8719 \cdot w - 0.39071
\end{cases} \tag{4.16}
$$

式中, w 为大气水汽含量(单位为 $\mathrm{g/cm^2}$)。

4) 劈窗算法

劈窗算法是水体表面温度反演应用最广泛的算法。相比单窗算法，劈窗算法需要的参数较少，精度较高，不需要精确的大气廓线数据，在实际应用中非常有效。其基本思想是 2 个红外波段的辐射差异与需要校正的大气效应成比例，在没有气象数据的情况下，可利用 2 个红外波段的辐射值纠正水汽的吸收和发射影响。一般是利用 10~13μm 大气窗口内两个相邻热红外通道对大气吸收作用的不同，通过两个通道测量值的各种组合来剔除大气的影响，进行大气和地表比辐射率的修正。

4.2.3　水域(水资源)变化遥感监测

在水域变化研究方面，遥感手段具有得天独厚的优势。地表水域面积大，变化快，形态独特，且经演变后多能在原地保留一定的湿度和形态，即“痕迹”较为明显，因而在遥感图像上水域图斑清晰，信息丰富，比较容易辨别。可以利用遥感变化检测技术研究地表自然历史变迁的客观过程和规律，尤以水域的演变研究最突出，例如河流、水系的变化，湖泊的演变，河口三角洲的演变，海岸带的演变等。水域遥感变化检测中，最常用分类后比较法，一般做法是：先对不同时相的遥感影像进行分类，并将分类结果转化为矢量图形；然后在 GIS 平台上进行叠加分析，通过比较识别出水域变化的范围、变化的类型等信息。其他的遥感变化检测方法如多时相图像叠加法、图像代数运算检测法、主成分分析法和时间序列分析法等，因为原理不同、特点不同，所以在实际工作中也可以根据具体需要选择使用。下面仅介绍两个水域变化遥感监测的例子。

随着人口增长、城市化进程加剧及工农业生产的迅速发展，我国湖泊危机不断深

化，水体萎缩、生态功能下降、富营养化严重等现象越来越普遍。滇池，位于云南省昆明市西南部(E102°29′—103°00′，N24°27′—25°27′)，是云贵高原上的一颗明珠，兼具有多种功能，如防洪、供水、旅游、渔业、调节气候等。历史上由于自然的作用，滇池的水位及容积不断变化，总体趋势表现为水位由高变低、容积由大变小。现在的滇池南北长约39km，东西最宽约为13km，湖岸线长约163.2km，面积约为306.3km^2，湖面海拔高度为1886m，容水量约为15.7亿立方米，是我国第六大内陆淡水湖。滇池以其丰富的水资源和独特的生态环境而闻名海内外。该湖周边人口稀少，工业不发达，直到20世纪50年代，湖水水质都非常好，清澈透明，当地居民可直接用于清洗蔬菜。但是从20世纪60年代开始，滇池周边城市开始扩张，工业化水平也快速提高。随着居民数量和工业企业不断增加，生活污水大量排放，工业污染加剧，使滇池生态环境遭到严重破坏，水质明显下降，甚至出现了蓝藻水华现象。昆明市位于滇池的上游方向(见图4-19(a))，城区废水注入滇池，成为滇池污染严重的根本原因，不断扩大的城市和增长的人口给滇池带来越来越重的负担，导致滇池流域内的水资源情势发生了很大的变化，水资源供需矛盾突出。进入21世纪后，随着社会经济发展和生活水平提高，人们的环境保护意识逐渐加强，环境保护工作越来越受到国家重视，滇池生态环境和渔业资源治理及修复也已成为当前刻不容缓的重要任务。

王军等(2014)利用滇池地区6年(1992年、2000年、2006年、2011年、2012年、2013年)的Landsat卫星TM/ETM+遥感影像资料，通过遥感技术对这6年的滇池面积进行了对比分析。研究中首先基于缨帽变换所得的前三个组分图像(分别是亮度、绿度和湿度)对水体信息进行增强，即通过湿度分量与亮度分量做比值来增强水体信息，以便更好地区分水体与陆地、山体阴影与水体阴影；然后利用阈值方法进行滇池水体信息的提取。根据提取的6年的水体边界矢量，统计出各年的水域面积，如图4-19(b)所示。由图4-19(c)可见近三十多年来滇池水域面积的变化除中间有短期回升外，总体呈下降趋势。进一步以滇池6年的面积对比为基础，结合相关的资料分析研究引起变化的原因。

遥感技术为洪水灾害的快速调查与评估提供了一条非常有效的途径，还可为洪灾预警与综合治理提供即时信息(周成虎，1993)。我国最大的淡水湖鄱阳湖素有“洪水一片，枯水一线”的说法，因为地势原因，江西境内的主要水系都最终汇入鄱阳湖，其中修水、赣江、抚河、信江和饶河“五水”是鄱阳湖主要水量来源，所以鄱阳湖上接“五水”，下由湖口注入长江，是长江进入下游之前的最后一个“蓄水池”，鄱阳湖只有一个泄洪口与长江相通，宽度大约900m。在2020年7月受持续强降雨影响，江西境内河流水位暴涨，鄱阳湖的泄洪速度远远跟不上五大水系汇集的速度，河水汇聚导致鄱阳湖水位迅速上涨。根据来自新华社客户端的资料，如图4-20所示的鄱阳湖区域7月2日和7月8日的Sentinel-1卫星数据中，可通过目视对比发现在红色圆圈所示的河水入湖位置处湖水水域(影像中呈深黑色)的面积明显增大。通过遥感变化检测的分析监测结果可知，仅7月8日较7月2日鄱阳湖主体及附近水域面积就扩大了352km^2，为近10年来最大。进一步制作水域变化专题图，可以更加直观地看到扩大的水体区域，如图4-21所示。

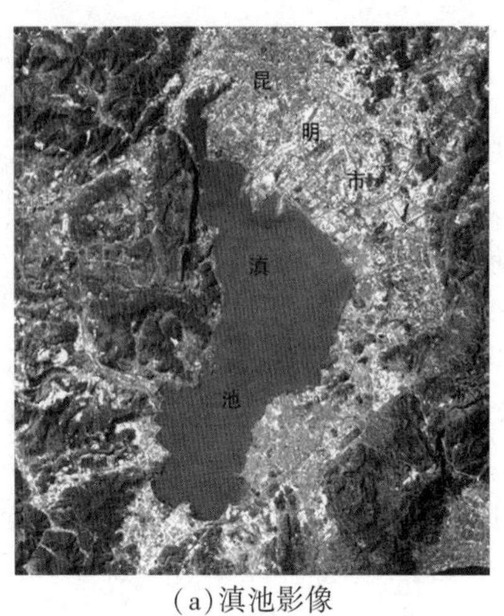

(a)滇池影像

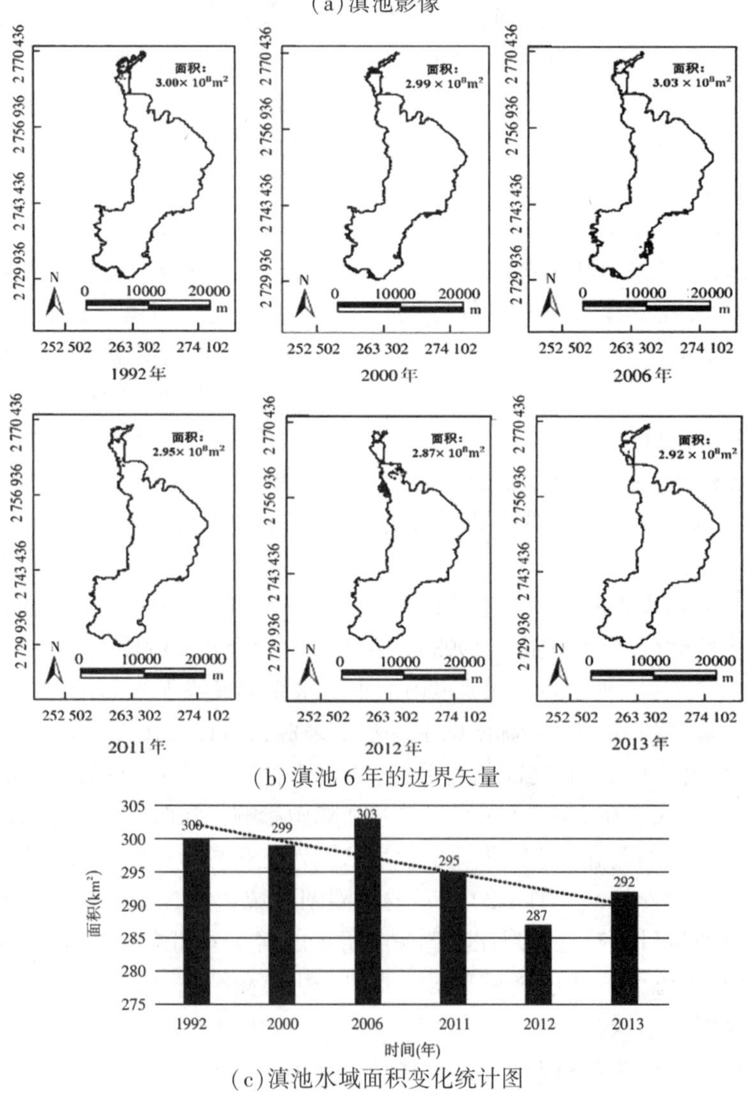

(b)滇池6年的边界矢量

(c)滇池水域面积变化统计图

图4-19 滇池水域变化遥感监测(修改自王军等，2014)

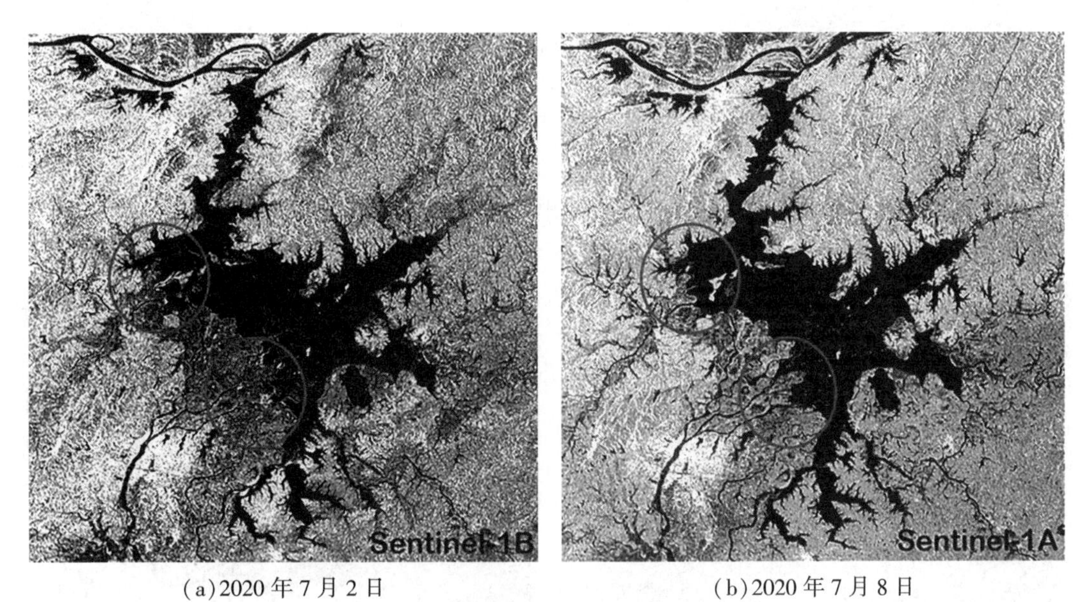

(a)2020年7月2日　　(b)2020年7月8日

图4-20　鄱阳湖洪水期间的遥感影像

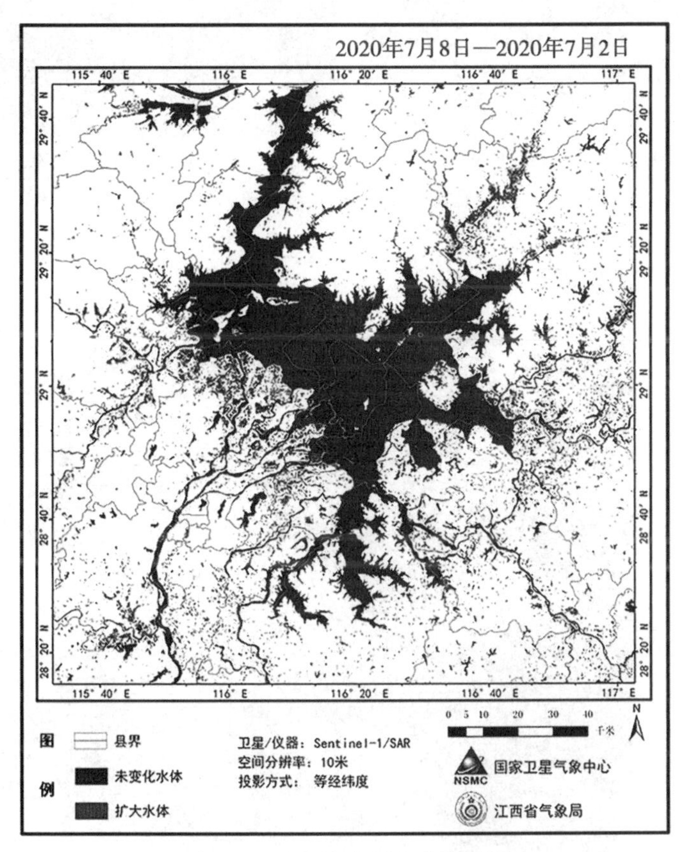

图4-21　鄱阳湖水域变化监测图

连续近十天的强降雨之后，鄱阳湖边的鄱阳县险情不断，截至7月12日15时，全县共发生险情209处，其中问桂道圩堤、昌洲乡中洲圩、双港镇圩堤相继出现漫决，数十个村庄被淹。进一步通过7月8日的Sentinel-1影像与7月12日的GF-3雷达卫星影像(见图4-22)对比分析，鄱阳县受灾情况一目了然，如图4-23所示的变化检测图中，蓝色区域的是新被水淹没的区域，而橙色是水退陆地露出的区域。

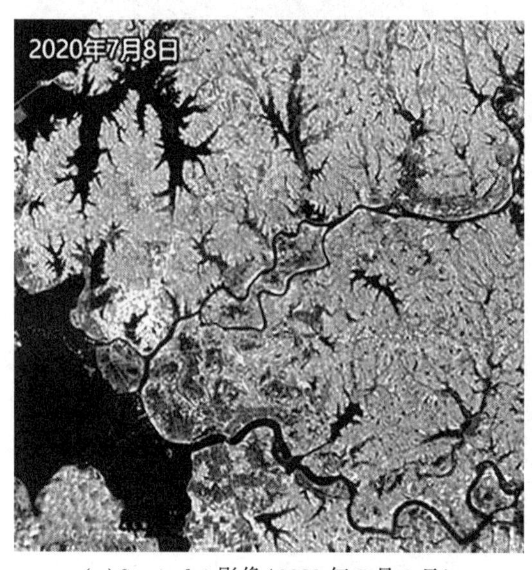

(a) Sentinel-1影像(2020年7月8日)

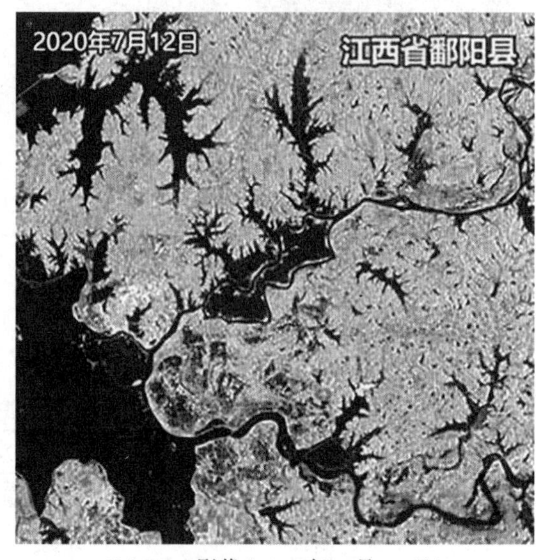

(b) GF-3影像(2020年7月12日)

图4-22　鄱阳湖鄱阳县洪水期间的遥感影像

蓝色：新被水淹没的区域；橙色：水退陆地露出的区域

图4-23　鄱阳湖鄱阳县洪水受灾区域

4.3 海洋遥感及其应用

地球表面上海洋的面积远远大过陆地的面积，几乎占到地球表面总面积的71%。海水不仅是宝贵的水资源，而且其中还蕴藏着其他丰富的资源，如海洋生物(水产)资源、海底矿产资源、海水化学资源和海洋动力资源等。同时，海洋也是全球气候系统中的一个重要环节，它通过与大气的能量物质交换和水循环等作用，在调节和稳定气候上发挥着决定性作用。在海洋水体研究中，遥感技术是充分利用现有数据和信息资源实现海洋资源与环境可持续发展的关键技术和重要手段，在全球变化研究、海洋资源调查、环境监测与预测等方面发挥着其他技术无法替代的作用。

4.3.1 海洋遥感技术

由于海洋不断地向环境辐射电磁波能量，海面也会反射或散射太阳和人造辐射源(如雷达)发射的电磁波能量，因此可以利用传感器对海洋进行远距离非接触观测，以获取海洋景观和海洋要素的图像或数据资料，这就是海洋遥感。海洋遥感以海洋及海岸带作为监测和研究的对象，主要包括以声波为信息载体和以光、电等为信息载体的两大类遥感技术。海洋声学遥感技术可以探测海底地形，进行海洋动力现象的观测、海底地层剖面探测，以及为潜水器提供导航、避碰、海底轮廓跟踪等信息。海洋光学遥感主要指海洋水色遥感，是研究海洋水体中各种成分相关要素的光学信息，具体而言就是利用星载或机载传感器接收到的离水辐射，借助水体生物-光学模型，反演水色物质成分与其浓度。海洋微波遥感主要用于海洋动力环境研究，利用微波可以穿透云层的特点，全天候不间断地观测海况信息，以实现对海洋力场引起的海洋潮汐、海流和海浪等动力环境的监测。

卫星海洋遥感按照探测波段划分，主要包括可见光(0.38~0.47μm)、红外(0.74~15μm)和微波(1mm~1m)遥感三大类。可见光遥感主要用于探测海洋水色环境，红外遥感主要用于探测海面水温环境，微波遥感主要用于探测海洋动力环境(潘德炉等，2013)。目前我国海洋遥感卫星三大体系已初步形成，包括海洋水色卫星、海洋监视监测卫星和海洋动力环境卫星。海洋水色卫星用于获取我国近海和全球海洋水色水温及海岸带动态变化信息，重点满足赤潮、渔场、海冰和海温的监测和预测预报需求，遥感载荷为海洋水色扫描仪和海岸带成像仪，可以提供250~1000m空间分辨率的可见光、红外卫星数据。2002年发射的“海洋一号A”(HY-1A)卫星完成了对海洋水色、水温的探测试验验证任务，实现了我国海洋卫星零的突破。2007年发射的“海洋一号B”(HY-1B)使海洋水色卫星从试验应用过渡到业务服务。海洋动力环境卫星系列用于全天时、全天候获取全球范围的海面风场、海面高度、有效波高与海面温度等海洋动力环境信息，遥感载荷包括微波散射计、雷达高度计和微波辐射计等，提供的数据空间分辨率较低(25km)，主要用于满足海洋动力环境预报、海洋灾害预警等要求。2011年发射的“海洋二号A”(HY-2A)是海洋动力环境卫星，填补了我国对海洋动力环境要素进行实时获取的空白。海洋监视监测卫星用于全天时、全天候监视海岛、海岸带、海上目标，并获取海洋浪场、风暴潮漫滩、内波、海冰和溢油等信息，遥感载荷为多极化多模式合成孔径雷达，这一传感器可以不受天气影响而提供卫星数据，空间分辨率最高可达米级，但是观测范围有限。2016 年发射的“高分三号”(GF-3)卫星主要用于海洋监视监测，其综合性能指标已超过国际上其他同类卫星。

现有卫星海洋遥感常用的传感器包括海洋水色仪、微波辐射计、雷达高度计、SAR 等，尽管可以提供全球范围的海洋环境遥感产品，但主要是海表温度 SST、风速、海面粗糙度等海洋表面特性的信息探测，即使可见光观测可以获得与浮游生物浓度相关的海洋水色变化，也只能探测 10m 左右的深度，无法探测海洋次表层水体(100m 以上)的内部结构，对多维信息的获取能力有限。相对于被动光学遥感或微波探测而言，海洋激光雷达遥感技术(主动光学遥感)拥有非常高的垂直距离分辨率，可以获取海洋光学参数剖面、海水温度剖面、海洋动力学特征、浅海水深等信息，与被动遥感相结合可以具备地球三维立体观测能力。星载海洋激光雷达也可对混合层叶绿素、悬移质等要素进行探测，能在三维空间尺度上监测浮游植物，并提供一种亚—中尺度生物-物理耦合进行系统观察的方法，这对全球碳循环以及上层海洋动力过程的理解具有重要意义，可以增强对海洋信息的获取能力。因此，海洋激光雷达探测技术是实现海洋高精度次表层参数探测的可行、有效的手段，是海洋卫星遥感技术的发展方向，将在海洋探测领域发挥重要作用。

4.3.2 我国海洋遥感应用

目前卫星遥感技术已应用于海洋学各分支学科的多个方面。我国自 20 世纪 70 年代始，经过 50 多年的自主海洋卫星工程建设和海洋遥感应用研究，在海洋环境与资源、海洋灾害、海洋权益、海洋预报与安全保证等研究领域均取得了重大进展。下面主要以海洋环境与资源监测、海洋灾害监测两个方面为例，介绍我国海洋遥感的应用情况。

1. 海洋环境与资源监测

海洋环境是指地球上广大连续的海和洋的总水域，包括海水以及溶解和悬浮于海水中的物质、海底沉积物和海洋生物。海洋资源指赋存于海洋环境中的一切可被人类利用的物质和能量，可分为生物资源、非生物资源和空间资源三大类。其中海洋生物资源主要指海洋中具有经济价值的动植物；海洋非生物资源包括海水化学资源、海底矿产资源和海洋动力资源等；海洋空间资源包括具有开发利用价值的海面、上空和水下的广阔空间。海洋环境是生命的摇篮和人类的资源宝库，随着人类开发海洋资源的规模日益扩大，海洋环境已受到人类活动的影响和污染，合理地开发和保护海洋资源、修复受损的海洋生态系统已成为海洋资源可持续利用和海洋生态环境保护的主要任务。海洋遥感技术在海洋环境与资源监测中得到广泛的应用。

水色、水温是评价海洋生态环境的重要因素，海洋水色遥感对于水色要素的分析和水体生态环境的评价具有非常重要意义，本章 4.4 节将对水色遥感的内容进行详细介绍。目前我国已建成在国内多家单位进入业务化运行的海洋水色、水温卫星遥感应用系统，该系统基于我国 HY-1 系列卫星、FY-1 系列卫星及国外 NOAA 系列卫星、EOS/MODIS 系列卫星的水色水温遥感资料，自动进行卫星数据几何校正、地理定位、大气校正等预处理，以及海洋、大气和陆地环境信息的提取，可以生成 16 种海洋环境信息遥感专题产品。针对我国沿海水质环境恶化、灾害(富营养化和污染等)频发、水体服务功能下降和持续利用能力降低，而常规现场监测方法又无法满足大面积沿海水质环境实时动态监测、评价和服务决策需求的现状，以我国海洋水色卫星 HY-1B 资料为主，综合多种海洋水色水温卫星资料和 GIS 技术，构建了业务化运行的“长三角”沿海水质遥感实时监测和速报系统，实时向相关省市政府和海洋生产部门提供沿海水质状况及信息应用服务。

碳循环是地球生态系统的核心，它是指碳元素(主要以 CO_2 的形式)在大气、海洋(表层水域、中层水域、深层水域及海洋沉积物)、陆地生态系统(植被、凋落物和土壤)、河流和入海口以及矿物燃料等不同碳库之间的迁移和转换。海洋是全球最大的活跃碳储库，具有吸收和储存大气 CO_2 的能力，影响着大气 CO_2 的收支平衡，在调控地球生态系统及全球气候变化中起着关键作用。由于缺乏足够时空分辨率的观测数据，目前基于实测的海洋碳汇估算结果仍存在很大的不确定性和挑战。卫星遥感在海洋碳通量和储量监测评估及海洋碳循环研究中具有极大的优势。通常采用海-气界面 CO_2 净通量，来表征海洋是吸收还是释放 CO_2(碳源汇)。国际上主要采用海水和大气的 CO_2 分压差与海-气界面 CO_2 气体交换速率的乘积计算海-气 CO_2 通量。海-气 CO_2 通量的遥感估算方法，与基于现场观测数据(包括断面、浮标和走航监测等)采用同样的计算公式，但计算参数的数据来源主要是遥感及模式数据产品。例如，大气 CO_2 浓度可采用全球 CO_2 本底站观测数据或大气环流模式 CO_2 浓度数据，也可以通过卫星进行观测。海-气界面 CO_2 气体交换速率，通常表示为风速和波高等的函数，可使用遥感风速及有效波高等数据进行反演。海水 CO_2 分压与水体生物地球化学环境密切相关，存在很大的时空变异，其遥感反演难度较大，是目前海-气 CO_2 通量遥感估算的难点。针对近海复杂水体海-气 CO_2 通量遥感估算问题，我国已通过海洋遥感、海洋化学、海洋模式、海洋地理信息系统等多学科交叉，建成了一套集现场观测、遥感监测和信息服务为一体的中国近海海-气 CO_2 通量遥感监测评估系统 SatCO2(www. satco2. com)，为我国发展长时间稳定运行的海洋碳立体监测系统提供了科学和技术支撑。同时，在海洋碳循环遥感研究领域受到关注的关键科学问题还包括：在不断变化的海洋碳系统中，各界面碳通量及内部碳储量的遥感反演机理；碳参数的控制机制及量化方法、时空分布格局和演变以及对全球变化的响应，减少碳通量和储量估算的不确定性；等等。

此外，由于 HY-2 系列卫星单星单天可覆盖全球 90%以上的海洋，所以通过装载在 HY-2 系列卫星上的微波散射计、微波辐射计和雷达高度计，以及 CFOSAT 卫星微波散射计和波谱仪等载荷，可以每天对全球海洋进行观测并提供业务化产品；HY-2 系列卫星提供的海面风、有效波高等遥感专题产品已应用于海洋风能、波浪能等自然资源调查。在海洋渔场环境和渔情分析与预报方面，我国自主研发了“卫星遥感大洋渔场环境信息的数据共享及快速分发平台”，结合海洋渔业渔情预报系统实现了对太平洋金枪鱼、北太平洋柔鱼、东南太平洋茎柔鱼、西南大西洋鱿鱼、中大西洋金枪鱼等的七大海域、3 种捕捞对象每周 1 次的渔情分析与预报，通过平台的业务化运行向渔业企业提供渔情预报、海况分析等大洋渔场渔情速报服务，对我国远洋渔业的生产起到了重要的指导作用，取得了显著的经济效益。GF-3 卫星 SAR 高分辨率数据已广泛用于监测我国管辖海域海岛新生沙洲、海岸变迁、海岸带典型地物分类，以及海域使用类型、位置分布、用海面积监视等方面，为全面、及时地掌握海岸带与海域使用现状提供了重要的客观依据(蒋兴伟，2019)。图4-24

展示了 GF-3 卫星 SAR 图像的黄河口湿地分类结果。

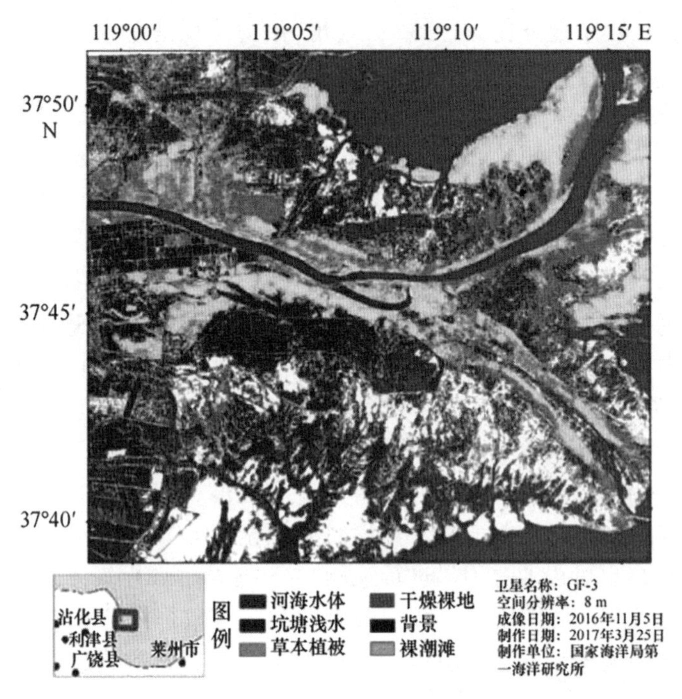

图 4-24　GF-3 卫星 SAR 图像的黄河口湿地分类图

2. 海洋灾害监测

海洋灾害是指海洋自然环境发生异常或激烈变化，导致在海上或海岸发生的灾害。我国海洋灾害的种类很多，主要有风暴潮、赤潮、海浪、海岸侵蚀、海雾、海冰、海底地质灾害、海水入侵、沿海地面下沉、河口及海湾淤积、外来物种入侵以及海上溢油等。

我国近海海域是赤潮高发区域，尤其在浙闽沿岸。目前我国已利用 HY-1 系列卫星及国外 EOS/MODIS、SNPP/VIIRS 和 GOCI 等多颗海洋水色卫星资料，构建了赤潮卫星监测业务化系统，实现了我国近海复杂水体条件下的赤潮自动化卫星遥感识别系统。该系统监测结果准确度高、产品制作时效性强，可满足业务化监测需求，已在东海开展了多年的赤潮遥感卫星监测，为赤潮灾害的监测和防灾减灾提供重要信息服务。

我国海洋微波遥感广泛应用于海上溢油、海冰、热带风暴(台风)以及绿潮等监测。海上溢油灾害监测主要利用欧空局 ENVISAT 卫星、加拿大 RADARSAT-1/2 卫星、意大利 COSMO-SkyMed 卫星以及中国 GF-3 卫星等 SAR 数据，结合海上溢油漂移路径预报系统及溢油辅助信息数据库，对渤海、东海和南海重点海区进行全天候近实时监测，向海洋环境监测等相关单位提供及时、可靠的溢油卫星遥感监测结果。图 4-25 为 2018 年 1 月 28 日“桑吉”油轮东海海上溢油的 GF-3 卫星 SAR 监测结果。

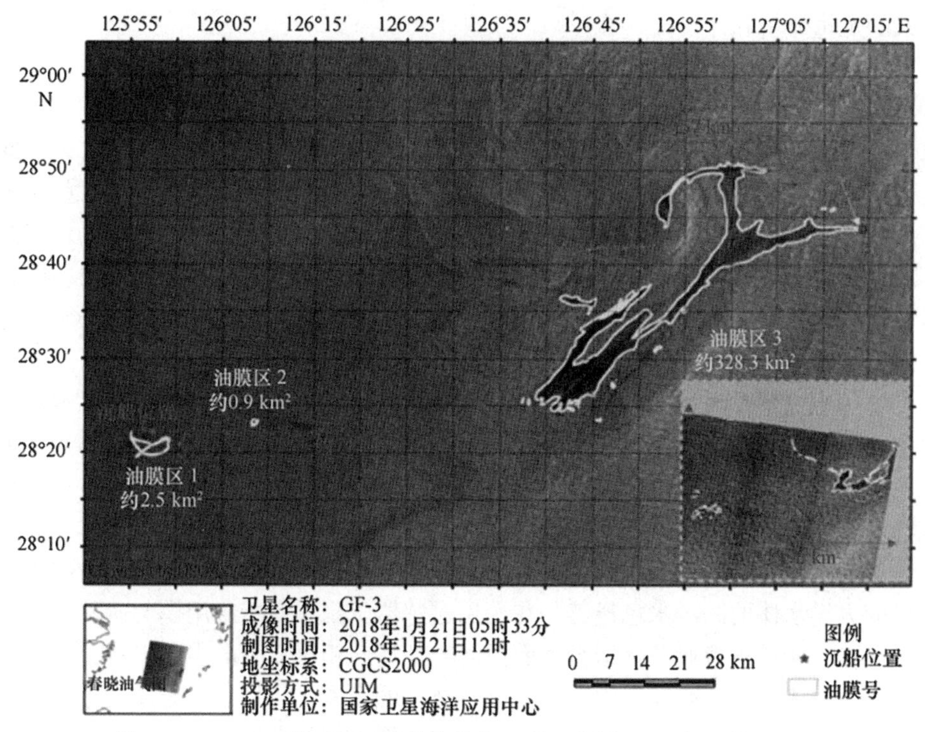

图 4-25 GF-3 卫星“桑吉”油轮东海海上溢油监测(2018 年 1 月 28 日)

海洋遥感技术在我国海冰、绿潮、台风等灾害监测研究和应用中，也都发挥了非常重要的作用。例如，在渤海和黄海北部进行海冰冰情的业务化遥感监测，制作海冰冰情实时监测通报，并向相关部门和单位实时发布；在针对 2008 年北京奥运会青岛帆船比赛场地暴发大规模绿潮灾害的问题而构建的浒苔(绿潮)灾害卫星遥感应急监视监测系统的基础上，进一步利用 GF-3、RADARSAT-1/2、ENVISAT 等卫星微波遥感数据，结合我国 HY-1 卫星、北京一号卫星等光学遥感数据及其他相关资料，实现了我国近海绿潮灾害的业务化监测；利用 HY-2 系列卫星及 CFOSAT 卫星上搭载的微波散射计获取全球海面风场，监测台风的移动路径，并识别台风中心；HY-2 系列卫星海面风场、有效波高和海面高度等资料数据，也已进入我国风暴潮、海啸预警等海洋灾害监测的业务应用系统，并发挥了重要作用。海洋灾害遥感监测应用广泛，此处不再赘述。

4.4 水色遥感与水环境监测

水环境是人类社会赖以生存和发展的重要场所，也是受人类干扰和破坏最严重的领域，水环境的污染和破坏已成为当今世界主要的环境问题之一。利用遥感技术能够迅速、同步地监测大范围水环境质量状况及其动态变化，目前遥感方法已成为水体生态环境监测、水体污染评估和动态监测的有效途径。水环境遥感分析的具体方法可以分为定性和定量两类，定性方法是通过分析遥感图像的色调(或颜色)特征或异常，从而实现对水环境化学现象的分析评价；定量方法建立在定性方法的基础上，可通过水色遥感等途径实现水体中要素的定量分析和评价。

4.4.1　水色遥感概述

水色遥感研究兴起于二十世纪八九十年代，是指利用遥感手段研究海洋水色要素，如叶绿素、悬浮泥沙、黄色物质及近海岸带污染等，称为海洋水色遥感。海洋水色遥感对海洋生态环境的评价具有非常重要的意义，而随着内陆水体生态环境日益恶化、水资源紧缺及水环境质量不断下降，以及遥感器空间分辨率的不断提高，海洋水色遥感的理论和方法被逐步应用于内陆水体，并结合内陆水体光学特性，进一步发展为内陆水体水色遥感(张兵等，2012)。

水色遥感中，通常根据水体的光学特性将水体分为两类，即Ⅰ类水体和Ⅱ类水体。水体光学特性仅由浮游植物及其降解物决定的大洋开阔水体称为Ⅰ类水体，这类水体主要集中在深海，其典型特征受岸边环境和人类活动的影响较小，水体较稳定；水体光学特性受浮游植物、非色素悬浮物和黄色物质共同影响的近海和内陆水体称为Ⅱ类水体，如海湾和湖泊，其典型特征是与人类的生活密切相关，受人为因素影响较多。目前，面向光学特性相对简单的大洋水体的海洋水色遥感，在专用遥感器研制和遥感应用模型研发等方面都已经相对较成熟，能够支持业务化运行；而面向光学特性相对复杂的内陆水体，专用遥感器和遥感应用模型还在不断研究之中。随着遥感技术的发展，特别是高光谱遥感的出现为内陆水体遥感带来了新的契机，极大地推动了内陆水体遥感的发展。

水色遥感研究是将水体看作一类特殊的地物，从水体物质成分的角度进行分析，即利用可见光/近红外遥感数据对水体进行微观、定量的反演和监测。当太阳辐射入射到水体时，其辐射光谱特征受水体的吸收和散射影响而被改变。这种改变是由该水体中各种组分的类型和浓度所决定的。入射辐射中，一部分辐射光谱特征被改变了的太阳辐射最终会被反射出水体(即离水辐亮度，其中带有水面以下水体组分的信息)，进而会被遥感器接收到。如果已知不同的物质是如何改变太阳辐射的(如不同物质随波段变化而变化的对太阳辐射的吸收、散射特征)，那么可以期待从改变的太阳辐射中反演出水中存在的物质组成及其浓度，这就是水色遥感的基本原理。

虽然水体对于太阳辐射的整体反射率较低(一般$<10\%$)，在遥感影像上可以较容易地实现水体与非水体的区分，但是不同水体相互之间的光谱差异并不大，与陆地上不同地物类型的光谱特征间的差异相比要小得多。所以，与定性地进行地物类型区分不同，直接利用遥感器所接收的信号可以获得的水体光谱信息是十分有限的，如何准确地从遥感信号中分离出离水辐亮度是进行水色遥感反演的关键。离水辐亮度(离水辐射率)是水色信息的携带者，是水表光学特性的主要参数，也是水色遥感反演的基本物理量，其他相关物理量都可由离水辐亮度及其他相关参数导出。

由此可见，水色遥感涉及两项关键技术，一是大气校正，即从传感器接收到的信号中消除大气的影响，获得包含水体组分信息的水面离水辐亮度。二是水色要素反演模型和反演算法(如针对海洋水体的生物光学算法)，即根据不同水体的光学特性与离水辐亮度之间的关系，估算有关的水色要素。水色遥感大气校正是消除离水辐射外其他成分的吸收和散射效应，包括水汽吸收、气溶胶散射与吸收、大气分子散射与吸收等。海洋水色遥感器

(如 SeaWiFS 或者 MODIS 水色通道)在设计时会尽量避开水汽吸收或者选择性气体吸收波段(如 760nm 氧气通道),这些水色遥感图像的大气校正可借鉴 SeaWiFS 标准大气校正算法。但对于内陆水体而言,海洋水色遥感图像的空间分辨率较低,因此经常使用陆地卫星图像或者航空航天高光谱图像进行水色分析。由于内陆水体高浑浊及上空气溶胶特性的复杂性,这类遥感图像的大气校正难以直接使用海洋水色大气校正方法,需要根据实际情况进行一些改进,此处不再赘述。水色三要素的遥感反演是水色遥感研究的重点内容之一,其结果可应用于全球气候变化(包括海洋碳通量研究)、海岸带管理与(工程)环境评价、海洋初级生产力与海洋渔业资源的开发和保护、海洋污染环境的监测、海洋动力环境研究、海洋生态系统与混合层物理性质的关系研究、内陆水体水质和水污染监测等方面。

4.4.2 水色要素遥感反演

水色遥感反演的水色要素主要包括水体叶绿素、悬浮无机物和黄色有机物质,这三种水体光学特性也是三种典型的水质参数,被称为水色三要素。水中叶绿素浓度对水体光谱响应影响显著,是浮游生物分布的指标,也是衡量水体初级生产力(水生植物的生物量)和富营养化作用的指标。悬浮物是指水中呈固体状的不溶解物质,如水中的各类矿物微粒,含铝、铁、硅水合氧化物等无机物质,以及腐殖质、蛋白质等有机大分子物质。悬浮物含量直接影响水体透明度、浑浊度和水色等光学性质,是水体光学特性的主要研究对象之一,在水质评价中起着非常重要的作用。黄色物质是有色可溶性有机物 CDOM (Chromophoric Dissolved Organic Matter),主要是指黄腐酸和腐殖酸等未能鉴别的组分。它在紫外和蓝光范围具有强烈的吸收特性,在黄色波段吸收最小,呈黄色,故又称这类复杂的混合物为"黄色物质"。黄色物质是带色的可溶性有机物,它的生化成分极为复杂,与海洋环境、海洋富营养化、污染、赤潮和绿潮等灾害的发生具有密切的关系。

针对Ⅰ类水体主要是水体叶绿素浓度的反演,算法有经验算法、半分析法和基于辐射传输模型的理论算法,其中基于波段比值的海水叶绿素浓度经验统计反演算法有较高的反演精度,且有较好的反演效率,已成为业务应用的主要算法。Ⅱ类水体远较Ⅰ类水体复杂,水色因子除叶绿素外,还有悬浮物质和黄色物质,光谱特征更加复杂,因而有些Ⅰ类水体反演算法不再适用于Ⅱ类水体,必须研制新的算法解决Ⅱ类水体水色反演中的多变量和非线性问题。目前高光谱遥感数据在Ⅱ类水体的水色要素反演中应用较多,利用高光谱遥感数据除了可以反演三种典型水质参数外,还可以反演具有明显光谱特征的其他浮游植物色素(如藻蓝素等)、光学浅水的水深和水底类型以及与以上要素密切相关的要素(如透明度、浊度、藻类生物量和溶解有机碳)等。下面简要介绍三种常用的基于高光谱遥感数据的内陆水色要素反演方法(张兵等,2012)。

1. 经验/半经验反演方法

最常见的水体要素估算经验关系模型为

$$\hat{p} = \alpha\left(\frac{R_1}{R_2}\right)^{\beta} + \gamma \tag{4.17}$$

式中,$\hat{p}$ 为待估算的水体要素;R_1 和 R_2 为两个光谱通道的反射率(或辐亮度);系数 α、β、

γ 可由反射率比和现场同步测量的水体要素的回归方程推导得出。

经验模型的优点是算法简单，便于操作和测试；缺点是缺乏理论依据，统计关系常常不稳定，可重复利用性差，难以对比和推广。随着高光谱遥感技术的发展，半经验模型逐渐取代经验模型发展起来。半经验模型是在水体要素光谱特征分析的基础上，利用遥感数据的特征波段或波段组合与同步测量的水体要素之间建立统计关系。由于考虑了遥感数据与实际水体要素数值之间的关系，能够尽可能地将遥感数据中与水体要素最相关的信息提取出来，因而半经验模型的反演结果相对来说更可信，目前在水色要素反演中使用也最广泛。

构建半经验模型一般需要三个步骤。

1）光谱特征选择

光谱特征包括单个波段的反射率、多个波段反射率的运算、光谱特征参量。采用单个波段的反射率作为光谱特征是从与水体要素相关性较高的波段中选择需要的波段，如果某个波段的反射率与待反演水体要素的相关性非常好而且比较稳定，那么就可以利用该波段的反射率来建立反演该水体要素的半经验模型。多个波段反射率的运算中最常用的是波段比值。波段比值中两个波段的选择通常有两种方法：一是枚举法，即将所有波段两两组合，计算每个组合与水体要素的相关系数，选择相关系数最大的波段组合；二是在逐波段与反演参数进行相关分析的基础上，选择与水体要素显著正相关和显著负相关的两个波段（通常这两个波段位于一个反射峰的波峰和波谷）。光谱特征参量的选择是在已知某种水体要素的吸收特征和反射特征的基础上，提取相应的光谱特征参量，包括反射峰或反射谷波长位置、光谱微分、光谱积分、反射谷深度、反射峰高度等，然后和水体要素进行相关分析，进而确定相关性较高的光谱特征参量。

2）模型对比分析

获取了水体要素的光谱特征之后，就可以基于水体要素与其光谱特征的统计回归关系建立水体要素的半经验模型。半经验模型中，最常用的是一元回归模型，即建立一个水体要素与一个光谱特征的统计关系。统计关系可以是线性、多项式、对数和指数等多种形式，一般是通过观察水体要素与其光谱特征的二维散点图，确定使用哪种统计关系。如果一个水体要素同时有多个光谱特征，也可以建立水体要素与多个光谱特征的多源统计关系，此时的关系相对复杂，而且无法通过直观的散点图进行统计关系分析，通常较少采用。

3）模型验证

模型验证是构建半经验模型的重要步骤。通常选择2/3数量的采样点同步测量的水体要素值和水面反射率光谱数据进行统计回归建模，另外1/3采样点的数据用来检验建立的模型。在进行检验的过程中，常用到平均相对误差和回归模型的拟合度两个指标，前者能够反映反演结果数值范围的准确性，后者能够反映反演结果相对趋势的准确性。

2. 解析/半解析反演方法

解析/半解析模型是通过水中辐射传输模型来确定水体各组分与水体反射率光谱之间的关系，然后由水体反射率光谱反向计算得到水体各组分的含量。利用光学遥感数据反演水体要素时，完全由解析模型直接反演得到的只有部分水体固有光学量。绝大多数水体生物、物理和化学参量的反演一般要引入经验关系。在解析模型的推导过程中引入一些经验公式得到的反演模型被称为“半解析模型”，完全不基于经验关系的解析模型十分少见。半解析模型中各参数具有明确的物理意义，水体要素反演结果更可靠。半解析模型也是随着高光谱遥感技术的发展而不断发展的，一方面是由于水体辐射传输方程中的参数较多，需要具有较多波段的高光谱遥感数据才能解算；另一方面是由于高光谱遥感数据可以提取水体要素的特征波段，进而可以提高水体要素反演的精度和稳定性。但是，半解析模型对遥感数据大气校正的精度要求比较高，大气校正结果的精度直接影响水质参数反演的精度。

构建水体要素反演半解析模型通常有三个要点，即确定水体辐射传输简化模型(生物光学模型)的形式、模型参量化(确定已知量)及解算未知数。

生物光学模型是水体辐射传输模型的简化形式，是刚好在水面以下辐照度比 $R(0^-)$ 与吸收系数和后向散射系数的关系模型，它是连接水体表观光学量和固有光学量的桥梁。对于光学浅水，因为需要考虑水底反射的影响，对应的生物光学模型较为复杂。针对不需要考虑水底反射的光学深水，除式(4.5)所表示的简化模型外，专家还给出了多种不同的生物光学模型，例如 Duntley(1963)的模型(式(4.18))以及 Gordon 等(1975)的模型(式(4.19))等。

$$R(0^-) = \frac{b_b}{a + b_b + \sqrt{(a + b_b)^2 - b_b^2}} \tag{4.18}$$

$$R(0^-) = \sum_{n=0}^{3} f_n \left(\frac{b_b}{a + b_b}\right)^n \tag{4.19}$$

生物光学模型中包含固有光学量和表观光学量等很多参数，这些参数可以分为两类，即已知量和未知量。未知量太多会导致解算方法过于复杂而且不稳定，因此要尽量减少未知量的数量。一方面可以利用经验关系将一些未知量转化为已知量，如生物光学模型中的一个常见系数“f”，可以利用它与太阳天顶角的关系将其转化为已知量；另一方面，对于一些吸收光谱，可以通过曲线拟合的办法将逐波段的未知量转化为少数几个不随波段变化的未知量。例如，CDOM 吸收光谱 $a_{\mathrm{CDOM}}(\lambda)$，可以利用负指数函数拟合（$a_{\mathrm{CDOM}}(\lambda) = a_{\mathrm{CDOM}}(\lambda_0) \cdot \exp(-S \cdot (\lambda - \lambda_0))$），这样可以利用 $a_{\mathrm{CDOM}}(\lambda_0)$ 和 S 两个未知数代替整个 $a_{\mathrm{CDOM}}(\lambda)$ 曲线；而且对于某个区域在某个时间范围内 S 的值变化不大的情况，可以用先验值代替，这样就只剩下 $a_{\mathrm{CDOM}}(\lambda_0)$ 一个未知数了。

实际上，确定生物光学模型的形式以及其中的未知数，是构建半解析模型最重要的步骤。当确定了生物光学模型的形式和模型中的未知数之后，就可以进行未知数的解算。常用的水体要素反演半解析模型解算方法分为代数法、矩阵反演法和非线性优化法三类。

3. 人工智能反演方法

人工智能算法在解决复杂非线性问题上具有独特优势。人工智能模型可以确定多波段的表观光学量与水中多种水体要素浓度之间的非线性相关关系，能够只由水面反射率反演多种水体要素，而且还可以同时反演水体要素和大气参数。因此，近年来人工智能模型在水色遥感上的应用逐渐增多。

常用的人工智能算法有神经网络、遗传算法、支持向量机、模糊系统和混合智能系统等，其中神经网络模型的应用最常见。利用神经网络方法进行水色要素反演时，网络输入界面可以是卫星在大气层顶探测的辐亮度、遥感反射率、大气瑞利散射校正后的辐亮度或大气校正后的离水辐亮度等，输出可以是海水组分浓度或光学变量。例如，Schiller 和 Doerffer(1999)利用模拟的欧空局中分辨率成像光谱仪 MERIS(Medium Resolution Spectral Imager)16 个波段的大气层顶去瑞利散射后的反射率数据集，通过前向反馈神经网络模型反演 3 种主要水体组分浓度和大气气溶胶光学厚度，模拟结果显示该算法适用于较大范围的Ⅰ类水体和Ⅱ类水体。

4.4.3 水环境遥感监测

水环境监测是环境监测的重要组成部分，对污染水体的监测是进行污染源控制、水污染治理和水环境规划管理的重要技术支撑。传统的水环境监测方法由于受到自然条件和时空等因素限制，具有一定的局限性。随着遥感技术的不断进步，遥感技术在水环境监测中的应用也越来越多。

水环境遥感监测技术具有以下特点：

(1)适应性强，可进行大范围、立体性的监测活动，可获取其他监测手段无法获取的信息；

(2)效率高、信息量广，可以获得多点位、多谱段和多次增强的遥感信息，提高监测分析的效率和精度；

(3)可用于动态监测，建立水污染灾害预警系统，实现应急实时监测，最大限度地对事故进行控制，并减轻事故的危害。

水环境的定性遥感分析方法是通过分析遥感图像的色调(或颜色)特征或异常来对水环境化学现象进行分析评价，这往往需要了解水环境化学现象与遥感影像色调(或颜色)之间的关系，建立图像解译标志。一般来说，不同种类、不同浓度的污染物会使水体的光谱反射辐射特性发生变化，从而在遥感影像上呈现出颜色、密度、透明度和温度等方面的变化和差异，因此，可根据遥感图像上水体的色调、灰阶和纹理等特征信息识别污染源、污染范围、面积和浓度等。例如，水体发生富营养化时，在遥感影像上会呈现颜色变化，如在彩红外影像上呈红褐色、紫红色，在 MSS7 上也呈浅色调；悬浮固体会在 MSS5 图像上呈浅色调，在彩色红外片上呈淡蓝、灰白色调，水流与清水交界处形成羽状水舌；油污染可在可见光、紫外、近红外、微波影像上呈浅色调，在热红外图像上呈深色调，表现为不规则斑块状；热污染会在红热红外图像上呈白色或表现为羽状水流，微波影像上也有变化；等等。但水体中污染物质的化学组分复杂、种类繁多并且形态各异，并非所有的污染物质都能通过遥感技术进行区分。目前，国内外学者主要利用遥感的方法进行水体富营养化、热污染、油污染和固体悬浮物等方面的监测。

遥感在水环境污染监测中的应用，其基础还在于利用遥感技术定量获取水质参数，水色遥感是实现水体中要素定量分析和评价的重要手段。国内外在海洋环境和内陆水环境两方面均开展了对水环境污染监测的研究。卫星遥感可实现对海洋大范围、全天候的污染监测，如可以利用多光谱传感器对水体的石油污染进行监测；在内陆水环境的监测过程中，由于内陆水体光谱特征的复杂性，目前开展的研究范围比较小，主要在湖泊和江河河口，可以监测的水质参数也较少。为了便于用遥感方法研究各种水污染，通常并不详细区分遥感在海洋和内陆水体污染监测与控制中的各种应用，而是习惯上将其分为水体富营养化、泥沙污染、热污染、废水污染和石油污染等几种类型。

1. 富营养化

水体富营养化是指水体中氮和磷等营养盐含量过多，超出水体承载能力限度而引起的水质污染现象。其实质是由于水体营养盐的输入、输出差异，导致水体中生态系统物种分布失衡，使单一物种如藻类及其他浮游生物迅速繁殖，从而造成水体溶解氧量下降，水质恶化，鱼类及其他生物大量死亡。

富营养化发生在海洋中，就是海洋赤潮(或称红潮)。发生赤潮时，某些微小的海洋浮游植物、原生动物或细菌突发性增殖和聚集，引发一定范围和一段时间内水体的变色现象。"赤潮"是对许多类似现象的统称，而并不一定都是红色，通常根据引发赤潮的生物的数量、种类而使得海洋水体呈现出红、黄、绿和褐色等。赤潮会破坏海洋的正常生态结构和海洋正常的生产过程，也破坏了海洋生物的生存环境，对海洋赤潮进行遥感调查与监测具有极为重要的意义。

富营养化发生在湖泊、河湖等内陆水体中，被称为水华。水华现象发生时，蓝藻、绿藻、硅藻等大量繁殖，使水体呈现蓝色或绿色。大量调查表明，近年来我国滇池、太湖和巢湖等内陆水体已经出现因蓝藻的大量生长而加重水体富营养化的现象；长江以及黄河中下游的许多水库、湖泊检测出的微囊藻毒素表明，其水体也受到蓝藻水华爆发所带来的污染。蓝藻水华监测对于我国内陆水体富营养化的监管和治理具有极其重要的意义。

水体富营养化的显著标志是浮游植物的大量繁殖，而水中叶绿素浓度是反映浮游植物分布的指标，也是反映水体富营养化的主要因子，其中以叶绿素 a(Chl-a)尤为突出。浮游植物体内所含的叶绿素会对水体在可见光和近红外波段的波谱特性产生明显影响。因此，富营养化水体的波谱特性实际上同时兼有水体波谱和植物波谱的特征。随着水体中浮游植物含量的增高，其光谱曲线与绿色植物的反射光谱曲线就越接近；当水体叶绿素浓度增加时，蓝光波段的反射率下降，绿光波段的反射率增加；当水面叶绿素和浮游生物浓度较高时，近红外波段的吸收率降低，反射率提高，导致在近红外图像上水体不呈现黑色，而是灰色，甚至是浅灰色，而在假彩色图像上呈现红色或淡红色。

因此，在监测富营养化的水体时，基本要点是根据叶绿素含量的大小判断浮游植物的含量。一般最常用的方法是首先现场对叶绿素生物量等数据进行采样，然后利用采样数据与遥感数据反映的水体绿度指数建立遥感回归模型，最后得出水体中叶绿素及生物量的空间分布信息，从而达到监测水体富营养化的目的。

目前，叶绿素 a 的遥感监测技术已比较成熟，研究表明叶绿素 a 在 440nm 和 670nm 波长附近有吸收谷，在 550~570nm 和 681~715nm 附近有明显的反射峰。Chl-a 在 681~700nm 处的反射峰通常被认为是荧光效应造成的，是含藻类水体最明显的光谱特征。由于叶绿素 a 所特有的比较稳定的光谱特征，在内陆水体进行遥感反演时，主要方法就是通过

其吸收谷和反射峰所在波段进行组合建立模型(黄耀欢等, 2010)。其模型可表示为

$$\text{Chl-a} = a_1 \times f(R(n_1),\ R(n_2),\ \cdots,\ R(n_n)) + a_2 \tag{4.20}$$

式中, a_1、a_2 为回归系数; $R(n_1)$, $R(n_2)$, …, $R(n_n)$ 为传感器不同敏感波段; $f(\ )$ 表示不同波段组合建立的新变量。

根据反演的叶绿素含量, 可以判断水体富营养化的程度。例如, 基于 EOS/MODIS 遥感数据对 2016 年 6 月 17 日的江苏太湖水域进行叶绿素含量的反演, 可确定水华分布区域, 如图 4-26 所示, 太湖水域无云覆盖, 竺山湖、梅梁湖、贡湖、西部沿岸区、湖心区发现水华, 水华面积约为 107km^2, 占太湖总面积的 4.58%, 可视为零星性水华。

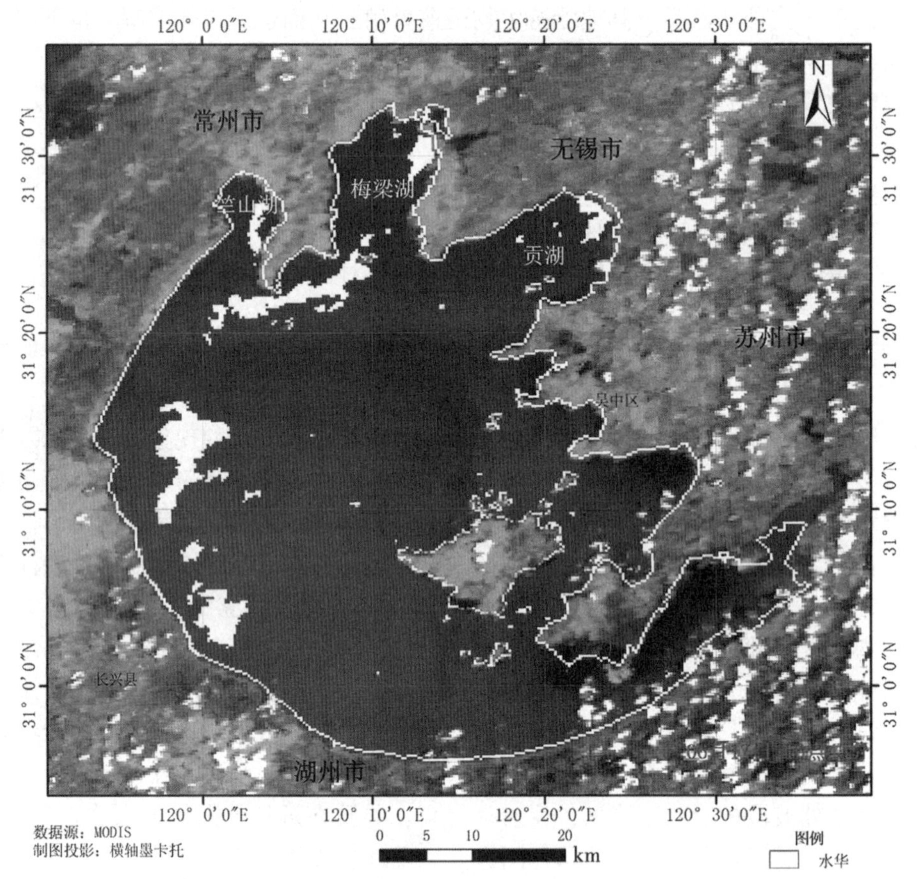

图 4-26 2016 年 6 月 17 日的太湖水华分布图

(引自生态环境部卫星环境应用中心网站)

2. 热污染

由于人类活动向水体排放的"废热"引起环境水体的增温效应而产生的污染, 称为水体热污染。水体热污染可直接影响水生生物的多样性, 导致局部生态系统的破坏, 从而影响人类的生产生活。遥感是一种有效的水体热污染宏观监测手段, 利用遥感技术监测水体热污染

避免了传统方法因需要监测船体进入污染区域而造成的误差，并且可以发现多个污染源，具有低成本、高效率等优点。目前主要的探测方法有热红外遥感和微波遥感两大类。

本章前面已经讨论了基于热红外遥感的水温反演原理与方法。在热红外波段，由于水体的热容量大，特征明显，其遥感影像辐射低、色调暗；而若有热污染现象存在时，污染区域的遥感影像色调会相对较亮一些。因此，可通过热红外图像定性或定量地解译热污染区的温度特征，从而识别与周围水体有显著温差的热污染区域。利用多时相的热红外图像，并结合地面观测，可获取热污染排放、流向和温度分布等信息。实际监测工作中，多利用光学技术或计算机对图像做密度分割，同时结合少量的同步实测水温，便可确切地绘出水体温度分布曲线。

遥感技术在对核电站造成的温升区域监测中有广泛应用，可为核电监管和生态环境保护提供有力技术支持。“温升”反映的是有热污染发生时污染区水温相对于基准温度升高的情况，是核电站温排水热污染的重要衡量标准，而基准温度则是决定温排水温升范围大小的重要参数。温排水基准温度是指没有温排水发生时，现有温排水影响区域的水体环境的平均温度。对于开放式的海域类型(类似阳江、田湾、宁德以及红沿河等)，其基准温度则是以覆盖核电站温排水影响区域为原则，选择该区域内不受温排水影响的区域为核心区，在此核心区内，结合发电前的遥感影像数据，建立温排区与此核心区间的相似替代关系，从而将此核心区的平均温度作为温排水的基准温度，来获取核电温排水的温升等级及范围等数据信息(杨红燕等，2018)。进一步通过与核电站附近海域环境的功能区划对照分析，并根据政府相关文件的规定，可判断核电站温升情况是否超过相关标准，如图 4-27 和图 4-28 所示。

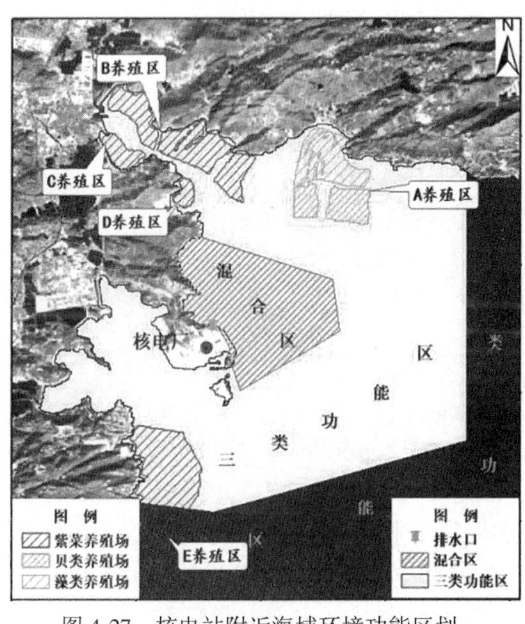

图 4-27 核电站附近海域环境功能区划、养殖区分布图

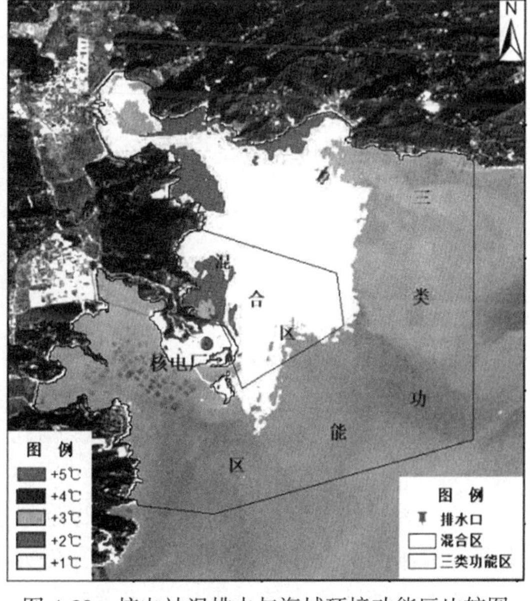

图 4-28 核电站温排水与海域环境功能区比较图

3. 废水污染

废水主要包括生活污水、工业废水和农业废水。随着社会经济的发展和工业化进程显著加快，很多城市地区的生活污水和工业生产废水排放量呈指数增加，城市环境基础设施不堪重负，导致城市水体"黑臭"频发。这种黑臭水体不仅会呈现出令人不悦的颜色，散发令人不适的气味，情况严重时还会威胁到城市居民的日常饮水安全。生物检测或化学分析是黑臭水体地面监测的传统手段，耗时耗力且难以满足大面积、动态监测需要。与地面监测相比，遥感技术具有空间和时间上的动态连续性，结合独特的光学诊断特征，为城市黑臭水体的大范围识别、评价指标估算和演变迁移过程分析提供了一种新的技术手段。

一般来说，黑臭水体的表观反射率整体偏低且光谱曲线走势较为平缓(吴世红，2019)，如图4-29所示，在400~500nm范围内，黑臭水体反射率值上升缓慢；在500~700nm波段范围内，由于叶绿素a的存在，正常水体在550nm和700nm附近有一个明显的荧光峰，670nm附近有一明显的吸收谷，而黑臭水体中因溶解氧含量较低导致藻类色素特征不足，在这一波段范围黑臭水体反射率的荧光峰谷特征不明显，表现为波峰宽度较大、值较低，这一典型特征可以作为区分黑臭水体与正常水体的标志；在750~900nm波段范围，黑臭水体的光谱反射率明显高于一般水体。因此，针对黑臭水体表观反射率的研究，多集中在可见光和近红外波段范围内。但在具体工作中需要注意，由于不同原因产生的废水性质千差万别，其反射率光谱特征曲线上的反射位置和强度也存在微小差异。

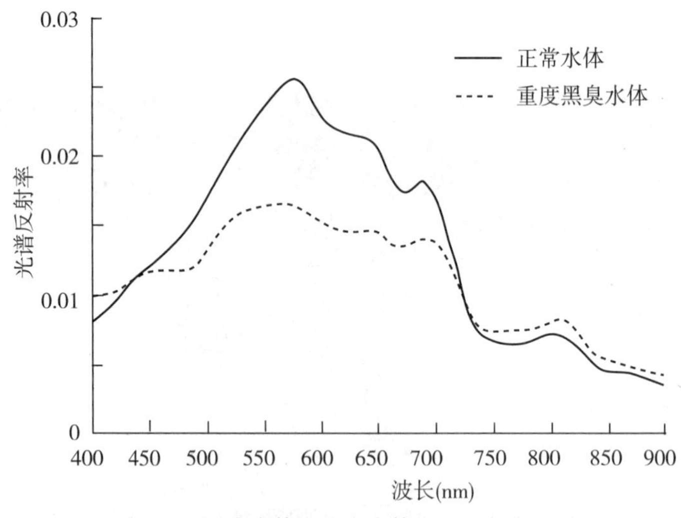

图4-29　黑臭水体和正常水体实测反射率光谱

利用遥感技术进行城市黑臭水体的监测过程中，为避免其他地物信息的干扰，首先需要进行水体空间分布区域的提取，然后在所提取的水体空间范围内展开进一步的工作。在不借助周边辅助地物的情况下，主要依靠黑臭水体的色调特征来建立遥感解译标志。通常，在真彩色合成的遥感影像中，黑臭水体的色调与地面实际观察相似，呈现较深的黑色、灰色或墨绿色，但在影像判读中，水体颜色还受河流水深和河道两岸植被覆盖的影响，水流较深或植被阴影均会使水体颜色呈暗深色，从而会造成黑臭水体的误判。因此，仅依靠色调特征不足以进行黑臭水体解译，必须借助周边地物的影像特征来辅助识别黑臭水体。

利用遥感数据对黑臭水体中的污染成分进行定量分析时，特别要注意遥感影像的辐射定标和大气校正环节，以获得水体的真实表面反射率值。基于黑臭水体的固有或表观光学参数的直观表达，研究者发现了一些规律，但远不能满足黑臭水体精细识别和分等定级的需要。为此，在相对较为成熟的遥感水体识别和水质评价的算法基础上，国内外学者有针对性地改进或发展了多种黑臭水体识别模型，根据模型的原理主要可分为光学阈值法、基于典型遥感水质指标的识别法和色度法三种类型。光学阈值法是以地面实测的水体光学参数或遥感影像反射率为数据基础，通过分析黑臭水体与正常水体的光学特征差异建立黑臭水体判别指数，根据判别指数值域分布特点与不同类型水体的对应关系设定阈值来区分黑臭水体和正常水体。基于典型遥感水质指标的方法是通过分析水质参数的遥感反演结果与黑臭水体的关系，筛选或构建最适于表征黑臭水体的遥感水质指标，进而划定阈值范围来识别黑臭水体。色度法是基于不同颜色的主波长进行水体类型识别的一种方法。

4. 水体石油污染

水体石油污染是由于海底地层原油渗漏，或者由于在石油的开采、炼制、储运和使用的过程中，原油和各种石油制品进入水环境而造成的污染，当前主要是石油对海洋环境的污染。一方面，海上溢油会对环境造成危害，因为海上溢油事故会产生大面积的油膜覆盖在海面，会对海洋生态环境、海洋养殖业、沿海自然景观等造成破坏，已成为世界性的严重问题；另一方面，含有丰富油藏的海底地层渗漏出的原油在海表形成的油膜又能够为海洋油气勘探提供线索。利用遥感技术进行石油污染监测，不仅能够发现污染源、确定污染的区域范围，进而估算石油的含量，而且通过连续监测还能够得到溢油的扩散方向和速度，预测影响区域，也可以为海底石油勘探提供重要线索。

海表油膜的厚度表现了其含有烃类物质的多少，而烃类物质的多少决定了海表油膜的光谱信号的强弱。海表油膜越厚，则表明其含有的烃类物质越多，那么其在光谱上表现出的光谱特征就越强烈。美国大气海洋管理局 NOAA 2016 年发布的开放水域油膜识别工作手册中指出油膜的厚度可以被分为六个等级，从薄到厚依次为：银光油膜(Silver)、彩虹油膜(Rainbow)、金属色油膜(Metallic)、过渡油膜(Transitional dark)、暗油膜(Dark)和乳化油膜(Emulsion)。图 4-30 为海洋环境中的一些不同厚度油膜资料，其中对应的油膜厚度可参考图 4-31(赵冬，2020)。

海水和油膜之间存在光谱差异，而且除了不同厚度外，不同来源和处于不同风化程度的油膜的光谱特征也存在差异。不同来源油膜的化学组成成分不同，而油膜的化学成分决定了油膜的物理性质，也就决定了油膜在光谱上表现出的特征。油膜的风化包括蒸发、溶解、沉淀、降解、乳化、光氧化等过程。油膜的风化过程会改变油膜的物理、化学性质，进而改变油膜的光谱特征。现有的油膜遥感识别手段主要有激光荧光遥感、SAR 遥感、多光谱遥感和高光谱遥感技术。

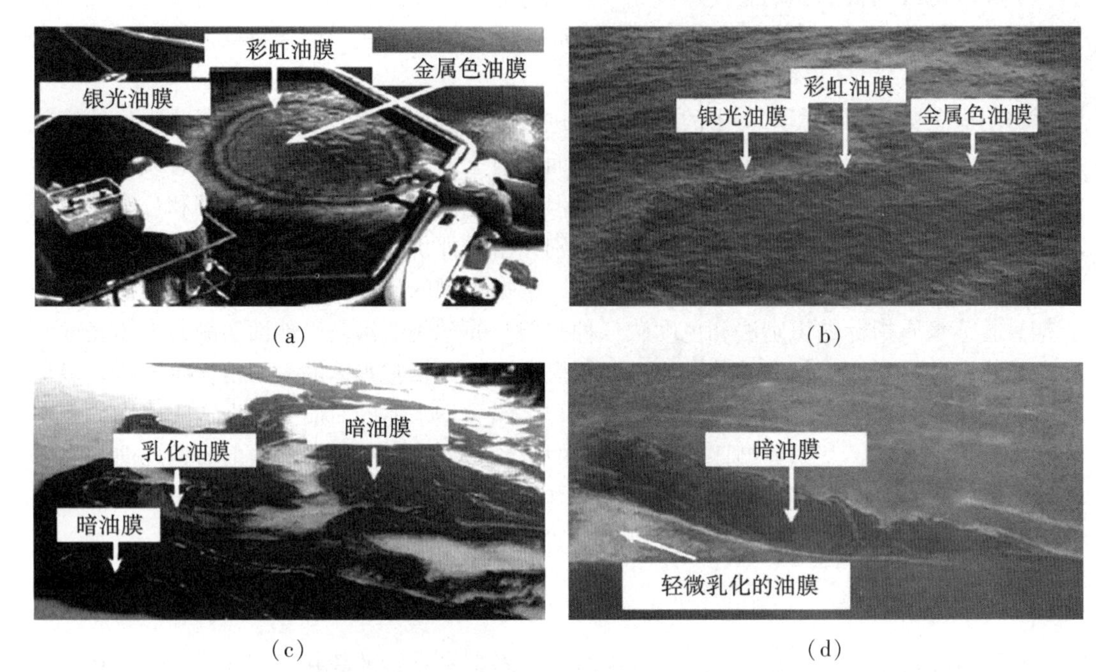

图 4-30　海洋环境中不同厚度海表油膜资料图

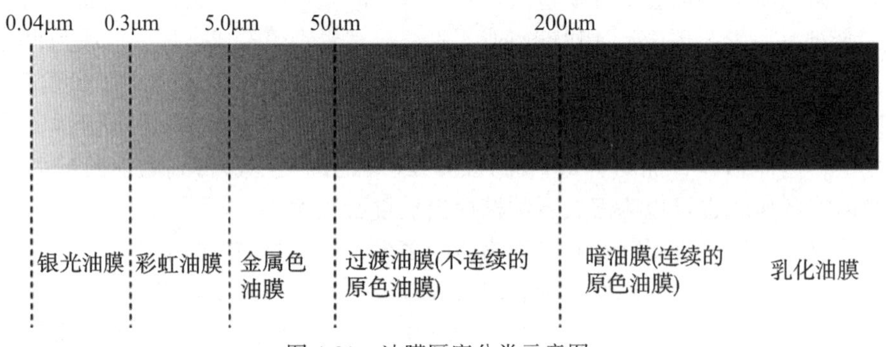

图 4-31　油膜厚度分类示意图

1)激光荧光遥感技术

激光荧光遥感技术是通过向海表发射大功率激光并接收载有被探测对象受激发而发射的荧光信号，从而获取海洋信息的先进技术。它能够获取海水表面溢油的油膜厚度和溢油种类等参数。

2)SAR 遥感技术

SAR 遥感技术主要是利用雷达信号对地面目标表面粗糙度敏感的特性来区分干净的海面和有油膜污染的海面。干净的海面上存在毛细波，这会增大海表粗糙度而使得反射到雷达的回波信号增强，从而在 SAR 影像上呈现“亮”色；而当溢油发生后，扩散到海面的油膜对海面重力毛细波产生阻尼作用，使得有油膜污染的海面比没有油膜污染的海面更加光滑，从而导致回波信号强度减弱，在 SAR 影像上表现为“暗”色。SAR 遥感技术凭借这一特点能够直观、高效地识别出海表油膜；并且 SAR 采用主动式工作方式，具有全天候、全天时的优点，这也使得 SAR 影像在海洋溢油监测中有着广泛的应用。

3) 多光谱遥感技术

多光谱遥感技术可以通过对影像进行假彩色合成或者利用光谱指数法对大范围海域的油膜进行监测。通常情况下，用红光波段检测海面油膜，用蓝光波段区分油膜和航迹，具有最佳的监测效果。星载传感器用来监测海面大面积溢油，而短时间尺度的海面油膜动态监测常用机载传感器。紫外遥感影像上有较好的亮度差，油膜呈白色，对厚度小于 5mm 的水面油膜较敏感，但紫外波段电磁波波长短、绕射能力差，使其应用受到限制。红外波段的遥感影像上油膜灰度比海水大而呈灰黑色，可判别油膜的范围及扩散情况；对于厚度小于 1mm 的油膜，可以确定其厚度和分布，并推算其总溢油量。

4) 高光谱遥感技术

高光谱遥感技术因其能够获取丰富的光谱信息可被应用于海表油膜监测和油膜精细化识别研究中。图 4-32 为实测的辽东湾海面薄油膜反射光谱曲线，由图可见，不同厚度油膜和本底海水之间的光谱曲线存在差异，这就是基于高光谱遥感技术进行油膜识别方法的理论基础。因为在可见光—近红外波段油膜并没有诊断性的吸收特征，所以产生了多种通过高光谱遥感技术提取油膜信息的思路和方法。例如，直接通过辐射亮度的差异来识别海上的油膜；选择有意义的光谱吸收波段(如 400~480nm、620~680nm 等波段)，利用光谱吸收指数(如吸收深度指数、光谱吸收指数等)的值来识别不同厚度的油膜；通过建立光谱曲线和不同油膜厚度之间的对应关系，进而由高光谱遥感影像中像元与海水和不同厚度油膜的光谱特征的对应程度来区分海水和油膜，并反演海表油膜的厚度；以及通过 MNF 变换、小波变换等先对高光谱影像进行处理，然后再识别油膜的方法；等等。

虽然高光谱影像的光谱信息丰富，但是大多数油膜识别方法舍弃了可能隐藏在众多光谱信息中能够用来区分不同厚度油膜的光谱信息，而是简单地采用光谱指数或光谱特征识别油膜，因而往往并不能适用于区分所有厚度的油膜。未来除了实现基于高光谱遥感影像进行海表油膜的有效识别方法外，去先验知识、智能化将是重要发展方向。

5. 固体悬浮物

水中固体悬浮物 SS(Suspended Solids)指水体中呈固体状的不溶解的物质，它不仅可以作为水体污染物的示踪剂，还会直接影响水体的透明度、水色等光学性质，进而影响水体的初级生产力。固体悬浮物含量是水质指标的重要参数之一。在可见光及近红外之间，水体中悬浮物含量增加及悬浮固体粒径增大，使水体反射量逐渐增加，反射峰向红波方向移动，称为红移。因此，一般认为 0.58~0.68μm 波段范围(黄红区)对水中泥沙反应最敏

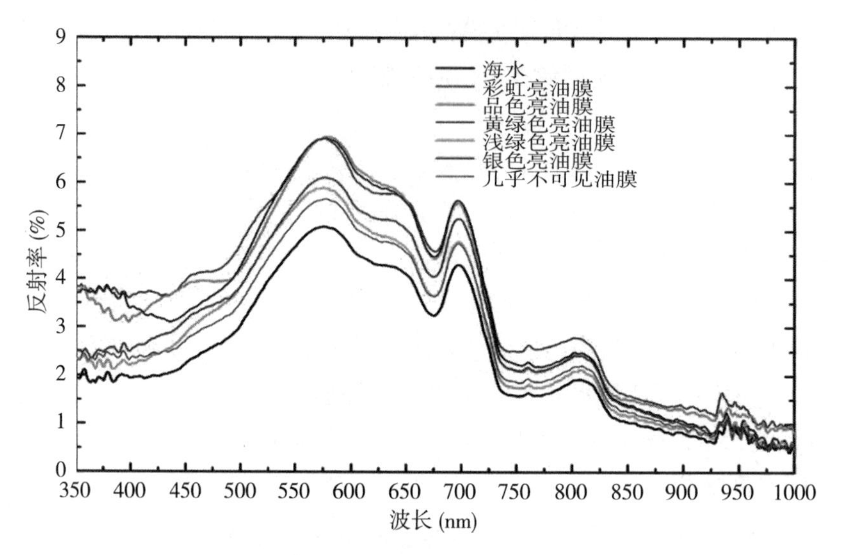

图 4-32　辽东湾海面薄油膜反射光谱曲线(田庆久，2009)

感，对不同泥沙浓度出现辐射峰值，是遥感监测水中悬浮物质的最佳波段。陆地卫星、NOAA、风云气象卫星及海洋卫星等都选择了这一波谱段，该波谱段的数据可用于固体悬浮物的遥感反演。

目前，在固体悬浮物的实际反演中，主要方法有经验方法和半解析方法。经验法主要是选择与悬浮物质浓度相关性好的波段，结合实测悬浮物质数据进行分析，建立特定波段辐射值与悬浮固体浓度之间的统计关系模型，然后对该波段辐射进行反演，从而得出固体悬浮物的浓度。学者通过大量研究提出有关水体反射率与固体悬浮物之间定量关系的多种模型，主要包括线性关系模型、对数关系模型等，这些模型中的一些参数通常需要依据实测数据确定。半解析方法是指经验模型之外的其他方法，通过结合辐射传输模型、生物光学模型和经验方程实现水体组分的反演；此类方法中一般需要实测的光谱数据，并通过近似关系对模型化简，以减少未知量的个数和相互依赖关系。

与经验方法相比，半解析方法具有一定的物理意义，反演精度更高。例如，太湖水域高度浑浊，对太湖四季水体光学特性数据进行分析，得出近红外波段的悬浮物、叶绿素 a 和黄色物质的吸收系数可以近似为 0 的结论，进而通过生物光学模型的变形推导得出基于近红外单波段的悬浮物浓度反演方法，这属于半解析方法。该方法只需要以一个近红外波段为输入参数，例如，将该方法应用于太湖区域的一景经过大气校正的 HJ-1 CCD 近红外波段影像，得到的悬浮物分布状况如图 4-33 所示。

综上所述，水环境问题已成为目前重要的环境问题，由于遥感技术方法相比传统方法的优势，无疑会促使遥感技术在水环境监测研究中的继续发展和广泛应用。但目前遥感技术在水环境应用中还存在很多问题，需要做更进一步的深入研究。

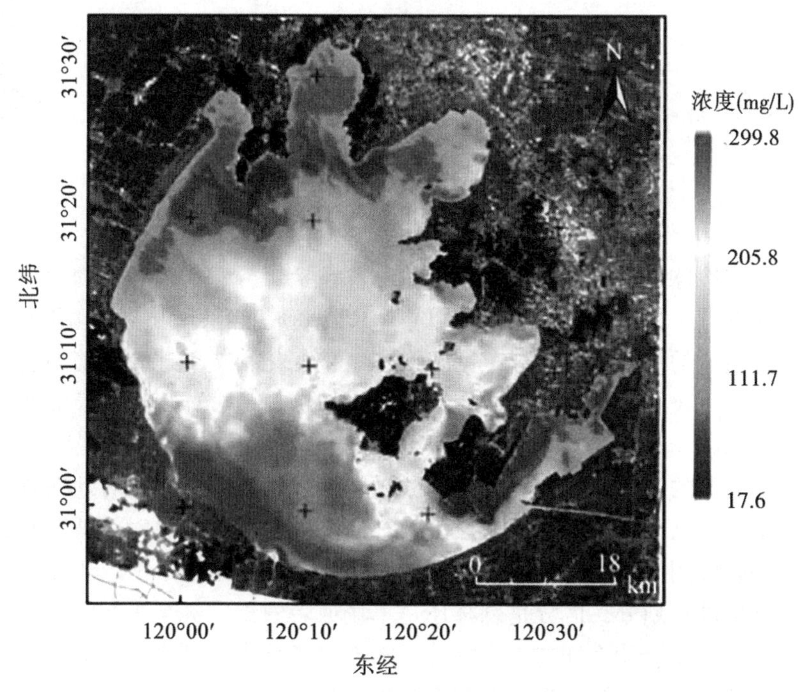

图 4-33　太湖悬浮物浓度分布图(2009 年 3 月 14)

第5章 植被遥感

植被是生长在地球表层各种植物类型的总称，包括森林、草地、作物和灌木等。作为生态系统的组成部分，植被是重要的地表可再生资源，是连接水体、土壤和大气的自然枢纽，制约着生态系统的平衡。从全球范围来讲，植被变化影响着地气系统的能量平衡，在全球气候、水文和生化循环中起着重要作用，所以植被也是全球变化中最活跃、最有价值的影响要素和指示因子。

植被在地球表面的分布具有高度的时空分异特性，这与遥感科学对地探测的特点高度契合，因此遥感技术已成为全球和区域尺度植被研究的重要手段。对植被资源的清查与分类是最基本的遥感应用研究内容，通过遥感影像可以从土壤背景中区分出植被覆盖区域，还可以对植被类型进行划分，区分是森林还是草场或者农田，甚至进而区分是什么类型的森林、什么类型的草场、什么样的农作物等。随着遥感技术特别是定量遥感技术的快速发展，基于遥感的植被生态系统生理生态功能的探测越来越多，精度也越来越高。例如，可以从遥感数据中定量反演叶面积指数(LAI)、叶子宽度、平均叶倾角、植被层平均高度、树冠形状等各种重要的植被参数，进一步准确估算与植被光合作用有关的植被表面水分蒸腾量、光合作用强度(干物质生产率)、叶表面温度等若干物理量，从而实现对陆面过程的模型模拟、地球辐射收支平衡估算、碳循环计量、农作物长势与产量监测、全球和区域生态功能评价等。目前关于植被资源的遥感清查与分类方面已经取得较为突出的成绩，遥感也已成为相关工作的常用方法；而在植被参数的遥感反演、植被光合作用的若干物理量估算方面，虽也取得了相当的进展，但仍存在一些问题需要进一步深入研究。遥感方法与植被研究的相互融合与促进发展，形成了植被遥感这一重要的遥感地学应用分支，目前这一分支也是地学遥感理论研究和遥感信息定量提取方法研究取得较多重要成果的领域之一。

5.1 植被遥感原理

植被由于其所含的叶绿素、水分和干物质等成分的波谱吸收特性，形成了区别于水体、土壤和岩石等其他地物类型的独特反射光谱特征。植被的反射光谱特征不仅指光谱反射率的大小和变化趋势，还包括基于光谱反射率数据进一步提取的植被指数、植被吸收/反射特征以及特征光谱位置等。植被的反射光谱特征可应用于植被分类、植被生长状态监测、植被参数反演和植被时序变化监测等诸多方面。另外，进行植被的遥感研究还需要顾及植被的结构性和物候特点，这种空间上的微观结构性和时间上相对宏观的物候特性对于植物的定性、定量分析均具有非常重要的意义。

5.1.1 植被的反射光谱特征

一般来说，不同的植被类型、不同的植被生长状态以及不同的植被形态结构和空间分布格局等都会表现出不同的反射光谱特征(刘良云，2014)。植物的反射光谱特征是遥感技术探测植物的形状和属性的重要依据。正常生长的植被在多数情况下，其波谱特征基本上被叶簇所控制，因此讨论植被的反射光谱特征，首先应当了解植物叶片的波谱特征。

从形成原理上讲，植物叶片各化学组分分子结构中的化学键在一定辐射水平的照射下发生化学成分分子键弯曲振动或伸展、电子跃迁，引起某些波长的光谱发射和吸收差异，从而产生不同的光谱反射率；并且这些波长处光谱反射率的变化对叶片化学组分的数量非常敏感，也被称为敏感光谱。植物的反射光谱，随着叶片中的叶片细胞、叶绿素、水分含量、氮素含量与其他生物化学成分的不同，在不同波段间会呈现出不同形态和特征的反射光谱曲线，它可以作为区分土壤、水体和岩石等的客观依据(刘良云，2014)。

如图 5-1 所示，由于控制叶片反射率的主要因素不同，植物叶片的反射光谱在可见光和近、中红外波段具有不同的光谱反射率特点。不同波段的具体特征如下。

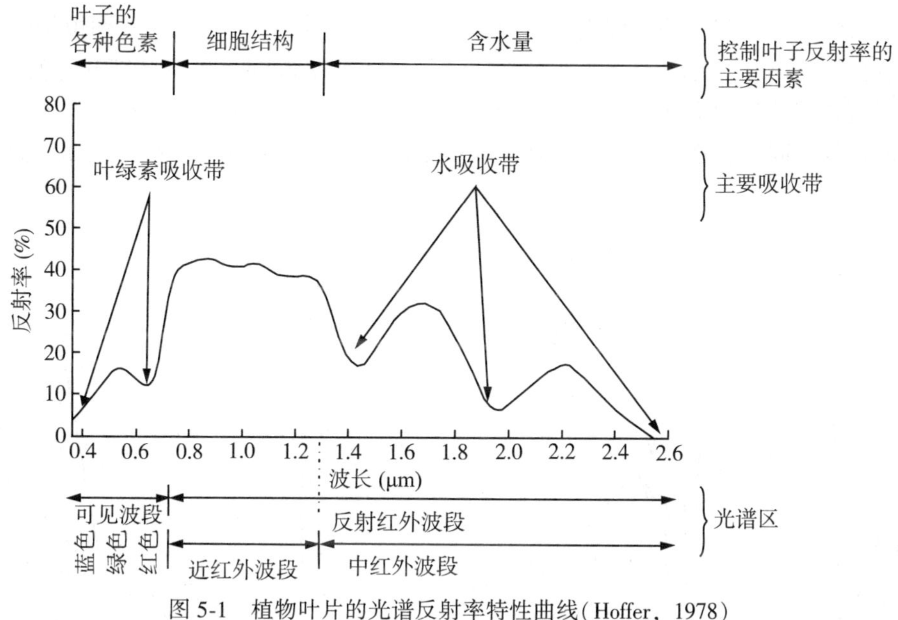

图 5-1 植物叶片的光谱反射率特性曲线(Hoffer，1978)

0.40~0.70μm 的可见光波段，由于植物叶片中的色素特别是叶绿素 a、叶绿素 b 的强吸收作用，使得植物叶片的反射率和透射率均很低。在绿色波段形成小的反射峰，蓝色和红色波段则形成吸收谷。这一特点可用于区分植被与水体、土壤和岩石等地物类型。

0.70~0.78μm 的近红外波段，处于由红色波段的强吸收向近红外波段的高反射平台的过渡阶段，被称为植被反射率红边。红边是植被营养、长势、水分和叶面积等的指示性特征，可用于探测植被的水分和健康状态。当植被生物量大、色素含量高、生长力旺盛时，红边会向长波方向移动；而当植被遭受病虫害、污染和叶片老化等因素影响时，红边便会向短波方向移动(即蓝移)。这就是所谓的植物光谱“红边”红移或蓝移的现象。

0.78~1.35μm 的近红外波段，叶片光谱反射率主要取决于叶片内部结构，特别是叶片与细胞间空隙的相对厚度。光线在叶片内部被多次散射，而色素和纤维素在该波段近似透明(多次散射最多 10%被吸收)；即使受细胞含水量的吸收影响，也只是在 0.97μm、1.2μm 附近有两个微弱的水分吸收谷，所以多次散射的结果便是近 50%的光线被反射，近 50%的光线被透射，于是在这个近红外波段形成一个较宽的反射率平台，即反射率“红肩”。叶片内部结构影响叶片光谱反射率的机理比较复杂，已有研究表明，细胞层越多，光谱反射率越高；细胞形状、成分的各向异性及差异越明显，光谱反射率也越高。

1.35~2.5μm 的中红外波段，叶片水分吸收主导着该波段的光谱反射率特性。由于 1.45μm、1.94μm 和 2.7μm 处的强吸收特征，在这些光谱位置中间的 1.65μm 和 2.2μm 附近形成两个重要反射峰。该波段的水分吸收特征可用于定量反演植物叶片的含水量。

以上描述的是植物叶片的典型光谱反射率特性。实际上植物叶片虽具有相似的光谱反射率变化趋势，但不同的植物类型、植物的不同生长期、不同的植株营养和健康状态下，其光谱反射率大小是存在差异的。如图 5-2 中有两组植被的反射光谱曲线，从图 5-2(a)可以看到柑橘、番茄、玉米和棉花四种不同作物类型的光谱反射率之间存在明显差异，图 5-2(b)也反映了草地与三种树种光谱反射率的不同。在图 5-3 中可以观察到植物叶片在幼苗期、生长旺盛期、开花结果期及凋落期四个不同生长阶段的光谱特征变化趋势。图 5-4 则反映了植物叶片从健康状态到病害各阶段的波谱曲线变化情况。正是存在于不同的植物类型、植物的不同生长期、不同植株营养状态下的光谱特性差异，为植被的遥感研究提供了依据。

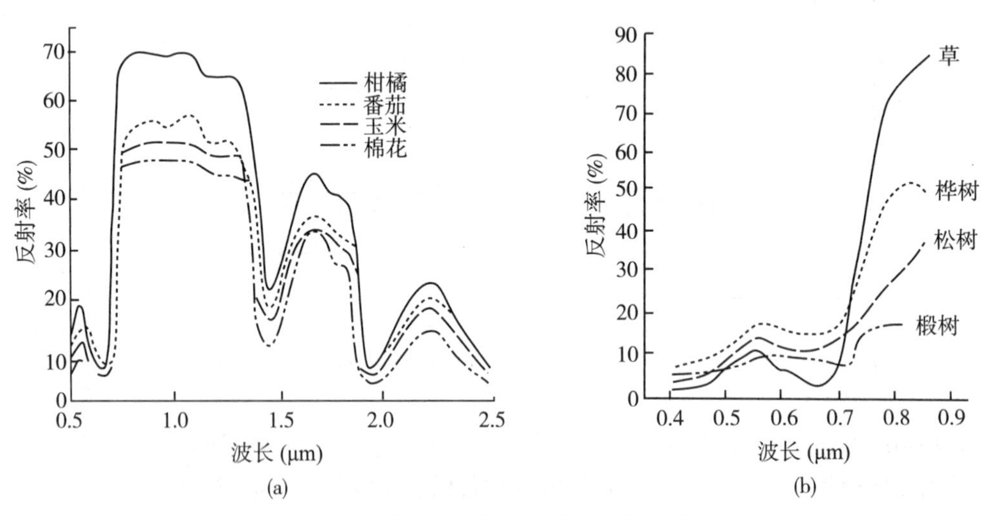

图 5-2　不同植物类型的光谱反射率差异

在遥感探测中传感器是从顶视的角度接收来自树冠或者连续植被的光谱反射能量，由于受传感器空间分辨率的限制，通常无法直接在叶片尺度上进行观测，所以单叶的光谱行为对植被冠层光谱特性虽然重要，但并不能完全解释植被冠层的光谱反射特点。植被冠层由许多离散的叶子组成，整个冠层的反射是由叶片的多次反射(如图5-5所示)和阴影的共同电磁辐射作用而形成的。植物叶片及冠层的形状、大小以及群体结构(涉及多次散射、间隙率和阴影等)都会对冠层光谱反射率产生很大影响，并随着作物的种类以及生长阶段等的变化而变化(赵英时等，2003)。因此，作物冠层的反射光谱特性还会受到冠层结构、生长状况、土壤背景以及天气状况等因素的影响。

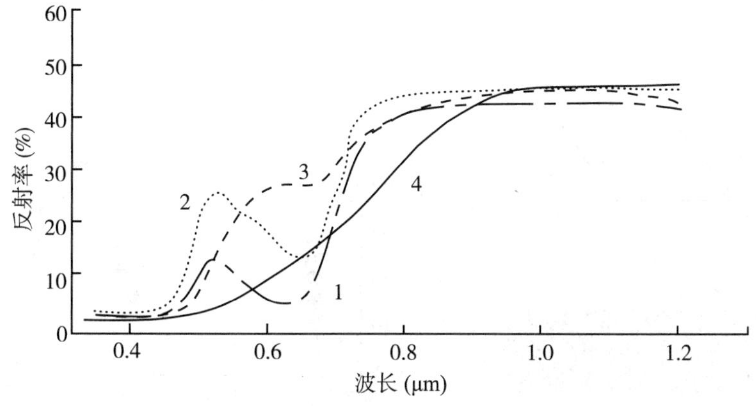

1. 幼苗期；2. 生长旺盛期；3. 开花结果期；4. 凋落期

图5-3　植物叶片在不同生长期的光谱特征变化趋势

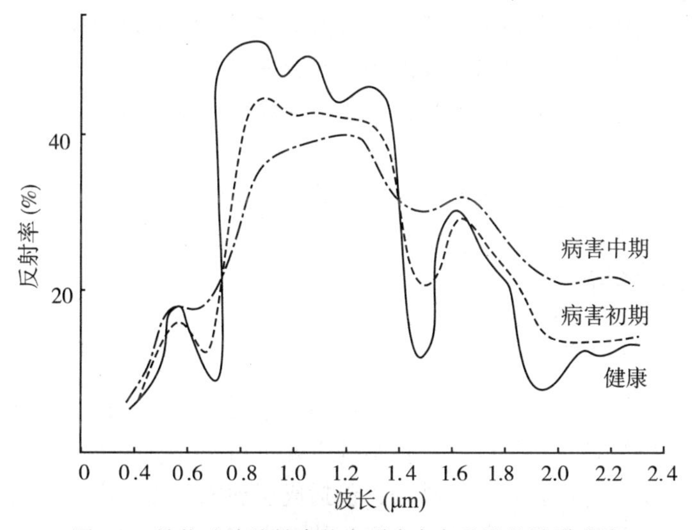

图5-4　植物叶片从健康状态到病害各阶段的波谱曲线

一般来说，在可见光波段(也是光合有效辐射波段)冠层的反射率通常都低于单叶的实验室量测值。因为对可见光波段而言，叶片透射率较低，可看作是不透明的，几乎全反射；而植被冠层由于存在叶子间的空隙，所以其反射率低于单叶的反射率；但对红外波段而言，叶片具有一定的透射性，冠层经过多次反射、透射后，则往往表现出高于单叶的反射率。如图5-6所示，通过不同层数棉花冠层的反射光谱曲线可以很明显地看到上述规律，即随着层数的增加，冠层在红外波段的反射率也随之增大，而在可见光波段的反射率基本不变(赵英时等，2003)。

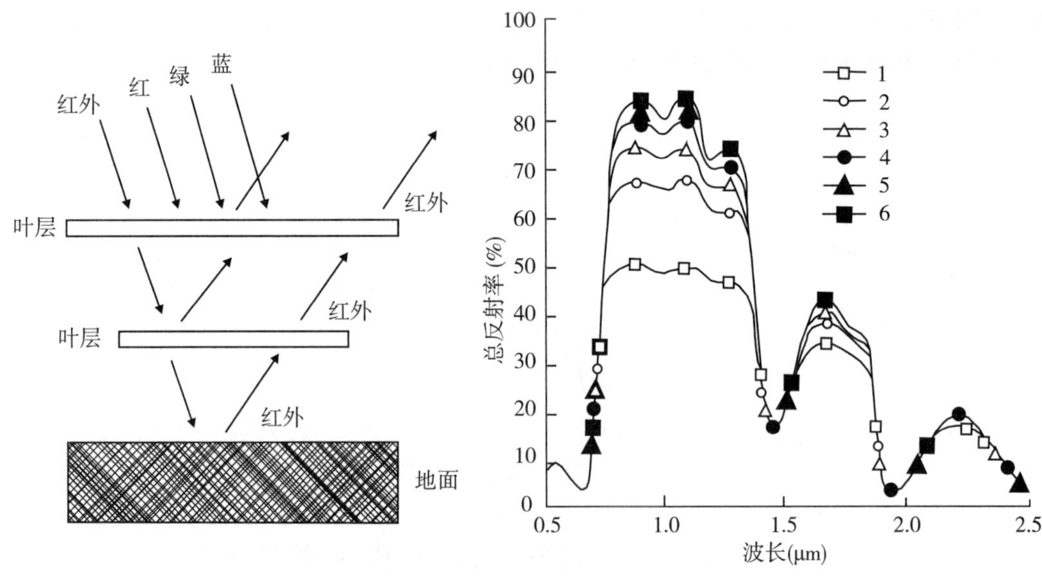

图 5-5 植被冠层的多次反射示意图

图 5-6 多层棉花冠层的光谱反射率响应及变化图

由于植被三维结构的复杂性和多样性，对植被与电磁波反射的相互作用的定量研究具有相当的难度。针对叶片和植被冠层反射的定量计算这一问题，学者进行了大量的研究，也提出一些有效、可行的模拟计算模型，主要包括辐射传输模型、几何光学模型和计算机模拟模型三种类型。这些冠层反射模型本质上是在各自不同的尺度上建立植被冠层结构和构造参数与冠层反射之间的数学关系，而这些数学模型的研究和建立则提供了应用遥感数据反演地表植被结构参数的可能性，为植被定量遥感研究奠定了基础，在本章 5.3 节将会对这些模型进行详细介绍。

5.1.2 植被的冠层结构参数

实际上，植被冠层的电磁波谱特性比上述的一般规律要复杂得多。与水体、土壤等其他地物类型不同，植被具有结构性。植被结构主要指植物叶子的形状大小和朝向、植被冠层的形状和大小以及几何形状与外部结构，包括成层现象和覆盖度等。植被结构是随着植物的种类、生长阶段和分布方式的变化而变化的。在定量遥感中，植被结构大致可分为水平均匀植被(连续型冠层植被)和离散植被(非连续型冠层植被)两大类，如图 5-7 所示。水平均匀植被如草地、幼林和生长茂盛的农作物等，离散植被如稀疏林地、果园和灌丛等。植被冠层的光谱辐射特征在很大程度上依赖于冠层结构，所以植被冠层结构是植被定量遥感研究的重要对象之一。

植被遥感在做浑浊介质建模时，植被冠层可被假设为由很多无限小的面元(叶片)组成的随机均匀分布的场景，如图 5-8 所示。对这一场景的描述不需要精确地知道每个叶片的位置和朝向，通常只需用一组统计参数即可描述其结构特征，如叶面积体密度和叶倾角分布。

(a)连续型冠层

(b)非连续型冠层

图 5-7　连续型冠层和非连续型冠层

(a)植被冠层

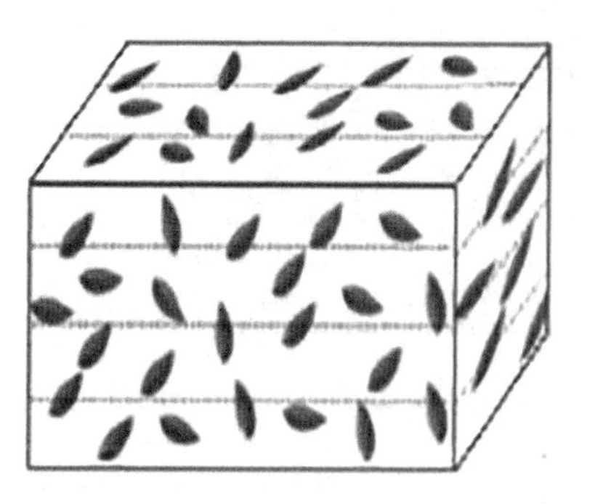
(b)植被冠层模型中的体积元

图 5-8　植被冠层与浑浊介质建模体积单元示意图

叶面积体密度 FAVD(Foliage Area Volume Density)是指单位立方体(体积元)内总的叶面积的大小，若计算出树冠内每一体积元的叶面积体密度，即可获得树冠内叶面积体密度的空间分布。这一空间分布在植被冠层反射模型的研究中具有重要意义，它定义了树冠内单位体积中叶面积的总量。叶面积体密度沿高度的积分即为叶面积指数 LAI；对每个给定高度在水平面上积分可得单一树冠的叶面积垂直分布，对叶面积的垂直分布再沿高度积分即可得到全部树冠的叶面积总量。叶面积总量与树冠在水平面投影总面积之比为该树冠的平均叶面积指数。为了简单起见，实际应用中描述冠层结构时也可由叶面积指数 LAI 代替叶面积体密度。由以上定义可知，LAI 实际为单位地表面积上方植物单叶面积的总和，因此可通过单位土地上植物叶片的总面积与占地面积的比值来计算，即 LAI＝叶片总面积/土地面积。LAI 与植被的密度、结构(单层或复层)、树木的生物学特性(分枝角、叶片着生角和耐荫性等)和环境条件(光照、水分和土壤营养状况)等有关，是表示植被的光能利用状况和冠层结构的一个综合指标。

叶倾角分布 LID(Leaf Inclination Distribution)是定义在植被冠层上的统计参数，即对整个植被冠层的所有叶片朝向的统计量。实际上，叶倾角分布更正式的叫法为叶面法向分布 LND(Leaf Normal Distribution)，定义为单位立体角内叶面积的比例。如图 5-9 所示，冠层中有很多小叶片(面元)，每个叶片都有自己的朝向，统计所有面元在某一个立体角 $\Delta\Omega_i$ 内所占的面积(若叶片面积相同只需统计其朝向在立体角内的数量)，即得到叶倾角分布。但因为立体角不容易测定，所以在应用中往往基于叶片方位角和天顶角无关且方位均匀分布的假设，将叶倾角定义为叶面法向与天顶角方向的夹角，如图 5-10 所示。不同的植被类型，或者同一植被类型在不同的区域均具有不同的叶倾角分布。根据经验，学者提出了几种典型的 LID 函数，可将对应的冠层区分为平面型、竖直型、倾斜型、极端型、均匀型和球型，各种类型的叶倾角分布函数见表 5-1。其中水平型函数对应于叶片主要呈水平分布的冠层，竖直型函数对应于叶片主要呈垂直分布的冠层，倾斜型函数对应于叶片分布在大约 45°范围内的冠层。表中的平均叶倾角为在已知的各种叶倾角分布函数的基础上，计算出的叶倾角角度的数学期望值。图 5-11 为除均匀型之外的 5 种 LID 函数的曲线图。

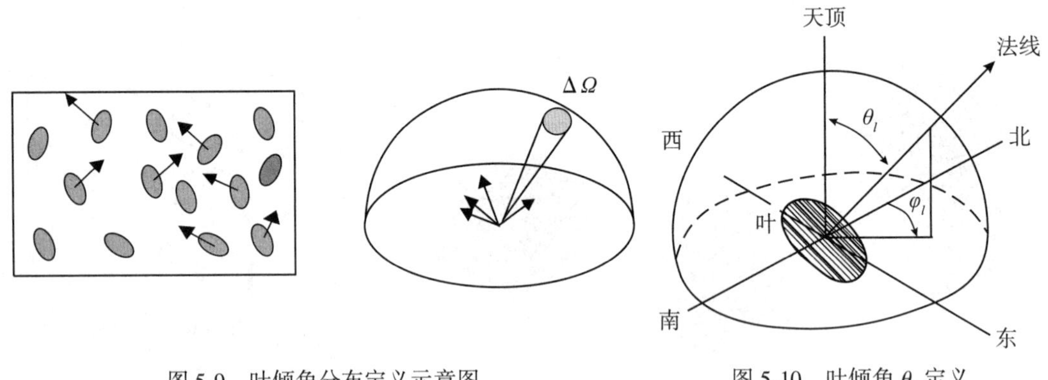

图 5-9　叶倾角分布定义示意图

图 5-10　叶倾角 θ_l 定义

表 5-1　**常见叶倾角分布函数**

分布类型	分布函数	平均叶倾角(°)
平面型	$2(1+\cos(2\theta_l))/\pi$	26.76
竖直型	$2(1-\cos(2\theta_l))/\pi$	63.24
倾斜型	$2(1-\cos(4\theta_l))/\pi$	45
极端型	$2(1+\cos(4\theta_l))/\pi$	45
均匀型	$2/\pi$	45
球型	$\sin(\theta_l)$	57.3

对于 LAI 和 LID 的测量，传统的方法是基于对植株的破坏性测量来进行，即将待测叶片全部剪下逐叶测量叶面积等。现多采用计算机断层成像原理，通过对树冠多角度底视数据的测量，获取树冠的 FAVD 和 LAI 等构造参数的间接估值，该方法是运用对树冠外形的

反投影重构进行测量，并用测量数据对估值方法进行检验。在定量遥感研究中，也可以利用遥感反演的方法来确定 LAI 和 LID 的值，具体内容参见本章 5. 3. 3 小节。

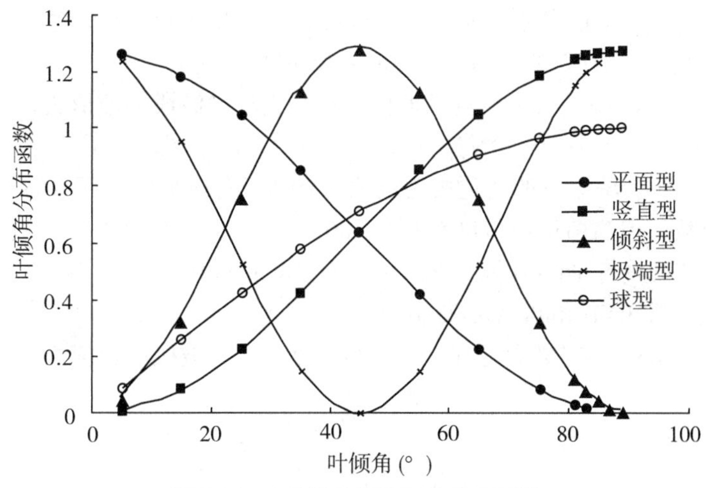

图 5-11　5 种常见的叶倾角分布函数

5. 1. 3　植被指数

通过不同光谱通道所获得的植被信息与植被的不同要素或某种特征状态具有各种不同的相关性，如植物叶片光谱特性中，可见光谱段受叶片叶绿素含量的控制，近红外波段受叶内细胞结构的控制，短波红外波段受叶细胞内水分含量的控制；再如绿光波段对区分植物类别比较敏感，红光波段对植被覆盖度、植被生长状况较为敏感。而在研究植被的过程中，当人们用不同波段的反射率因子以一定的形式组合成一个参数时，发现它与植被特性参数间的函数关系（如 LAI、干物质产生率等）比单一波段更稳定、更可靠（徐希孺，2005），因此，提出了植被指数的概念。植被指数 VI（Vegetation Index）是一种无量纲指数，它是将两个或多个波段的光谱反射率数据经数学方法（如加、减、乘、除、线性组合和非线性组合等）处理后得到的一些特征参数，这些参数对于植被的生物物理学特性具有一定的指示意义，可用来诊断植被生长状态及绿色植被活力，并反演各种植被参数等。同时，植被指数也是一种对多光谱和高光谱数据进行降维处理的方法，因为通过光谱波段的组合可以将多光谱、高光谱的重要光谱信息压缩为一个植被指数通道。所以，植被指数是遥感应用研究最常用的方法。

一般而言，植被对红光波段强吸收，而对近红外波段强反射，两者形成极大反差，所以红光和近红外两个波段组合而成的植被指数应用最广泛，研究也最深入。植被指数的计算可直接利用遥感影像上的 DN 值，或者利用光谱反射率 ρ 来进行。植被指数种类繁多，下面主要介绍常用的植被指数，并对植被指数的影响因素及其应用条件进行简单分析。

1. 常用植被指数

常用植被指数有差值植被指数、比值植被指数、归一化差分植被指数、调整土壤亮度的植被指数、垂直植被指数、绿度植被指数和增强植被指数等。此外，在基于高光谱遥感数据进行植被参数的定量遥感反演研究中，往往也需要根据参数的敏感波段定义一些合适的植被参数。在以下植被指数的表达式中，DN_{NIR}和DN_R分别表示近红外波段和红光波段影像上的数字值，ρ_{NIR}和ρ_R分别表示近红外波段和红光波段的光谱反射率值。

1)差值植被指数DVI(Difference Vegetation Index)

差值植被指数DVI被定义为近红外波段与可见光红光波段的数值之差，其表达式为

$$DVI = DN_{NIR} - DN_R \text{ 或 } DVI = \rho_{NIR} - \rho_R \tag{5.1}$$

DVI的特点是对土壤背景的变化极为敏感，有利于对植被生态环境的监测，因此也被称为环境植被指数。但当植被覆盖度较高(≥80%)时，DVI对植被的灵敏度下降。因此，DVI一般适用于植被发育早—中期，或低—中覆盖度的植被检测。

2)比值植被指数RVI(Ratio Vegetation Index)

比值植被指数RVI被定义为近红外波段与可见光红光波段的数值之比，其表达式为

$$RVI = \frac{DN_{NIR}}{DN_R} \text{ 或 } RVI = \frac{\rho_{NIR}}{\rho_R} \tag{5.2}$$

相对于裸土、人工特征物、水体等无植被的地面以及枯死或受胁迫的植被而言，绿色植物在红光波段与近红外波段之间具有较强烈的反射率反差，所以绿色植物的RVI值也高于地面其他地物类型的RVI，例如土壤的RVI一般接近于1，而植被的RVI则会高于2。可见，RVI能增强植被与土壤背景之间的辐射差异，从而可提供植被反射的重要信息，是植被长势和丰度度量的重要方法。

研究表明，RVI与植被的叶面积指数LAI、叶干生物量DM和叶绿素含量等参数的相关性较高，因而被广泛用于估算和监测绿色植物的生物量。然而，在植被高密度覆盖情况下，RVI对植被十分敏感，与生物量的相关性最好；但当植被覆盖度小于50%时，它的分辨能力显著下降。此外，RVI对大气状况非常敏感，大气效应大大地降低了它对植被检测的灵敏度，当RVI具有高值时此特点尤为明显。因此，在计算RVI时最好运用经过大气纠正的数据，或将两波段的灰度值转换成反射率后再进行计算，以消除大气对两个波段不同非线性衰减的影响。

3)归一化植被指数NDVI(Normalized Difference Vegetation Index)

NDVI也被称为“归一化差分植被指数”，是对RVI经非线性归一化处理而得，NDVI值在[-1, 1]范围内。NDVI可表示为

$$NDVI = \frac{DN_{NIR} - DN_R}{DN_{NIR} + DN_R} \text{ 或 } NDVI = \frac{\rho_{NIR} - \rho_R}{\rho_{NIR} + \rho_R} \tag{5.3}$$

NDVI是植被遥感中应用最广泛的植被指数，它具有明显的光谱应用优势，主要表现为：①NDVI是植被生长状态及植被覆盖度的最佳指示因子，它与叶面积指数、绿色生物量、植被覆盖度和光合作用等植被参数相关，可作为检测地区或全球植被生态环境变化的有效指标。②NDVI可部分消除与太阳高度角、卫星观测角、地形、云、阴影和大气条件有关的辐照度变化等电磁辐射干扰因素的影响，可有效地还原植被覆盖层的光谱辐射作用。③NDVI的值域具有地表目标大类区分作用，云、水和雪的NDVI为负值(<0)；岩石和裸土的NDVI值接近于0；植被覆盖像元的NDVI为正值(>0)，且随着植被覆盖度的增

大而增大。因此，NDVI 可用于全球或大陆等大尺度的植被动态监测。④NDVI 可反映植物冠层下的背景环境状况，如土壤性状、潮湿地面、枯叶层和表面粗糙度等，且 NDVI 对这些背景环境状况的波谱敏感性与植被覆盖度有关。

但在应用 NDVI 的过程中也应注意到其局限性和适用范围。例如，NDVI 增强了近红外与红光波段反射率低值部分的对比度，而抑制了高值部分的对比度。有实验表明，当 RVI 的值从 5 增至 10(增加 100%)，再增至 15(增加 200%)时，对应的 NDVI 值则从 0.67 增至 0.82(增加约 20%)，再增至 0.87(增加约 7%)，其结果是降低了对高植被覆盖区的光谱响应敏感性。实际上，NDVI 的值随植物量的增加并不总是呈线性关系。当植被覆盖度小于 15%时，植被的 NDVI 值高于裸土的 NDVI 值，这时植被虽可以被检测出来，但其 NDVI 值很难指示该区域的植被生物量；当植被覆盖度由 25%增加到 80%时，其 NDVI 值随生物量的增加呈线性迅速增大；当植被覆盖度大于 80%时，NDVI 值呈现饱和状态，增值缓慢，对植被覆盖度检测灵敏度大大降低。实验表明，NDVI 更适用于植被发育中期或中等覆盖度(低—中等叶面积指数)情况下的植被检测。

4)土壤调整植被指数 SAVI(Soil-Adjusted Vegetation Index)

对未完全被植被冠层覆盖的区域而言，其光谱特性会受到土壤背景的影响，而由土壤湿度、粗糙度、阴影、有机质含量及植被结构(多次散射)等因素引起的土壤表面的不同反射特性，也必然会影响到 NDVI、DVI 等植被指数的计算值。为了解释背景的光学特征变化并修正 NDVI 对土壤背景的敏感性，Huete 等(1988)定义了土壤调整植被指数 SAVI，其表达式为

$$\mathrm{SAVI}=\left[\frac{\mathrm{DN}_{\mathrm{NIR}}-\mathrm{DN}_{\mathrm{R}}}{\mathrm{DN}_{\mathrm{NIR}}+\mathrm{DN}_{\mathrm{R}}+L}\right](1+L)\ \text{或}\ \mathrm{SAVI}=\left[\frac{\rho_{\mathrm{NIR}}-\rho_{\mathrm{R}}}{\rho_{\mathrm{NIR}}+\rho_{\mathrm{R}}+L}\right](1+L) \tag{5.4}$$

SAVI 计算式中引入了土壤调节系数 L，其取值范围为 0~1。引入 L 系数的目的是修正植被覆盖层背景，尤其是土壤背景的光学特征变化，修正 NDVI 对土壤背景的敏感程度或灵敏度。当 $L=0$ 时，表示植被覆盖度为零，此时 SAVI 等同于 NDVI；当 L 接近 0.5 时，一般为中等植被覆盖度区；当 $L=1$ 时，表示土壤背景的影响为零，即植被覆盖度非常高，这种情况只出现在被树冠浓密的高大树木覆盖的地方。乘法因子$(1+L)$主要是用来保证计算的 SAVI 值与 NDVI 值一样介于-1 和$+1$ 之间。

5)垂直植被指数 PVI(Perpendicular Vegetation Index)

据研究，土壤在可见光红光波段与近红外波段的反射率具有线性关系，所以在 NIR-R 波段的反射率二维坐标系中，土壤(植被背景)光谱特性的变化表现为一个由近于原点发射的直线，称为“土壤线”或“土壤亮度线”，如图 5-12 所示。土壤在 R 与 NIR 波段均显示较高的光谱响应，随着土壤特性的变化，其亮度值沿土壤线上下移动。而植被一般在红光波段光谱响应低，在近红外波段光谱响应高，因此在该二维坐标系内植被多位于土壤线的左上方。不同植被与土壤线的距离不同，将植被像元到土壤线的垂直距离定义为垂直植被指数 PVI，其表达式为

$$\mathrm{PVI}=\sqrt{(S_{\mathrm{R}}-V_{\mathrm{R}})^2+(S_{\mathrm{NIR}}-V_{\mathrm{NIR}})^2}\ \text{或}\ \mathrm{PVI}=\sqrt{(\rho_{S_{\mathrm{R}}}-\rho_{V_{\mathrm{R}}})^2+(\rho_{S_{\mathrm{NIR}}}-\rho_{V_{\mathrm{NIR}}})^2} \tag{5.5}$$

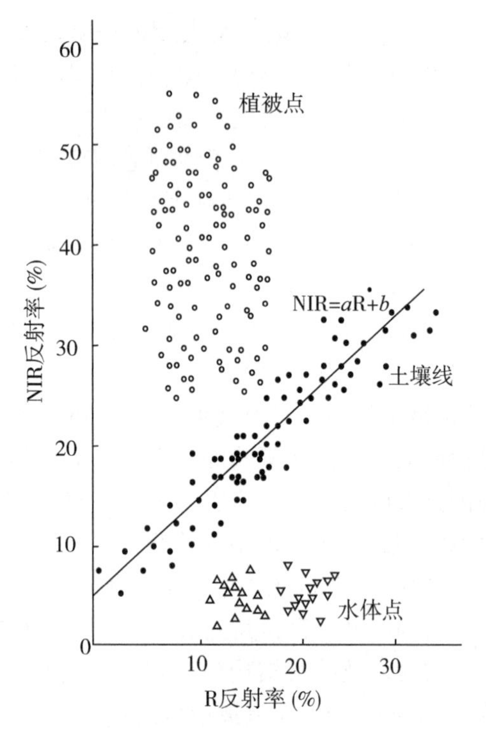

图 5-12　二维土壤光谱线(赵英时等，2003)

式中，S、V 分别为土壤和植被的反射亮度值；ρ_S、ρ_V 分别为土壤和植被的反射率值。PVI 表征在土壤背景上存在的植被的生物量，距离越大，生物量越大。PVI 的显著特点是较好地滤除了土壤背景的影响，且对大气效应的敏感程度也小于其他植被指数。因为它减弱和消除了大气以及土壤的干扰，所以一般被广泛应用于大面积作物估产。

6)穗帽变换中的绿度植被指数 GVI(Green Vegetation Index)

穗帽变换 TC(Tasseled Cap，也称缨帽变换)是指在多维光谱空间中，通过线性变换、多维空间的旋转，将植物、土壤信息投影到多维空间的一个平面上，在这个平面上植被生长状况的时间轨迹(光谱图形)和土壤亮度轴相互垂直。如图 5-13 所示，通过坐标变换使植被与土壤的光谱特征分离。从形状上看，植被生长过程的光谱图形呈“穗帽”图形；而土壤光谱则构成一条土壤线，有关土壤特征(含水量、有机质含量、粒度大小、土壤矿物成分、土壤表面粗糙度等)的光谱变化都沿土壤线方向产生。穗帽变换后得到的第一分量表示土壤亮度，第二分量则为绿度分量，即 GVI。

学者针对不同的卫星遥感器和地区特点，提出相应的穗帽变换系数矩阵。下面为 Kauth 和 Thomas(1976)针对陆地卫星 MSS 所提出的穗帽变换系数矩阵：

$$\begin{pmatrix} TC_1 \\ TC_2 \\ TC_3 \\ TC_4 \end{pmatrix} = \begin{pmatrix} +0.433 & +0.632 & +0.586 & +0.264 \\ -0.290 & -0.562 & +0.600 & +0.491 \\ -0.829 & +0.522 & -0.039 & +0.194 \\ +0.233 & +0.012 & -0.543 & +0.810 \end{pmatrix} \begin{pmatrix} MSS_4 \\ MSS_5 \\ MSS_6 \\ MSS_7 \end{pmatrix} \tag{5.6}$$

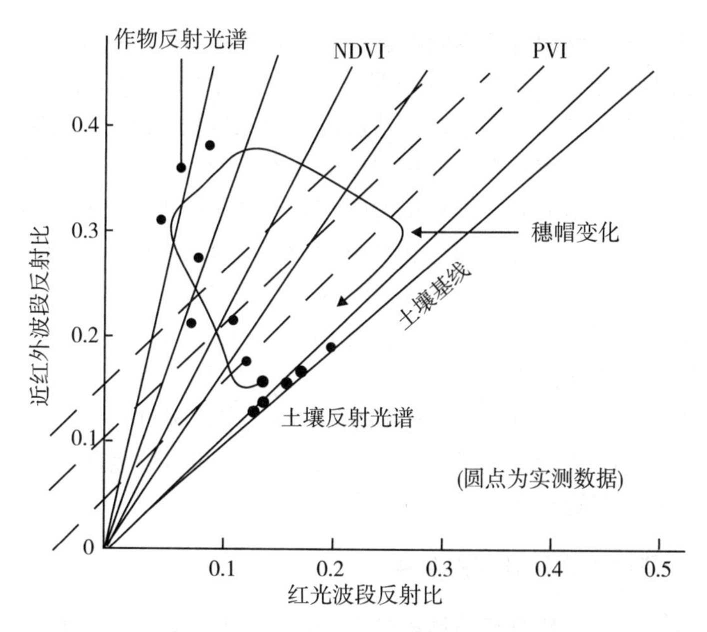

图 5-13　二维光谱坐标中土壤基线和植被指标(张仁华，1996)

变换所得的四个新波段没有直接的物理意义，但其信息与地面景物相关联。其中第一分量 TC_1 表征“土壤亮度”，反映土壤亮度信息；第二分量 TC_2 表征“绿度”，与绿色植被长势和覆盖度等信息直接相关；第三分量 TC_3 表征“黄度”，无确定意义，位于 TC_1 和 TC_2 的右侧；第四分量 TC_4 无景观意义，主要为噪声。第一、二分量往往集中了95%或更多的信息。因此，植被、土壤信息主要集中在由 TC_1 和 TC_2 组成的二维图形中。

对于 TM 而言，可见光—红外 6 个波段的数据蕴含着极为丰富的植被信息，经穗帽变换的前三个分量主要反映土壤亮度、绿度和湿度特征，第四分量主要为噪声。以 Landsat 5 为例，前三个分量可表示为

$$\begin{cases} BI = 0.2909TM1 + 0.2493TM2 + 0.4806TM3 + 0.5568TM4 + 0.4438TM5 + 0.1706TM7 \\ GVI = -0.2728TM1 - 0.2174TM2 - 0.5508TM3 + 0.7721TM4 + 0.0733TM5 - 0.1648TM7 \\ WI = 0.1446TM1 + 0.1761TM2 + 0.3322TM3 + 0.3396TM4 - 0.6210TM5 - 0.4186TM7 \end{cases} \tag{5.7}$$

7)增强型植被指数 EVI(Enhanced Vegetation Index)

为了提高植被指数在高植被覆盖区的敏感性、降低土壤背景的影响、消除大气传输干扰等，设计了增强型植被指数 EVI，并应用于 MODIS 植被指数产品的生产。EVI 可表示为

$$EVI = G \times \frac{\rho_{NIR} - \rho_R}{\rho_{NIR} + (C_1 \times \rho_R - C_2 \times \rho_B) + L} \times (1 + L) \tag{5.8}$$

式(5.8)是在 NDVI 的基础上增加了一个土壤调节因子 L 和两个用于改正大气气溶胶散射的系数 C_1、C_2。式中，ρ_B 为蓝光波段的反射率；系数 C_1、C_2 和 L 的经验取值分别为 6.0、7.5 和 1.0；G 是增益因子，取值为 2.5。

8)其他植被指数

为了定量反演植被生化组分并诊断植被营养生长状态，除上述植被指数外，还发展了很多植被指数。据不完全统计，目前在科学文献中发布的植被指数模型已超过150种之多。这些植被指数可以用来简单度量绿色植被的数量和生长状况、叶绿素含量、叶子表面冠层、叶聚丛、冠层结构、植被在光合作用中对入射光的利用效率，测量植被冠层中氮的相对含量，估算纤维素和木质素干燥状态的碳含量，度量植被胁迫相关色素以及植被冠层中的水分含量等。例如，通过计算绿色植物连续光谱中叶绿素吸收谷(550~700nm)的形状和面积，可以获得诸如叶绿素吸收比率指数CARI、叶绿素吸收连续指数CACI以及光化学植被指数PRI等高光谱植被指数。植物光谱响应曲线中的红边转折点(REIP)被定义在波长720nm附近，此处光谱反射曲线的一阶导数达到最大值，人们可以利用高光谱反射数据，采用不同方法测定REIP，通过红边的参数化来表征红边位置指数等高光谱植被指数(窄波段植被指数)。基于水在近红外和短波红外范围内的吸收特征，以及光在近红外范围的穿透性，可定义冠层水分含量指数等。

2. 植被指数的影响因素及其应用条件

植被指数的一个重要应用是反演植被的生物物理参数。换言之，植被指数与植物生物物理参数(如叶面积指数LAI、植被覆盖度、绿色生物量和光合有效辐射FAPAR等)之间存在相关关系，因此可以作为获取这些生物物理参数的"中间变量"，或得到两者之间的转换系数。在植被指数的应用中，需要注意其影响因素和应用条件。影响植被指数的因素主要有物候期-农事历、作物排列方向、大气效应、太阳高度角、太阳入射方位角、地形效应及传感器等因素。

植物在生长周期中，其生理、外形及结构均会发生变化。植物的化学、物理和生物特性随着季节性变化而形成季相节律，它会影响植被的光谱响应，同时也会影响植被指数量值的生物物理指示意义和对植物生态环境的定量表达意义。因此，应用中需针对不同的应用目的和需求选择不同物候期的植被指数，如对于小麦遥感估产而言，应以选择小麦拔节到乳熟期的植被指数为最佳。

植被指数还与叶倾角、叶子层数、作物耕作的方向、间隔和冠层的几何光学特性有关。大气的吸收和散射也会影响植被可见光和近红外辐射强度，从而会导致植被指数发生变化，所以植被指数的计算应尽量利用高精度的多光谱或者高光谱反射率数据。严格地讲，对精度要求比较高的情况，采用未经过大气校正的辐射亮度或者无量纲的DN值数据进行植被指数计算是不合适的。太阳入射角主要影响遥感过程中的大气传输路径长度。由于植被表面结构的非均匀性及表面反射辐射的各向异性会直接影响植冠的二向反射(BRDF)，从而使植被指数处于不确定性之中，造成植被指数在不同时相遥感数据之间的不可比对性。

5.1.4　植被的物候特征

植被的物候特征是指植物发育或生长周期随季节变化的现象，如植物的发芽、展叶、开花、结果和落叶等。植被物候反映了生态系统内物种的生存策略，其变化可能会加剧物种间的竞争关系，导致一些物种的入侵或退出，进而改变生态系统的结构；同时，植被物候还直接调控碳循环、水的蒸发散以及氮、磷等养分的矿化和吸收等诸多生态系统过程。由于植被物候直接反映了植被生理生态过程对环境变化的响应，在全球气候变化研究中受到了越来越多的关注。在区域尺度上，植被物候数据也可以为植被动态监测、区域农业规划、区域资源配置与决策、区域气候变化等研究提供重要参考。此外，在遥感地学应用研究中，一方面，植被物候是一种重要的分类特征，常可以用来辅助确定植被类型及其生长状态等与季节相关的属性；另一方面，遥感技术也可以作为获取植被物候参数的重要方法。

表征植被物候特征的参数有植被生长季开始时间 SOS(Start of Season)、生长季结束时间 EOS (End of Season)和生长季长度 LOS (Length of Season)等。传统的方法是直接通过人工观测记录特定植物或种群生长与发育过程(发芽、展叶和叶片枯黄等)的出现日期来进行物候研究。对于农作区，物候期表现为地方农事历，即耕作、播种、发芽、生长、成熟、收获、休闲等季相循环周期；每个地区、每种作物均有自身的农事历，这是由作物的生长特点、地方气候、地方农业耕作方式与习惯等决定的。例如，表 5-2 中所记录的就是对我国上千个县的物候历调查所得的各大区的农耕起止日期，表 5-3 中为冬小麦、玉米和棉花的农事历状况。人工记录是最直观、准确的物候获取方法，但该方法只能实现对群落内有限植物种的物候观测；多区域的连续观测需要较多的人力投入，而且不同观测人员的判断标准可能存在一定差别，特别是对于群落的人工记录，这种差别更明显，在准确反映整体群落或生态系统尺度的物候变化方面存在较大的不确定性。

表 5-2　**各地农耕起止日期(日/月)**

地　区	始日	终日
东北北部、内蒙古东部、新疆北部、青藏高原大部	1/4 以后	1/11 以前
华北北部、东北南部、晋陕高原、南疆、甘、宁、藏南河谷	1/3～1/4	1/11～1/12
华北平原、江淮平原、泾渭谷地	1/2～1/3	1/12～1/1
长江、汉江以南，浙江、闽北、皖南、赣北、湘北、黔、川	1/1～1/2	1/12～1/1
南岭以南	全年	

表 5-3　**棉花、冬小麦和玉米的物候期(旬/月)**

作物	物　候　期			
		西北	华北	华中、华东
棉花	出苗—现蕾	中/5～中、下/6	上/5～上、中/6	下/4～中/6
	现蕾—开花	下/6～中/7	中/6～上/7	下/6～上/7
	开花—吐絮	下/7～上/9	中/7～下/8	中/7～下/8
	吐絮以后	中/9～上/11	上/9～中/11	上/9～下/11

续表

作物	物候期					
冬小麦		华北南部、关中盆地	华北北部	西北	长江沿岸	长江以南
	播种—分蘖	上/10~下/11	下/9~下/10	中、下/9~中、下/10	下/10~上/12	中/11~中/12
	分蘖—越冬	中/11~12	上/11	上/11	中/12	下/12
	返青—拔节	上/3~下/3	上/4	上/5	中/3	下/2
	拔节—抽穗	上/4~下/4	中/4~上/5	中/5~上/6	下/3~中/4	上/3~上/4
	抽穗—成熟	上/5~下/6	中/5~中/6	中/6~上/7	下/4~下/5	中/4~中/5
春玉米		东北	华北	西北内陆、南疆	北疆	西南高原
	播种—出苗	上/5~中/5	下/4~上/5	中 4~下/4	上/5~中/5	下/4
	拔节—抽穗	下/7	中/7	中/7	下/7	
	抽穗—灌浆	中/8	上/8			
	腊熟—收获	上/9	上/9	上、中/9	上、中/9	下/9
	全生长期	上/5~上/9	下/4~上/9	中/4~上、中/9	上/5~上、中/9	

作物		华北	长江流域	西南高原
夏玉米	播种—出苗	中/6~下/6	下/6	下/5~上/6
	拔节—抽穗	下/7	中/8	上/8
	腊熟—收获	中/9	中/9	上/10
	全生长期	中/6~中/9	下/6~中/9	下/5~上/10

物候直接观测的对象一般为叶片、单株植物或种群，而实际上也可以通过对生态系统植被冠层生长过程的整体观测实现植被物候特征的间接获取。相较于小范围和非连续的物候直接观测，间接提取途径往往要基于连续观测的数据来获取长时间和大尺度的植被物候信息。遥感技术采用顶视的角度进行对地连续观测，所以在提取冠层光谱及其变化信息进而用于植被物候研究方面具有不可替代的优势。

植被物候遥感提取的主要原理是利用遥感特征参量探测发现植被在形态上发生显著变化所对应的日期，以及从生长开始到结束所经历的时间(项铭涛等，2018)。具体而言，就是利用"时间序列植被指数是植被生长状况指示器"的特点，通过植被指数这一特征参量探测发现与植被生物学特征相关的周期变化。例如，近地面遥感技术通过在植被上方对冠层的自动高频拍照取样，并利用图像中红、绿、蓝波段的光谱信息得到可表征植被冠层动态的绿度指数 GI (Greenness Index)和色相(Hue)等参数，实现对植被物候变化的连续监测。而卫星遥感影像中包含了地物更多的光谱反射率信息，可以反映地物的不同变化，包括冰雪融化、植被盖度、植被冠层的生长等物理和生理生态的季节变化过程。根据与植被特性相关的光合辐射波段和近红外波段的反射率，可以从遥感数据中得到归一化差分植被指数 NDVI 和增强植被指数 EVI 等，进而实现区域尺度上植被物候变化的动态监测，目前已成为大尺度物候变化研究中常用的方法。一般而言，利用植被指数等资料提取植被物候指标包括数据拟合或滤波与物候指标提取两个基本步骤。

1. 数据拟合或滤波

由于时间序列植被指数受到如太阳高度角、观测角、云、水汽、气溶胶和冰雪等多种因素干扰，出现许多噪声，曲线呈现锯齿状的不规则波动，无法直接进行趋势分析和信息提取，所以有必要对植被指数时间序列数据进行去噪和平滑处理，即时序植被指数重建。对于近地和卫星遥感数据而言，因为数据波动性较小，可以采用拟合回归和滤波函数等方法进行数据平滑，特别适用于一年中有多个生长季的生态系统。常用的数据拟合函数有单逻辑斯特拟合、双逻辑斯特拟合、高斯拟合和多项式拟合等；而通过滤波函数的平滑方法主要有傅里叶变换、Savizky-Golay 滤波、样条插值-滑动窗口平均和均值迭代滤波等。

2. 植被物候指标提取

在重构后的时序植被曲线数据上，可以利用数学算法提取描述植被生长关键物候期的特征节点。常用的数学提取算法有阈值法、导数法或曲率法、移动平均法、最大变化率法等(曹沛雨，2016)。

(1)阈值法(Threshold)。该方法认为当表征植被属性的数据达到某一值时，往往对应着植被重要物候期的发生，例如固定阈值中 NDVI 达到 0.2 时，或者动态阈值中达到最大和最小 NDVI 差值的 10%时，往往就意味着某个物候期的发生。但阈值的确定需要一定的经验，在一些有先验信息的区域结果较为精确；若没有先验信息，误差可能较大。

(2)导数法或曲率法(Derivative or RCC)。该类方法认为植被的展叶及落叶对应春季和秋季植被指数等表征植被属性数据的突然变化。因此，可通过拟合函数的导函数或曲率函数的极值得到展叶期及落叶期对应的物候参数。该方法对于数据的波动变化较为敏感，因此易受到自然灾害或人为管理引起的异常的影响。

(3)移动平均法(Moving Average)。该方法是将时间序列曲线在上升及下降阶段与其一定平均曲线的交点分别作为 SOS 和 EOS。其移动窗口长度对物候指标的准确获取非常关键，与阈值法一样，其设定也需要一定的先验知识。

(4)最大变化率(Maximum Variation)。通过计算植被指数等时序数据前后 2 次的相对变化率，得到最大变化率所对应的植被指数，并将此值设为阈值，得到对应的物候指标。因此，选用不同时间步长的数据对结果有一定的影响。

5.2 植被遥感分类

植被是重要的地表覆盖类型，植被覆盖数据可服务于区域范围内的资源、生态、水文、环境、规划、气象和防灾减灾等领域。植被覆盖类型也是全球地表陆地生态模拟系统所需要的重要参数，植被功能分类数据对于研究全球气候和环境等问题具有非常重要的意义。遥感是实现植被覆盖分类的有效方法，植被覆盖分类是地表覆盖遥感分类的基本内容，而植被功能分类目前也已成为植被遥感分类研究中最复杂的问题之一。

5.2.1　概述

地表植被覆盖类型的分布具有特定的地带性规律，植被的地带性分布按照地理地带性特征可分为水平地带性与垂直地带性，其中水平地带性又包括纬度地带性和经度地带性。植被地带性分布反映了植物群落的温度生境环境、湿度生境环境及水热生境环境条件，体现了植物群落的区域地理分布规律，与植被区划研究和植被遥感研究具有密切联系(薛重生，2011)。一方面，植被地带性分析主要依赖于对植被地理学生境环境的图像认知过程。换言之，运用遥感图像上反映的地理单元位置、地貌形态特征、气象知识及气候环境因子，结合植被覆盖指数信息及物候信息等，可进行植被的地带性划分与植被地理区划的解译。另一方面，植被的地带性分布规律对于植被覆盖类型的遥感解译工作又具有一定的宏观指导意义。植被覆盖分类，即对植被覆盖类型的遥感解译，是在植被的地带性划分和植被地理区划的宏观指导下，以遥感影像上植冠的光谱特征组合、植冠构图的几何形态及图像纹理标志、植被指数以及植物表面温度、地形和物候特点等非遥感要素为基本依据而进行的植被覆盖类型的识别工作。

目前，植被覆盖遥感分类常用 Landsat TM、Landsat ETM +、SPOT、IKONOS、OrbView-3、QuickBird、GeoEye-1 等中高分辨率多光谱影像以及各种多光谱航片来进行，我国高分系列卫星数据的应用也在逐渐增多。相对于雷达影像和高光谱影像而言，多光谱影像更易获取，并且能够同时满足低成本、高时效、多目的及多尺度的植被分类，因而应用最多。

我国主要的植被覆盖类型有针叶林、阔叶林、灌丛和萌生矮林、荒漠和旱生灌丛、草原、草甸、草本沼泽等。一般来说，针叶林与阔叶林在同一波谱组合的假彩色图像中，其色调的色度、纯度、明度会存在较为明显的差异，通常情况下易于区分。例如，在利用 TM4、TM3、TM2 合成的假彩色影像上，阔叶林具有比较鲜红的色调，而针叶林则表现为暗红色调。灌丛林地类型在遥感影像上很难利用单一的波谱组合标志进行识别与划分，然而，不同灌丛林地类型多与地貌类型、岩石地层类型、气候带和地理环境等外部环境要素具有密切的关联性。在多光谱图像中，可以利用这些辅助信息进行综合性解译和推理分析，如在干旱-半干旱地带，灌丛林地属于荒漠型旱生灌丛，其图像色调与绿洲或高山针叶林覆盖类型之间均具有较大的差异性；而对我国长江以南低山丘陵地带分布的灌丛及萌生矮林类型的图像色调识别，则需要利用更多的植被指数标志予以综合判别和分类识别。

草原类型分为半湿润-半干旱地带的温带型草原、亚热带高寒型草原和热带稀疏灌木型草原几种类型。典型的地域性草原有我国东北草原、内蒙古草原、青藏高原草原及云南山地草原等。草原图像的多光谱色调标志与其他植被覆盖类型之间均存在较大的差异性，结合草原的地貌类型、图像纹理结构和其他间接标志易于进行分类和识别。草甸植被覆盖类型主要有温带草甸、亚热带高寒草甸和亚热带-热带草甸等类型。草甸的色调标志主要由草本植物近红外反射能力所决定，在假彩色红外图像上呈现鲜艳的红色调而有别于一般草原和湿地草甸类型。但也存在过渡性地带的草甸类型，如草甸-草原过渡型、草甸-沼泽过渡型，其光谱识别标志也需借助图像的地貌类型和图像纹理等间接标志进行综合判别。

草本沼泽主要发育在永久性或周期性积水环境下，为湿生多年生草本植物。该类型植物由于处于土壤缺氧的生境下，形成了特殊的生物生态学特性。例如芦苇、莎草、苔草和克拉莎等密丛草类，因枯叶不断累积，形成了草丘这种特殊的微地貌类型。草本沼泽可分为温带草本沼泽、高寒草本沼泽和热带草本沼泽等，典型的沼泽如黑龙江三江低冲积平原沼泽、长江下荆江河段湖泊(牛轭湖)沼泽和青藏高原高寒沼泽等。

总体来说，在植被遥感分类中，中低分辨率的多光谱影像主要用于大尺度植被群落级的分类，对于植被物种级分类比较困难。然而，随着遥感技术的进一步发展，多光谱高空间分辨率遥感和高光谱分辨率遥感探测技术不断成熟，高空间分辨率和高光谱遥感数据更加精细地反映了不同植被类型在空间特性和光谱特性上的差异，也使得对于植被类型的遥感区分能力大大提高，甚至达到定量区分的程度。高分辨率遥感影像能在较小的空间尺度上表达植被的细节变化，进行大比例尺制图，不仅能够用于区域尺度的植被群落级分类，对于局部小尺度物种级植被精细分类更具潜力。利用高光谱遥感数据还可以区分植物的不同生长状态，从而实现病虫害监测和农作物定量估产等。例如，由中科遥感科技集团开发的中国卫星地图软件“实时地球”，依托于遥感集市云平台遥感数据服务体系，除内置大量的历史存档影像数据外，支持每天动态更新全国高分辨率卫星影像，可根据用户需求提供变化检测、影像镶嵌产品及各类专题信息。图 5-14 为“实时地球”软件提供的河南省南部的林种分布图，该图区分有常绿落叶混交林、常绿阔叶林、常绿针叶林、落叶针叶林和落叶阔叶林五个林种。

图 5-14 河南省南部林种分布图

5.2.2　植被遥感分类方法

传统的植被遥感分类方法主要以目视解译为主，辅以野外实地调查，费时费力且不适用于大面积作业，而且解译精度往往依赖于影像质量及判读者经验，作业周期长、解译结果时效性较差。植被遥感计算机分类方法的应用，大大提高了分类的效率和解译结果的时效性。然而，植被遥感计算机分类实践中仍存在很多影响分类效果的因素，如区域内植被的分类体系、遥感数据的局限性、各类型的有效样本、分类特征的确定、分类辅助数据和分类方法等，其中分类方法是否合适是最关键的因素。

常用的植被覆盖分类方法很多，大体上可以分为四类，即是否具有先验知识的分类方法、结合多源遥感数据及相关辅助信息的分类方法、机器学习分类方法以及其他分类方法(杨超等，2018)。不同分类方法的原理不同，对植被分类而言各有利弊，实践中常将多种方法结合使用，以趋利避害，得到较好的分类精度。

(1)是否具有先验知识的分类方法。遥感影像分类根据其是否具有先验知识可分为监督与非监督分类两大类。监督分类在很大程度上依赖训练样本的选取，样本不准确会降低分类精度；而非监督分类由于算法局限，也会出现分类类别与实际对应地物不匹配的现象。由于遥感影像上不可避免地存在“同物异谱、同谱异物”现象，对应的地物错综复杂，而常用的监督分类和非监督分类方法是无法避免“同物异谱、同谱异物”对于分类的影响的，所以单纯利用监督分类或非监督分类来完成某一特定区域植被分类的研究案例很少。在实际应用中，通常将两种方法相结合或将其应用于植被类型较为单一且规整的区域，这样会在一定程度上提高分类精度，但总体而言分类精度依然较低，且无法实现植被遥感精细分类。

(2)结合多源遥感数据及相关辅助信息的分类方法。该方法可在一定程度上抑制同类地物内部的噪声，减少分类过程中的“同物异谱、同谱异物”现象，使分类精度大幅提高。但对于植被精细分类而言，仍无法实现植被的二级或三级类划分。这类方法主要包括：①基于植被指数的分类方法。植被在红光波段具有强吸收性，而在近红外波段具有高反射率，研究者通过红光波段和近红外波段的相关数学运算建立了能较好区分植被与非植被的一些植被指数，如NDVI、PVI、RVI和EVI等，这些植被指数已在植被覆盖及病虫害监测等方面得到了广泛应用。然而，基于植被指数的分类方法虽然有效，但精度普遍不高，且对于景观破碎、地形复杂地区有很大限制。②基于多时相信息的分类方法。植被的生长发育具有物候特性，其光谱信息会随季节的变化而改变，导致单一时期的影像分类效果通常并不理想。因此，基于多时相遥感影像的植被分类优势更明显。利用多时相信息的植被分类方法，由于遵循了植被生长规律，符合当今植被遥感分类趋势，其分类精度大幅度提高，但该分类方法较为烦琐且地面GIS专题信息等较难获取，也存在明显不足。③综合多源遥感数据及纹理、地形和光谱等辅助信息的分类方法。不同植被间“同谱异物、同物异谱”的现象十分明显，使得仅依靠遥感影像的植被分类方法具有较大局限性。不同类别的植被分布受地形、气候和土壤等因素影响，所以在植被遥感分类中，加入此类辅助信息可在很大程度上提高分类精度。具体分类中，遥感数据及辅助信息之间的融合方式灵活多样。例如，将光学影像与雷达数据相结合；考虑地形因素，将DEM融入光学影像的植被分类中，或者利用坡向、高程和土壤等辅助信息建立与植被的相关关系，进一步提高分类精度；等等。总之，综合多源遥感数据及辅助信息进行植被分类的方法，处理中多涉及多源遥感数据融合，尤其是光学与雷达数据的结合，抑或遥感数据与地形、纹理、光谱和空间结构等辅助信息的结合。因此，要特别注重对多重信息融合方法的研究。

(3)基于机器学习的分类方法。机器学习是人工智能的重要领域，人工智能技术的发展使得植被遥感分类也朝着人工智能方向迈进。①人工神经网络(Artificial Neural Networks，ANN)通过模拟大脑神经元的活动处理信息，目前已在诸多领域得以应用。在植被分类领域中，以BP(Back Propagation)神经网络最常用，其次为模糊神经网络和Kohonen自组织特征分类等。虽然基于人工神经网络的方法可以有效提高分类精度，但人工神经网络算法相对比较复杂且费时，在一定程度上限制了其应用。②数据挖掘是指从大量的数据中通过算法搜索隐藏于其中的信息的过程，基于数据挖掘而发展起来的分类方法很多，如支持向量机(SVM)和决策树分类等。虽然支持向量机和决策树等都是有效、高精度的数据挖掘方法，但单独使用仍无法排除混合像元的影响，在一定程度上也会降低分类精度。

(4)其他植被遥感分类方法。主要包括：①软分类器。通常影像分类都是利用“硬”分类器完成，即最终分类结果中一个像元只隶属一种地物类型。而实际应用中，许多地物在影像上往往会呈现混合像元的形式，对于中、低分辨率影像而言，混合像元存在的概率更大。“软”分类是解决混合像元归属的一种有效方法，模糊分类法是“软”分类器的典型代表，其充分考虑真实地物的不确定性和复杂性，最终输出为含有模糊信息的分类产品。②面向对象分类。该方法是将影像分成多个多边形对象，多边形为两个以上相邻光谱信息类似的像元集合，利用对象的光谱、纹理和空间拓扑关系等信息进行分类。对于较高分辨率影像的信息提取，面向对象的分类方法精度显著高于基于像元的分类方法，但对于较低分辨率影像及景观破碎、地形复杂地区而言，其精度则低很多。③混合像元分解。混合像元问题作为遥感应用技术领域中的难点之一，使遥感影像处理及其应用精度大大降低，尤其对于植被遥感影像分类。混合像元分解是实现植被精确分类和识别的重要前提。混合像元分解过程通常是将混合像元依据光谱解混模型分解为不同“端元”组分，求出不同端元所占像元的比例，因此，该过程也被称为“混合像元光谱解混”，这也是目前高光谱遥感应用研究的一个热点问题。

5.2.3 植被功能型(PFT)分类

以上所述的基于遥感技术的植被分类是根据植物的物种特异性(Species-Specific)进行的分类方法，目的是实现具有不同光谱特性的植物物种的区分，这在一定程度上可以满足土地覆盖分类、植被资源调查和变化检测等应用的一般需求。目前，随着全球环境问题的日益突出，全球环境变化研究日益广泛和深入。其中，作为人类赖以生存和持续发展功能基础的陆地生态系统是最核心的研究内容，而在陆地生态系统建模中，基于植物物种特异性的植被分类数据却难以准确反映植被与环境之间的响应关系。传统的陆地生态系统模型往往是在“假设某一覆盖类型内部的植被都具有相似功能”这一前提下，利用土地覆盖类型来确定许多生物物理参数。在没有现实可行的方法得到这些参数空间分布的情况下，基于土地覆盖类型的植被参数化方法在早期的陆面过程模型中获得了重要成功。然而，现代的陆地生态系统等陆面过程模型是通过耦合植被动态模型来模拟植被变化对气候系统的反馈的，显然基于土地覆盖类型的植被表达难以满足此类需求。但是，在全球植被动态模型中要包括全球每一个生态系统是不可能的，更不可能包括每个生态系统中的每一个植物物种。因此，为了减少模型的复杂性，科学家提出在植被动态模型中可以采用“植物功能型PFT (Plant Functional Types)”来进行新一代陆面过程模型中的植被表达这一思路。相对于传统的土地覆盖类型，PFT能提供更多植被生理方面的信息(如光合作用和碳循环)，也能更容易和生态系统模型相关联。因此，获取可靠的植物功能型分布越来越受到全球变化研究领域的重视。毫无疑问，开展全球和区域植物功能型制图，发展更高精度的植物功能型分布图，会极大地促进全球和区域碳循环、气候和生态系统模型预测能力的提高。

植物功能型PFT是指由于共同享有一些关键的功能性状而对特定环境因子有相似反应机理，并对生态系统主要过程有相似影响的不同植物种类的组合(刘良云，2014)。在大的空间尺度上，植物的冠层特征在植被—大气间的相互作用中扮演着重要的角色，所以应用于大尺度研究的PFT划分标准也集中在植物冠层的一些关键特征上，例如木本-草本、常绿-落叶、阔叶-针叶、抗寒性和光合途径等。这些特征在很大程度上决定着植物的生物物理和生理特征，同时对植物的生存和生理活动，特别是植物对气候变化的响应起着至关重要的作用。综合考虑植物的形态和生理特征，以及气候变量对植物特征的限制是划分植物功能型的有效方法(翁恩生等，2005)，遥感科学技术作为获取地表信息的重要方法和手段，无疑在植物功能型的分类研究中发挥着重要作用。

目前，在全球尺度上已有一些植物功能型分布产品，如MODIS PFT产品、通用陆面过程模型CLM自带的一些植物功能型分布图等，但这些产品精度很低。因为植物功能型分类不同于传统的物种分类方法，在分类中还需要同时考虑气候等方面的因素，所以分类相对比较复杂。但随着遥感数据分辨率的进一步提高，遥感数据中包含的植被信息更加丰富，如何基于多源、多时相的遥感数据实现PFT分类是植被遥感分类研究的新问题。尽管如此，经过不懈的探索实践，国内外学者在这一领域已取得了一些研究成果，探索了PFT分类的一些方法。有研究表明，土地覆盖类型与植物功能型之间具有一定的转换关系，这种转换关系与温度、积温和降水量等气候因子有关。因此，基于高质量的土地覆盖图，结合辅助数据是开展快速植物功能型制图的一种有效途径。表5-4列举了具体的植物功能型与土地覆盖类型的气候转换规则(Bonan et al.，2002)。

表5-4 **植物功能型与土地覆盖类型的气候转换规则**

植物功能型	土地覆盖类型	气候规则
温带常绿针叶林	常绿针叶林	$T_c>-19$℃和GDD>1200
北方常绿针叶林	常绿针叶林	$T_c\leqslant-19$℃和GDD≤1200
落叶针叶林	落叶针叶林	无
热带常绿针叶林	常绿阔叶林	$T_c>15.5$℃

续表

植物功能型	土地覆盖类型	气候规则
湿带常绿针叶林	常绿阔叶林	$T_c \leqslant 15.5$℃
热带落叶阔叶林	落叶阔叶林	$T_c > 15.5$℃
温带落叶阔叶林	落叶阔叶林	−15℃ < $T_c \leqslant 15.5$℃ 和 GDD>1200
北方落叶阔叶林	落叶阔叶林	$T_c \leqslant -15$℃ 或 GDD≤1200
温带常绿阔叶灌木	灌木	$T_c > -19$℃ 和 GDD>1200 和 P_{ann}>520mm 和 $P_{win} > 2/3P_{ann}$
温带落叶阔叶灌木	灌木	$T_c > -19$℃ 和 GDD>1200 和($P_{ann} \leqslant$ 520mm 或 $P_{win} \leqslant 2/3P_{ann}$)
北方落叶阔叶灌木	灌木	$T_c \leqslant -19$℃ 或 GDD≤1200
极地碳三草地	草地	GDD<1000
碳三草地	草地	GDD>1000 和($T_w \leqslant 22$℃ 或温度大于 22℃ 的月份降水 $P_{mon} \leqslant$ 25mm)
碳四草地	草地	GDD>1000 和 $T_c > 22$℃ 和最干月降水 P_{mon}>25mm
农作物	农作物	无

注：1. 表中 T_c 为最冷月温度；T_w 为最热月温度；GDD 为大于 5°积温；P_{ann} 为年降水量；P_{win} 为冬季降水；P_{mon} 为月降水。2. 如果 GDD 大于 1000，并且既不满足 C3 也不满足 C4 的标准，则假设在一个网格中两者各占 50%。

5.3 植被参数定量遥感反演

在地学研究需求的推动下，遥感定量分析已成为遥感科学的主要研究方向之一。而植被定量遥感中，关于植被参数的定量反演是定量遥感研究中取得较多研究成果的领域。对植被的结构进行分析、建模是植被定量遥感分析的基础和必要环节。目前，叶面积指数、植被水分含量和植被覆盖度等植被参数的定量反演已经广泛应用于植被遥感应用研究的多个方面。

5.3.1 植被遥感模型

在植被定量遥感研究的过程中包含两个互为相反的植被信息传递过程，如图 5-15 所示。当采集遥感数据的时候，植被反射的太阳辐射能量被传感器所接收，植被反射率的大小除了不可避免地受到大气的衰减外，主要取决于植被叶片、冠层的光谱特性以及土壤背景等的影响。若要进行辐射能量传输的定量分析，就需要通过物理模型来描述叶片、冠层的光谱反射规律，模拟辐射能量在植被中的传输过程，这一过程被称为前向模拟。反过来，当进行遥感应用时，若要利用遥感数据分析植被的信息，例如分析植被的生化组分、结构参数，或者进行更复杂的生物量分析和农作物估产等应用时，要得到定量的分析结果，就必须根据与前向模拟相反的过程来进行，这一过程被称为反向反演，即遥感反演。

在以上前向模拟和反向反演的过程中，建立植被遥感物理模型从而对植被叶片、冠层的光谱反射特性进行模拟是最基本的环节。因此，对植被的结构进行分析，并对植被辐射传输进行物理建模也是植被定量遥感研究的基础。植被遥感物理模型描述了辐射传播，并与植物发生吸收、反射和散射等相互作用的过程，构建了地物的理化和结构特性与辐射特性之间的关系。因此，植被辐射模型一方面可用于反演植被参数，另一方面在模型正演分析中也被应用于调整模型的某一个参数、查看参数调整带来的模拟结果变化、发现敏感参数及对应的敏感波段、优选植被指数等方面。前文在5.1.2小节已介绍过植被叶面积指数、叶倾角分布函数等植被冠层结构参数，下面重点介绍植被遥感物理模型的内容。

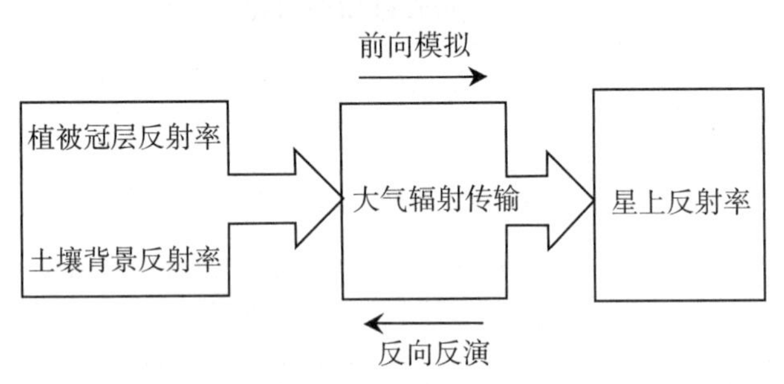

图5-15 植被定量遥感中的信息传递过程示意图

我们知道一个理想的光滑表面对入射的光线呈镜面反射，而理想的粗糙表面对任何方向的入射光都呈均匀漫反射。然而现实中地物对入射光的反射，远比这两种理想的反射复杂，因而在定性遥感分析应用中将目标作为漫反射体的假定与实际相去甚远。自然界中的许多自然地表的反射有一定的规律，即这些地表对太阳入射的反射具有方向性，且这种方向性随着太阳入射角和观测角度的变化而有明显的差异，类似于镜面反射，但由于表面粗糙，因而反射的角度和反射能量等与镜面反射又不完全相同，这种反射被称为二向性反射。二向性反射是普遍存在的，是自然界中物体表面反射的基本宏观现象。二向性反射率分布函数BRDF(Bidirectional Reflectance Distribution Function)就是用于描述这种二向性反射现象的，这一概念在定量遥感分析中被广为接受和应用。迄今为止，各种各样的BRDF模型被用于不同的地物，如土壤、积雪、农作物、果树和森林等。从方法而论，BRDF模型大体可以分为辐射传输模型、几何光学模型和计算机模拟模型三类，辐射传输模型比较适合于水平方向上均匀的三维空间结构，如农作物、草原和积雪等；几何光学模型比较适合于空间关系复杂，但以表面反射为主的地物，如土壤、森林和建筑物等；计算机模拟模型适合于解决多重散射等更难以求解的问题。通常以上这三类模型也可混合起来使用(李小文等，1991)。下面重点介绍植被定量遥感领域的叶片光学特性模型、冠层光谱辐射传输模型、几何光学模型和计算机模拟模型。

1. 叶片光学特性模型

叶片光学特性模型(简称叶片模型)是从有限个变量，如叶绿素、水以及干物质成分含量等来模拟叶片的光学特性。学者基于不同的数学物理原理和经验方法提出了多种叶片模型，这些模型可分为 PLATE 模型、N-Flux 模型、Compactspherical 模型、Radiativetransfer 模型、Stochastic 模型和 Raytrace 模型等类型。PLATE 模型是将叶片看作一片或几片叠合的有粗糙表面的平板，对光线发生各向同性散射，典型代表有 PROSPECT 模型。N-Flux 模型是将叶片看作一个有散射和吸收的平板。Compactspherical 模型用细胞直径、细胞空隙和叶片厚度三个参数来描述针叶辐射传输特征，典型代表是 LIBERTY 模型。Radiativetransfer 模型把叶片描述成具有不规则表面的薄水板，里面随机分布一些光学球状颗粒。Stochastic 模型把叶片辐射传输用随机函数来表示。Raytrace 模型则是详细描述叶片内部每一个细胞的相互位置以及光学物质成分的含量，利用物理光学定律计算每一个入射光子的辐射传输。目前比较流行的模型是 PROSPECT 模型和 LIBERTY 模型，它们分别模拟计算宽叶和针叶的反射率和透射率。其中 PROSPECT 模型是在 Allen 平板模型的基础上发展起来的，它通过模拟叶片从 400~2500nm 的上行和下行辐射通量而得到叶片的光学特性，下面主要介绍该模型的相关内容。

从本质上讲，电磁波辐射与植物叶片的相互作用(反射、透射、吸收)依赖于叶片的化学和物理特性。具体而言，在可见光波段，光吸收作用由电子在叶绿素 a、叶绿素 b、类胡萝卜素、褐色素及其他一些色素中的旋转和运动所形成；在近红外波段和中红外波段，光吸收作用主要是由电子在水中的振动和旋转所形成。折射指数 n 在叶片内是不连续的，含水的细胞壁的折射指数 $n \approx 1.4$，水的折射指数 $n \approx 1.33$，空气的折射指数 $n \approx 1$。因此，叶片内部的生化组分和结构特性决定了整个光谱波段的叶片反射率和透射率。

Allen 平板模型将植被叶片看作一层紧密且透明的平板，表面粗糙，并且假设入射光线各向同性(辐射亮度在 2π 空间呈常数)。当一束光线以 α 角入射到叶片表面时，根据单层平板光学模型的反射率(ρ)和透射率(τ)计算公式(Jacquemoud，Baret，1990)为

$$\rho_{\alpha} = [1 - t_{av}(\alpha, n)] + \frac{t_{av}(90, n) t_{av}(\alpha, n) \theta^2 [n^2 - t_{av}(90, n)]}{n^4 - \theta^2 [n^2 - t_{av}(90, n)]^2} \tag{5.9}$$

$$\tau_{\alpha} = \frac{t_{av}(90, n) t_{av}(\alpha, n) \theta n^2}{n^4 - \theta^2 [n^2 - t_{av}(90, n)]^2} \tag{5.10}$$

式中，α 为立体角 Ω 的最大入射角；n 为折射指数；θ 为平板的透射系数；$t_{av}(\alpha, n)$ 为介质表面对于入射角不超过 α 的所有光线的平均透射率，它的表达式相当复杂，但是可以被精确计算。

考虑到常规的叶片光谱测量使用的光源往往更接近直射光，PROSPECT 模型假定入射光为平行光线，垂直照射于宏观叶片表面。但在微观尺度上，由于叶表面形状的波动起伏，入射光线是以 Ω 立体角内的入射方向穿透叶片的。对上述单层平板模型进行改进：假设每片叶是由 N 层同性层堆叠而成，由 $N-1$ 层气体空间分开，由于光的非漫反射特性只涉及最顶层，因此将第一层与其他 $N-1$ 层分开，第一层接收的是 Ω 立体角内的入射光线(最大入射角为 α)，令 ρ_{α}、τ_{α} 为第一层的反射率和透射率。在叶片内部认为光通量是各向同性的，所以可令各内部层的反射率和透射率分别为 ρ_{90}、τ_{90}。这样 N 层叶片的总的反射率和透射率(Jacquemoud，Baret，1990)为

$$R_{N, \alpha} = \rho_{\alpha} + \frac{\tau_{\alpha} \tau_{90} R_{N-1, 90}}{1 - \rho_{90} R_{N-1, 90}} \tag{5.11}$$

$$T_{N,\alpha} = \frac{\tau_{\alpha} T_{N-1,90}}{1 - \rho_{90} R_{N-1,90}} \tag{5.12}$$

此即 PROSPECT 模型。PROSPECT 模型将叶片的反射率和透射率表达为其生化组成和结构参数的函数。以叶片结构参数(N)和叶片折射指数(n)来描述光在叶片内部的散射特性和表面反射/透射特性，以参数 θ 来模拟叶绿素、水和干物质光在叶片内部的吸收特性。输入对应参数后，就可以模拟计算出叶片的反射率和透射率。图 5-16 为巴黎地球物理学院 IPGP 网站上的在线运行 PROSPECT 模型(http：//opticleaf. ipgp. fr)，模型计算光谱分辨率为 1nm，图中(a)为模型参数输入界面，(b)为反射率和透射率模拟计算结果(部分)，(c)为模拟计算结果图形显示。

Complete all the inputs before to run prospect

Leaf structure parameter:	1.2	1.0 < N < 3.0 dimensionless
Chlorophyll content :	30.0	0 < Cab < 100 μg/cm²
Carotenoid content:	10.0	0 < Cxc < 25 μg/cm²
Brown pigments:	1.0	0 < Cb < 1 (arbitrary units)
Equivalent water thickness:	0.015	0 < EWT < 0.05 cm
Leaf mass per unit area:	0.009	0 < LMA < 0.02 g/cm²

Run

(a)输入参数

λ	ρ	τ		⋮			⋮	
400	0.0427	0.0000	1031	0.6015	0.2965	2491	0.0592	0.0120
401	0.0428	0.0000	1032	0.6017	0.2967	2492	0.0588	0.0118
402	0.0428	0.0000	1033	0.6019	0.2969	2493	0.0585	0.0117
403	0.0429	0.0000	1034	0.6021	0.2970	2494	0.0582	0.0116
404	0.0430	0.0000	1035	0.6024	0.2972	2495	0.0580	0.0115
405	0.0432	0.0000	1036	0.6026	0.2974	2496	0.0580	0.0114
406	0.0433	0.0000	1037	0.6028	0.2976	2497	0.0576	0.0113
407	0.0435	0.0000	1038	0.6030	0.2979	2498	0.0575	0.0112
408	0.0437	0.0000	1039	0.6032	0.2981	2499	0.0571	0.0110
409	0.0439	0.0000		⋮		2500	0.0571	0.0110
	⋮							

(b)模拟计算结果(部分)

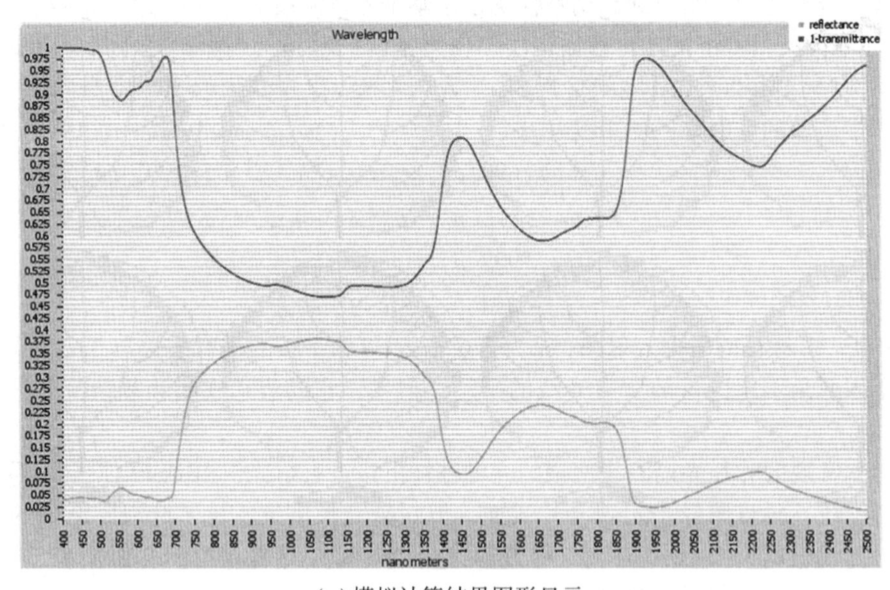

(c)模拟计算结果图形显示

图 5-16 PROSPECT 模型的运行界面

2. 冠层光谱辐射传输模型

辐射传输理论最初是从研究光辐射在大气中传输的规律和粒子(包括电子、质子、中子等基本粒子)在介质中的输出规律时总结出来的知识。基于平行平面的辐射传输模型由于具有描述真实世界的准确性和计算简便性等优势，被迅速应用于植被遥感中。辐射传输模型偏重光的电磁波特性，在建立冠层光谱辐射传输模型时，假设冠层为与平面平行的、无限延伸的均匀或者浑浊介质，忽略了元素的非随机尺寸、距离和空间结构；冠层的元素被认为是随机分布的，类似于浑浊介质中的粒子；冠层的结构由叶面积指数 LAI 和叶倾角分布 LAD 来确定，除了考虑叶片的倾向外，没有考虑其他的几何特征。每一层中，植被的元素被当作具有给定几何和光学特性的小的吸收和散射粒子，因此冠层辐射传输模型主要适用于水平均匀植被或浑浊介质，如封垄后的小麦、玉米和大豆等。

从 20 世纪 70 年代起，学者提出多种植被冠层辐射传输模型并不断发展改进。K-M 理论(Kubelka-Munk Theory)是用于描述含有能散射和吸收入射光的微小粒子的系统之光学行为的理论，在植被模型的研究中被广泛使用。基于 K-M 理论发展的早期的模型(如 Allen-Richardsom 模型、Park-Deering 模型等)均以单层冠层为例，扩展到多层冠层时需要确保前向和后向通量在各层边界上的连续性，在计算冠层反射时，对太阳光照和观察角的变化不同时加入，并且没有将冠层反射与植被的结构特征和光谱特征及其元素(如叶、茎和杆等)相联系。Suits(1972)模型首先在这些问题上有所发展，在模型中既考虑了太阳光照和观察角度，也考虑了冠层结构参数。冠层被理想化为水平的和垂直的各向同性叶片的混合体，且叶片均具有漫散射的反射和透射特性。也就是说，将植被元素分解为它们在水平和垂直两个方向上的投影。Verhoef(1984)对 Suits 模型做了扩充，Youkhana(1983)进一步引入了任意的叶倾角分布，前者的模型称为 SAIL(Scattering by Arbitrarily Inclined Leaves)，后者称为 Suits Prime 模型。在 SAIL 模型中，冠层反射率作为观测角度的一个函数，叶片吸收和散射系数与叶倾角相关，利用叶倾角分布函数为权重来计算任意叶倾角分布的吸收和散射系数。假定叶倾角的方位随机分布，叶倾角天顶角可以取任意的分布。叶倾角分布函数可以用 0~90°中 10°间隔的离散区间的 9 个概率值来描述，也可用连续函数来描述。常用的叶倾角分布函数如平面型、竖直型、球型分布，或者以平均叶倾角为参数的椭圆分布。Suits 模型可以看作植被冠层只包含水平和垂直平面情况的 SAIL 模型的一个特例。

1)Suits 模型

Suits 模型本质上是一个四流(E^+，E^-，E_0，E_s)九参数的线性微分方程组，形式为

$$\begin{cases} \dfrac{\mathrm{d}E_s}{\mathrm{d}z} = kE_s \\ \dfrac{\mathrm{d}E^-}{\mathrm{d}z} = aE^- - bE^+ - c'E_s \\ \dfrac{\mathrm{d}E^+}{\mathrm{d}z} = bE^- - aE^+ + cE_s \\ \dfrac{\mathrm{d}E_0}{\mathrm{d}z} = uE^+ + vE^- + wE_s - kE_0 \end{cases} \tag{5.13}$$

式中，E_s 为由上而下传输的直射辐射；k 为直射辐射的削弱系数；a 为消光系数；b 为后向散射系数；c' 为同向直射辐射的散射系数；c 为后向直射辐射的散射系数；E_0 为观测方向上的辐射通量密度($E_0 = \pi L_0$)；u，v，w 分别为由 E^+、E^- 与 E_S 向观测方向上传输的辐射亮度

的转化系数。

Suits 模型的基本特点是把冠层元素(叶片、树干、花和穗等)均投影到水平面与垂直面上，用它们的投影面积去替代任意取向的叶片对光的散射、吸收与透射作用，并确定叶片的反射、散射具有漫反射性质。

采用下列符号与关系式：σ_H 为植被组分(如叶片)在水平面上投影的平均面积；σ_V 为叶片等在两个垂直平面投影的平均面积；n_H 为单位体积内水平投影的叶片数量；n_V 为单位体积内垂直投影的叶片数量；ρ 为叶片的半球反射率；τ 为叶片的半球透过率；θ_s 为太阳天顶角。参数 σ_H、σ_V、n_H、n_V 以及冠层厚度 H 与叶面积指数 LAI 之间的关系为

$$\mathrm{LAI} = \left(\frac{H}{S}\right)(H'^2 + V'^2)^{\frac{1}{2}} \tag{5.14}$$

式中，$H' = n_H\sigma_H$；$V' = n_V\sigma_V$；S 为校正系数，变化范围为 0.84~0.95，取决于叶倾角的分布。平均叶倾角(ALA)可以表示为 H' 与 V' 的函数：

$$\mathrm{ALA} = \arctan\frac{V'}{H'} \tag{5.15}$$

植被冠层的反射率 R 为

$$R = \frac{E_0}{E_{\mathrm{sun}} + E_{\mathrm{sky}}} \tag{5.16}$$

式中，$E_{\mathrm{sun}} = E_s(z = 0)$；$E_{\mathrm{sky}} = E^-(z = 0)$。

因为应用了水平投影与垂直投影来计算散射系数和消光系数，所以导致 Suits 模型模拟的冠层 BRDF 与观察事实存在明显的偏差。

2)SAIL 模型

SAIL 模型是对 Suits 模型的改进，它采用的冠层假设具有“水平且无限延伸、水平均匀分布、组分只考虑为小而水平的叶片”的性质特点；并以接近现实任意角的叶片去代替 Suits 模型中的水平投影与垂直投影，而求解方程则与 Suits 模型完全相同。模型需要输入冠层结构参数和环境参数，输出的是任何太阳角度和观测方向的冠层反射率和透射率。但是，需要注意 SAIL 模型是一维的，因此无法模拟不连续的冠层，也无法模拟通常在真实植被冠层中发现的高大对象投射的阴影。

图 5-17 为美国农业部农业研究服务水文与遥感实验室(USDA-ARS Hydrology and Remote Sensing Laboratory)开发的 WinSail 软件的参数输入界面，其中包含 5 组输入数据。第一组 Input Parameters 为光源与观测参数，用来确定冠层照明和观察几何条件，输入参数有直射太阳辐射的占比、纬度、赤纬和时间等；第二组 Leaf Area Index 为叶面积指数，软件允许用户调整 LAI，可以只改变树冠的总叶面积指数(LAI)，使模型在相同的树冠特征、观察和太阳光照几何条件下运行多次；第三组 Input Data and options 为输入数据与选项，用于描述冠层结构(层数)和冠层组件(叶片与土壤)的光学特性(反射率和透射率)，需要输入叶片的光学特性文件和土壤表面的反射率文件，叶片光学特性的波长和土壤反射率的波长必须匹配；第四组 Sample Leaf Angle Distributions(LAD)是叶倾角分布函数，包含 7 种叶倾角分布，其中有 6 个是内置的；第五组 Canopy Composition 是冠层的多层结构参数，可用于选择冠层每个组件/层的叶倾角分布(LAD)。对于高级用户，软件还可以改变

LAD、改变叶层数、指定不同的冠层组分等，在多种情况下可方便地实现冠层反射率/透射率的模拟计算。

软件模拟计算的结果初始按照波长文本显示，也可以在单独的窗口中显示为一系列的光谱曲线或者保存为以空格间隔的文本文件。图 5-18 为模拟反射率的图形显示示意图，竖线位置对应波长的反射率值和相应的 LAI 值显示在左上部的图例方框内。

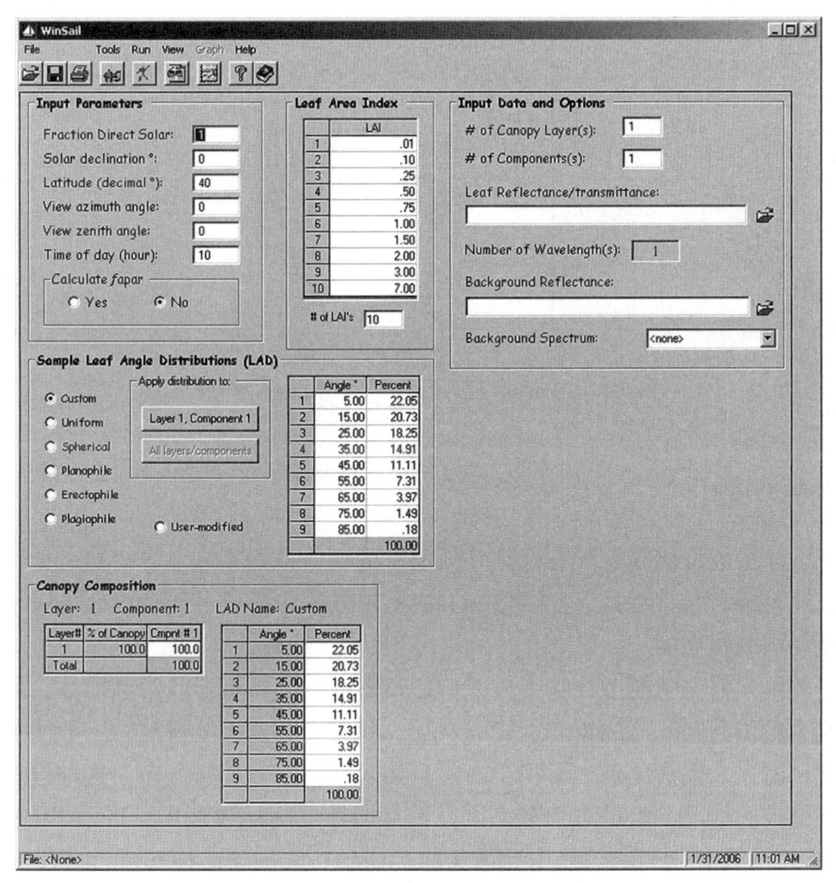

图 5-17　WinSail 软件的参数输入界面

3) PROSAIL 模型

在植被光谱辐射物理建模时，也可以将不同的模型进行耦合。PROSAIL 模型是由叶片光学特性模型 PROSPECT 和冠层反射模型 SAIL 耦合而成的叶片-冠层光谱辐射模拟模型。其对植被冠层反射率的模拟基本思路是：通过 PROSPECT 模型获取植被叶片的反射率和透射率，然后将叶片反射率和透射率输入 SAIL 模型，再结合其他相关参数，模拟得到植被冠层反射率。所以模型输入参数较多，有 LAI、平均叶倾角、叶片反射率、叶片透射率、观测天顶角和方位角、太阳天顶角和方位角、土壤反射率和天空散射光比例，输出为冠层反射率。

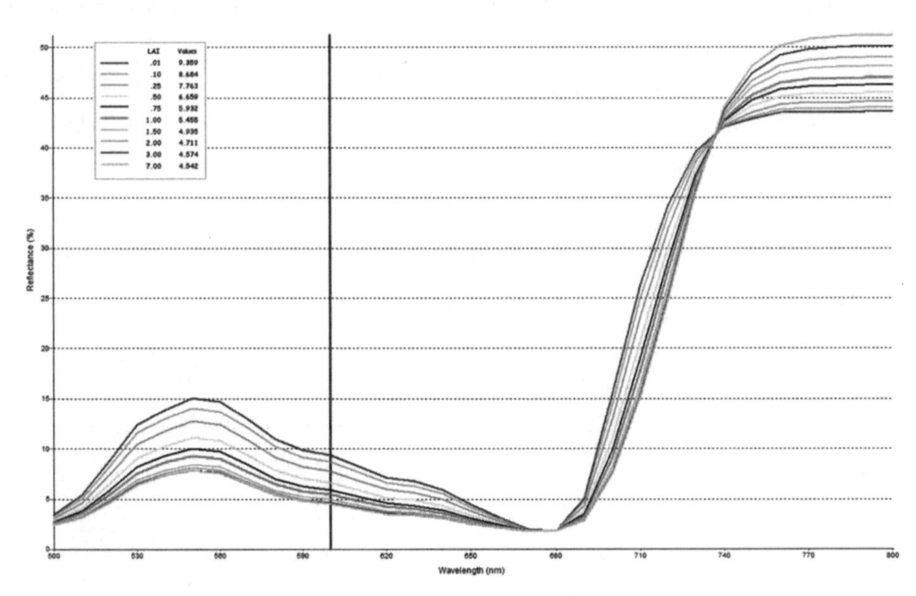

图 5-18　WinSail 模拟反射率的图形显示示意图

3. 几何光学模型

几何光学模型假设树冠是具有规则几何形状的物体，并充分考虑树冠阴影对反射率的影响，用光照目标、光照背景、遮阴目标和遮阴背景四个分量的线性组合来表示不同角度下探测器视场内的辐亮度。

在较早的纯几何光学模型计算中，人们假设落叶树的树冠形状为椭球体，假设针叶树的树冠形状为锥体和圆柱体的组合。同时在计算模型中的四个分量时，一般假设所研究的像素比单棵树冠大，但是比森林面积小，并且树冠在像素内随机分布。这种模型可以很好地模拟稀疏植被的情况，但是对于密集、有重叠的植冠则不太适用。Li 和 Strahler(1992)进一步发展了纯几何光学模型，所建立的 GOMS(Geometric-Optical Model with Mutual Shadowing)模型考虑了密集冠层中树冠的相互遮蔽现象，成功模拟了北方针叶林的二向反射特征。在 GOMS 模型中，树冠被简化为悬浮于地面之上的不透光椭球体，光照树冠、光照地面、遮阴树冠和遮阴地面这四个分量的面积都可以通过几何学公式进行计算。因为树冠遮挡了太阳直射光，在地面上投下椭圆的阴影，而在观测方向上，树冠也遮挡了一部分视线，从而在地面上形成一片椭圆形的遮挡区域，如图 5-19 所示，这两个椭圆重叠部分的面积通过重叠函数 $O(\theta_i, \theta_v, \varphi)$ 来计算，该函数与树冠形状、大小、离地高度以及太阳和观测角度有关。观测方向与太阳入射方向越接近，则重叠函数越大，能观测到的阴影地面越少，并且观测到的辐射亮度越大。这就直观地解释了森林遥感中观测到的热点现象以及热点形状与树冠形状的关系，从而提供了与微观尺度的辐射传输方程完全不同的建模方法。

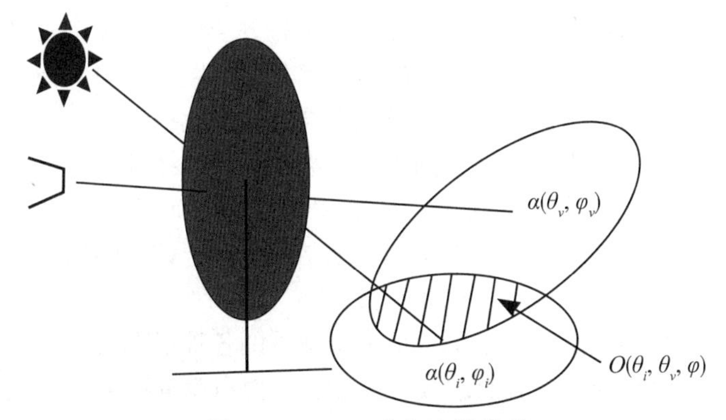

图 5-19 GOMS 几何光学模型

然而，上述纯几何光学模型通常要求其各面积分量的亮度特征为已知，或能从遥感图像上估计出来，这为实际应用带来了困难。另外，把树冠或作物的垄行结构简化为不透明的刚体也不符合植被的实际情况。因此，在植被几何光学模型的发展和改进中，一是利用辐射传输模型模拟均匀植被的反射率并用于计算树冠的亮度；二是为了使模型更逼近事实，引入了孔隙率模型进行修正，并试图把光线在冠层中的多次散射引入模型中。这实际上就形成了辐射传输和几何光学的混合建模，即用几何光学模型描述宏观尺度地物的空间位置和相互遮挡，而用辐射传输模型描述微观尺度的孔隙和多次散射，进而得到宏观地物的辐射亮度。典型的混合模型有 GORT 模型（Li et al.，1995）和 GEOSAIL 模型（Huemmrich，2001）。

光谱辐射传输和几何光学这两种不同的建模方式分别描述地物反射特征在不同尺度上的形成机理，因此基于观测对象和观测尺度的不同就产生了多种多样的植被模型。例如，考虑四种不同尺度上的冠层几何结构，即大于树冠尺度、树冠尺度、小于树冠尺度和冠层内部，相对应地就有考虑树冠群落分布特征对 BRDF 作用的连续植被的一尺度模型，考虑树冠形态对 BRDF 影响的（如 Li-Strahler 的几何光学模型）二尺度模型，考虑树冠内分枝分布结构（即空间分布不均匀的）对 BRDF 影响的三尺度模型（李小文，王锦地，1995），以及包括四个尺度的不均匀性的四尺度模型。此外，若再考虑叶片尺度生化组分的影响，叶片和冠层耦合模型则被称为五尺度模型（Leblanc，Chen，2001）。

4. 计算机模拟模型

植被遥感物理模型是用一定的数学表达式描述辐射与植被冠层之间的相互作用。为了便于计算，在建立模型时对冠层使用了很多简化假设，这些假设往往忽略了冠层内部的精细结构特征，而这些被忽略了的特征包含植被冠层的重要信息，因此所建立模型的不足显而易见。随着计算机技术的发展，能更灵活、详细、真实地处理植被冠层非均匀性特点的计算机模拟模型被引入植被遥感研究中，也越来越受人们重视。目前主要的植被遥感计算机模拟模型有蒙特卡洛（Monte Carlo）模型、光线追踪（Ray-tracing）模型和辐射度（Radiosity）模型等。

蒙特卡洛模型实质上是基于计算机模拟的数学统计计算模型。具体模拟计算方法为：首先根据辐射源性质用随机数确定入射光方向，用另一个随机数确定入射光进入植被的位置，再用一个或者几个随机数确定路径上的植被组分的位置、方向、种类及入射的光子是否碰撞到这个组分；如果发生碰撞，入射光就会被吸收或散射，散射方向由随机数和散射相函数共同决定，这个过程不断重复直到光线被吸收或者最终到达传感器。接着再选择其他随机数，模拟下一个光子从“生”到“死”的过程，如此周而复始，不断重复，直到达到需要的精度为止。蒙特卡洛方法没有真实的三维结构，对于植被的描述是通过一个或者几个随机数确定，收敛速度慢，运算量也非常大。

为了克服理论模型的缺点，尽量细致地模拟植被的各种形态及生长结构特征，学者引入并发展了基于真实结构模拟的计算机模拟模型，遥感科学的研究重点也从研究植被的平均辐射过程向研究植被结构的定量描述上转移。在成功模拟植被结构后，光线追踪技术最先被用于计算植被对电磁波的反射特征。光线追踪算法对于模拟景物表面间的镜面/方向反射非常成功，但对于植被等复杂场景，所需的计算量随着冠层复杂度的增加而迅速增大。因而产生了一些将蒙特卡洛和光线追踪技术组合的模型，用来模拟光在不均匀三维介质中的辐射传输，例如 RAYTRAN 模型(Govaerts et al.，1998)和 PARCINOPY 模型(Espana et al.，1999)。RAYTRAN 模型被设计为虚拟实验室的形式，可以描述任何复杂的场景，其中的辐射过程也可以模拟得极其细致。其基本方法是在对单个面元辐射过程理解的基础上，构造一个典型陆地场景；该陆地场景可以具有复杂结构，同时组成场景的面元也可以有多种属性。利用模型可以模拟该典型陆地场景的辐射场，还可以调整其中的参数，进一步认识和理解精确模拟陆地场景辐射场的难点。PARCINOPY 模型通过建立玉米的三维结构，可实现玉米场景的反射率模拟，而且对冠层的多重散热和热点效应模拟效果较好。

辐射度方法是继光线追踪算法后，在计算植被二向性反射率方面取得的一个重要进展。辐射度模型基于热辐射过程中的能量传递和守恒理论，即一封闭环境中的能量经多次反射以后，最终会达到一种平衡状态。事实上，这种平衡状态可以用一系统方程来定量表达，一旦得到辐射度系统方程的解，也就知道每个景物表面的辐射度分布。因此，辐射度方法是一种整体求解技术，利用辐射度模型模拟冠层反射率有很多优点。首先，它全面地考虑了光线与冠层之间相互作用的反射、透射、吸收和多重散射过程，以及冠层内部叶片之间和树冠相互之间的遮蔽现象；其次，这种结构真实模型可以尽量细致地模拟目标的各种形态及生长结构特征对光线作用的影响，克服了理论模型中过多简化和假设的缺点。因此，以辐射度方法为理论基础，学者也发展了多种植被模型。

5.3.2　植被参数定量遥感反演基础

植被参数反演时，首先，需要了解植被参数的类型，因为针对不同类型的参数，其遥感反演机制和反演方法存在很大的差异；其次，需要根据反演参数的特点，了解和调研植被参数的反演机制；最后，调研该参数的反演复杂度，并选择合适的遥感反演方法。特别要注意的是，反演中还需要采取一定的反演策略(刘良云，2014)。

1. 遥感反演植被参数类型

植被参数包括叶片生化组分参数、冠层生物物理参数以及植被与环境相互作用要素三种类型。

1)叶片生化组分参数

叶片生化组分参数包括叶绿素、水分、氮、木质素和纤维素等。叶片尺度和冠层尺度的生化组分遥感反演需要特别注意两种尺度相应的量纲问题。

利用叶片光谱数据反演叶片生化组分。从光在叶片的辐射传输过程可见，决定叶片光学特性的是叶片生化组分含量信息，即单位叶片面积上生化组分的质量，其单位是 mg/cm^2。对于含水量，可以用单位叶片面积上含水量厚度(mm 或 cm)表示。对于叶片内部生化组分含量信息的遥感反演，可以利用生化组分的光谱吸收信息，基于叶片光谱数据进行物理或统计反演，其方法和结果具有较好的普适性。若需要反演叶片生化组分浓度信息，如 mg/g、%等单位，叶片厚度或比叶重信息可能是主导要素，浓度量纲的生化组分光谱探测与反演必然受到比叶重的干扰。

利用冠层光谱数据反演叶片生化组分。从光在冠层内的辐射传输过程可见，决定冠层光学特性的是冠层内叶片生化组分总量信息，即单位土地面积上生化组分的质量，其单位为 mg/cm^2。对于含水量，也可以用单位土地面积上含水量厚度(mm 或 cm)表示。冠层群体生化组分总量信息的遥感反演，可以利用生化组分的光谱吸收信息，进行物理或统计反演，其方法和结果具有较好的普适性。若需要反演叶片生化组分浓度信息，如 mg/g、%等单位，或叶片内生化组分含量信息(单位叶片面积的组分含量)，冠层生物量和叶面积指数可能是主导要素，叶片内生化组分含量信息和浓度量纲的生化组分光谱探测与反演必然会受到冠层群体大小的强烈影响。

2)冠层生物物理参数

冠层生物物理参数包括 LAI、绿色生物量、植被覆盖度、叶倾角分布、高度、冠径、胸径比等冠层结构参数。对于森林树高、冠幅大小和覆盖度等信息，可以利用高分辨率影像进行遥感反演；对于森林树高和 LAI，也可以利用激光雷达的回波和波形数据进行反演；对于植被冠层的叶倾角分布参数，多角度遥感信息则有一定的探测潜力。

若利用冠层或图像波谱数据反演植被生物物理参数，需要考虑波谱的二向反射特性，如 MODIS LAI 产品的主算法就是利用多角度反射率数据，基于植被二向性反射模型，开展 LAI 的联合反演。

3)植被与环境相互作用要素

植被与光、温、水和风等环境因素相互作用，其中蕴含了植物的生命信息，相关参数可利用光学遥感数据通过定量反演而获得。考虑植被与环境相互作用具有瞬变特性，可将相关参数分为瞬间尺度的参数和考虑时间过程的参数两类。瞬间尺度的相关参数较多，包括植被光合与呼吸作用相关的生理数据，如气孔导度、光合速率、光能利用率、荧光和光合生产力等；蒸腾作用相关参数，如波文比、蒸散量 ET、水分利用效率和水势等；植被光学特性参数，如光合有效辐射吸收系数 FPAR、反照率和反射率等。若考虑时间过程的问题，则还包括产量、收获系数等其他参数。

对于植被光合、呼吸和蒸腾作用等参数，遥感可直接观测的植被生长状态信息如LAI和叶绿素等只是其载体，并不能够通过单一遥感手段解决植物生命和生理信息的直接观测问题。因此，植被光合、呼吸和蒸腾作用等参数无法直接遥感观测，需要结合植被生态模型和环境要素信息，才能得到一定精度的综合反演结果。当然，对一定时间过程后的植被生长信息，如年或生长季的植被要素，包括产量、水分利用效率、总初级生产力GPP和净初级生产力NPP等参数的遥感反演，植被生长状态可能是其差异的主导要素，遥感能够发挥更大的作用。此外，叶绿素荧光作为一种新的技术手段，在光合生产力遥感直接探测方面也有一定的探测潜力。

对于植被光学特性参数，如植被光合有效辐射吸收系数FPAR和反照率，其物理意义是植被的光学属性数据。其中特别要注意的是FPAR参数，通常被作为普通植被冠层参数，而没有考虑其独特性。FPAR定义为植被冠层吸收的光合有效辐射与入射光合有效辐射的比值，其本质是光学特性，而不是普通植被冠层生物物理或生化组分分数。因此，FPAR和反照率这类植被光学特性参数，与入射光照条件密切相关，太阳角度和散射光比例等成像条件对植被光学特性参数也会有较大影响。很多观测结果表明，对于行播作物，FPAR的日变化可达到50%以上，太阳天顶角越小，其值越小。

2. 植被参数遥感反演机制

上述不同类的植被参数，因为其特性不同，获取其信息的遥感机理也存在很大差异，因此在反演时需要根据待反演参数的具体特点，有针对性地选择合适的反演机制进行直接或间接反演。

1)基于光谱反射/辐射原理的遥感反演机制

基于光谱反射/辐射原理的遥感反演机制适用于植被生化组分含量、植被结构参数、植被反照率和光合有效辐射吸收系数FPAR等参数的反演。植被生物量、LAI、植被覆盖度FVC，以及叶绿素、水分、氮、木质素和纤维素等植被结构和生化组分含量信息，可以利用植被指数、光谱吸收或反射特征，进行物理模型反演或遥感统计模型反演。植被光合有效辐射吸收系数FPAR、反照率等光学特性参数，可以从能量平衡的角度入手，利用反射、辐射信号开展联合反演。植被叶绿素荧光信息可以基于荧光的夫琅禾费暗线的吸收填充效果，直接反演冠层叶绿素荧光辐射信号。

2)基于高分辨率和激光雷达的植被结构参数遥感反演机制

基于高分辨率和激光雷达的植被结构参数遥感反演机制适用于植被冠层结构参数的反演。基于高分辨率遥感(空间分辨率小于1m)数据，可以利用纹理、波谱和阴影等信息，直接估算森林的植被覆盖度、高度、冠径、胸径比等冠层结构参数。基于激光雷达的回波波形数据，可以估算森林树高信息；利用高分辨率激光雷达的点云数据，还可以估算森林孔隙率或植被覆盖等信息。

3)基于植被参数物理关联的间接反演机制

许多植被参数之间通常具有稳定的关联特性，如森林树高与森林生物量、农作物生物量与收获产量等。因此，基于植被参数物理关联机制的间接反演方法在定量遥感中得到广泛应用，其基本思路是：若植被参数A与遥感数据之间存在清晰的物理联系，则可以利用遥感数据直接反演植被参数 A；而植被参数 B 与植被参数 A 之间存在稳定的物理关联机制或可靠的统计模型，则可以利用遥感数据间接反演植被参数 B。

例如，森林生物量/碳储量的激光雷达遥感，就是由于森林生物量/碳储量与森林树高之间存在密切联系，而利用激光雷达回波波形数据估算树高，进而可以间接推算森林生物量和碳储量信息。再如基于生物量/LAI 的农作物遥感估产，一般来说，若无农业灾害影响，作物生长过程和生长峰值期的生物量/LAI 与产量密切相关，而遥感手段可以较好地估算出生物量/LAI 参数，因而也可以根据生物量/LAI 参数的遥感估算值间接地进行农作物估产。

4）基于非遥感先验知识的综合间接反演机制

自然现象中存在很多物理规律和先验知识，也可以为植被参数的定量遥感反演提供思路和方法。例如，基于距平方法的农作物长势监测与遥感估产，就是利用了"农作物的产量与某个生育期的农作物长势之间存在线性关联"这一先验知识，通过比较当年植被生长表现的光谱信息与历史年份之间的差异，利用距平模型来评价当年作物长势，并结合历史产量数据，进行农作物产量估算。

具体地，就是通过计算当年与历史年份或上年同期遥感 NDVI 数据的差异，引入距平指数方法，通过距平指数大小，直接评价农作物长势。在逐年比较模型中，引入 ΔNDVI 作为年际作物长势比较的特征参数，其定义为

$$\Delta \mathrm{NDVI} = \frac{\mathrm{NDVI}_2 - \mathrm{NDVI}_1}{\mathrm{NDVI}_1} \tag{5.17}$$

式中，NDVI_2 为当年的植被 NDVI；NDVI_1 为历史年份 NDVI 均值或上一年的 NDVI 同期值。根据距平指数 ΔNDVI 的值的大小，可以初步判断当年的长势好坏。若已知历史年份或上一年的农作物产量数据，则还可以进一步实现区域农作物产量的估算：

$$\mathrm{Yield}_2 = \mathrm{Yield}_1 + K \cdot \Delta \mathrm{NDVI} \cdot \mathrm{Yield}_1 \tag{5.18}$$

式中，Yield_2 为当年的农作物估算产量；Yield_1 为历史年份或上一年农作物真实产量；K 为校正系数，可以由统计数据拟合得到。

距平方法具有简单、可靠的优点，已成为区域农作物长势监测与遥感估产的主流技术手段之一。但距平方法依赖历史年份数据积累，假定地表覆盖和种植结构不变，且需要相同物候遥感数据，因此，只能适用于种植结构相对稳定区域的农作物长势的低分辨率遥感监测。

3. 植被参数遥感反演方法

国内外学者通过大量的研究已经提出一些有效的植被参数遥感反演方法，这些方法可以分为四种类型，即遥感统计方法、物理模型反演方法、混合反演方法和半经验方法。

1）遥感统计方法

遥感统计方法也称为经验统计建模方法，该方法不考虑待反演植被参数的复杂物理机制，而是基于遥感波谱数据和地面实测数据进行植被参数的统计反演，简单易用，在植被参数反演中应用广泛。

遥感统计反演方法的一般过程是：获得与遥感波谱数据时空匹配的植被参数的地面实

测值后，根据经验或者相关性统计分析选择合适的光谱特征量(即最优波段或波段组合)；建立遥感统计反演模型，进一步通过统计分析方法确定模型中的参数；利用统计反演模型进行植被参数的反演，并进行结果的精度分析。其中的统计分析方法很多，包括传统回归分析方法，比如一元线性回归方法、多元回归方法、指数回归分析和幂函数回归分析等，此外还有神经网络和支持向量机分析等方法。对于统计反演模型的精度通常利用实测值和模拟反演值进行统计分析，基于 R^2 系数、均方根误差 RMSE 等指标进行评价。

如上所述，统计模型的确定依赖于一定量的地面实测数据，而地面实测数据的获取不可避免地要受到不同的光照强度和角度、观测状态、冠层结构、下覆地表和大气状态等干扰因素的影响，因此统计模型的通用性和普适性通常受限于地面测量数据。换言之，统计模型只对统计样本有效，模型的外推取决于模型的物理机制(指存在于待反演参数与光谱特征量之间的统计关系)和地面实测样本的代表性。因而使用遥感统计反演方法时，需要注意以下两点：

(1)建立模型时，要尽量根据经验或统计分析的方法确定模型，而不能简单地采用多项式建模，除非能够解释遥感数据与植被参数之间的确存在多项式关系的物理机制。

(2)一个好的模型应该包含对待反演参数较为敏感的光谱特征量，所以一般在不同植被参数的反演中，模型中往往包含不同的光谱特征量，这一点将在 5.3.3 小节的具体参数反演内容中论述。实际上，针对植被参数的遥感定量反演而不断发展新的光谱指数(光谱特征量)是一个非常活跃的研究领域，通过不同特征量组合来提升反演精度也是统计模型值得探索的一个方向。

2)物理模型法

本章 5.3.1 小节已介绍了常用的植被遥感模型，例如叶片辐射传输模型 PROSPECT、冠层辐射传输模型 SAIL、PROSAIL 模型和几何光学模型等。其中，叶片光学模型基于生物物理机制通过描述光子在叶片内的散射和吸收，模拟叶片的光谱特性，其前向过程通常都包含植被的生化组分含量参数，这些参数通常无法获得解析表达式，但是可以通过反向反演得到；进一步可以将叶片模型耦合到冠层模型中，就可以利用冠层光谱数据反演得到叶绿素和水分等组分含量信息。物理模型反演方法即基于植被光谱辐射传输模型建立地表光谱反射率与植被叶片、冠层和背景生物物理参数之间的关系模型，采用遥感地表反射率并结合地表已知信息，通过数值计算方法，可求得植被参数的数值解。

物理模型基于辐射传输机制描述光在植被叶片、茎秆之间传输的光谱特性，具有明确的物理含义。该方法最大的优点在于反演机制清晰，建模不需要地面测量数据，也不依赖于植被类型，能直接从遥感波谱数据中获得多种植被参数的数值解，理论上具有较好的普适性。但是由于影响植被辐射传输过程的因素较多，导致物理模型非常复杂，模型参数众多且互相影响，这给植被参数的反演带来了一定的困难。实际上，往往由于物理方法所要求的数据源难以满足，且物理模型通常是对真实对象的高度近似，模型精度有限，且数值计算过程十分复杂，耗时费力，所以基于物理模型反演植被参数的精度通常并不理想。一方面，物理模型中的一些参数往往很难获取，如目前常用的 PROSAIL 模型的主要输入包括叶片结构参数、叶绿素含量、干物质量、棕色素浓度、叶片水分含量、叶面积指数、叶倾角、热点参数、土壤反射率和观测几何信息等，其中多半参数难以获得每个像元上不同时间的状况，往往需要按照植被类型做一些简化假设，这在一定程度上会影响模型的精度。另一方面，模型反演通常是病态过程，反演结果与反演策略、反演算法和初始场设置等有关，数值解存在非唯一性和病态性。因此，遥感物理模型反演方法中的先验知识应用和数值计算算法优化十分重要。但物理模型因对环境适应性更好，鲁棒性更强，更适于大面积监测，是一种必然的发展趋势。物理模型随着辐射传输理论研究的不断改进，还有很大的进步空间，值得进一步研究完善。

3)混合反演方法

考虑到统计模型反演简单、物理模型鲁棒性强的优点，可将两种模型相结合用于植被参数的反演，此即混合反演方法。例如，通过物理模型模拟的方法解决地面测量数据样本量的问题，并结合经验统计建模方法进行参数反演。混合反演方法的算法流程如图 5-20 所示。

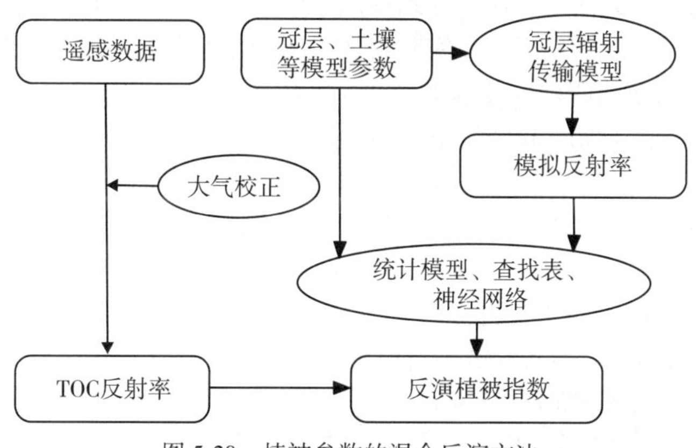

图 5-20　植被参数的混合反演方法

混合反演方法利用遥感物理模型模拟数据，建立基于模拟数据的植被参数反演模型（包括神经网络、查找表和统计回归模型）。该方法的优点是不需要地面测量数据，通过模型模拟数据构建植被参数的反演模型，将遥感数据输入该反演模型，就可以得到遥感反演的植被参数。这种混合反演方法也存在明显缺点，即模型模拟精度完全传递给反演结果，且遥感数据定量化精度也十分关键。遥感反演参数不仅存在较大的不确定性，且模型误差、数据定量化误差都会对反演结果带来非常大的影响。

4)半经验反演方法

半经验反演方法往往是针对单独植被参数的反演需求，从遥感物理机制出发，推导并建立遥感数据和反演参数之间简易的数学模型，通过地面测量实验，对模型参数进行标定。这类模型的物理机制清晰，与物理模型相比又相对简单，其结果往往具有较好的普适性，在部分参数反演方面具有一定的优势。例如，若假定植被叶片是各向同性分布，可以根据 Beer-Lambert 定律，建立 NDVI 和 LAI 的物理模型（Baret，Guyot，1991）：

$$\mathrm{NDVI} = \mathrm{NDVI}_{\infty} + (\mathrm{NDVI}_{bs} - \mathrm{NDVI}_{\infty}) \cdot \exp(-K_{\mathrm{NDVI}} \cdot \mathrm{LAI}) \tag{5.19}$$

式中，NDVI_{bs} 为裸土的 NDVI 值；NDVI_{∞} 为 LAI 达到无穷大时的 NDVI 值；K_{NDVI} 为消光系

数，与植被群体结构参数(特别是叶倾角分布)和叶片光学属性有关。该模型具有明确的物理机制，利用 NDVI 和 LAI 实测数据进行回归分析，标定模型参数 $NDVI_{\infty}$、$NDVI_{bs}$、K_{NDVI} 的值，就可以用来进行区域 LAI 的遥感反演。

4. 植被参数遥感反演策略

传统的遥感地表参数反演都把观测的数据量(N)大于待反演的模型参数量(M)作为反演的必要条件，采用最小二乘法进行迭代计算。事实上，要真正满足 $N>M$ 是十分困难的，有时几乎是不可能的。换言之，遥感反演的信息量通常是不足的，互不相关的信息更少，因而遥感的许多反演问题本质上是“病态的”“无定解的”问题。显然，在遥感反演中，先验知识的引入以及注意反演的策略和方法至关重要。

例如，现有的植被参数遥感反演主要采取生化参数敏感波段的光谱特征选取技术来实现，往往存在一些不足：①特定敏感波段的光谱特征与诸多生化参数相关；②各个生化参数之间具有较强的互相关性。这样会导致反演某一生化参数时特征光谱波段的选择较为困难，以及反演结果的不准确。因此在实际反演时，须注意采取一定的反演策略。

杜霖(2020)在植被的四种生化参数含量(包括叶绿素 Cab、类胡萝卜素 Car，干物质 LMA，以及等效水厚度 EWT)的反演中，结合模型模拟光谱和两个实测光谱库(ANGERS 和 LOPEX)，采用改进的 ANN 算法获取不同数目的敏感波段，对上述四种主要植被生化参数构建反演模型，并研究了相应反演策略的效果。其中主要采用了以下反演策略。

(1)分别采用反射光谱(R)、透射光谱(T)以及将 R 和 T 两种特征相结合；

(2)同时/单独反演上述四个生化参数；

(3)针对 LMA 和 EWT 不同的敏感波段范围，选取新的光谱子空间实施反演。

实验结果表明，对于 EWT 和 LMA 而言，透射光谱具有较强的反演能力；另外，R 和 T 的结合可以有效地改善 Cab、Car 反演模型的 R^2，尤其是在反射光谱和透射光谱对参数的反演能力较弱时。在将所有的参数一起反演时模型具有较高的 R^2，尤其是将 Cab 和 Car，LMA 和 EWT 结对进行分析时；在选取新的光谱子空间后对 LMA 和 EWT 进行反演时，发现模型的表现有些许改善。因此，必要的反演策略研究可以有效地指导生化参数反演的过程，以排除参数之间存在的内在联系对反演模型的影响；同时还可以探究影响模型反演准确性的其他因素，包括构建模型使用的数据降维算法、选取参数敏感波段的过程、数量以及范围等。

5.3.3 植被参数定量遥感反演举例

遥感统计方法和物理模型方法是植被参数定量遥感反演的两种基本方法。实际上，在植被参数的遥感定量反演过程中，反演方法的确定往往需要根据待反演参数的特点、对该参数的经验性知识、实际可获得的地面实测数据、反演精度要求等条件进行综合考量。下面以叶面积指数、植被覆盖度、植被叶绿素含量和植被含水量的遥感反演为例，对一些常用的植被参数定量遥感反演方法进行介绍。

1. 叶面积指数 LAI 遥感反演

正如本章 5.1.2 小节所述，LAI 是表征植被冠层结构的最基本参量。实际上，LAI 与植被生态生理、叶片生物化学性质、蒸散、冠层光截获和地表净第一生产力等都密切相关。LAI 对植物光合作用和能量交换具有十分重要的意义，绿色植物的叶子是进行光合作用的基本器官，叶片的叶绿素在光照条件下发生光合作用，产生植物干物质积累，并使叶面积增大。叶面积越大，则光合作用越强；而光合作用越强，又使植物群体的叶面积越大，植物干物质积累越多，生物量越大。同时，植物群体的叶面积增大，植物群体的反射辐射增强。在碳循环中，LAI 是影响冠层吸收光合有效辐射能力的关键因子，决定了冠层的光合作用能力，进而影响生态系统碳循环。在水循环中，LAI 通过影响下垫面的表面阻抗，改变土壤和地表水的蒸发以及冠层的截留、蓄积和蒸腾。因此，LAI 对于构建陆地生态系统模型和生物地球化学循环模型都非常重要。

LAI 可以在地面上通过实地测量得到，但要在大尺度上获取 LAI，主要途径则是光学卫星遥感反演。目前，已利用多种卫星传感器观测并生成了多个区域和全球的 LAI 标准产品，并被应用于全球碳、水循环等方面的研究中。例如，基于 NOAA/AVHRR 的 ECOCLIMAP、ISLSCP-Ⅱ 和 AVHRR LAI，基于 SPOT/VEGETATION 的 CYCLOPES、GLOBCARBON LAI，基于 TERRA-AQUA/MODIS 的 MOD15，基于 ENVISAT/MERIS 的 MERIS LAI，基于多种传感器的 GEOV1 和 GLOBMAP 等。LAI 遥感反演方法主要有两种，即基于植被指数经验关系的方法和基于物理模型的反演方法(刘洋等，2013)。

1)基于植被指数经验关系的方法

LAI 与植被指数 VI 之间存在很强的正相关关系，经验关系方法认为两者具有某种函数形式的关系，即 LAI=f(VI)，建立起这种函数关系，则可以通过 VI 来估算 LAI。估算中需要确定三个关键要素，即植被指数、经验关系形式和用于模型参数拟合的 LAI 数据(刘洋等，2013)。常用的估算 LAI 的植被指数有 NDVI 和简单比值植被指数 RVI，用于模型参数拟合的 LAI 数据可通过地面实测的方法得到。

经验关系形式的确定需要考虑植被指数和植被类型等因素，对于不同的区域和植被类型分别拟合选择最佳的函数形式和参数。例如，根据经验和统计分析，LAI 值的范围一般为 LAI<10；在植被的光谱曲线中，近红外波段的反射率随 LAI 增加而增加；LAI 与植被指数 NDVI 或 RVI 之间的相关系数很高，且呈非线性函数关系。因此，可建立如下 LAI 估算模型

$$\mathrm{NDVI} = A_1[1 - B_1\exp(-C_1 \cdot \mathrm{LAI})] \tag{5.20}$$

$$\mathrm{RVI} = A_2[1 - B_2\exp(-C_2 \cdot \mathrm{LAI})] \tag{5.21}$$

式(5.20)和式(5.21)中，A_1，B_1，C_1，A_2，B_2，C_2 为待定系数，A_1，A_2 的值由植物本身的光谱反射确定，不同叶形、叶倾角及散射系数造成的值不同；B_1，B_2 的值与叶倾角和观测角有关，当叶片呈水平状，随着 LAI 的增大，植被指数增大速率变慢，两者呈余弦关系，基本是线性的；C_1，C_2 的值取决于叶子对辐射的衰减，这种衰减是呈非线性的指数函数变化。这些待定系数可以通过 LAI 的地面实测数据利用最小二乘方法平差计算得到。模型反演的结果需要利用 LAI 地面实测值进行相关分析以确定其有效性。

2)基于物理模型的反演算法

物理模型方法反演 LAI 实质上是在通过物理模型建立地表反射率与 LAI 关系的基础上，基于卫星观测的地表光谱反射率估算模型参数值，即在特定冠层和背景条件下，找到

最佳的LAI，使得在此参数条件下模型模拟的地表反射率与遥感观测实现最佳匹配。因为物理模型十分复杂，直接反演存在难度，所以在实际反演中可以采用最优化、查找表或神经网络等方法实现模型参数的快速反演。最优化方法是设定目标函数，采用迭代技术寻找满足限制条件并使目标函数最大化或最小化的参数解实现反演。查找表LUT(Look-up Table)方法基于物理模型，以一定取值间隔模拟设定植被、背景和观测状况下的冠层反射率，建立冠层反射率与LAI之间的对应关系表，通过卫星观测的冠层反射率以及已知的植被、背景和观测角度，反查出最佳匹配的LAI。神经网络可以高效、精确地逼近复杂的非线性函数，通过训练样本对网络参数进行训练，将物理模型简化为简单的黑箱模型，实现模型参数的高效反演。

2. 植被覆盖度遥感反演

植被覆盖度FVC(Fractional Vegetation Cover)一般定义为植被(包括茎、叶)在地面统计区域的垂直投影面积占统计区总面积的百分比，也被称作植土比。FVC直接表征了地表植被覆盖的多少，大致反映了植被资源和生态环境的好坏程度；同时，FVC在地表和大气边界层的物质与能量交换中也是一个起着重要作用的参数。植被覆盖度常被用于植被变化、生态环境、水土保持和气候等方面的研究。植被覆盖度的测量可分为地面测量和遥感反演两种方法。地面测量常用于田间尺度，遥感估算常用于区域尺度。由于植被覆盖度具有显著的时空分异特性，遥感已成为估算植被覆盖度的主要技术手段。目前已经发展了很多利用遥感数据反演植被覆盖度的方法，主要有线性回归分析法和混合光谱模型分解法等(田静，2003)。

1)线性回归分析法

很多研究已经证明了植被指数与植被覆盖度、叶面积指数、生物量和净初级生产力等植被要素有关，因此对植被指数与植被覆盖度之间的关系进行分析可以帮助我们获得植被覆盖度的信息。学者在这方面已经做了大量的工作，提出一些植被覆盖度与植被指数NDVI之间的线性统计回归模型。对于相关的具体模型此处不再赘述，但需要注意的是文献中提出的这些线性关系模型都是基于对卫星同步观测数据的统计方法的应用分析，只适用于特定地区和特定时间，而且受观测时大气状况和土壤状况的显著影响，因此应用中具有很大局限性。

2)混合光谱模型分解法

遥感器所获取的地面反射或发射信号是以像元为单位记录的，它是像元所对应地表物质光谱信号的综合。一个像元所对应的地表，有时会包含不同的覆盖成分，且它们具有不同的光谱特征，而一个像元仅用一个信号记录这些“异质”成分，因此形成混合光谱现象，对应的像元即为“混合像元”。若进入混合像元内部，地物的基本组成成分被称为“端元”，每种成分的比例称为“丰度”。而确定端元类型及相应丰度的过程被称为“光谱解混”或者“混合像元分解”。目前已开发出多种混合光谱模拟模型，如线性模型、概率模型、几何光学模型、随机几何模型和模糊分离模型，其中线性模型最常用。

建立线性混合光谱模型的物理基础是，混合像元的表观反射率等于各端元反射率按其在像元中的面积比的加权和，一般形式为

$$p = \sum_{i=1}^{N} c_i e_i + n \tag{5.22}$$

式中，p 为混合像元光谱；N 为端元数；e_i 和 c_i 分别为第 i 个端元的光谱值和丰度；n 为误差项。

利用混合光谱模型分解方法解算植被覆盖度，需要已知植被组分和其他非植被组分的反射率，但这在实际估算中有一定难度。利用地面定标的方法虽然可以解决这类问题，但需要耗费一定的人力和物力而且很不方便，这就给模型的使用造成一定的局限性。

但在对混合像元的光谱进行简化的假设下，可以得到反演植被覆盖度的像元线性分解模型，即像元二分模型。该模型假设一个像元的地表由植被覆盖部分与无植被覆盖部分组成，而遥感传感器观测到的光谱信息也由这两个组分因子线性加权合成，各因子的权重是各自的面积在像元中所占的比例，如其中植被覆盖度可以看作植被的权重。模型的表达式为

$$R = R_V \cdot C + R_S(1 - C) \quad 或 \quad C = \frac{R - R_S}{R_V - R_S} \tag{5.23}$$

式中，R_V 为植被的总反射辐射；R_S 为土壤的总反射辐射；C 为植被覆盖度。

像元二分模型是一种简单实用的 FVC 遥感估算模型。李苗苗等(2003)在像元二分模型的基础上进一步研究了基于 NDVI 估算 FVC 的模型，即

$$\mathrm{FVC} = \frac{\mathrm{NDVI} - \mathrm{NDVI_{soil}}}{\mathrm{NDVI_{veg}} - \mathrm{NDVI_{soil}}} \tag{5.24}$$

式中，$\mathrm{NDVI_{soil}}$为全裸土或无植被覆盖区域的 NDVI 值；$\mathrm{NDVI_{veg}}$则代表全植被覆盖区像元的 NDVI 值，即纯植被像元的 NDVI 值。两个值的计算公式为

$$\mathrm{NDVI_{soil}} = \frac{\mathrm{FVC_{max}} \cdot \mathrm{NDVI_{min}} - \mathrm{FVC_{min}} \cdot \mathrm{NDVI_{max}}}{\mathrm{FVC_{max}} - \mathrm{FVC_{min}}} \tag{5.25}$$

$$\mathrm{NDVI_{veg}} = \frac{(1 - \mathrm{FVC_{min}}) \cdot \mathrm{NDVI_{max}} - (1 - \mathrm{FVC_{max}}) \cdot \mathrm{NDVI_{min}}}{\mathrm{FVC_{max}} - \mathrm{FVC_{min}}} \tag{5.26}$$

利用这个模型计算植被覆盖度的关键是计算$\mathrm{NDVI_{soil}}$和$\mathrm{NDVI_{veg}}$。这里有两种假设：

(1)当区域内可以近似取 $\mathrm{FVC_{max}} = 100\%$，$\mathrm{FVC_{min}} = 0\%$时，可由式(5.25)得$\mathrm{NDVI_{soil}} = \mathrm{NDVI_{min}}$，由式(5.26)得$\mathrm{NDVI_{veg}} = \mathrm{NDVI_{max}}$，因此式(5.24)可变为

$$\mathrm{FVC} = \frac{\mathrm{NDVI} - \mathrm{NDVI_{min}}}{\mathrm{NDVI_{max}} - \mathrm{NDVI_{min}}} \tag{5.27}$$

$\mathrm{NDVI_{max}}$和$\mathrm{NDVI_{min}}$分别为区域内最大和最小的 NDVI 值。由于不可避免地存在噪声，$\mathrm{NDVI_{max}}$和$\mathrm{NDVI_{min}}$一般取一定置信度范围内的最大值与最小值，置信度的取值主要根据图像实际情况确定。

(2)当区域内不能近似取 $\mathrm{FVC_{max}} = 100\%$，$\mathrm{FVC_{min}} = 0\%$时，在有实测数据的情况下，取实测数据中植被覆盖度的最大值和最小值作为 $\mathrm{FVC_{max}}$和 $\mathrm{FVC_{min}}$，这两个实测数据对应图像的 NDVI 作为$\mathrm{NDVI_{max}}$和$\mathrm{NDVI_{min}}$。

需要注意的是，在像元二分法模型中，$\mathrm{NDVI_{veg}}$代表全植被覆盖像元的最大值，由于植被类型的影响，$\mathrm{NDVI_{veg}}$值也会随着时间和空间而改变。因此，计算植被覆盖度时，即

使同一景影像，对于$NDVI_{soil}$和$NDVI_{veg}$值也不能取固定值。一般需要利用土壤图和土地利用图以及野外实测数据，根据上述模型中的两种情况分别求解。

3. 植被叶绿素含量的遥感反演

高光谱遥感技术可以获得几百个连续波段的图形，光谱分辨率可以达到纳米级，使得每个像元都可以获取一条完整的光谱曲线，这为植被生化组分的定量提取提供了可能。在植被生化组分参数的遥感反演方面，研究较多的是植被叶绿素含量和植被水分含量，也取得了较为丰硕的成果。两者在反演机制、反演方法上大同小异，但各自的表达方式、对各自敏感的光谱特征量不同，在反演方法上也可以做不同处理。

叶绿素是植被的生化组分之一，植被叶片中的叶绿素 a 和叶绿素 b 是非常重要的色素，可以通过光合作用吸收太阳辐射，将光能转变成化学能，所以叶绿素含量直接决定着植被光合作用的能力。叶绿素含量对植被的健康状况还有直接的指示作用，并与植被胁迫和敏感性联系紧密，因此叶绿素含量的反演非常必要。叶绿素遥感反演涉及的个体和群体指标分别为叶绿素含量和叶绿素密度。鲜叶叶绿素含量(单位：mg/g 鲜重)的物理意义为每克鲜叶中有多少毫克叶绿素；叶绿素密度(单位：mg/cm^2)的物理意义是单位面积地物的叶绿素含量。遥感反演植被叶绿素含量时采用较多的有统计模型分析和物理辐射传输模型分析两种方法，其中前者在目前应用中仍占主流。

在植被叶绿素含量统计反演中最关键是要确定合适的光谱特征量。用于植被叶绿素反演的光谱特征量既可以是直接由特征波段计算的植被指数，也可以由植被光谱曲线上的特征进一步演化而来。目前各种文献中常用的光谱特征量主要包括植被指数、基于位置信息的光谱特征量和基于面积信息的光谱特征量三种类型，详见表 5-5。从数学角度而言，植被指数也属于光谱衍生参数，部分植被指数还可以弱化土壤、大气和光照几何特性等干扰信息，有利于提高叶绿素含量的估算精度。光谱曲线特征的提取通常是运用光谱微分法，如光谱曲线一阶导数的最值、光谱曲线包围的面积等。在反演模型的建立中，组合不同光谱特征量是一种重要方式，但是光谱特征量过多将带来数据冗余、计算量大以及模型复杂化等问题，所以最佳的光谱特征组合需要权衡光谱特征数量和模型精度。

表 5-5　**植被叶绿素含量统计反演常用光谱特征量**

类型	光谱特征量	简要说明
植被指数	各种常用植被指数	NDVI、DVI、RVI、EVI、OSAVI 等，参见 5.1.3 小节
基于位置信息的光谱特征量	D_r 红边幅值	680~760nm 内一阶微分的最大值
	D_y 黄边幅值	560~640nm 内一阶微分的最大值
	D_b 蓝边幅值	490~530nm 内一阶微分的最大值
	λ_r 红边位置	D_r 对应的波长位置
	λ_y 黄边位置	D_y 对应的波长位置
	λ_b 蓝边位置	D_b 对应的波长位置

续表

类型	光谱特征量	简要说明
基于面积信息的光谱特征量	S_{Dr}红边面积	红边波长范围内一阶微分波段值的总和
	S_{Dy}黄边面积	黄边波长范围内一阶微分波段值的总和
	S_{Db}蓝边面积	蓝边波长范围内一阶微分波段值的总和
	红谷面积	红谷波长范围内一阶微分波段值的总和
	绿峰面积	510~560nm 内原始光谱曲线所包围的面积
	S_{Dr}/S_{Db}	红边面积和蓝边面积之比
	S_{Dr}/S_{Dy}	红边面积和黄边面积之比
	$(S_{Dr}-S_{Db})/(S_{Dr}+S_{Db})$	红边面积和蓝边面积归一化之比
	$(S_{Dr}-S_{Dy})/(S_{Dr}+S_{Dy})$	红边面积和黄边面积归一化之比

鉴于统计模型方法与物理模型方法的不同特点，常将统计模型和物理模型耦合用来进行植被叶绿素含量的反演。柳钦火等(2011)基于环境与灾害监测预报小卫星星座(HJ，环境星)高光谱数据采用耦合模型进行了植被冠层叶绿素含量的反演，下面对该方法的思路进行简单介绍。

为了尽量消除环境背景的影响，在反演中往往需要定义一些与叶片色素或光合作用以及植被的水、氮胁迫状态等相关的光谱植被指数，利用这些光谱植被指数进行统计分析所得到的叶绿素反演模型具有一定的物理意义。

1)光化学植被指数 PRI

光化学植被指数 PRI(Photochemical Reflectance Index)是一个生理学上的反射率指数，与叶黄素环色素的环氧化作用以及氮胁迫冠层的光合作用效率相关(Gamon et al., 1992)。一般是指 531nm 和某个参考波长处反射率的归一化指数。其计算式为

$$\mathrm{PRI}=\frac{R_{\mathrm{REF}}-R_{531}}{R_{\mathrm{REF}}+R_{531}} \tag{5.28}$$

其中，R_{REF}为某个参考波长的反射率，可最小化太阳角度日变化及其对冠层反射率的影响。不同的研究中对于参考波长的选取并不一致，一般选 R_{570} 较多，也可选用 R_{550}。也有研究中将 R_{531} 移到 R_{530}、R_{539}。

2)叶绿素吸收率指数 CARI

CARI(Chlorophyll Absorption in Reflectance Index)(Kim et al., 1994)旨在减小由非光合物质分散的那部分光合辐射。其表达式为

$$\mathrm{CARI}=\left(\frac{R_{700}}{R_{670}}\right)\times\frac{R_{670}\times a+R_{670}+b}{\sqrt{a^2+1}} \tag{5.29}$$

其中，$a=(R_{700}-R_{550})/150$，$b=R_{550}-550\times a$。通过 550nm 和 700nm 两个波段，试图最小化光合作用色素的吸收，同时，它整合了叶绿素 a 的最大吸收波段 670nm 以及反射率由色素吸收占主导作用且受植被结构特征影响为主的红边区域的边缘波段。

基于耦合模型的植被冠层叶绿素含量反演的一般算法流程，如图5-21所示。利用物理模型(如PROSAIL物理模型)模拟不同LAI与叶绿素含量下的光谱数据，计算光谱指数值(如PRI、CARI等光谱指数)，统计光谱指数与模拟叶绿素含量之间的函数关系；给出遥感反射率数据，然后根据光谱指数值与叶绿素含量之间的函数关系，反演出植被叶绿素含量。

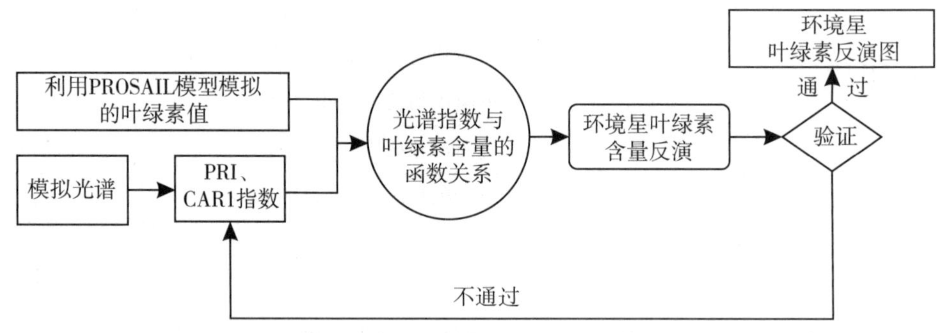

图5-21　叶绿素含量反演流程(柳钦火等，2011)

4. 植被含水量遥感反演

水分是植物的重要组分，是叶片内部各种生化过程发生的介质。作为控制植物光合作用、呼吸作用和生物量的主要因素之一，植被水分含量的多少会直接影响植被生长的好坏。作物缺水会引起叶片在空间的伸展姿态、内部的形态结构、颜色、厚度等发生一系列的变化，从而引起叶片及冠层光谱反射率特性的变化。植被含水量在农林业的应用中是一个重要参数，植被含水量的准确定量遥感估算有助于植被生理状态检测、植被干旱胁迫程度的实时监测与准确评估、森林火险和草原火险预测、农业灌溉决策与产量评估等(张峰等，2018)。随着遥感技术，特别是高光谱遥感技术的发展，利用遥感手段估测植被的含水状况具有很大的应用潜力(王洁等，2008)。

1)植被含水量的表达

植被含水量有不同的表达方式，在遥感监测植被水分含量的研究中，最常用的表示方法有叶片含水量LWC(Leaf Water Content)、相对含水量RWC(Relative Water Content)以及叶片等效水厚度EWT(Equivalent Water Thickness)，这三个参量是表征植被水的不相关量，也是定量提取植被含水量的三种不同方法(王洁等，2008)。此外，还有冠层尺度上的冠层含水量CWC(Canopy Water Content)。

叶片含水量是被广为认可的干旱胁迫的有效指示指标，它被定义为植被叶片含水量(鲜重-干重)占叶片鲜重或干重的百分比，为无量纲量。计算公式为

$$GWC_F = \frac{FW - DW}{FW} \times 100\% \tag{5.30}$$

$$GWC_D = \frac{FW - DW}{DW} \times 100\% \tag{5.31}$$

式中，GWC_F 为叶片水分含量占叶片鲜重的百分比；GWC_D 为叶片水分含量占叶片干重的百分比，也被称为活体可燃物湿度 LFMC(Live Fuel Moisture Content)，是火险评估中用来指示植被水分状态的最佳指标；FW(Fresh Weight)和 DW(Dry Weight)分别为叶片的鲜重和干重(单位为 g)。

相对含水量 RWC 被定义为植被叶片含水量(鲜重-干重)占叶片饱和含水量的百分比，为无量纲量。计算公式为

$$\mathrm{RWC}=\frac{\mathrm{FW}-\mathrm{DW}}{\mathrm{TW}-\mathrm{DW}}\times 100\% \tag{5.32}$$

式中，TW(Turgid Weight)为植被叶片饱和鲜重，即把植被叶片水合至饱和后的重量。

叶片等效水厚度 EWT 表示单位叶面积的含水量，更多地与能量吸收有关，其快速降低被认为是干旱胁迫的早期指示指标。EWT 被定义为叶片含水量(鲜重-干重)与叶面积的比值(单位为 g/cm^2)，计算公式为

$$\mathrm{EWT}=\frac{\mathrm{FW}-\mathrm{DW}}{A} \tag{5.33}$$

式中，A 为叶片面积(单位为 cm^2)。

冠层含水量 CWC 是指单位地表面积植被冠层的含水量，该指标不仅与植被水分状况有关，而且与植被的生长发育状况密切相关，被广泛应用于植被状况的遥感监测中。CWC 可通过单位叶面积水分含量 EWT 与叶面积指数 LAI 的乘积进行计算(单位为 g/m^2)。计算公式为

$$\mathrm{CWC}=\mathrm{EWT}\cdot\mathrm{LAI} \tag{5.34}$$

2)植被含水量的统计遥感反演

植物含水量的光谱诊断本质上是以对植物水分敏感光谱波段的反射率与植物含水量的相关关系为基础的。大量研究表明，植被水分对热红外波段(6.0~15.0μm)、近红外波段(0.7~1.3μm)和短波红外波段(1.3~3μm)比较敏感，但利用热红外波段反演植被水分受环境状况影响强烈，不足以说明作物水分状况在时间和空间上随环境的巨大变化而变化，并且热红外波段更适合于指示植被的蒸腾作用，所以对植被含水量的反演更多的是利用近红外-短波红外波段。

在植被含水量的统计反演中，常采用三类不同的光谱特征参量来构建统计模型：

(1)光谱指数类。如水体指数 WI($WI=R_{970}/R_{900}$)、MSI 指数(Moisture Stress Index，$MSI=R_{1600}/R_{820}$)、归一化差异水体指数 NDWI($NDWI=(R_{860}-R_{1240})/(R_{860}+R_{1240})$)等。此外，用来反演植被叶绿素含量的一些指数，如 NDVI、SIPI(Structural Independent Pigment Index)、MVI(Modified Vegetation Index)等有时也被用来间接反演植物的含水量。

(2)光谱导数变量类。就是对植被反射率光谱曲线求导数，从光谱位置或者建立模型来指示水分状况，基于光谱导数变量进行分析对于剔除土壤背景的影响比较有效(王洁等，2008)。例如，水分吸收波段 1360~1470nm、1830~2080nm 的叶片反射率一阶导数与叶片含水量高度相关，而且不受叶片结构的影响；1190~1320nm 和 1600nm 波段反射率的一阶导数可以被用来预测双季稻作物冠层的缺水情况；近红外波段一阶导数的最小值或其所在的波长能清楚地指示 RWC 状况的变化；等等。

(3)包络线消除方法类。这是一种更精确的诊断植被含水量的方法，即把包络线消除法应用到水分强吸收特征峰处，然后提出一些参量(例如吸收深度等)以表征植被的含水量状况。

3)基于半经验方法的植被含水量遥感反演

半经验方法常被用于植被生化参数的遥感反演中，下面以刘良云(2007)的植被含水量遥感反演为例，介绍该方法的应用。

光与叶片的相互作用可以用图5-22表示。I表示光强，I_0为入射到叶片表面的总能量，其中一部分能量被叶片表面直接反射(I_{R_Sur})，另一部分能量穿过叶片表面并进入叶片内部(I_D)。进入叶片内部的光强与叶片内部细胞相互作用，经过多次散射分为三部分，即叶片内部吸收能量(I_A)、进入叶片内部多次散射并被反射回去的能量(I_{R_In})和透过叶片的能量(I_T)。传感器探测到的反射能量(I_R)为表面反射和内部反射能量之和。用公式(Liu et al., 2010)可以表示为

$$I_0 = I_{R\_Sur} + I_D = I_{R\_Sur} + (I_{R\_In} + I_A + I_T) = I_A + I_R + I_T \tag{5.35}$$

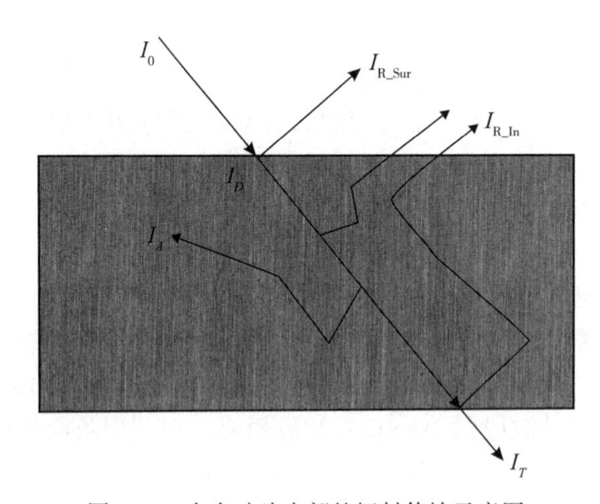

图5-22 光在叶片内部的辐射传输示意图

叶片光谱特性由叶片中所含的水分、色素以及干物质对光的吸收和散射特性共同决定。就叶片水分而言，它对叶片光谱的贡献最主要的就是对入射光谱辐射的吸收作用，表现为因水分子振动的倍频或合频产生的光谱吸收特征。例如，利用PROSPECT叶片光学模型可以定量模拟和分析叶片叶绿素含量、水分含量、干物质以及叶片结构参数等对叶片光谱反射率的影响。为了模拟叶片在不同含水量条件下的反射率光谱，固定模型中的其他参数，其中结构参数N值为1.5，叶绿素含量为55μg/cm²，干物质含量为0.004g/cm²。结果如图5-23所示，叶片含水量对叶片光谱反射率的主要影响表现为975nm、1200nm、1450nm、1950nm等波长处的光谱吸收特征。其次，叶片细胞会因含水量的变化而膨胀/收缩，从而改变光在叶片内部的多次散射特性，并影响叶片近红外波段的光谱反射率。

利用叶片反射光谱的水汽吸收特征有可能计算叶片的辐射等效水厚度REWT(Radiation Equivalent Water Thickness)。如图5-24所示，对比分析叶片内部主要生化组分

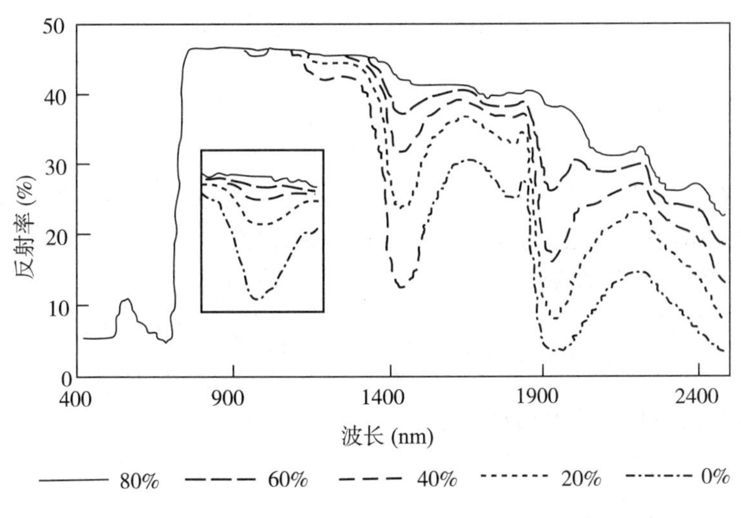

图 5-23　模拟不同含水量条件下的叶片光谱

的光谱吸收率曲线，在 975nm 水分吸收特征处，叶片色素、干物质的光谱吸收系数的变化可以忽略(叶绿素吸收系数为 0，干物质的吸收系数变化不到 0.01mg/cm^2)，但水汽吸收系数变化较大(从 945nm 处的 0 值增大到 975nm 处的 0.31g/cm^2)。若假定 945nm 和 975nm 波长的叶片折射率、叶片内部粒子散射特性没有变化，那么这两个波长处的叶片光谱反射率差异则是由于叶片内部水分吸收引起的。这一发现为叶片水分含量的反演提供了思路：因为根据 Beer-Lambert 定律可知，物质对某一波长光吸收的强弱与吸光物质的浓度及其液层厚度间存在一定关系，那么利用反射光谱就有可能计算叶片生化组分的辐射等效厚度，如辐射等效水厚度 REWT；而利用 945nm 和 975nm 波长的光谱反射率，计算反射率差值来反演，一方面可以消除叶片内部其他生化组分的光谱吸收，另一方面还可以消除叶片表面反射等因素的影响。

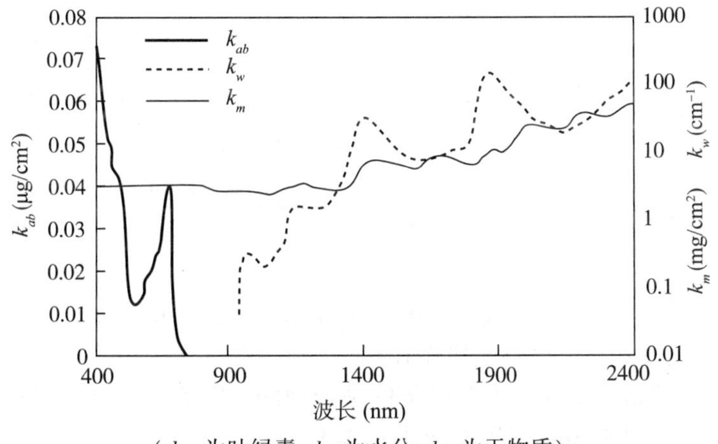

(k_{ab} 为叶绿素，k_w 为水分，k_m 为干物质)

图 5-24　叶片内部主要生化组分谱吸收系数

具体的估算公式推导如下。

根据 Beer-Lambert 定律，利用漫反射技术探测叶片内部生化组分，吸收物质的吸收度为

$$\ln\left(1-\frac{I_A}{I_D}\right)=-k\cdot\Delta \tag{5.36}$$

式中 I_A 为进入吸收物质内部并被吸收的光能量强度；I_D 为进入吸收物质内部的总光能量强度；k 为吸收物质的消光系数；Δ 为吸收物质的等效厚度。

写为辐射等效水厚度的表达形式：

$$-k_{\text{water\_975}}\cdot \text{REWT}_{975}=\ln\left(1-\frac{I_{A\_\text{water\_975}}}{I_{D_{975}}}\right)=\ln\left(\frac{I_{R_{In_{975}}}+I_{T_{975}}+I_{A\_\text{Other\_975}}}{I_{D_{975}}}\right) \tag{5.37}$$

式中，I_{A_water} 为相应波长叶片内部水分吸收能量；I_{A_Other} 为叶片内部其他物质吸收能量；k_{water} 为水消光系数(975nm 波长处为 0.31g/cm^2)；REWT_{975}为 975nm 波长的辐射等效水厚度，其他符号定义同式(5.35)。

若假定 975nm 与 945nm 波长处叶片内部其他物质吸收能量相等，且忽略 945nm 波长处的水分吸收，则式(5.37)可以近似为

$$\begin{aligned}-k_{\text{water\_975}}\cdot \text{REWT}_{975}&\approx\ln\left(\frac{I_{R\_\text{In\_975}}+I_{T\_975}+I_{A\_\text{Other\_945}}}{I_{D\_975}}\right)\\&=\ln\left(\frac{I_{R\_\text{In\_975}}+I_{T\_975}+(I_{0\_945}-I_{R\_945}-I_{T\_945})}{I_{D\_975}}\right)\\&=\ln\left(\frac{I_{R\_975}+I_{T\_975}+(I_{0\_945}-I_{R\_\text{Sur\_975}})-I_{R\_945}-I_{T\_945}}{I_{D\_975}}\right)\end{aligned} \tag{5.38}$$

若假定 945nm 和 975nm 波长处通过叶片上表面直接反射的能量(I_{R_Sur})相等，式(5.38)可以近似为

$$\begin{aligned}-k_{\text{water\_975}}\cdot \text{REWT}_{975}&\approx\ln\left(\frac{I_{R\_975}+I_{T\_975}+(I_{D\_945}-I_{R\_945}-I_{T\_945})}{I_{D\_975}}\right)\\&=\ln\left(\frac{I_{D\_945}}{I_{D\_975}}+\frac{I_{R\_975}}{I_{D\_975}}+\frac{I_{T\_975}}{I_{D\_975}}-\frac{I_{R\_945}}{I_{D_{975}}}-\frac{I_{T\_945}}{I_{D\_975}}\right)\end{aligned} \tag{5.39}$$

在前两个条件的基础上，进一步假定两个波长入射光源能量没有变化，且叶片表面直接反射(I_{R_Sur})相对较小，可以忽略，则式(5.39)可以近似为

$$-k_{\text{water\_975}}\cdot \text{REWT}_{975}\approx\ln\left(\frac{I_{D\_945}}{I_{D\_975}}+\frac{I_{R\_975}}{I_{0\_975}}+\frac{I_{T\_975}}{I_{0\_975}}-\frac{I_{R\_945}}{I_{0\_945}}-\frac{I_{T\_945}}{I_{0\_945}}\right)$$

即

$$-k_{\text{water\_975}}\cdot \text{REWT}_{975}\approx\ln[1-(\rho_{945}+\tau_{945}-\rho_{975}-\tau_{975})] \tag{5.40}$$

式中，ρ，τ 分别为叶片光谱反射率和透射率。

对于连续波长光源，上述三个近似条件是合理的。因此，可以利用式(5.40)的叶片反射率和透射率，计算 975nm 波段的叶片 REWT。

考虑到叶片反射率光谱和透射率光谱的高度相似特性，特别是近红外平台处其他的光

谱吸收变化可以忽略，可以假定945nm和975nm波长的透射率差值与发射率差值存在高线性相关关系。因此，式(5.40)可以进一步简化为

$$\mathrm{REWT}_{975} \approx -\frac{\ln[1-(1+\alpha)(\rho_{945}-\rho_{975})]}{k_{\mathrm{water\_975}}} \tag{5.41}$$

式中，α 为945nm和975nm波长的透射率差值与反射率差值的比值系数，在计算叶片REWT之前可以先进行参数定标，例如利用Lopex93试验数据，通过经验统计方法计算的 α 参数值为0.6404。

根据式(5.41)可以计算叶片辐射等效水厚度REWT，通过建立叶片REWT与叶片等效水厚度EWT的关系，就可以利用光谱数据诊断叶片的水分状况(刘良云，2007)。

通过以上植被含水量反演的例子，我们可以看到半经验反演方法的显著特点在于模型简单、物理机制明显，同时反演结果也具有较好的普适性。

第6章 地质遥感

地质学研究是遥感技术应用较早的领域之一，随着遥感技术的快速发展，遥感在岩性识别、地层解译和分析、区域地质构造的信息提取、地质矿产的成矿预测、矿山环境地质调查和监测等方面发挥着重要作用，已成为地质工作必不可少的一种有效技术手段。

6.1 地质遥感及其发展

地质遥感又称遥感地质，是综合应用现代遥感技术来研究地质规律，进行地质调查和资源勘查的一种方法。它从宏观的角度，着眼于由空中获取的地质信息，即以各种地质体对电磁辐射的反应作为基本依据，结合其他各种地质资料及遥感资料的综合应用，以达到分析、判断一定地区内的地质构造情况的目的。

6.1.1 地质遥感

地质工作是国民经济建设的基础性、战略性和公益性工作，其主要任务是经济、有效地摸清地质情况，探明矿产资源，维护矿产资源的国家所有权，保护地质环境，实施地质勘查工作的科学管理等。地质工作，特别是中小比例尺的区域地质调查工作，通常要同时对几千平方千米至几十万平方千米范围的区域地质特征进行全面的野外调查和研究，追溯地质历史和各种地质动力过程，解决物质构成、构造等一系列基础地质问题，探讨成矿的条件和规律，为矿产资源勘查、开发提供依据。常规地质工作需要耗费巨大的人力、物力和财力。实践证明，遥感技术可以在短时间内提供大区域的宏观数据，在一定程度上减少野外地质调查工作量，减轻地质工作者的劳动强度，加快地质调查的速度。

遥感影像是最基本的地学空间数据和资料，是地表景观的缩影，它将地表地形、水系、植被、岩性和构造的差异以不同的图像纹理结构和波谱色调信息反映出来。地质学家可通过对遥感影像特征的分析，获得地质体、地质作用、地质过程的地学信息，从这些信息中发现一些地面地质调查所不易或不能发现的地学信息异常、区域地质体之间的空间关系和成因联系，在一定程度上弥补了地质勘查技术的不足，为解决地质问题的多解性增添了新的科学依据。

地质遥感是遥感空间科学技术与地质学的密切结合，地质遥感学是地质学与遥感科学及现代空间科学、地理信息科学之间的边缘学科，也是从地球科学领域独立出来的一个新的分支学科，这是一个具有探索研究潜力和深远研究前景的学科。

6.1.2 地质遥感的发展

地质遥感的发展大致经历了两个阶段：首先是1962—1972年，美国使用机载红外扫描仪和红外摄影机、天空实验室进行遥感地质勘测的实验阶段；其次是1972年以来的应用研究阶段。从1972年到20世纪80年代初，美国发射了陆地卫星(Landsat 1~3)，地质工作者使用陆地卫星、天空实验室和航空三级平台遥感影像数据，探索和评价遥感资料的地质效果，进行地质遥感基础理论研究及室内和野外各种岩石、矿物的波谱曲线实测。此后，随着遥感数据从Landsat MSS向TM、SPOT HRV的发展以及空间分辨率和光谱分辨率的提高，加之高光谱遥感技术的出现，使得遥感的地质解译能力大幅提高，在地质调查、找矿、地质灾害调查与监测等方面的应用效果也越来越好。

在数据处理方面，由于计算机技术的发展，计算机处理方法逐渐取代传统的光学处理方法，使得处理效率大大提高；计算机数字图像处理技术的发展又快速取代了模拟机处理技术，并使得遥感地质信息的提取能力大幅提升，目前已成为普及化和通用化的方法。遥感影像计算机数字处理软件系统的定性定量解译方法，为利用图像自动识别与分类技术划分岩类、利用波段比值图像处理技术找矿、利用遥感影像计算机分析方法研究线性要素与断裂构造的关系等方面带来很大便利。

遥感技术所具备的快速、方便和可重复观测的优点，使其在研究各种地质动态、进行地质灾害调查和预测方面具有得天独厚的优势。然而，当前遥感还只能反映地面信息，因此，在地质找矿方面还必须与物探、化探、地质和其他方法综合运用，建立各种矿产、岩石、构造或物化探加地质等的模型或模式，由已知推测未知，更好地发挥其在地质找矿方面的潜力。

6.2 遥感地质信息提取

遥感地质信息提取即遥感地质解译，是指通过遥感影像等获取岩性、地层、地质构造等信息的过程。遥感地质信息提取一般采用纯粹的地质专家目视解译和计算机解译两类方法，其中前者是基础，因为不了解影像的地学意义，就不可能得到正确的计算机解译结果。近年来，数字影像处理、遥感影像计算机解译等技术也逐渐开始应用于岩性、构造等地质信息的提取研究。

6.2.1 遥感地质解译标志

遥感影像上能用于识别地质体和地质现象，并能说明其属性和相互关系的图像特征，称为遥感地质解译标志，包括直接地质解译标志和间接地质解译标志。地质专家进行目视解译时，就是通过对各种地质解译标志的分析、综合、推理和判断得出结论的。

遥感地质解译中的直接解译标志有形状、大小、色调、色彩、阴影、纹理和图案等，根据地质专家的知识和经验，可以通过这些特征进行地质信息的判读。例如，排水性良好、干燥、有机质成分低的土壤，中酸性岩浆岩、松散堆积物、大理岩、石英岩等一般具有浅色调；潮湿的、有机质成分高的土壤，煤层、基性、超基性岩浆岩均具有较深色调；

石灰岩、白云岩、砂岩以及中基性岩浆岩，变质岩中的变粒岩等则具有灰色色调。这是通过光学灰度影像进行岩性、土壤判读的直接依据。

遥感地质解译中常用的间接解译标志主要有水系、地貌、水文、植被分布、环境地质、人工活动标志等，通过这些特征可以推断与之存在联系的地质体或地质现象。换言之，地质体的岩性、构造等信息可以通过地貌形态、水系格局、植被分布、土地利用和人类活动等影像特征间接地反映出来，因而影像上的这些特征就是分析推断地质体信息的重要依据。例如水系标志在地质解译中应用最广泛，由于水系能很好地反映地表的岩性、构造等地质现象，水系的发育与地质地貌相互联系，某些水系的格局能反映地质构造的特点。这里所讲的水系是水流作用所形成的水流形迹，即地面流水的渠道。它可以是大的江河，也可以是小的沟谷，包括冲沟、主流、支流、湖泊以至海洋等，在图像上可以呈现有水，也可以呈现无水。水系的级序，一般是从冲沟到主流，依次由小到大(如1、2、3…)排列。

水文主要指陆地水文特征，包括水体、土壤的含水性、地下水的溢出带等，特别是在干旱区，水文是非常重要的地质解译标志；植被异常在识别矿产露头时，可以作为蚀变带识别的重点研究对象；古代与现代的采场、采坑、矿冶遗址、渣堆是地质找矿的标志；耕地排布反映了地形地貌特征，是历史上人类活动与地质体有关的痕迹。

6.2.2 遥感地质信息处理

遥感地质信息的处理是以地质特征标志和地质模型研究为基础，结合物理手段和数学方法，对所获得的地球表层的遥感数据进行分析、解译，以求获得各种地质要素和矿产资源时空分布的特征信息，从而揭示地壳结构、地质构造及矿产资源分布及其发生发展规律的综合性技术。

遥感影像的地质信息处理分为3个层次：①利用计算机完成遥感影像的复原处理，补偿、校正遥感仪器在获取数据过程中产生的误差、畸变和干扰，即遥感影像预处理；②根据各种应用目的，对遥感影像进行增强处理和分类，改善影像的视觉效果和可判识性；③采用人工干预方式，进行机助目视判读，完成目标地物的识别和提取。

需要说明的是，在中间层次的处理中，增强遥感信息的方法有很多，往往需要结合地质专业判读的经验有针对性地进行选择使用。例如，在地层岩性的遥感判读中，要依据纹理、色调等特征影像块，结合河流地貌等间接标志进行，解译结果通常为岩类。若利用高空间分辨率遥感数据通过影像融合等处理，可以尽可能地保留影像的纹理特征，为岩性目视解译提供影像纹理基础，如图6-1所示的影像中纹理特征非常明显。若利用多光谱影像通过主成分分析、HIS彩色变换、影像运算等处理，则可以达到去相关，并使岩性信息通过特殊颜色更清晰地得到表现。如利用Landsat 8影像经过独立主成分分析处理后，用432分量合成RGB假彩色影像，能较好地保留影像纹理信息，且色调丰富，分区较为明显，对岩性解译具有一定的辅助作用。利用ASTER影像通过波段比值和矿物指数结合的方法，可制作矿物指数假彩色合成图，如图6-2所示的二价铁指数假彩色合成图，其中的蓝色即代表黏土类矿物。

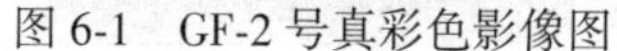
图 6-1 GF-2 号真彩色影像图

图 6-2 ASTER 二价铁指数假彩色合成图

再如，断裂构造在卫星影像上的直接解译标志主要是影像纹理错断、色彩异常、色彩截面线状延伸等，那么在遥感影像处理时，则可以通过空间域增强的卷积滤波、形态学滤波等方法实现断裂构造线性特征的增强。

6.3 区域地质构造解译

地质构造也是地表的地貌类型之一，在本书的 2.2.2 小节已从地貌识别的角度介绍了典型的褶皱地貌、断层地貌的解译。构造解译也是遥感影像地质解译的重点，因此下面再从地质工作的角度介绍隐伏地质构造、新构造与活动构造、线性构造与环形构造的解译。

6.3.1 隐伏地质构造

隐伏构造是被第四纪地表松散沉积物掩盖或隐伏在表层基岩下的地质构造，包括隐伏断裂、隐伏褶皱、隐伏隆起、隐伏凹陷和隐伏岩体等。隐伏构造的解译标志不明显，又常常和其他构造的解译标志混杂在一起，较难识别。将遥感影像与地球物理、地球化学等多源信息复合来提取信息，有利于对隐伏构造进行综合解译与宏观分析。

隐伏构造遥感解译的基本原则是：①借助邻区构造解译成果进行对比分析；②充分应用多源信息进行综合分析；③对区域构造展布规律及构造型式进行研究，从中发现一些与盖层基岩区构造格局不相协调的构造特征异常，同时配合对地貌和色调等标志信息的运用等。

松散沉积物覆盖区隐伏构造的解译需要在镶嵌图或卫星图像上，尽可能用不同种类、不同波段、不同时相的图像反复对比，再通过微地貌等标志显示出来的色调、色彩的差异，异常的水系等进行综合分析，才能发现异常。如图 6-3 所示的西藏噶尔藏布松散沉积物下的隐伏断层，通过微地貌对比可发现隐伏断层的分布(图中虚线所示)。另外，基岩隐伏构造还可以通过植被的生长状态间接地显示。如隐伏储油构造区，油气经过构造裂隙向地表渗透，喜烃的植物生长茂盛，在遥感影像上植被生长的轮廓与储油构造的形状基本一致，因此植被的生长状况和分布范围也是推测隐伏褶皱构造的重要标志。

图 6-3　西藏噶尔藏布松散沉积物下的隐伏断层卫星影像

基岩区的隐伏构造多发生在山区，以线性和环形影像特征反映，它与基岩本身的影像往往叠加在一起，增加了正确判别的难度。水系、微地貌和影纹特征等是基岩区隐伏构造主要的解译标志。基岩区隐伏构造解译必须揭示那些全部或部分隐藏在表层岩石之下的构造形迹以及某些古构造形迹。基岩区的隐伏构造主要有两种表现形式：一是隐伏构造本身表现出的某些迹象，如沉积盖层中的强烈破碎带，应力集中带，岩体、火山机构的定向排列，局部地段节理的规律分布等；二是隐伏构造对表层构造的控制现象，使盖层构造不能按正常状况发育而出现局部异常。

6.3.2　新构造与活动构造

新构造通常指发生在新近纪(或第四纪)以来的构造运动，新构造运动代表地球上最新一幕地质构造活动过程，是最新岩石圈变形与地表作用过程的集中体现，也是现今地貌塑造过程的内在动力，深刻影响着人类的演化与生存环境。而自新近纪以来，在新构造幕中仍在形成、发展或活动，并且未来一定时期内仍可能活动，从而会对人类社会造成影响的地质构造被进一步定义为活动构造。因此，新构造是活动构造研究的基础，活动构造则是新构造运动研究的重要分支和延续。可以说新构造运动与活动构造都是与人类的出现、演化和发展密不可分的，因为新构造运动为人类生存创造了必需的环境和条件，包括海陆的变迁、大江大河的发育、盆地与平原的形成等，但同时也带来了地震、崩塌、滑坡、泥石流、海啸和火山喷发等自然灾害。

新构造运动具有与老构造运动相同的表现形式，但也有自己独特的表现形式，包括地质表现与地貌表现两方面。地质表现主要是新地层(新近纪—第四纪)发生的低角度的倾斜变形或宽缓的拱形变形，如新疆乌恰县境内阿图什组(N_2)的宽缓褶皱(图 6-4)。

新构造的解译地貌标志包括直接地貌标志和间接地貌标志。直接地貌标志及新构造地貌，是新构造运动直接作用的结果，如断层崖、断块山、山脊被错断等，如祁连山西段被阿尔金断裂截断的现象(图 6-5)及天山南部山前巴楚地区的走滑断层错断山脊的现象(图 6-6)。

图 6-4　新疆乌恰县境内阿图什组(N_2)宽缓褶皱

图 6-5　祁连山西段被阿尔金断裂截断

图 6-6　天山南部山前巴楚地区的走滑断层错断山脊

新构造运动的间接地貌标志主要是由河流地貌所反映的构造运动。如反映间歇性抬升运动的地貌有多级夷平面、阶地、多层溶洞等；水系的同步弯转、汇流和洪积扇顶点的线状排列等，如阿尔金断裂造成的水系向同方向偏转现象(图 6-7)及新构造运动造成的洪积扇线状排布显示的断层信息(图 6-8)。

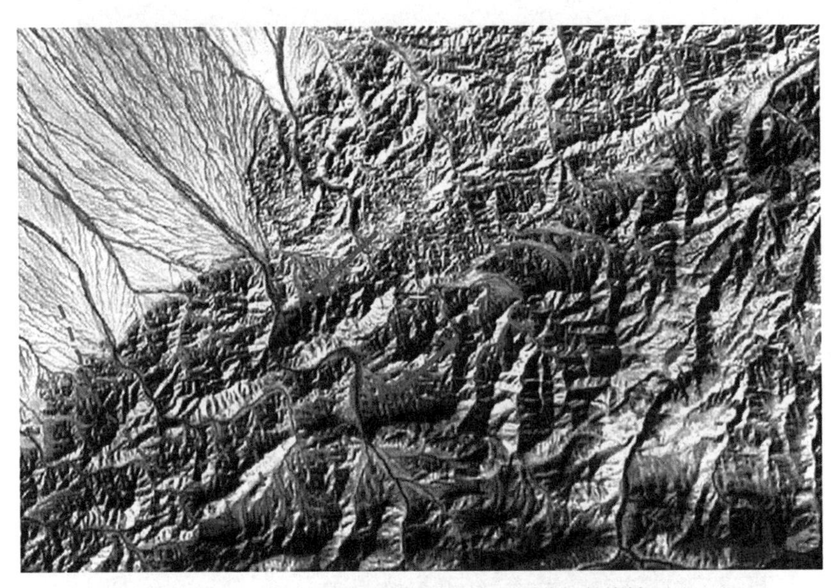

图 6-7　阿尔金断裂造成的水系向同方向偏转

图 6-8　新构造运动造成的洪积扇线状排布断层信息

活动构造包括活动断裂、活动褶皱、活动盆地及被它们所围限的地壳和岩石圈块体。活动构造的研究对地质灾害的防治、地震的预防和区域地壳稳定性评价等都是不可或缺的工作。特别是随着人类活动对地质环境产生了重大影响，地质环境问题也越发引起全人类的广泛关注。活动构造常继承在老的构造基础上，因此在遥感影像上具有新、老构造影像叠加的特征，不易区别。具体而言，在构造活动强烈地区形迹明显，图像上能直接判别；而在构造活动微弱区形迹隐晦，在构造活动稳定区形迹不明显。

活动构造在地貌上往往出现在不同地貌景观的分界线上，或以特定的几何形态沿某一方向延展，在分界线上有断层崖、洪积扇、热泉、火山口等的线状排列。此外，活动断裂往往控制着水系的异常点，如水系的交叉点、分流点、汇集点、拐点等呈线状排列。河流由宽变窄或窄突变加宽等也是活动构造的标志。活动构造还以明显的色调差异显示。一般情况下埋藏浅或活动性强的活动断裂，色调差异明显；反之，则不明显。

6.3.3 线性构造与环形构造

遥感影像上，色调或色彩及地形、地物等的几何形态构成的沿一定方向呈线性展布的影像特征常被称为线性影像，线性构造即展现为与地质作用有关或受地质构造控制的线性影像。环形构造又称圆形构造，是地球和其他星球表面普遍存在的一种构造形式，在地壳中以近圆形的构造环带为特征。线性构造与环形构造通常在卫星影像上有明显表现。

1. 线性构造

线性构造与矿产资源空间分布关系密切，可为成矿预测、远景区圈定提供线索。线性构造多与断裂构造有关，成矿前、成矿时断裂对成矿岩体、含矿沉积盆地等有明显的控制作用。一些受断裂控制的内生矿产多分布在某些线性构造两侧或几组线性构造交叉点附近。

线性构造包括：①不同岩性岩相界面、层理、不整合面、侵入接触面等。影像特征表现为不同色调、地形、水系、植被、土壤和人文标志等的界限，线纹较细、长度不定、总体呈直线或弧线状，也可以是曲线状。②断层、隐伏断层、裂隙、劈理、岩浆岩中的节理等。主要通过地形特征及水系特征显示，影像清晰。③断层破裂带。多由若干大小不同的断裂组成，规模较大时，可通过不同色调、负地形及两侧很不协调的影纹图案进行解译。④大型断裂或地壳断裂、隐伏基底断裂。特征为规模大、延伸远，在小比例尺图像上显示清楚。⑤一些成因不明的线性构造。此类线性构造无相应断裂等地质特征，如地应力集中带造成的波谱特征差异面形成的线性影像。图 6-9 显示了新疆维吾尔自治区东北部富蕴县卡拉麦里山北花岗岩体(A)与围岩(B)的平整接触面(受原有断裂控制)，围岩中角岩化强烈，色调很深。

2. 环形构造

环形构造的成因具有多样性，它可能是地壳深部强烈的热动力冲压、旋扭作用的产物，具有明显的圆形、环形和弧形边界；有的可能是侵入岩体的露头或隐伏边界；有的又可能是大型盆地的边界。而在平原地区出现的圆形构造也可以起因于地下水位的急剧变

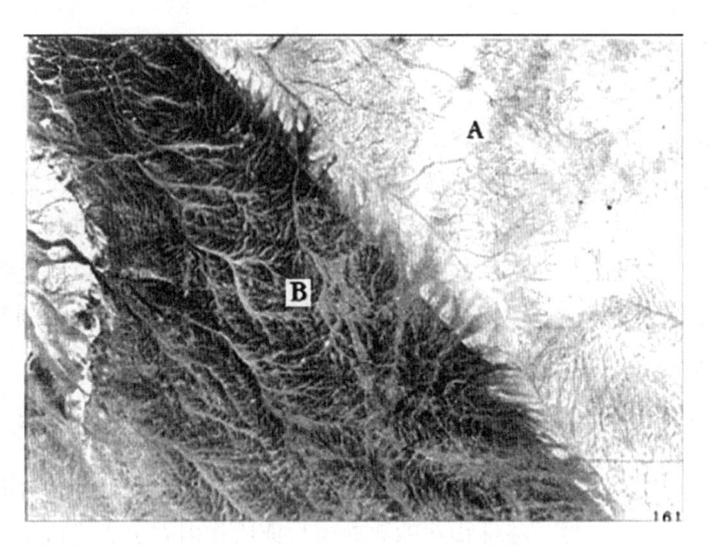

图 6-9　新疆富蕴县卡拉麦里山北花岗岩体

化。此外，还包括宇宙成因，如地质历史早期陨石撞击的遗迹(陨石坑)。航天考察拍摄的月球、火星和木星等星体的像片表明，环形影像不仅发育于地球表面，而且广泛发育于太阳系的其他星体，当前有关科学家认为其他星体的环形影像是天体碰撞的遗迹。

环状构造不但成因多样，各个地质时代均可产生，而且规模大小悬殊，排列方式多变。在遥感地质学中，环状构造具有极重要的理论意义。在预测、寻找矿产和活动构造分析方面，它能提供丰富的深部地质作用信息。环状构造对某些矿产有明显的控制作用，据统计，我国已知铬、镍、铁、铜、钼、钨、锡、锑、汞等主要内生金属矿产中的 91%分别与 200 个大小不同的环形构造有关。

在遥感影像上，环状构造大多数是通过色调环、地貌环、水系环、植被环、影纹环或它们的复合类型的环状特征表现出来的。

山区的环状构造多表现为环形或弧形分布的山脊、山谷、近圆形的山体或山间盆地，或以放射状、向心状环状水系等表现出来；有些环状构造是由于环内具有可与背景相区别的特征影纹、色调而呈现出来的。

平原地区的环状构造多表现为环状色调异常，其轮廓较模糊或呈晕环状，而且环的不同部分的色调也有变化。在平原地区，有些环状构造是由环形或弧形分布的残山、地表小型水体以及有呈圆形组合的斑点状、斑块状影纹表现出来的。跨越平原和山区的大型环状构造，通常以山区部分的环形轮廓较为清楚。

图 6-10 显示了在新疆中部和静县巴轮台东部，地表上呈圆形的海西晚期小花岗岩体，东西两侧为环状水系所环抱。图 6-11 为湖南某一小岩体群，其中 A 代表酸性侵入体，岩体形状为圆形、扁圆形或椭圆形，环内具有均一的浅色调、负地形。

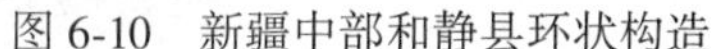

图 6-10　新疆中部和静县环状构造

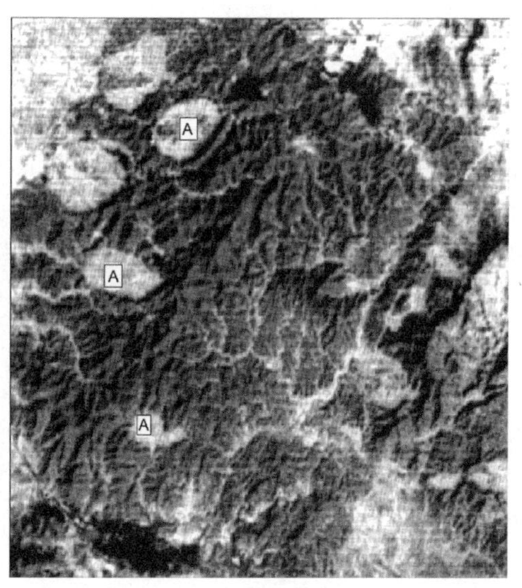

图 6-11　湖南某一小岩体群内的环状构造

6.4　岩性信息解译

对地层岩性的遥感识别研究，一直是遥感地质学研究的难点，传统上主要采用航空或卫星影像进行目视解译的方式，依据岩性花纹、色调等特征并结合河流地貌等间接标志进行判读，其解译难度远大于地貌和构造解译，对解译者的经验要求较高。

6.4.1　岩性解译

地表出露的岩石类型主要为沉积岩、岩浆岩和变质岩三大类，它们的图像特征主要表现在色调和图形结构两个方面。色调或色彩特征反映了三大岩类的电磁波谱特征，图形结构特征是区分三大岩类的主要形态标志。

色调特征是地质体反射(发射)的波谱能量经传感器记录下来的图像灰度值，与地质体之间存在一定的对应关系。不同的地质体在相同波段具有不同的波谱特征，同一地质体在不同波长又具有不同的波谱特性。现代遥感传感器就是依据地表物体和地质体的电磁辐射特征及其典型谱带进行波段设计的，以达到利用多光谱遥感数据进行地表目标图像识别的目的。如 Landsat 7 ETM+传感器的多光谱的波段设计中，TM7(中红外波段，波长为 2.08~3.35μm)为地质学家追加波段，该波段对于岩石、矿物的分辨很有作用，因此也被称为“地质波段”。高光谱遥感数据可用来进行矿物填图、蚀变岩填图乃至遥感找矿等。

图形结构特征是地表物体和地学对象的空间三维形体在图像平面上的构图反映，是进行地学目标识别的重要标志。三大岩石类型在遥感影像上的图形结构及其所构成的几何图形样式都与其岩石的结构、构造具有密切的成因联系。因此，基于遥感影像的几何形态标志可对不同岩石类型及其出露的规模等级进行解译和判断。

6.4.2 沉积岩解译

沉积岩在遥感影像上以条带或条纹的影纹呈现，其图像特征往往与岩石的结构、构造和成分密切相关。在流水作用下岩石常形成不同类型的水系，如格子状水系、树枝状水系等。在地形上形成一些独特的地貌形态，如单面山、方山、岩层三角面等(可参看第2章的例子)，因此，在遥感影像上解译沉积岩比较容易。

1. 沉积岩的色调特征

不同颜色、不同成分和不同结构构造的沉积岩，它们的波谱特征具有很大的差异，如沉积岩的胶结物，铁质色调深，钙质色调浅，但当沉积岩遭受强烈风化时，可产生褪色，使色调变浅。同一岩性在不同的物理、化学条件下，遭受风化的情况不同，它们的波谱特征也会有一定的变化。因此，根据沉积岩的波谱特征划分岩类是较为困难的。岩石的矿物成分和岩石风化面的颜色是决定其波谱特征的关键因素。

2. 沉积岩的图形特征

沉积岩的颗粒大小、均匀性，裂隙和透水性的发育程度，直接影响沉积岩的水系类型和疏密程度，当沉积岩受构造变动时往往出现异常水系。沉积岩在地形上经受风化剥蚀形成高低起伏的山地，坚硬的岩石形成山脊或山顶，较软的岩石形成山的鞍部。例如，砾岩，颗粒粗，较易风化，透水性好，层理不发育，在影像上显示出水系稀疏，树枝状水系，地形起伏不平，影像上条带不发育；石英砂岩，颗粒细，抗风化较强，透水性较好，层理发育，在影像上显示出水系较密集，锯齿状山脊，影像上有明显的条纹条带；页岩，颗粒细，抗风化弱，透水性差，层理发育，在遥感影像上地形低缓，水系密集，影像条纹明显。

不同地区，成层的沉积岩产状不同，其所反映的构造环境也有所不同：①朵状条纹条带，反映区域构造环境稳定，图6-12显示了成都市龙泉山地区近水平砂泥岩层朵状；②弧形、环形、封闭形、折线形和迴曲线形条纹条带，反映强烈强压环境，图6-13为四川省东部地区强烈褶皱岩层的遥感影像；③直线形条纹条带，反映单一构造环境，如西藏自治区阿布山组(K_2a)直线形砂岩的WorldView-2遥感影像(图6-14)。

3. 沉积岩的解译标志

成分是决定沉积岩色调的关键因素，沉积岩中含暗色或杂色碎屑矿物多，反射率较低，在黑白遥感影像上色调偏暗。湿度是沉积岩色调的影响因素，孔隙和裂隙较多，湿度较大，其反射率就较低，在黑白遥感影像上色调偏暗。

条纹条带是层理在影像上的表现，是沉积岩解译标志中最重要的图形特征。条纹条带明显与否取决于下列因素：

(1)该沉积岩层(系)与相邻岩层颜色差异是否明显；

(2)岩层差异风化产生的微地貌是否显著；

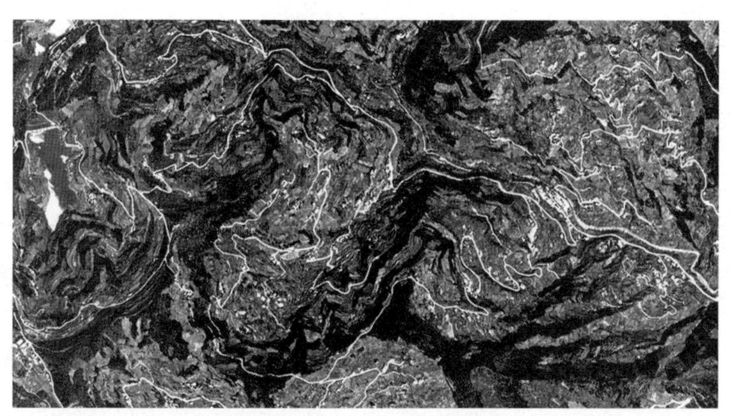

图 6-12 成都市龙泉山地区近水平砂泥岩层朵状遥感影像

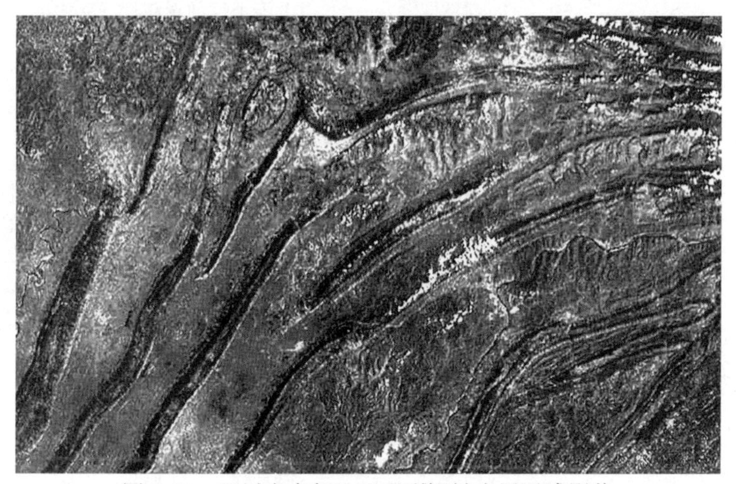

图 6-13 四川省东部地区强烈褶皱岩层遥感影像

图 6-14 西藏自治区阿布山组(K_2a)砂岩的直线形条纹状 WorldView-2 遥感影像

(3)地面植被和表土掩盖程度如何；

(4)成像地段岩层产出状况、地形、光照条件与成像照射角度等。

沉积岩主要解译标志如表6-1所示。

表6-1　**沉积岩遥感影像解译标志**

岩性＼标志	色调	影纹图案	地形(貌)	水系	植被与土地利用	其他
砾岩	不均匀的深灰色调	不甚发育的条纹，条带表面粗糙呈斑杂状，阴影发育	沿主要节理方向发育陡崖、垅岗地貌，地形崎岖不平	地表水系不发育	基岩区植被不发育	崩积物发育
砂岩	浅灰色调，铁质胶结多为中—深灰色	有规律的条纹，带状纹理发育	常成单面山或猪背岭，陡峻奇峰，山脊走向稳定	中等密度的树枝状、格状及角状水系，冲沟短，切割深，横剖面呈V形	树木、耕地较少，仅集中于河道沟边	砂岩稳定，延伸远，特有的地形、水系等特征可作为标志层
黏土岩类	灰—暗灰	条纹条带状影纹较发育	低矮圆滑馒头状山丘	典型的树枝状及近平行状水系，冲沟短而密，横剖面呈圆滑的U形	土壤较厚。村镇、道路、林耕地较多，是很好的农作物区，边坡树林覆盖	易风化，多残坡积物，呈浅色斑状
碳酸岩类　干旱区	较均匀的浅—中等灰色调	发育有条带状影纹	呈陡峭山势，山脊走向连续	水系以细小冲沟为主	植被较稀少，少耕地	基岩裸露，残坡积物少
碳酸岩类　潮湿区	基岩区为浅灰色调，植被覆盖区多呈深灰色调	斑块形状不规则	溶蚀地貌发育	内向水系最典型，呈点状，冲沟稀疏短而浅	植被茂盛，农田、村镇、道路集中在河谷	裂隙均匀分布，并成组出现

6.4.3　*岩浆岩解译*

岩浆岩分为酸性岩、中性岩、基性-超基性岩三大类。其中超基性岩和基性岩的反射率低，图像色调呈深灰色至黑色；中性岩浆岩反射率中等，图像色调为不同等级的灰色；酸性岩反射率偏高，图像色调为浅灰色至灰白色。

1. 岩浆岩的色调特征

岩浆岩反射率的高低、色调的深浅与岩浆岩中 SiO_2 含量的关系非常明显。酸性、中性、基性和超基性岩浆岩的波谱特征有明显的规律可循，一般情况下：

(1)基性、超基性岩浆岩中，铁镁质等暗色矿物含量多，反射率低，黑白图像上色调较暗，呈灰色至黑色；

(2)中性岩浆岩反射率中等，色调呈灰色；

(3)酸性岩浆岩反射率偏高，呈浅灰色至灰白色调；

(4)在同一类岩石中，随着化学成分、矿物成分和结构构造的变化，其反射率也会有所不同，可引起色调的变化。图6-15为西藏自治区革吉县境内阿翁错钾长花岗岩与围岩的WorldView-2卫星影像，由于两者矿物成分的变化，导致钾长花岗岩为棕红色，围岩表现为灰黑色。

图6-15 西藏自治区革吉县境内阿翁错钾长花岗岩(棕红色)与围岩(灰黑色)

2. 岩浆岩的图形特征

不同性质、不同规模、不同构造环境下的侵入型岩浆岩，具有复杂的产状形态。这些侵入岩体经历长期的地壳变迁，有的已裸露地表，有的已接近地表。它们在遥感影像上的图形主要有圆形、椭圆形、环形、透镜状、串珠状、分枝状、不规则块状和脉状等。

3. 岩浆岩的解译标志

岩浆岩的主要解译标志如表6-2所示。

6.4.4 变质岩解译

1. 变质岩的色调特征

一般情况下，正变质岩的波谱特征和色调特征与岩浆岩相近，副变质岩的波谱特征和色调特征与沉积岩和部分喷出岩相近。不同的原岩经不同的变质作用后，生成的变质矿物种类繁多，岩石结构构造复杂，它们直接影响了变质岩的波谱特征和色调特征。一般情况下，变质岩具有如下色调特征：

表 6-2　　　　　　　　　　　　**岩浆岩遥感影像解译标志**

标志	色调	影纹图案	地形(貌)	水系	植被与土地利用	其他
侵入岩	均匀，随岩性(酸性—基性)色调从浅—深变化	浑圆状、串珠状	穹形低缓圆滑丘陵或较高山地	稀疏树枝状、环状、放射状水系明显受裂隙控制	超基性岩类不发育	无层理，有岩相带、围岩蚀变带，岩体长轴常与构造走向一致
喷出岩	暗灰色调	斑纹状图案、表面粗糙	火山地貌，舌状熔岩流，熔岩台地，独具火山机构	树枝状、环状放射状、平行状水系	植被稀少，土壤层不发育	玄武岩常具柱状节理，构成悬崖

(1)由无色和浅色矿物(石英、透闪石、透辉石等)组成的石英岩、大理岩、钙镁硅酸盐岩等，其风化面颜色一般较浅，反射率偏高，色调较浅；

(2)由暗色矿物组成的岩石，如片麻岩、角闪片岩、辉石岩等，其表面风化颜色偏深，反射率一般低于 10%，呈深灰色至黑色调。

2. 变质岩的图形特征

在遥感影像上，正变质岩具备岩浆岩和变质作用产物的双重影纹特征，如侵入岩体的块状图形背景上叠加许多细断续线纹；副变质岩具备沉积岩和变质作用产物的双重影纹特征，即在沉积岩的图形类型上叠加细小的迴曲状条纹条带。在变质构造片理和片麻理与原岩层理一致时，表现为成层岩层的图形特征，其中细线纹尤为发育。当变质构造与层理一致时，往往细线纹与地层条带呈斜交或直交的交叉线纹。此外，常见有似层状、透镜状肠状或回曲状图形。

3. 变质岩的解译标志

变质岩的图像解译与沉积岩和岩浆岩的图像解译相比，难度较大。原因是变质岩岩石类型复杂、岩相变化大、厚度大小不一、不稳定。解译时以岩性组合为单元，以影纹特征为主要标志，并结合其他特征标志进行综合解译。通常从水系分析着手，变质岩的水系常呈丰字形或羽毛状水系，在影纹组合上常呈断续的细条纹条带，在假彩色合成图像上尤为突出。当原岩是岩浆岩时，呈环状，其形态特征与岩浆侵位时形成的环形构造十分相似，但变质岩类环形构造不太明显，在环形中常叠加一些细的条纹，在遥感影像上有些部位较为明显，有些部位则十分隐晦，这是变质岩的片麻理在影像上所具有的特征。变质岩的遥感影像主要解译标志如表 6-3 所示。

表 6-3 变质岩类遥感影像解译标志

标志	色调	地形(貌)	水系	植被与土地利用	其他
板岩、千枚岩	色调呈灰—深灰色、灰黑色	地形低缓，岗状或垅状或脊状地形。山脊定向性明显、连续性好	梳状、格状、平行状、树枝状水系，冲沟切割较深	植被发育程度差	有较密的线纹，代表板理或千枚理的方向
片岩、片麻岩	色调深浅变化较大	地形平缓，当变质岩性很坚硬时，地形陡峭	丰字形水系，树枝状水系，羽毛状水系，片岩水系较稀疏，片麻岩水系较密集	植被发育，常种植庄稼或果林	有条纹条带影纹，条纹呈直线形，扭曲状、环状或不规则状

6.4.5 岩性解译方法与要领

1. 岩性解译特点

(1)由于成像条件，如自然地理环境(海拔、地形、气候)、光照条件(阴、阳坡)、含水性、植被与土壤掩盖的程度、地质构造发育程度等不同，可导致岩性解译标志发生变化。

(2)需要解译的某一种岩性，常因为原始厚度不大或后期构造的破坏，出露面积较小，难以形成能在图像上反映其物性的色调、水系、微地貌和影纹图案等影像特征。

(3)岩体的物质组成、结构构造的横向变化，或后期岩浆活动、蚀变、叠加变质作用，风化作用引起的变化，都会引起解译标志的改变，影响解译效果。

2. 岩性解译要领

1)目视解译是岩性解译的基本方法

正如前述因素造成的影响，即使在同一地区或同一幅图像范围内，由于局部遥感成像条件发生变化，物性相近的岩层(如砂岩)的地物波谱特征也会有较大差异，出现同物异谱的现象。需要正确应用解译标志和解译技巧，排除各种干扰。解译要循序渐进，先区分基岩与松散沉积物，再区分三大岩类，最后从典型样区出发进行岩性细分。图像增强方法的选择，也应当在目视解译的基础上设定方案。

2)航空像片是目视解译的基本资料

航片有很高的地面分辨率，黑白航片是基本覆盖全国的一种测绘资料，是进行岩性解译并建立区域岩性解译标志的基础影像资料。三大岩类的各种主要岩性在湿热和干旱气候条件下的主要解译标志不同；相同岩性与构造，在不同气候条件下，其地形地貌与水系特征都有差异，在解译中具有较大的参考价值。此外，高空间分辨率卫星影像在岩性目视解译中也起到越来越重要的作用。

3)充分利用对比来提高解译能力

解译要通过相关分析与特征对比来进行具体判读。对比解译的内容包括：与典型样区对比；与不同类型的遥感影像上同名地物影像特征对比；与同类岩性在不同地段的影像特征对比；与不同岩性的影像特征进行对比。

4)正确选择岩性解译典型样区

岩性解译应当从易到难，从已知到未知，从较典型地区开始，通过对比解译，选出样区。样区的选择原则是岩性影像特征(单项或综合的)具有代表性，样区所在的自然地理环境具有代表性。选择典型样区的目的是：①将每一种岩性解译单位的典型影像特征具体地展示出来；②为图像处理训练区的挑选作参考；③为需要进行岩性地物波谱测试时，测试地点的选择作参考。

5)充分利用地物波谱资料

通过地物波谱曲线的对比研究，分析各种因素对波谱特征的影响，判别解译区各种岩性的可解译程度，为正确解译波谱特征提供依据；同时，对比不同岩性在曲线上的吸收谷、反射峰所在的波长与反射强度等特点，供图像处理方案设计时参考。

6)利用多波段、多平台遥感资料识别岩性

充分利用遥感资料多波段、多平台的特点来描述岩性特征。区分岩石类型是遥感影像地质解译的一项重要内容。多平台、多波谱、多时相遥感资料较之以前单靠黑白航空像片来解译可提供的信息更多，效果更好。

6.5 地层信息解译

地层是地质历史上某一时代形成的成层的岩石和堆积物。遥感影像可从宏观上再现区域地层的空间展布格局，还可根据各类沉积地层单元的多光谱特性及其图形结构模式来研究区域地层的划分机理与沉积环境属性、地层单元间的层序关系及其层序特征。

6.5.1 地层解译

地层解译是遥感图像地质解译的重要内容与基础，并与构造解译、矿产解译等密切相关。遥感影像的地层分析是指在沉积岩岩性解译的基础上，对工作区出露的岩层进行归并和划分，确立遥感地层单位，并根据它们的新老关系和空间组合关系，建立相对层序概念，参考有关地层划分资料确定其地质时代，最终完成沉积岩区地层解译和填图工作。因此，地层解译的主要工作内容为确定岩性-地层单位和相对层序，建立岩性-地层单位的判读标志，研究各时代地层及地质体之间的接触关系，并进行沉积岩的相变研究。

地层解译的步骤包括：①收集研究区的遥感资料、地质资料、物化探资料；②初步解译，选择具有代表性的影像地层剖面(典型样区)，详细进行岩性解译、地层分析，划分影像地层单位，并建立影像地层单位的解译标志；③全面详细的岩性解译；④编制影像地层剖面图及岩性解译图。

6.5.2 地层解译工作

1. 岩性-地层单位的确定

根据遥感影像解译得到的地质界线大多为岩性界线，这些岩性界线有的可能与某些地层界线相吻合，有的则不吻合。因此，必须将判读出来的岩性界线，按一定原则，进行划分、归并，使之成为一个岩性-地层单位，即遥感地层单位。其含义是指在遥感影像上，根据制图精度要求和影像显示程度而划分出的地层单位。这与常规地层单位不同，常规地层单位是依据古生物组合和岩性组合来确定的，而遥感地层单位则是依据岩性组合影像特征来确定的，即岩性-地层单位。现代地质填图就是要求按岩性-地层单位进行填图，即填制“组图”。

2. 岩性-地层层序的建立

岩性-地层层序的建立需要充分利用已有资料编制地层柱状图来确定地层层序和地质时代，确定地层地质时代的重要依据是寻找标志层。标志层是指遥感影像上出露的宽度不大，层位稳定，有明显影像特征，与上下层位界线清楚的图像信息。标志层可以是一个单一的岩性层，也可以是一套岩性组合层或某个时代的岩层。在图像上必须具有典型的色调或色彩、地形、水系、影纹结构等影像特征，并能追索较远的距离，如江山砚瓦山组、黄泥岗组等岩层。

3. 岩性地层解译标志的建立

这项工作是地层分析的一个重要环节，它直接影响解译效果和解译精度。建立地层的解译标志一般是将所划分的岩性地层单位在遥感影像上的影像特征进行系统总结，包括色调、地形、水系、土壤、植被和人类活动特点等解译标志及其变化规律。总结的内容一般填入相应的统计表格中，便于随时进行分析对比。

4. 岩性-地层单位的圈定

根据岩性单位的解译标志，对全区的遥感影像进行解译，将解译标志的界线在图像上确定下来。

5. 地层角度不整合接触关系的解译

上下两套地层在地质历史上有过沉积间断或地层缺失，两套地层成一定角度相接触是角度不整合的基本概念。在遥感影像上确认地层角度不整合的存在，可依据下列解译标志：①区域岩性-地层单元产状的标志及其变化；②两套地层由于构造型式、构造发育强度及变质特点等不同，因而它们在遥感影像上表现出的线性构造优势方向和发育密度不同、褶皱组合形式不同、变质与未变质等；③地质上的上述差异，必然会造成地貌景观分区、水系类型、影纹图案和色调或色彩等影像特征的不同；④形成较早的地质体被较新的岩性-地层单元所覆盖。根据上述各岩石地层单元的影像特征，并结合野外实地检查验证，可快速、准确地勾绘出工作区岩石地层的分布。

6. 岩相变化的遥感分析

根据某一地层影像特征的变化，尤其是当沿着走向方向变化明显或有一定的规律可循时，配合地质资料，可获取区域地层岩相变化的一些信息，但仍需要慎重对待。因为更多情况下，影像特征的变化是自然地理环境或成像条件变化引起的。

图6-16为新疆库车天山大峡谷地带的沉积岩卫星图像。由于岩石露头率近100%，故图像显示了中生代沉积岩的基本波谱特征及色调差异信息，对地层划分贡献最大。在彩色图像中，可根据色彩差异等级分出近10个差异性地层单元，再根据图像的层理纹线、岩层三角面、地貌类型及微地貌组合(陡坎及陡崖)、水系类型和密度差异性以及地表景观界线等综合信息，可细分出近20个自然影像地层单元。

图6-16 新疆库车天山大峡谷沉积岩遥感影像

图6-17为基于四川省某地航摄像片进行地层分析的一个实例图。其中A为三叠系灰岩、砂岩夹板岩，色调较浅；B为三叠系—侏罗系砂岩、页岩夹少量灰岩，在像片中成层清晰，岩层三角面明显；C为侏罗系泥岩夹少量砂岩。此类地层分布上下岩层反差明显，延续性好；上下岩层地貌差异显著(如沿标志层出现陡坎、凹谷、岩层三角面等微地貌)。

图6-18为基于宁夏某处航摄像片进行的地层分析图，A为寒武系中统杂色岩夹碳酸盐岩，倾向北东；B为石炭系中统砂岩、细砂岩、粉砂岩，倾向北东东，在影像中呈细条带图案。A、B两者呈角度不整合接触。上下两套地层在地质历史上有过沉积间断或地层缺失，两套地层成一定角度相接触。此类角度不整合的地层可通过以下几点标志进行解译：①走向线斜交：上覆地层在不同地段分别与不同时代、不同产状岩层接触，上覆地层与接触面产状不同；②较老的构造形迹、岩脉、侵入体等被上覆新地层覆盖；③上下层构

造线方向不同，褶皱型式、褶皱和断裂发育程度、变质程度明显不同；④上下地层地貌景观、水系特征明显不同；⑤不整合面上常有由上覆地层底砾岩形成的陡坎。

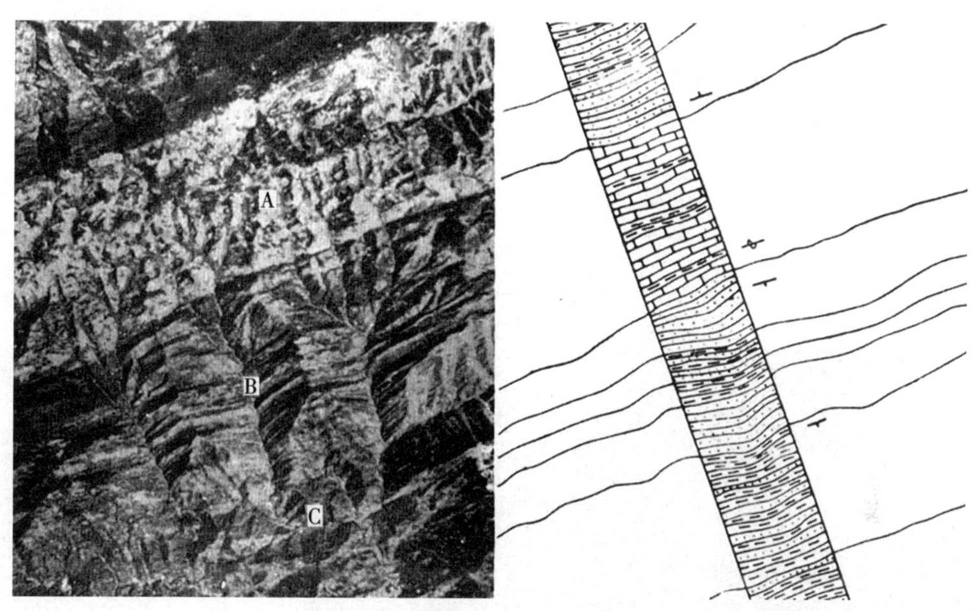

图 6-17 三叠纪、侏罗纪沉积岩地层

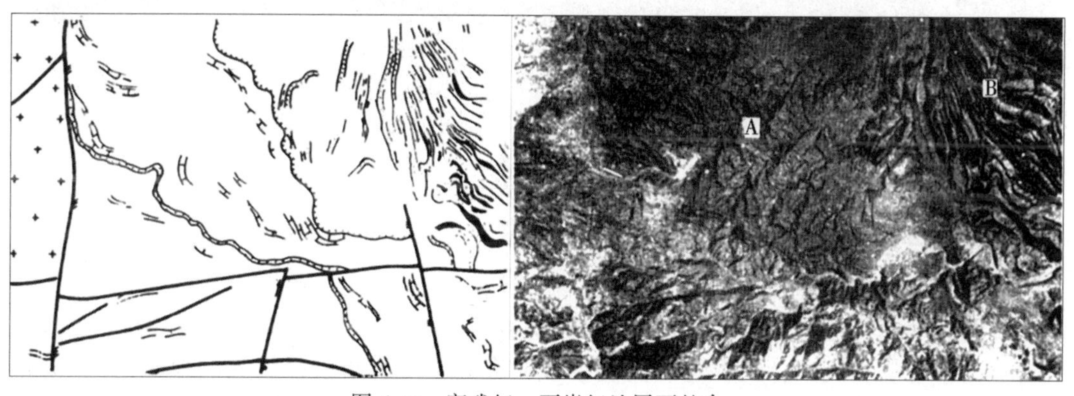

图 6-18 寒武纪、石炭纪地层不整合

再以西藏自治区野马滩地区龙格组一段(P_2lg^1)的遥感解译为例，简要介绍地层遥感解译。图 6-19 为野马滩地区龙格组一段(P_2lg^1)各岩性段遥感解译与野外对比示意图。该段整体岩性为深灰色薄—中层状亮晶砂屑生物屑含白云质灰岩，上部含燧石结核，在遥感影像上可细分出生物碎屑灰岩(bls)、白云质灰岩(dls)、含燧石结核灰岩(cnls)等 3 个岩性段。各岩性段 WorldView-2 遥感影像具体特征如下：

生物碎屑灰岩(bls)：影像上呈浅土红色调，条块形，细密纹理，表面相对光滑，地形较低，水系不发育。

白云质灰岩(dls)：影像上呈淡土黄色夹深灰色调，条带状分布，斑点纹理，表面相对光滑，地形较低，水系不发育。

含燧石结核灰岩(cnls)：影像上呈紫色夹灰色调，团块形，细线加斑点纹理，地形切割中等，水系不发育。

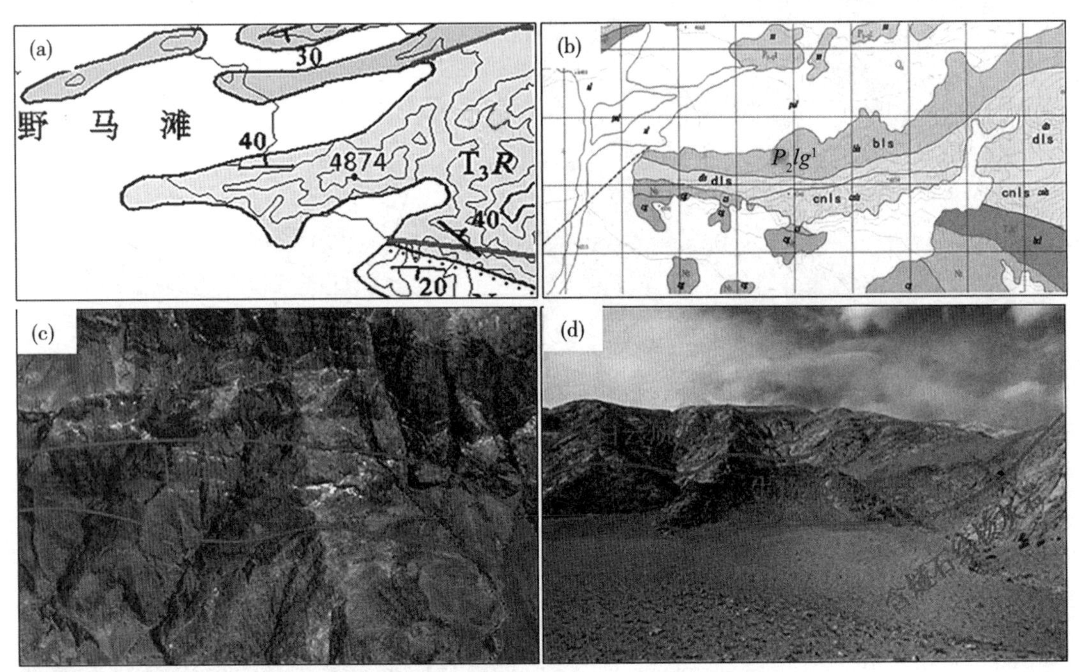

(a)1∶25万比例尺地图资料；(b)遥感解译成果；

(c)WorldView-2高分辨率影像；(d)野外验证照片

图6-19　野马滩地区龙格组一段(P_2lg^1)各岩性段遥感解译与野外对比示意图

6.6　矿产地质遥感

矿产地质遥感是以勘查矿产资源为目标的遥感技术应用，其利用多种遥感信息，经过图像处理、分析和判读，提取与矿产的形成、富集、改造和赋存相关的地质信息(如地层、岩性、构造等)及矿产信息(如蚀变带、氧化带、铁帽等)，通过总结已知矿区遥感影像特征，确定有效的遥感找矿标志，结合物探、化探以及地质等资料，分析区域成矿条件，筛选、确定有利成矿地段，圈定找矿远景区和勘探靶区。

矿产地质遥感一直是地质遥感应用中的重要研究领域，国家地矿各部门，如国土资源、有色金属、核工业、煤炭、石油、建材和化工等行业部门对遥感找矿探测的应用技术和方法研究都十分关注，并投入了大量人力、物力及财力。矿产地质遥感包括两个领域，即遥感找矿及成矿预测、矿山地质环境遥感调查及监测。

6.6.1　遥感找矿及成矿预测

遥感找矿是通过遥感影像研究图像找矿标志及成矿地质条件，并从中提取矿化信息和控矿因素来发现找矿靶区的一种技术手段。遥感找矿属于高度综合性的找矿方法，必须将矿床学原理与野外地质工作紧密结合，才能获得丰富可靠的资料和正确的结论。遥感技术在地质找矿工作中的应用主要可以归纳为三个方面：一是利用图像上显示的与矿化有关的地物(如矿体露头、指示性植被等)直接圈定靶区，为找矿指明方向。二是利用数据图像处理技术，进行多波段、多种类遥感图像的综合处理分析，增强或提取图像上与成矿有关的信息，尤其是矿化蚀变信息，为找矿提供依据。三是利用解译获得的资料(如地质构造信息、岩性地层等信息)，进行成矿地质条件解译与成矿规律分析，遥感找矿远景区分析及找矿靶区预测等。此外，由于遥感技术在矿产勘查领域应用中的局限性，目前在遥感地质找矿领域对于地学多源数据(包括物化探数据、重砂测量数据和钻孔岩心地质数据等)的图像处理方法与综合信息成矿预测方法也成为主要的应用方向之一。

针对具体研究区域开展的遥感找矿及成矿预测工作流程中，除了前期的资料准备和遥感数据预处理外，主要包括以下三个步骤。

1. 遥感地质信息解译

各种矿产资源的形成、产出，都与一定的地质构造、地层、岩浆活动等条件有关，也都表现出一定的地质控矿构造特征、岩石类型特征等。如斑岩铜矿与中酸性侵入体有关；煤矿赋存在某些地质时代的煤系地层内。通过研究遥感影像上显示的独特地质构造(如线性和环状构造)、地层等信息可以揭示区域构造体系及其控矿作用。在遥感影像上，可利用人机交互的方法进行相关地质信息的解译，本章前面部分对基本的解译方法已作介绍，此处不再赘述。

2. 遥感矿物蚀变信息提取

蚀变岩是在热液作用下，使矿物成分、化学成分、结构、构造等发生变化的岩石。由于它们经常见于热液矿床的周围，因此被称为蚀变围岩。蚀变围岩常与矿体伴生，且比矿体分布范围广，易于发现和调查，因而是一种重要的找矿标志。围岩蚀变有矽卡岩化、钾长石化、钠长石化等多种类型。不同种类的蚀变岩所代表的矿化作用可以指示矿床类型和矿种。一般来说，近矿蚀变围岩形成的蚀变岩与其周围的正常岩石在矿物种类、结构、颜色等方面都有差异，这些差异导致了岩石反射光谱特征的差异，并且在某些特定的光谱波段形成了特定蚀变岩的光谱异常，光谱异常为基于遥感影像的异常信息提取提供了理论依据。

遥感蚀变异常信息提取的方法有多种，其中主成分分析(PCA)法是应用最广泛的蚀变信息提取方法。主成分分析是基于信号二阶统计特性的分析方法，由于所获各主成分之间不相关，主成分之间信息没有重复或冗余。多光谱遥感数据通过 PCA 法所获每一主成分常代表一定的地质意义，且互不重复，即各主成分的地质意义有其独特性。然而，蚀变矿物形成的影像特征在遥感影像上往往表现得很微弱或不明显，甚至“淹没”在主体色调中。

以 TM 遥感数据为例，首先分析蚀变岩与非蚀变岩的光谱特性差异。如图 6-20 所示，未蚀变岩的反射波谱曲线形态平缓，没有明显的反射肩和吸收谷；而矿化蚀变岩的反射波谱曲线在 TM5 出现强反射，在 TM7 出现强吸收，在 TM1 和 TM4 波段也出现明显的吸收谷，且蚀变岩的反射率普遍比围岩高，平均高 30%左右，从而反映出矿化蚀变岩与正常岩石反射光谱有一定差异。因此，可以利用这几个波段的数据进行矿化蚀变信息提取。

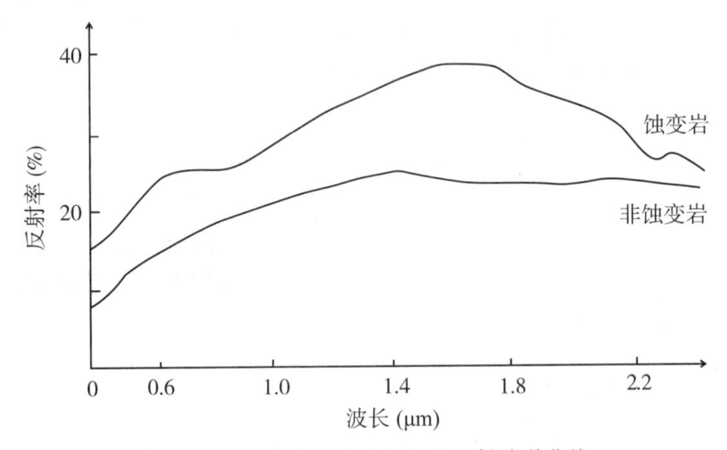

图 6-20 蚀变岩和非蚀变岩的反射波谱曲线

图 6-21 为西藏自治区拉康地区 TM 遥感异常图。通过 Crosta 方法说明其准则，通过 TM1、TM3、TM4、TM5 和 TM1、TM4、TM5、TM7 的波段组合分别进行主成分分析，提取铁染蚀变和羟基蚀变信息。由 TM1、TM3、TM4、TM5 做 PCA 处理，处理后的某个新的成分可能集中了铁染蚀变信息，对代表铁染蚀变的主成分的判断准则是：TM3 的系数

图 6-21 西藏自治区拉康地区 TM 遥感异常图

应与 TM1、TM4 的系数符号相反。由 TM1、TM4、TM5、TM7 作为输入波段进行主成分分析，处理后的某个新的成分可能集中了羟基蚀变信息，对代表羟基和碳酸根离子主成分的判断准则是：TM5 系数应与 TM7、TM4 的系数符号相反，TM1 一般与 TM5 系数符号相同。依据有关地物的波谱特征，羟基和碳酸根离子信息包含于符合此判断准则的主成分内。铁染蚀变和羟基蚀变存在于绝大多数成矿岩体中，根据这两种蚀变信息基本上可以确定研究区成矿岩石的分布情况。

3. 找矿预测及野外调查验证

利用构造分析、蚀变信息提取分析，搞清楚研究区的成矿地质条件，提取某些矿床类型的遥感标志，这是遥感地质找矿的根本出发点和理论依据。在此基础上可以开展地质找矿预测相关工作，具体包括成矿地质条件分析、找矿标志确定、找矿靶区预测等，对于预测的找矿靶区还需要通过野外实地调查进行验证。

在找矿预测理论探讨中，针对该环节的核心工作就是建立遥感找矿模型。赵玉灵等(2003)提出遥感找矿模型是在当前技术条件下描述一类矿床形成和保存的一系列遥感找矿标志的组合。这一定义决定了遥感找矿模型的5个基本要点：①遥感找矿模型描述的是一类矿床而不是单个矿床。此类矿床所概括的实例越多就越具有代表性。②"形成和保存"限制了模型所研究的内容是一类矿床从形成到保存过程中的共性，是一类矿床在形成到保存过程中的本质属性。只要具有这些特征，便可以确定这类矿床的存在。例如某类矿床的大地构造背景和地质特征(控矿构造、蚀变类型)等。③"一系列"说明所研究的找矿标志是能较为全面反映一类矿床本质属性的多个标志，而不是某一个标志。④"遥感找矿标志"限定了研究的遥感特色，即所研究的内容是属于遥感科学所研究的范畴，是易于为遥感技术所识别的本质特征标志，包括直接由地质找矿标志转化而来、矿床改造形成的、以及遥感技术所提取出的信息等。⑤"当前技术条件"则预示着遥感找矿模型的建立与科学技术的进步休戚相关，与所选用的遥感数据的分辨率、遥感数据的处理方法和流程等关系密切。一般而言，分辨率越高能够解译出的遥感信息也越多；处理的方法和流程越合理，所反映的信息和提取出的遥感异常越丰富，所建立的找矿模型也越可靠。

相对于文献中针对具体研究领域、具体矿物类型成矿预测研究的工作而言，遥感找矿模型具有更加普适的含义。由于遥感找矿方法具有高度综合性的特点，遥感找矿模型的研究需要考虑矿床形成和保存的诸多地质因素和地质作用过程，尤其应该重视矿床形成后发生的变化，包括矿床、矿体本身所经历的改变和矿床所在环境和空间位置的变化。图6-22概括了遥感找矿模型的建模流程。

6.6.2 遥感找矿及预测实例

下面以西藏自治区革吉县玛那国遥感找矿靶区为例，简单介绍遥感找矿预测的基本思路和方法。付丽华等(2015)在区域遥感异常提取、遥感异常筛选与评价的基础上，对工作区内与成矿相关的含矿岩性、控矿构造、遥感异常等进行了详细的解译分析，结合地质、物探、化探、测试等多源地学信息，客观分析工作区成矿地质条件、控矿因素，开展了找矿预测，寻找成矿有利地段，最终确定玛那国遥感找矿靶区。主要内容如下。

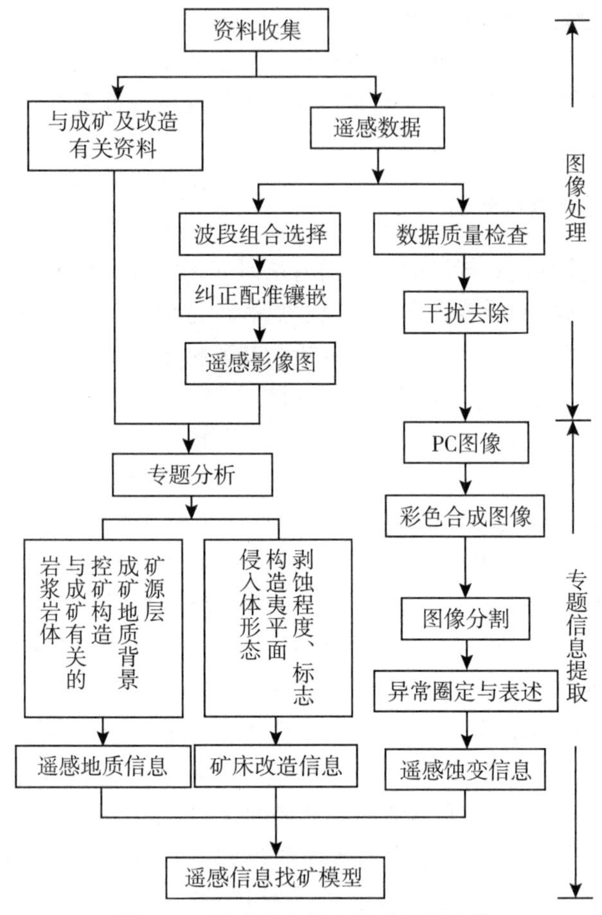

图 6-22　遥感信息找矿模型建模流程

1. 地质构造背景

玛那国遥感找矿靶区位于狮泉河成矿亚带、得不国玛儿断裂(F_{12})的北侧。断裂构造以北西向为主，局部见有北东向，区域断裂控制了晚白垩世沉积盆地的形成。盆地内沉积了竟柱山组(K_2j)湖相地层，该地层是一套不整合于牛堡组红色碎屑岩之下的杂色(红、灰紫)碎屑岩地层，为山间盆地河湖相沉积环境。主要岩性为砂砾岩、砂岩、粉砂岩及泥岩，下部夹碎屑灰岩、结晶灰岩，其中的蚀变砂岩是矿源层。区域内岩浆活动微弱，仅局部见有石英脉，伴有热液蚀变。

2. 遥感异常

玛那国地区共圈定 3 个遥感异常包，如图 6-23 所示，编号分别为 21、22、23。异常包呈带状 NW 向分布于竟柱山组砂页岩中，与 NW 向展布的竟柱山组砂页岩方向基本一致，长约3km，宽0.3~0.8km，由多个集中分布的异常组成，强度较高。

图 6-23 玛那国蚀变异常包 ASTER 影像特征

异常组合结构较简单，主要表现为铁染异常。21号异常包(一级)为Al—OH(铝羟基)与铁染组合异常，22号异常包(二级)、23号异常包(一级)均为铁染异常。

根据遥感构造解译特征，推测该异常与竟柱山组内灰绿色砂岩有关，间有褐铁矿化、孔雀石化等，对寻找沉积型铜金矿有一定指示意义。

3. 成矿地质条件分析

玛那国地区位于区域断裂带边缘，岩浆热液活动较为活跃。上白垩统竟柱山组(K_2j)为中生代断陷盆地，形成了一套陆相杂色岩系——砾岩、砂岩、粉砂岩、泥岩及灰岩，含矿岩性为灰—灰绿色砂岩、粉砂岩，产出部位严格受地层控制。野外地质调查结果认为，该区内的矿化产于竟柱山组(K_2j)蚀变砂岩层中，蚀变砂岩层为矿源层，推测矿化异常点主要由沉积作用形成，后期的热液活动进一步促进了矿化的形成。矿化类型为沉积岩型、构造热液型铜多金属矿。

区域断裂为岩浆热液活动提供了通道，竟柱山组蚀变碎屑岩为矿化提供了物源，后期的热液活动为矿化提供了优越条件。

4. 找矿标志

野外工作常见两种矿化，一种为铜银矿化，另一种为铁金矿化。

铜银矿化发育于竟柱山组紫红色砂岩的夹层—灰绿色砂岩及竟柱山组紫红色砂岩构造裂隙内。野外查证得出矿化赋存位置有两种：一种赋存于砂岩层内，主要分布在竟柱山组紫红色砂岩、粉砂岩中的灰—灰绿色砂岩、粉砂岩中，含矿灰—灰绿色砂岩、粉砂岩单层厚度0.5~2m，呈NW—SE向透镜状展布，地表可见延伸20~100m，赋矿地层延伸较长，长度大于15km，岩层单斜产出，无构造，无蚀变，倾向SW或NE，倾角45°~90°不等。

另一种赋存于构造裂隙中，主要分布在竟柱山组紫红色砂岩中发育的走向300°~330°的构造裂隙中，受构造热液蚀变影响，紫红色砂岩蚀变为灰绿色砂岩。该矿化类型受沉积作用和构造热液的叠加控制。矿化呈层状、透镜状产出，一般在走向上延伸不大，厚度大多在0.3~1.5m，矿化分布不均匀，时断时续。矿石矿物主要为孔雀石、蓝铜矿、黄铜矿、黄铁矿、磁黄铁矿及褐铁矿等；脉石矿物主要为石英、硅化物等。矿石构造主要为浸染状构造，以充填结构为主，交代结构次之。

铁金矿化赋存于石英脉中，石英脉发育于竟柱山组(K_2j)土黄色褐铁矿化砂岩中，含矿石英脉多呈脉状或透镜状，与土黄色砂岩走向一致或斜交，推测该矿化与后期构造热液活动密切相关；含矿石英脉呈红褐色，发生强烈的褐铁矿化、赤铁矿化，厚度大多在0.3~1.8m，走向70°~140°，一般在走向上延伸不大，长度10~50m。成矿部位位于上白垩统竟柱山组，铜银矿化含矿岩性为灰—灰绿色砂岩、粉砂岩，成矿构造为岩层中的局部裂隙。

因此，具体解译标志包括如下几种。

(1)地层岩性标志：竟柱山组褐色砂岩中的灰绿色砂页岩夹层、土黄色褐铁矿化砂岩中发育的石英脉。

(2)构造条件：北西向局部裂隙是本区重要的热液运移通道。

(3)蚀变标志：孔雀石化、黄铜矿化、褐铁矿化等是找矿的良好标志。

(4)野外找矿线索：灰绿色砂页岩露头、褐色石英脉是寻找矿化的直接标志。

(5)遥感异常：铁染异常发育或Al—OH异常发育。

玛那国地区遥感找矿靶区预测图如图6-24所示。

6.6.3　矿山地质环境遥感调查及监测

矿业活动诱发的矿山地质环境问题类型多、分布广。例如，矿产资源开发会占压、毁损土地资源，采矿活动可能引发地面(沉)塌陷、地裂缝、边坡失稳等地质灾害问题，矿产资源开发过程中的“三废”排放污染环境，采矿活动还可能造成地下水均衡系统被破坏、加剧矿区水土流失和土地沙化等。上述问题可以归纳为资源损毁、地质灾害和环境污染三大类型，关注并努力减轻这三类问题所造成的危害，是实现矿山矿业及生态环境可持续发展的重要任务。遥感技术在土地资源调查、地质灾害识别与监测、环境污染评价信息获取等方面具有常规技术手段无可比拟的优势，无疑在矿山地质环境调查与监测中也发挥着巨大作用。

矿山地质环境遥感调查是指运用遥感方法，对因矿产资源勘查、开采等活动造成的矿区地面塌陷、地裂缝、崩塌、滑坡、含水层破坏、地形地貌景观破坏、生态环境恶化、水土流失以及岩溶石漠化等的预防和治理恢复工作所进行的矿山环境地质调查与监测。

在矿山地质环境遥感调查中，矿山地物(如采矿废渣堆、选矿厂、冶炼厂、矿区尾矿库、无库尾矿渣、固(液)体废料等)的遥感识别、面积计算、体积测算，以及面积圈定等的矿山环境地质问题都是最基本的工作。工作中需要通过野外核查验证，多次反复，最终建立遥感解译标志。需要注意的是，上述研究的对象不同、复杂程度不同，规模也不尽相同，因此，矿山地质环境调查研究中的遥感影像对空间分辨率有一定要求，即要尽量选择空间分辨率较高的遥感数据。通过大比例尺地面调查和高分辨率的遥感解译相结合，能快速圈定矿山环境地质问题的类型、形态、空间分布、规模及其外围地质环境条件，便于进行定性和定量的分析研究。

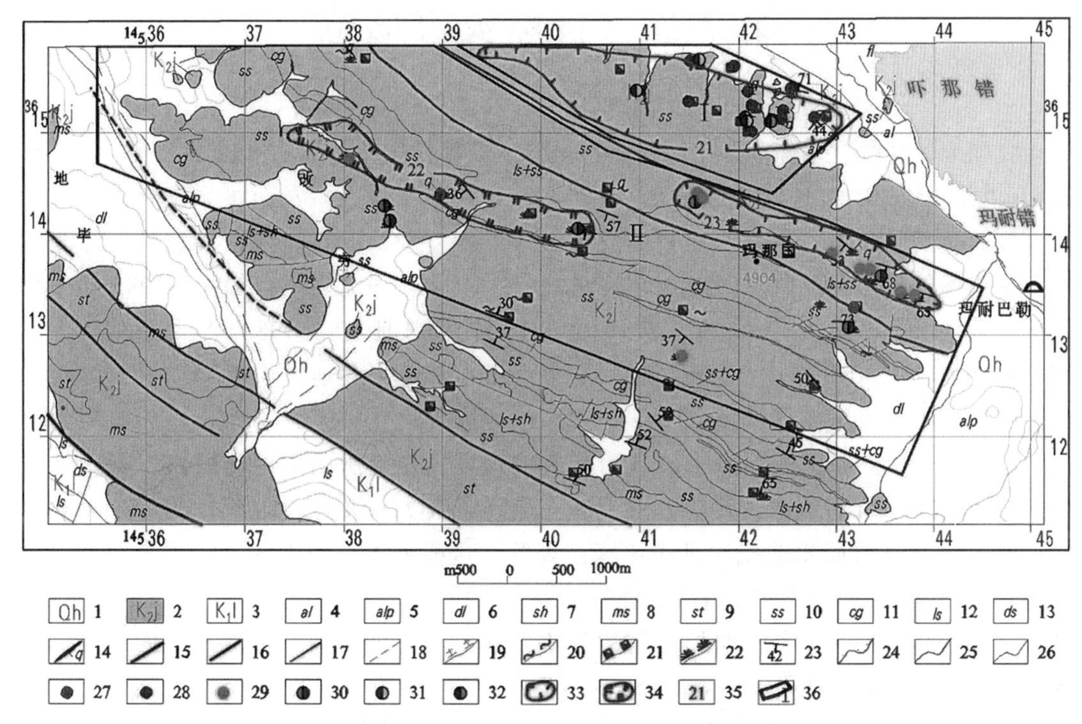

1. 第四系全新统；2. 上白垩统竟柱山组；3. 下白垩统郎山组；4. 冲积物；5. 冲洪积物；6. 坡积物；7. 页岩；8. 泥岩；9. 粉砂岩；10. 砂岩；11. 砾岩；12. 灰岩；13. 砂屑灰岩；14. 石英脉；15. 区域一级断裂；16. 二级断裂；17. 局部断裂；18. 推测断裂；19. 高岭土化；20. 绿泥石化；21. 褐铁矿化；22. 孔雀石化；23. 地层产状；24. 角度不整合分界线；25. 地层分界线；26. 岩性分界线；27. 化学分析取样点；28. 铁矿化点；29. 铜矿化点；30. 铜银矿化点；31. 铁金矿化点；32 铁铜矿化点；33. 一级异常包；34. 二级异常包；35. 异常包编号；36. 有利地段及编号

图 6-24 玛那国地区遥感找矿靶区预测图

矿业开发对生态环境会造成一定的影响。通过历史多期影像对比及遥感变化检测技术，可以揭示出矿山地质环境的时空演化，从而为矿产资源合理开发、地质环境保护、矿山环境整治、矿山生态恢复与重建以及矿山地质环境监督等工作提供基础资料。

第 7 章　自然灾害遥感

我国地域辽阔，地理条件错综复杂，是自然灾害发生频率极高的国家之一。尤其是自 20 世纪末以来，在经济高速发展、生产规模迅速扩大以及资源过度开发导致生态环境一度恶化的背景下，我国所面临的灾害形势严峻复杂，灾害风险愈演愈烈，给我们留下了惨痛的记忆和教训。1991 年华东地区特大洪水，华北大旱；1992—1995 年华北地区农业病虫害蔓延，同时连年旱灾；1996 年云南丽江地震；1998 年华南空前特大洪灾；1999 年长江中下游、太湖流域特大洪水；2000 年起华北地区连年干旱；2008 年我国南方雪灾导致全国发生大范围低温、雨雪、冰冻等自然灾害，同年 5 月的汶川大地震，是中华人民共和国成立以来破坏力最大的地震，也是唐山大地震后伤亡最严重的一次地震；2010 年青海玉树发生 6 次地震，最高震级 7. 1 级；2019 年四川凉山森林火灾；2021 年多次强降水造成的洪涝灾害；等等。这些灾害或为天灾，或为人祸，每年都造成数以千计的人员伤亡，直接经济损失高达数百亿元，所有这一切无不令人担忧。如何准确地预测灾害，实时监控灾情的发生发展，为灾害防控提供强有力的支持，成为亟待解决的重大课题。

目前，对于灾害的中长期天气预报等世界尖端难题尚未得到有效解决，因此灾害预测工作相对薄弱，针对各种灾害开展的具体工作主要集中在灾害监测、快速反应、紧急救灾和灾后重建等方面。由于所有的重大灾害都具有突发性强、波及面广、危害性大的共同点，所以无论在有无准备的地区，都要求在短时间内作出应急反应，提供灾情现状与评估信息，以辅助主管部门快速做出判断和决策。在灾害应急管理方面，传统的地面调查监测技术的局限性很大，而遥感技术则起着关键的作用。通过遥感手段可以不断监测灾害的进程和态势，及时将信息传输到各级抗灾指挥机关，帮助他们有效地组织抗灾救灾活动。实际上，除了灾害应急管理外，现代遥感技术在灾害研究的诸多方面均发挥着重要作用。例如，在灾害发生前，可以通过影像判读分析获取关于自然灾害发生的背景和条件的大量信息，有助于圈定某些灾害可能发生的地区、时段及危害程度，从而采取必要的防灾措施，甚至可以通过预判发出灾害预警信息，减轻灾害造成的损失；而在成灾之后，通过进一步的分析可以在大范围内迅速、准确地对灾害造成的已有损失进行分级评估，以便及时组织救灾、恢复生产、重建家园。因为灾害种类复杂多样，遥感科学技术在各类灾害研究中应用的方法和深度也不尽相同，受篇幅所限，本章仅从洪涝灾害、地质灾害、干旱、火灾和农作物灾害几个方面进行论述。

7.1 洪涝灾害遥感

在各种自然灾害中，洪涝灾害是最常见且危害性最大的一种。洪涝灾害可分为直接灾害和次生灾害。洪涝直接灾害主要是指由于洪水直接冲击破坏、淹没所造成的危害，如人口伤亡、土地淹没、房屋冲毁、堤防溃决、水库垮塌；交通、电信、供水、供电、供油(气)中断；工矿企业、商业、学校、卫生、行政、事业单位停课停工停业以及农林牧副渔减产减收等。洪涝次生灾害是指暴雨、洪水、台风引起的建筑物倒塌、山体滑坡，风暴潮，污染水源和引发传染病疫情等灾害。若一场大洪灾来临，首先是低洼地区被淹，建筑物浸没、倒塌，然后是交通、通信中断，接着是疾病流行、生态环境恶化，而灾后生活生产资料的短缺可能会造成大量人口的流徙，增加了社会的动荡不安，甚至会严重影响国民经济的发展。据《中国水旱灾害防御公报 2019》统计，我国每年因洪涝灾害遭受的直接经济损失超过 1500 亿元。

对于洪涝灾害的发生范围、变化情况进行全方位的实时监控，获取及时、客观、准确的洪涝灾情信息，是抗灾减灾工作中必不可少的重要环节。较其他常规手段而言，遥感技术在洪涝灾情信息快速获取方面具有更快速、客观和全面的优势，目前在洪涝灾害监测中的应用也比较成熟，在世界各国都已得到广泛应用。遥感监测提供的灾情信息在针对洪涝灾害的快速反应、紧急救灾、灾后评估和重建等方面均有重要作用。

洪涝灾情信息包括洪涝水体信息和社会经济损失信息，其中洪涝水体信息包括淹没范围、历史及淹没水深等。在快速反应和救灾阶段，快速获取洪涝水体信息是进行宏观尺度洪涝灾情分析的基础，其关键在于水体识别。水体遥感识别是基于水体的光谱特征和空间位置关系分析，排除其他非水体信息，从而实现水体信息提取的技术。基于光学多光谱影像和基于微波影像的水体识别具体方法可参见前文 4. 2. 1 小节的内容。在灾损评估和重建阶段，通过遥感技术进行准确的社会经济灾情损失评估，为进行灾后恢复重建规划提供客观依据。通过长时间的遥感动态监测与分析，为有效地推进恢复重建工作持续提供信息是遥感监测的主要任务。

一般而言，气象卫星空间分辨率低，但时间分辨率高，可用于洪灾的宏观动态监测。例如，NOAA/AVHRR(成对运行，每日可 4 次获得图像，空间分辨率 1. 1km)和 FY-1 卫星(每日每颗星可过境 2 次，空间分辨率 1. 1km)具有重访周期短、时间分辨率高的优点，在洪水灾害宏观动态监测中优势突出。中分辨率资源卫星波段多，分辨率适中，可有效获取地面覆被信息和洪水信息。但此类卫星时效性较差，云雾层较厚时无法有效工作，可用于区域性的洪灾宏观动态监测。例如，EOS/Terra 卫星 MODIS 传感器具有波段多(36 个)、空间分辨率适中(2 个波段是 250m，5 个波段是 500m，其余 29 个波段是 1km)、时间分辨率高(双星运行可达 0. 5d)、扫描宽度大(幅宽 2230km)，并且可免费接收等突出特点，已广泛应用于大范围洪水实时动态监测中。Landsat 系列卫星的 TM、ETM+影像波段多、分辨率适中(除热红外波段外，TM 和 ETM+多光谱波段空间分辨率为 30m，ETM+全色波段为15m)，除有效获取地面覆被信息和洪水信息外，还是洪水淹没损失估算、模拟分析和洪水线性回归分析的有效资料，也适合中等范围的洪水监测。利用微波波段工作的合成孔径雷达，可以穿透云雾，并具有全天时、全天候对地观测优势，空间分辨率高，可用于洪灾实时监测。例如，Sentinel-1(分辨率最高5m、幅宽达到400km)、我国GF-3(1m分辨率)等星载SAR已成为监测洪涝灾害中提取水体的重要手段。此外，在高精度的洪涝灾情监测与损失评估中，多利用可见光高分辨率卫星、高分辨率的SAR影像等，如QuickBird、IKONOS-2、我国高分系列卫星影像等。但在洪涝灾害监测中具体选择遥感数据时还需要综合考虑各方面的因素。表7-1对比评价了常用遥感数据在洪涝灾害监测中的适应性。

表7-1 **洪涝灾害监测常用遥感数据适应性评价表(黄诗峰，2018)**

遥感数据	Landsat 8	SPOT	NOAA/AVHRR	GF-3	EOS/MODIS	Sentinel-1	航空遥感	无人机遥感
重访周期(天)	16	26	0.5	29	0.5	12	随时	随时
全天候能力	×	×	✓	✓✓	×	✓✓	×	×
淹没范围监测	✓✓	✓✓	✓✓	✓✓	✓✓	✓✓	✓✓	✓✓
淹没水深监测	✓	✓	×	✓	×	✓	✓	✓
淹没历时	×	×	✓	—	✓	—	—	✓✓
受淹区本底	✓✓	✓✓	×	✓	×	✓	×	×
工情监测	×	×	×	✓	×	×	✓✓	✓✓
灾情评估	✓	✓	✓	✓	✓	✓	✓	✓

注：✓✓特别适用，✓一般适用，×表示不适用。

此外，值得一提的是高分多模卫星在洪涝灾害监测中的作用。高分多模卫星可以灵活实现同轨多点目标成像、同轨多条带拼幅成像、同轨多角度成像、同轨立体成像以及非沿迹主动推扫成像等多种模式成像，具备亚米级分辨率，其在轨运行将进一步提升我国遥感卫星技术水平，满足应急救灾、测绘、农业、环保、自然资源等相关行业用户部门对高精度遥感影像数据的需求。以黑龙江省依兰县(图7-1，监测范围129.25°—130.04°E，46.29°—46.98°N)洪涝灾害监测为研究案例，综合利用2020年11月6日高分多模卫星和2020年9月4日高分一号03卫星数据，分别采用基于归一化水体指数、决策树分类的水体提取方法，对洪涝灾害发生后和发生时的牡丹江水体进行识别，结果如图7.2所示，该项工作有效地展示了高分多模卫星在洪涝灾害监测中的巨大应用潜力(胡凯龙等，2021)。

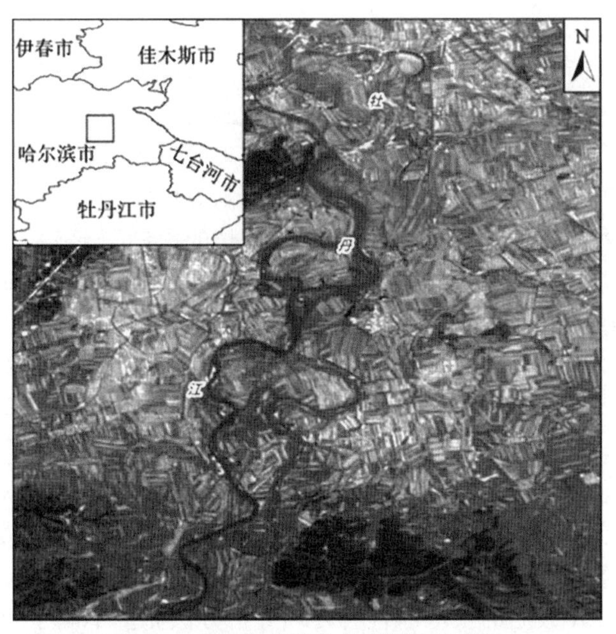

图 7-1　黑龙江省依兰县监测区示意图

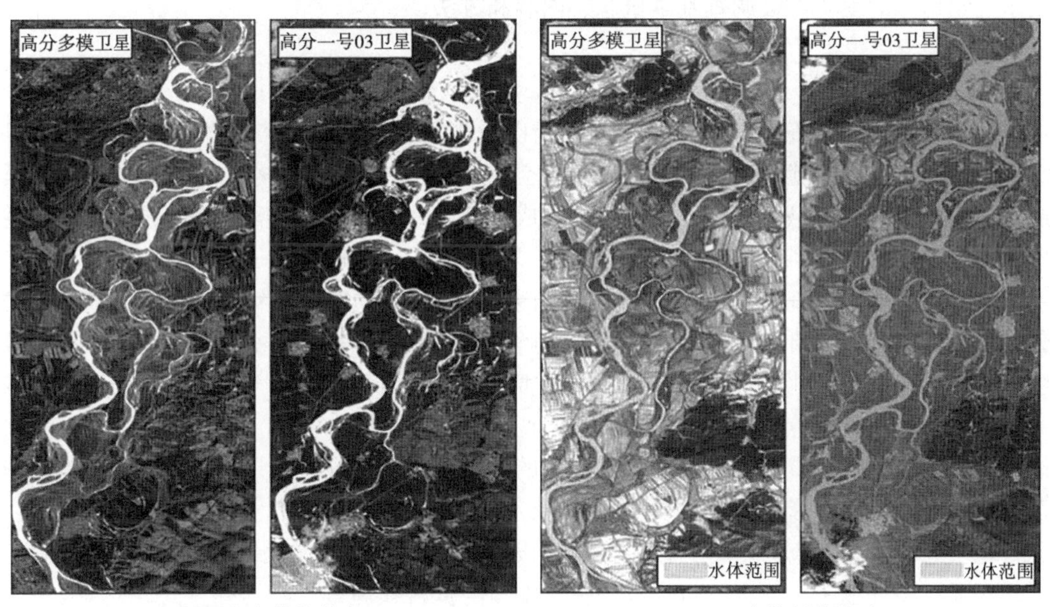

(a)归一化水体指数方法　　(b)决策树分类法

图 7-2　洪涝灾害中的牡丹江水体提取结果

7.2　地质灾害遥感

地质灾害是指在地球的发展演变过程中，由各种自然地质作用和人类活动所形成的灾害性地质事件，既包括火山、地震、崩塌、滑坡、泥石流和岩溶塌陷等突发性地质灾害，也包括水土流失、地面沉降和土地荒漠化等渐进性的地质灾害。地质灾害是在人为因素和自然变异的共同作用下，使得地球表面生态环境遭到破坏，导致人类生命、财产安全受到严重威胁并造成巨大损失的灾害事件。开展地质灾害的早期识别、监测与预警，是减灾防灾的首要工作。由于遥感技术具有不受地面限制、高效快速、大范围对地观测的能力，相比传统野外现场调查及 GPS、水准测量具有无可比拟的优势。遥感技术在崩塌、滑坡和泥石流等各类地质灾害的识别与监测等方面较常规方法有明显的优势。研究人员将光学遥感影像与地质资料、DEM 等辅助数据相结合，并在 GIS 技术的支持下，能够快速获取大面积灾害地区的位置、分布、范围、规模、类型、发育环境等数据和图件，因此遥感技术已成为地质灾害调查的重要手段和方法。利用干涉合成孔径雷达 InSAR(Interferometric Synthetic Aperture Radar)遥感技术还可以定量地获取地表的形变信息，为地质灾害的识别与监测提供重要的定量依据，因此近年来也被越来越多地应用于地质灾害的分析监测。未来随着遥感数据的不断获取和积累，有望通过光学、SAR 等遥感时序数据的处理和分析，进一步挖掘相关信息，揭示地质灾害的发生机理和发展规律，从而为重大地质灾害的预测提供依据。鉴于 InSAR 数据的获取原理和处理分析方法完全不同于光学遥感，因此，将基于 InSAR 技术的地质灾害解译和监测相关内容设置在本章最后一节，本节将重点介绍基于光学遥感的地质灾害调查基本概念、内容和方法。

7.2.1　地质灾害遥感调查的基本概念

地质灾害遥感调查是利用遥感技术、辅以适当的野外验证，获取滑坡、崩塌、泥石流、地面塌陷和地裂缝等地质灾害的规模、空间分布特征及地形地貌、地层岩性及地质构造等孕灾地质背景信息，分析地质灾害的形成条件，为地质灾害防治以及地质灾害应急管理等工作提供基础资料。

地质灾害遥感调查主要包括两方面工作内容。一是地质灾害孕灾地质背景调查，即充分利用工作区已有的研究成果和基础资料，解译与地质灾害发育有关的地形地貌、地层岩性和地质构造等孕灾地质背景，查明地质灾害与区域地质背景等因素的关系，分析地质灾害发育的区域地质环境特征。二是地质灾害调查，即以遥感和空间定位方法为主，结合其他调查手段，识别地质灾害，解译地质灾害的类型、边界、规模及形态特征，查明地质灾害的空间分布特征、形成条件和诱发因素，分析地质灾害的成因和发育规律。

地质灾害遥感调查的基本工作包括调查设计编写、遥感图像处理与制作、遥感解译、野外查证、图件编制、综合分析、成果报告编写与资料整理等。

7.2.2　典型地质灾害遥感影像特征

地质灾害调查中需要的遥感数据要根据具体的调查工作要求进行选取，具体可参考表 7-2。在不同分辨率的遥感影像上，不同规模的灾害所表现出的影像特征往往存在一些差异，在解译时通常需要灵活处理。下面将介绍滑坡、崩塌和危岩体等典型地质灾害的一般影像特征，供解译时参考。

表 7-2　　地质灾害调查遥感数据

地质灾害调查	所需遥感数据
1：50000 调查	空间分辨率优于 5m 的遥感数据
1：10000 调查	空间分辨率优于 1m 的遥感数据 摄影比例尺为 1：20000~1：50000 的航空遥感数据
重点城镇地质灾害调查	地面分辨率优于 0.5m 的遥感数据

1. 滑坡

在遥感影像上，滑坡通常呈簸箕形、舌形、梨形等平面形态及不规则坡面形态，规模较大的可见到滑坡壁、滑坡台阶、滑坡鼓丘、封闭洼地、滑坡舌、滑坡裂缝等微地貌形态。滑坡常表现为连续的地貌形态突然被破坏，由陡坡和缓坡两种地貌单元组成，坡体下方由于土体挤压，有时可见到高低不平的地貌，缓坡部分发育深冲沟，地形破碎。滑坡多在峡谷的缓坡、分水岭的阴坡、侵蚀基准面急剧变化的主沟与支沟交汇处及其沟头等处发育。但在遥感影像上，具体的滑坡特征也不尽相同，如图 7-3 为延安市宝塔区的黄土古滑坡，图 7-4 为金沙江白格滑坡，属于基岩滑坡。

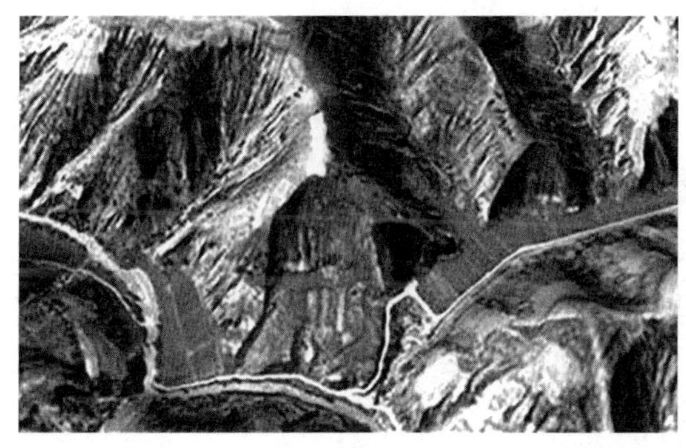

图 7-3　黄土古滑坡

图 7-4　基岩滑坡

此外，滑坡的发育过程也比较复杂，一般可分为三个阶段，即不稳定因素积累阶段（又称蠕动压密阶段）、滑动阶段和相对稳定阶段。不同阶段的滑坡也会表现出一些独有的特征，因此，在解译时需要结合滑坡发育的实际情况进行具体分析。

1）古滑坡的一般影像特征

古滑坡的滑坡后壁一般较高，坡体纵坡较缓，有时生长树木；滑坡规模一般较大，表面平整，土体密实，无明显的沉陷不均现象，无明显裂缝，滑坡台阶宽大且已夷平。滑体上冲沟发育，这些冲沟系沿古滑坡的裂缝或洼地发育起来的。滑坡两侧自然沟切割较深，有时出现双沟同源。滑坡前缘斜坡较缓，长满树木，滑体无松散坍塌现象。滑坡舌已远离河道，有些舌部处已有不大的漫滩阶地。滑坡体上多辟为耕地，甚至有居民地、寺庙和电线杆等分布其间。部分缓坡后及两侧有陡壁及侧壁，大部分没有。局部平缓斜坡有明显的界线与周围分割，这些界线可以是沟谷、陡坡下的突变缓坡等。缓坡后部、后壁下，常有凹陷地带，有时有积水，或成为湖。斜坡上局部存在平缓斜坡，但其上没有深沟，也没有明显的坚硬基岩形态(与稳定斜坡处的基岩对比)。

2)活动滑坡的影像特征

活动滑坡的滑坡体地形破碎，起伏不平，斜坡表面有不均匀陷落的局部平台；斜坡较长，虽有滑坡平台，但面积不大，有向下缓倾的现象；有时可见到滑坡体上的裂缝，特别是黏土滑坡和黄土滑坡，地表裂缝明显，裂口大；滑坡体地表湿地、泉水发育，呈斑状或点状深色调；滑坡体上无巨大直立树木，可见小树木或醉林，且有新生冲沟，沟床窄而深；滑坡体前沿有地下水渗出线或泉水点。

2. 崩塌

崩塌堆积体通常发育在悬崖、陡壁或参差不齐的岩块处。高分辨率影像上在悬崖、陡壁下有巨大岩块者为堆积体，有时可见巨石形成的阴影，呈粒状，有时可见落石滚落在距坡脚较远处。崩塌体通常堆积在沟底或斜坡平缓地段，表面坎坷不平，影像具粗糙感，崩塌体上部外围有时可见张节理形成的裂缝影像。崩塌的具体解译方法可参见前面 2.7.2 小节的内容。

3. 危岩体

危岩体位于陡峻的山坡地段，纵断面形态上陡下缓；危岩体上部外围有时可见到张节理形成的裂缝；有时巨大的崩塌体堵塞河谷，在崩塌体上游形成堰塞湖，崩塌体处形成有瀑布的峡谷。

4. 泥石流

标准型泥石流可看到物源区、流通区和堆积区三个区。物源区山坡陡峻，岩石风化严重，松散固体物质丰富，常有滑坡、崩塌发育。流通区一般为泥石流沟的沟床，呈直线或曲线条带状，纵坡较物源区地段缓，但较堆积区地段陡。堆积区位于沟谷出口处，纵坡平缓，呈扇状，色调较浅，扇面上可见固体沟槽或漫流状沟槽，还可见到导流堤等人工建筑物。泥石流堆积扇与一般河流冲洪积扇的主要区别是，前者有较大的堆积扇纵坡，坡度一般为 5°~9°，部分达 9°~12°，后者的坡度一般为 1°~4°。

5. 地面塌陷

地面塌陷有岩溶塌陷和采空塌陷等。

岩溶塌陷是岩溶地区特有的地貌，常与溶蚀洼地、坡立谷、盲谷和孤峰等伴生，在高分辨率影像上极易辨认。岩溶塌陷常表现为地表漏斗，往往成群出现，呈串珠状展布，在影像上呈圆形、椭圆形或不规则圆形的洼地，上大下小，底部呈深色调，但常因被第四纪沉积物充填而呈浅色调。岩溶塌陷附近通常长满灌丛、灌草，中间凹陷处往往生长廖科植物，与周围耕地影像特征差异明显。

采空塌陷是当采空区影响到达地表以后，在采空区上方形成的地表塌陷，多伴生地裂缝。规模较大的采空塌陷通常为宽1~2m，长数十米至上百米的不规则封闭、半封闭的环形带或条带，其边缘常伴生地裂缝，裂缝两侧地表具有一定高差。在环形带的上方色调较亮，下方色调较暗。平原地区，因地下水位埋藏较浅，采空塌陷区多常年积水或季节性积水。规模较小的塌陷坑多呈独立的环形或椭圆形斑点、斑块状，独立个体成群分布，色调明暗不同。由于塌陷坑是有一定深度的负地形，在阴影作用下，立体效果明显。山区采空塌陷坑，一般没有与其连接的道路，这是区别于其他采矿活动的重要特征。

6. 地裂缝

地裂缝是地表岩体、土体在自然或人为因素的作用下，产生开裂，并在地面形成一定长度和宽度的裂缝。由于地裂缝所处的地表和浅层土壤结构发生了变化，遥感影像上常形成色调和纹理上的光谱差异。平原区地裂缝一般规模较大，呈线状影像特征，有时穿过农田形成一定落差的断陷陡坎。山区规模较大的地裂缝呈条带状，裂缝内常有植被，规模较小的地裂缝多呈折线状断续分布。与其他线状地物的区别在于地裂缝具有一定的形态特征，如直线形地裂缝，裂缝平直，延伸方向稳定；曲线形地裂缝，裂缝呈弧形弯曲，大多数由工作面的一侧延伸至另一侧。地裂缝的走向一般与地形地貌单元走向不一致，并可能切穿不同地形地貌单元，其走向与农业耕作方向也不一致，属非人工所为。

7.2.3 地质灾害遥感解译方法和内容

在分析已有资料的基础上，确定工作区内主要的地质灾害类型，通过实地观察典型地质灾害的形态特征，并与遥感影像对照，系统建立各类地质灾害要素解译标志，进行初步解译。

1. 孕灾地质背景解译

有关地形地貌、地层岩性、地质构造等孕灾地质背景的解译方法在本书前面的章节中已专门论述。解译的精度要求是影像上图斑面积大于4mm^{2}的孕灾地质体、长度大于2cm的形变线状地质体均应解译出来。

孕灾地质背景的具体解译内容包括：地形地貌，如各种地形地貌的形态、成因类型及地貌分区界线，微地貌的个体特征和组合特征；地质构造，包括断层的位置、长度和延伸方向，褶皱的类型、规模、长度及延伸方向，破碎带的性质和分布；地层岩性，包括确定地层、岩性类别及岩层产状；土地利用，即森林植被、地表水体、耕地、荒坡地、城镇、交通等用地类型和分布现状；人类工程活动，包括工程切坡、水库库岸、露天采矿场、尾矿库、固体废物堆场等的分布及其稳定性。

2. 地质灾害解译

各类地质灾害解译，应以计算机为主要工作平台，结合孕灾地质背景资料，采用二维与三维相结合的方式，在原始分辨率影像上根据前述各类典型地质灾害的影像特征，通过人机交互的方式进行综合分析判断。

地质灾害的具体解译内容有如下六项。

(1)滑坡：滑坡体所处位置、地貌部位、前后缘高程、沟谷发育状况、植被发育状况等；滑坡体的范围、形态、坡度、总体滑动方向，滑坡与重要建筑物的关系及影响程度等。

(2)崩塌：崩塌所处位置、形态、分布高程；崩塌堆积体的面积、坡度、崩塌方向、崩塌堆积体植被类型。

(3)泥石流：泥石流流域的边界、面积、形态、主沟长度及纵降比、坡度；物源区的水体分布、集水面积、地形坡度、岩层性质，区内植被覆盖程度、植物类别及分布状况，断裂、滑坡、崩塌、松散堆积物等不良地质现象，可能形成泥石流固体物质的分布范围；流通区沟床的纵横坡度和冲淤变化以及泥石流痕迹，阻塞地段堆积类型，以及跌水、急弯、卡口情况等；堆积区堆积物的分布范围、性质、堆积面积，堆积扇的坡降、土地覆盖。

(4)地面塌陷：地面塌陷的位置、形状、范围；塌陷对地面设施的破坏程度和造成的成灾范围。

(5)地裂缝：地裂缝群体的总体分布范围、平面组合形态和展布方向等；主要地裂缝单体的分布位置、长度、宽度。

(6)潜在威胁对象：受威胁的居民点、城镇、水电站、公路、河流等基础设施；受威胁的自然资源状况，包括耕地、园地、林地等。

7.2.4　地质灾害遥感应急调查

地质灾害应急调查是针对突发性地质灾害或险情而采取的紧急获取地质信息的过程。在开展地质灾害遥感应急调查工作时，除按照一般性的地质灾害遥感调查技术规定外，还要注意遵循以下规定。

(1)以房屋建筑和公路桥梁损坏、堰塞湖等灾情为主要解译对象，重点关注河流、公路、城镇、居民点及水电站等基础设施分布地区。

(2)地质灾害的解译内容为识别地质灾害体，确定其类型、位置、边界及规模，并在可能的情况下，分析其潜在危害。

(3)在应急调查阶段，除坡面泥石流外，只解译各类灾害体的堆积体，并用规定的符号表达在灾害体上，分为特大、大、中和小型灾害体并说明其规律。

以滑坡灾害为例，当滑坡发生后，可以利用遥感手段开展应急灾情调查。例如，2019 年 7 月 19 日甘肃省甘南藏族自治州舟曲县东山镇下庄村牙豁口发生山体滑坡，利用滑坡发生前后的高分一号卫星影像对比解译发现，滑坡体呈长舌状，滑坡区域部分道路被损毁(图 7-5)。截至 7 月 20 日，滑坡体前缘滑动距离 20m，滑坡体坡长约 980m、坡宽约 200m，体积约 $4\times10^6 m^3$。结合实地调查分析，确定滑坡潜在威胁到 39 户 144 名群众生命财产安全，但所幸未造成人员伤亡和房屋受损。据初步调查，此次滑坡属于黄土基岩滑坡，是老滑坡的局部复活，此次滑动前一直处于缓慢蠕动变形中，主要原因是该老滑坡区地下水十分发育且分布不均，此次复活部位地下水集中导致了剧滑。

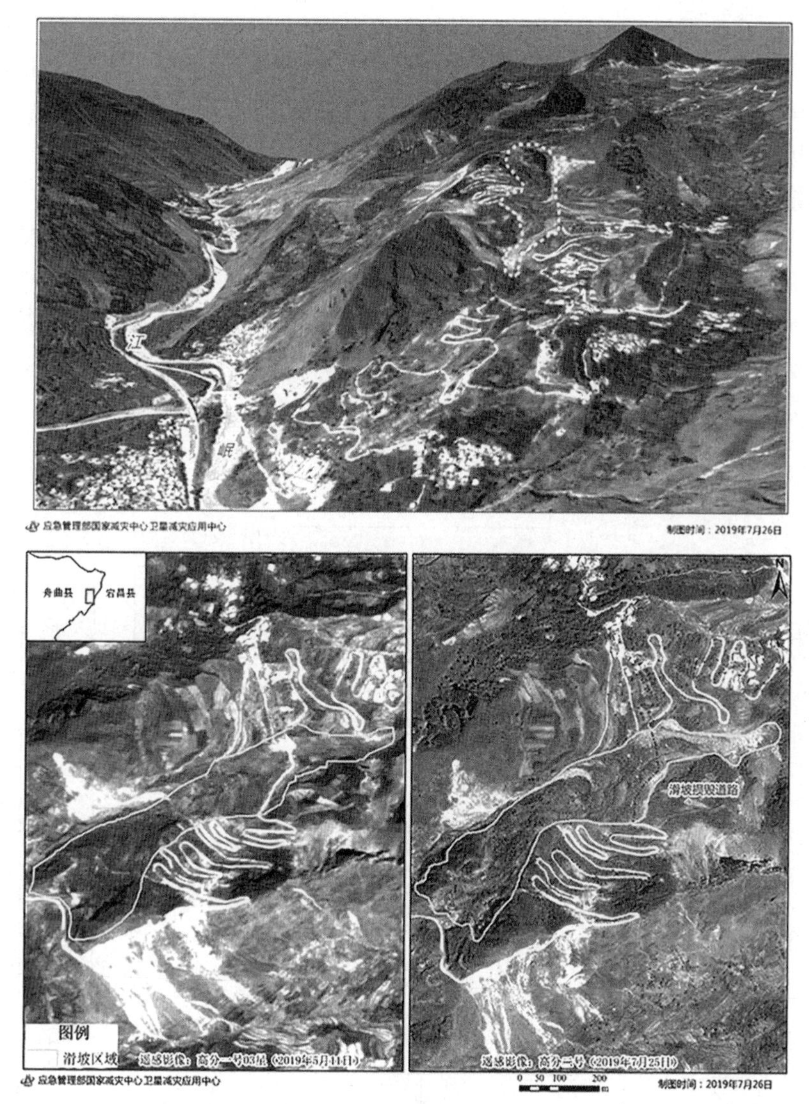

图 7-5 舟曲县东山镇下庄村滑坡遥感监测图(2019 年 7 月 25 日)
(图片来自中国应急信息网)

7.3 干旱灾害遥感

干旱是指淡水总量少，不足以满足人类生存和经济发展需要的气候现象。干旱是全球最常见的自然灾害之一，严重危害农牧业生产，促使生态环境进一步恶化，甚至会引发森林火灾等其他自然灾害的发生。日益严重的全球化干旱问题已经成为各国科学家和政府部门共同关注的热点。

世界气象组织将干旱分为气象干旱、农业干旱、水文干旱和社会经济干旱四种类型，气象干旱是源头，其他三类干旱均是由气象干旱发展演变而成，四种干旱类型之间的关系如图 7-6 所示。气象干旱是由于大自然气候变化导致的，主要是因为降水和蒸散发不平衡所造成的水分短缺现象，主要表现是：因降水量不足(降雨的数量、强度和持续时间)导致渗透水、流动水、深层渗透水以及地表水再补给减少；高温、强风、低湿度、强日照和无云覆盖等因素往往导致蒸散量与蒸发量增加。随着气象干旱持续时间的推移，特别是降水的异常短缺，将发生土壤水分亏缺，即土壤水分不能满足农作物水分需求，农作物正常生长受到胁迫，进而导致作物生物量和产量减少的现象，即农业干旱发生。农业干旱持续到一定时间和程度会导致水文干旱，水文干旱的特征主要表现为河流径流量减少，流入水库、湖泊的水量减少，湿地、野生动物的栖息地减少。水文干旱持续到一定程度，将对经济(如农作物价格等)、社会(工农业用水、人民生活用水和社会服务能力等)和环境(如草原荒漠化等)造成影响，即导致社会经济干旱的发生。

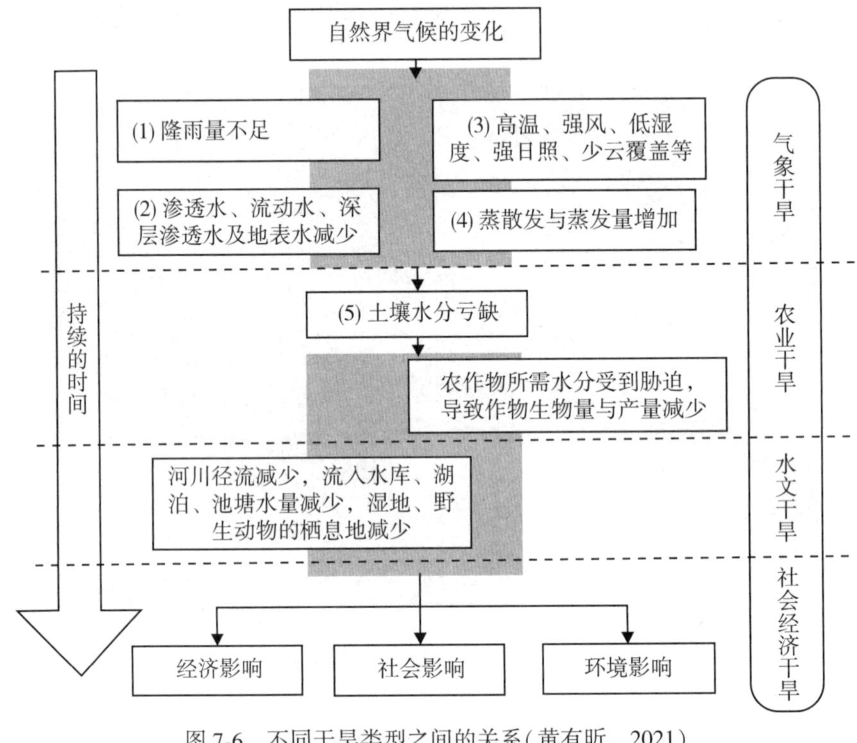

图 7-6　不同干旱类型之间的关系(黄有昕，2021)

传统的干旱监测是应用地面观测的气象数据和其他实测数据如土壤含水量进行的，这些监测方法属于点的干旱监测。要实现大范围的干旱监测，遥感技术是切实可行的技术途径之一。干旱遥感监测一般指通过站点观测、陆面过程模拟和遥感反演等手段获取气象、水文和植被等数据，计算不同的干旱指标(或者划分不同干旱等级)，并评估干旱的开始时间、结束时间和严重程度等。遥感监测方法可以提供时间和空间连续的气象、水文和植被信息，可识别干旱空间分布特征，在区域干旱监测与评估中应用广泛。

干旱遥感监测主要是基于地表水热变化引起的土壤或植被变化，找出反映土壤或植被水热性的因子，利用这些因子建立干旱模型，通过分析相关因子在不同时空的差异性达到监测干旱的目的。影响地表水热变化的因子众多，主要有区域光温条件、土壤质地、作物长势和冠层温度等，为了简化干旱模型可在一定的条件下将某些因子固定，从而得到一些方便可行的干旱监测方法。实际上，从遥感的角度而言，干旱监测主要是探究不同地表类型的水分含量，包括裸土、部分植被覆盖和全植被覆盖等情形。常见的干旱监测方法有以光谱反射率数据为基础的状态监测方法和以作物生长模型为核心的模拟方法两大类。下面介绍这两类干旱遥感监测方法以及农业干旱遥感监测的业务化应用情况。

7.3.1 以光谱反射率为基础的状态监测方法

以光谱反射率为基础的状态监测方法，是基于可见光、短波红外、热红外及微波等波谱段的特征光谱空间原理构建干旱指数，结合农作物长势描述指标，以反映土壤水分的变化。此类方法的优点是模型构建速度较快，原理清晰；缺点是受地表状况的复杂性限制，区域应用的普适性仍需要进一步深入研究。常用方法有以下 4 类。

1. 基于土壤水分的干旱遥感监测方法

对于裸土地表类型，可用热惯量方法或微波遥感方法提取土壤水分信息。

1)热惯量方法

热惯量是物质热特性的一种综合量度，反映了物质与周围环境能量交换的能力，在地物温度的变化中热惯量起着决定性的作用。土壤的热惯量指标与土壤含水量之间的相关性非常显著，可以根据土壤温度的昼夜变化幅度来推求土壤含水量的分布状况。但遥感方法无法直接获取热惯量的值，因此有学者提出表观热惯量 ATI(Apparent Thermal Inertia)的概念，在实际应用时，通常使用表观热惯量来代替真实热惯量以建立表观热惯量与土壤含水量之间的关系，从而实现土壤含水量的反演。表观热惯量的计算公式为

$$\mathrm{ATI} = \frac{1 - A}{T_{\max} - T_{\min}} \tag{7.1}$$

式中，A 为全波段反照率；$T_{\max}$ 和 $T_{\min}$ 分别为一天中的最高、最低温度。

利用表观热惯量 ATI 进一步反演土壤含水量 W，可采用线性模型

$$W = a + b \cdot \mathrm{ATI} \tag{7.2}$$

式中，W 为土壤湿度；a、b 为线性模型系数。

热惯量方法是从土壤本身的热特性出发反演土壤水分，要求获取纯土壤单元的温度信息，由于植被会改变土壤的热传导，所以热惯量法适用于早春和冬季裸土的情况，不适用于有植被覆盖的情况。

2)微波遥感方法

微波遥感具有全天候、全天时、穿透力强、精度高等优点，是土壤湿度监测的强有力工具。微波土壤水分遥感监测有主动微波和被动微波两种方式。被动微波遥感是利用土壤亮度温度监测土壤含水量，主动微波遥感则是利用其后向散射系数监测土壤水分含量。

正如前文 4.2.1 小节中所提到的，主动微波遥感时，雷达回波强度由雷达后向散射系数决定，而对特定的雷达系统来说，后向散射系数则主要取决于地面目标参数(包括表面粗糙度和复介电常数)。换言之，对裸土地表，微波后向散射系数主要受到土壤的介电常

数和土壤粗糙度的影响。水和干土的介电常数差别很大，随着土壤水分的增加，土壤的介电常数会迅速增大。因为土壤介电常数的变化反映了土壤水分含量的变化，所以可利用从传感器得到的后向散射系数反推得到土壤的介电常数，进而根据地面复介电常数与表层土壤水分含量之间的相关性反演得到土壤水分含量。这就是主动微波遥感方法获取土壤水分信息的基本原理。

2. 基于冠层温度的干旱遥感监测方法

根据冠层温度的高低对作物干旱情况进行判别是遥感干旱监测常用方法。植被的蒸腾作用与能量、土壤水分的含量密切相关，其本身是一个耗热过程。当植被水分充足时，植被冠层温度处于稳定、较低的状态；当植被受到水分胁迫时，蒸腾作用减弱，从而导致植被冠层温度升高。因此，可用冠层温度作为反映植被水分状况和干旱状况的指标。

此类方法中，最典型的是基于 NOAA/AVHRR 数据计算的温度条件指数 TCI (Temperature Condition Index)(Kogan，1995)。TCI 定义为当前的地表温度与多年同一时间段地表温度最大与最小值的比率，其定义式为

$$\mathrm{TCI}_j = \frac{T_{\max} - T_{sj}}{T_{\max} - T_{\min}} \tag{7.3}$$

式中，TCI_j 表示日期 j 的温度条件指数；T_{sj} 为日期 j 的地表温度；$T_{\max}$、$T_{\min}$ 是所拥有数据集所有图像的最大、最小地表亮温。

TCI 可用以反映地表温度状况，当有旱情发生时，地表有蒸腾作用和蒸散作用增强的趋势，但是没有足够的水分用来完成蒸腾蒸散作用，冠层或裸土的温度会有不同程度的增加。TCI 已经被广泛应用于旱情反演和旱情监测，其优点是不受作物生长季的限制，在作物播种或收割期间也可以监测，适用于长时间序列及大区域的相对干旱监测，但由于季节性地温差异、空气湿度等因素影响，会降低监测精度。

3. 基于作物长势的干旱遥感监测方法

利用卫星监测资料反演的植被指数，可反映作物的生长变化状况，进而反映干旱状况，这也是干旱遥感监测的常用方法，主要包括评价植物长势状态和评价植被冠层水分状态两种类型的指数。

以植被长势状态进行干旱监测的指数包括植被状态指数 VCI(Vegetation Condition Index)、距平植被指数 AVI(Anomaly Vegetation Index)、标准植被指数 SVI(Standard Vegetation Index)和归一化干旱指数 NDDI(Normalized Difference Drought Index)等。这一类指数是基于 NDVI 等代表植被长势的指数，以长势差异情况来代替干旱程度。其中，最典型的是植被状态指数 VCI，其计算公式为

$$\mathrm{VCI} = \frac{\mathrm{NDVI}_i - \mathrm{NDVI}_{\min}}{\mathrm{NDVI}_{\max} - \mathrm{NDVI}_{\min}} \tag{7.4}$$

其中，NDVI_i 是第 i 年某一日的 NDVI 值，$\mathrm{NDVI}_{\max}$ 和 $\mathrm{NDVI}_{\min}$ 分别是多年同一日 NDVI 的最大值和最小值。该指数实质上是通过对比植被长势与历年长势最好和最差之间的差异，并认为若植被长势良好，则干旱发生的可能性或程度较低来判断干旱程度。

当干旱程度较高、植被长势较差时，会造成冠层水分含量降低，因而植被冠层水分状态指数也会呈现出相应变化，从而可间接指示干旱程度。评价植被冠层水分状态的指数很多，如植被供水指数 VSWI(Vegetation Supply Water Index)、短波红外垂直失水指数 SPSI(Shortwave Infrared Perpendicular Water Stress Index)、归一化差异水体指数 NDWI(Normalized Difference Water Index)、全球植被水分指数 GVMI(Global Vegetation Moisture Index)和短波红外水分胁迫指数 SIWSI(Shortwave Infrared Water Stress Index)等。其中 VSWI 综合考虑植被和温度两方面的因素，其定义式为

$$\text{VSWI} = B \times \frac{\text{NDVI}}{T_S} \tag{7.5}$$

式中，B 为图像增大系数；T_S 为陆地表面温度。其物理意义是，当水分不足时，植被生长受阻，NDVI 下降，T_s 上升，VSWI 值变小；相反，VSWI 值则增大。因此，根据 VSWI 值的变化可反映地表干旱情况。

然而，以作物长势状况为基础的干旱监测算法，是假设在光照、土壤、温度等条件一致的情况下，认为植被的长势变化仅与土壤水分的变化有关，从本质上是简化了干旱模型的计算参数而实现干旱监测的。此类指数可以减弱土壤背景和地区差异等因素的影响，指示大范围干旱状况，尤其适合于低纬度植被茂密地区的干旱监测，但由于以植被状态表征干旱程度会有一定的滞后性，导致该方法可能存在干旱预警时效性降低等问题。同时，不同年份之间植被的地表覆盖类型可能发生变化，从而会导致该方法检测的失效。

可见，单纯地基于冠层温度或者单纯地基于作物长势状况的干旱遥感监测方法，都存在一些问题。相对而言，综合冠层温度和作物长势建立指数模型进行干旱监测，由于考虑了不同密度植被对于温度的影响情况，因而更加全面，原理性更强，应用范围也更广泛。

例如，温度植被干旱指数 TVDI(Temperature Vegetation Dryness Index)就是一种基于光学与热红外遥感通道数据进行植被覆盖区域表层土壤水分反演的方法。TVDI 的计算式为

$$\text{TVDI} = \frac{T_S - T_{S\min}}{T_{S\max} - T_{S\min}} \tag{7.6}$$

其中，$T_{S\min} = a + b \times \text{NDVI}$ 为湿边方程，$T_{S\max} = c + d \times \text{NDVI}$ 为干边方程。TVDI 的值为 [0, 1]，值越大，表示土壤湿度越低；反之，表示土壤湿度越高。TVDI 指数同时与 NDVI 和 LST 相关，可用于干旱监测，尤其在监测特定年内某一时期整个区域的相对干旱程度和研究干旱程度的空间变化特征方面效果较好。

4. 基于作物蒸发(腾)量的干旱遥感监测方法

植物健康时，蒸腾作用的发生使得叶片温度相比裸土温度降低；而当水分亏缺时，蒸腾量减小，则可能导致叶片温度升高。通过测量叶片温度，以能量平衡原理为核心计算地表覆盖蒸发(腾)量，并通过地面观测的土壤水分进行标定，进而获取以蒸发(腾)表达的土壤含水量，这是有别于温度、植被指数等方法获取干旱信息的、重要的干旱遥感监测方法。

基于作物蒸发(腾)量进行干旱监测，最经典的就是计算作物缺水指数 CWSI(Crop Water Stress Index)的方法，其计算公式为

$$\mathrm{CWSI} = 1 - \frac{\mathrm{ET}}{\mathrm{ET}_P} \tag{7.7}$$

式中，ET 为实际蒸散，ET_P 为潜在蒸散。CWSI 的值在 0~1 之间，值越大，表明干旱程度越高。实际上，CWSI 表示的是植被当前蒸散与最大可能蒸散的关系，该值越高，表明与最大可能蒸散的差值越大，土壤的水分含量也越低。利用 CWSI 进行作物干旱反演时，潜在蒸发可以通过地面气象观测资料由 Penman-Monteith 蒸散公式计算得到，所以关键就是获取植被的实际蒸发量。

实际蒸散发可利用双层蒸散发模型计算，其将能量平衡原理方程简化为

$$R_n = G + H + L \cdot E \tag{7.8}$$

式中，R_n 代表地表净辐射通量，表示地面所接受的总能量；G 为下垫面土壤热通量，表示土壤表层和深层的热量传递状态；H 是地表与大气的热交换能量，即感热通量或显热通量；$L \cdot E$ 为潜热通量，指地表与大气的水汽热交换，L 代表水分的汽化潜热，E 为瞬时蒸散量。公式中，R_n、G 和 H 等参量可以在遥感计算与气象观测数据辅助条件下获取，利用遥感技术获取的参数包括辐射、与地表覆盖有关的比辐射率和地表温度等参数，通过气象观测可获取风速、空气动力学阻抗、空气密度、气压和空气比热容等参数。

可见，作物缺水指数 CWSI 是土壤水分的一个度量指标，由作物冠层温度值转换而来，是利用热红外遥感温度和常规气象资料间接地监测植被覆盖条件下的土壤水分，在植被覆盖度较低的地区，该模型具有一定的局限性。总体而言，CWSI 模型物理意义明确，适应性较强，在大尺度区域应用较多。

7.3.2　以作物生长模型为核心的模拟方法

以作物生长模型为核心的模拟方法，即以农作物生长模型，基于 LAI 等农作物参数准确反演，通过作物模型同化的方法，间接获取土壤水分含量，从而实现地表干旱分析。此类方法具有明确的物理-生物过程原理，当输入参数精度较高时，可以获取较高的水分监测精度，对于点状或小块区域，由于可以获取较为明确的参数，因此模拟精度较高；然而，对于大尺度区域，由于无法精确地获取各项参数，使用遥感数据进行同化等方式获取大尺度区域的土壤水分含量成为主要方式，然而由于运行速度较慢，且一般同化参数较少，难以做到精确模拟，导致精度受限。

7.3.3　农业干旱遥感监测的业务应用

旱灾对农业生产、全球粮食安全和可持续发展影响重大，开展农业干旱监测是应对旱灾影响的迫切需要。农业干旱遥感监测业务应用是干旱遥感监测技术的落脚点，也是检验干旱遥感监测技术业务运行能力的标准。当前，中国、联合国粮农组织(FAO)、美国、欧盟和加拿大等都建立了各自的农情遥感监测业务系统或体系，农业干旱遥感监测业务在其中都有不同程度的涉及。2021 年 2 月 9 日，由中国农科院主持，合作者包括中国国家卫星气象中心、北京师范大学、法国斯特拉斯堡大学、西班牙瓦伦西亚大学、美国爱达荷大学和以色列国家农科院等国内外知名大学和科研院所的一项关于“全球农业干旱监测研究”的国际科技创新合作项目也已正式启动，该项目为中国国家重点研发计划项目。全球农业干旱监测计划也已

列为地球观测组织2020—2022年重点工作任务，通过与地球观测组织其他成员国合作和联合攻关，研究建立利用“风云三号D星”的全球农业干旱监测系统，为“一带一路”国家提供及时的农业干旱信息服务，同时也直接服务于地球观测组织三大优先目标，即联合国2030年可持续发展议程、巴黎气候协议和仙台减灾框架。借助“风云三号D星”中分辨率成像光谱仪，可充分进行全球地表水热和植被参数反演，同时该卫星具有全球观测能力，每日可完整覆盖地球一次。因此，利用该卫星反演的参数可以实现时间频次为10天、空间分辨率为250m的模型构建，此为当前时空分辨率最高的全球农业干旱监测模型①。

在我国，除了“中国应急信息网”、“中国农业农村部网”等全国性的网站之外，一些科研机构、地方政府或农业相关的网站上，也会实时地发布干旱遥感灾情监测信息，目的是为农业生产提供服务。

例如，图7-7为中国科学院对地观测与数字地球科学中心灾情遥感监测与数据共享平台2009年2月8日发布的2009年1月下旬河南省农作物旱情遥感监测信息图②，该图是利用MODIS卫星数据监测了2009年1月下旬河南省农作物长势与叶面积指数，进而与2001—2007年该区域的同时期的作物长势与叶面积指数进行距平分析所得。根据作物长势情况对旱情进行分等定级，即叶面积指数下降15%以内的为轻旱，下降15%~35%为中旱，下降35%以上为重旱。统计结果表明，2009年1月下旬河南省农作物轻旱面积比例为33.5%，中旱比例为30.6%，重旱比例为35.9%。旱灾最严重的区域包括驻马店、周口、商丘、焦作等冬小麦主产区。

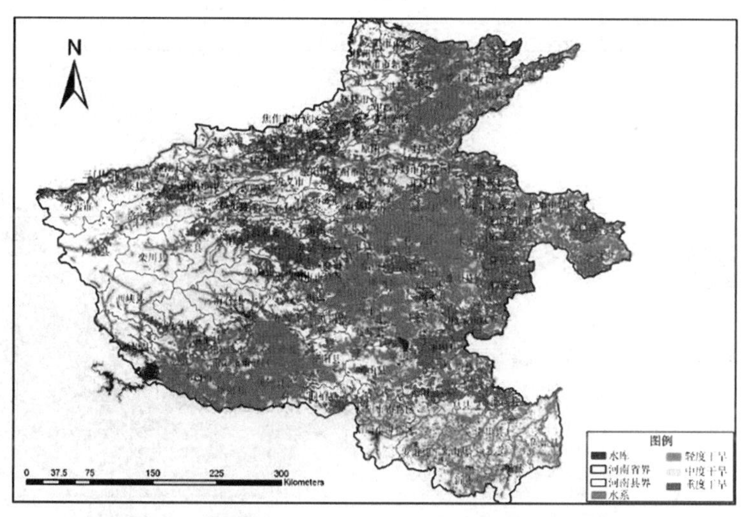

图7-7 河南省2009年1月下旬农田旱情分布图
(中国科学院对地观测与数字地球科学中心，2009)

① 资料引用自中国气象局官方百家号，2021-06-24 10：21，“风云三号D星服务全球农业干旱监测”。https://baijiahao.baidu.com/s?id=1703413075909618860&wfr=spider&for=pc).

② 资料引自中国科学院对地观测与数字地球科学中心灾情遥感监测与数据共享平台2009年2月8日发布的灾情简报：河南省一月旱情遥感监测报告。http://www.ceode.cas.cn/zt/zaiqing/jbmore.html.

图 7-8 和图 7-9 为中国天气网(云南站)上发布的土壤相对湿度信息及其对农业夏收、夏种活动的适宜度①。从 2020 年 5 月 22 日 10cm 深度层土壤相对湿度分布图来看，昆明、玉溪、大理、楚雄和普洱东部表层土壤缺墒，不利于夏种作物生长。结合天气预报信息可知，未来三天，昭通南部、曲靖、文山、红河、玉溪东部、昆明、楚雄北部、迪庆、怒江有小到中雨局部大雨，有利于夏种，但对丽江、迪庆的小麦成熟收晒不利；大理、楚雄东部、普洱北部前期持续土壤缺墒，未来三天无明显降水，不利于夏种。进一步，还可适时地给农民朋友们提供未来三天栽稻、灌水、施肥、防灾等农事活动的适宜性建议。

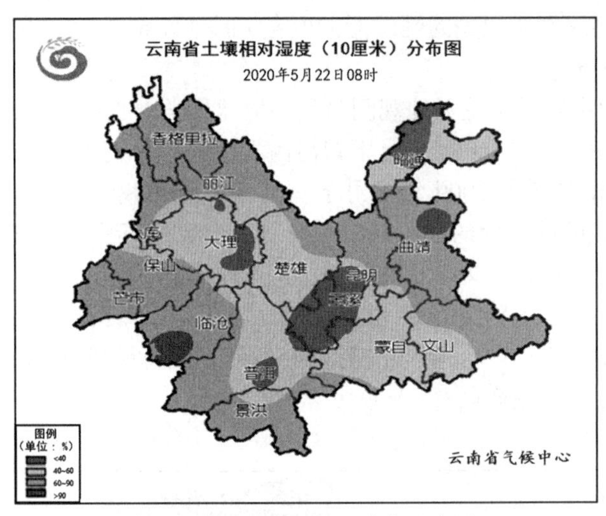

图 7-8　土壤相对湿度分布示意图

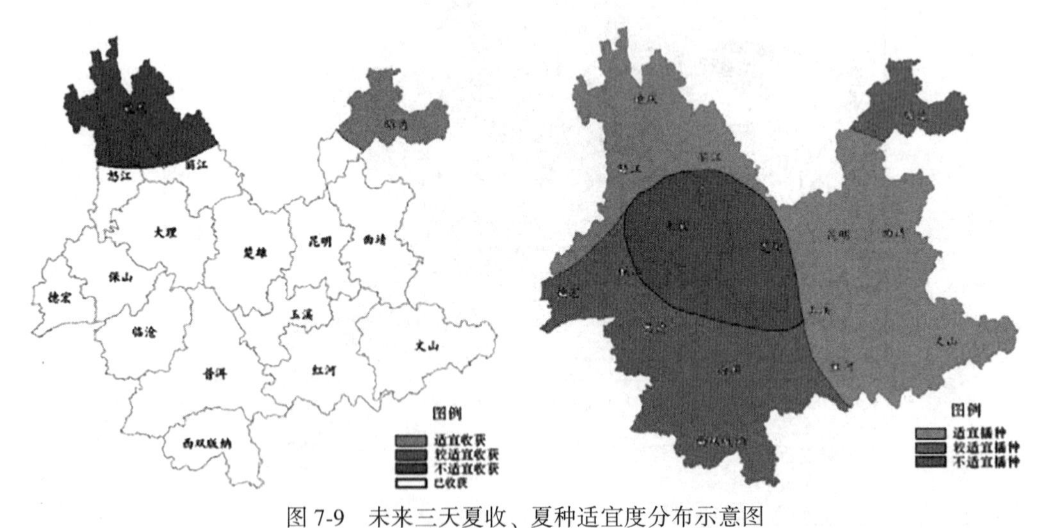

图 7-9　未来三天夏收、夏种适宜度分布示意图

① 资料引用自中国天气网(weather. com. cn)云南站网站，天气要闻 2020-05-13，“未来三天全省大部地区将出现明显降水　有利于推进夏种进度”。http://www. weather. com. cn/yunnan/tqyw/05/3330894. shtml.

7.4 火灾遥感

21世纪以来，全球范围内生物体燃烧的地理分布范围和持续燃烧时间都有所增加，使热辐射产物及其对气候和环境的影响明显增强。在时间和空间上失去控制的燃烧所造成的灾害被定义为火灾。火灾对生态平衡和环境会带来一定的负面影响，火灾监测在自然界自发的燃烧及热异常现象监测、大气环境污染监测、全球气候变化研究等方面具有重要意义。遥感技术特别是卫星遥感为火点监测提供了前所未有的机会和能力，对于分布范围广、分布地区不宜接近的自然火灾，遥感已成为广为应用的监测手段。

遥感火情监测的工作，通常也被称为“火点遥感”。对于火点遥感来说，在火灾发生前、中、后的不同阶段，遥感都可以发挥重要作用。火灾发生之前，对于火灾可能发生地带的风险评估可以指导防灾工作。火灾发生和救灾过程中，遥感近实时的观测，最快可以在观测到火灾发生的几分钟内给出火点信息，因此是有效的火灾发生报警手段。在火灾发生后，调集灾区及周边地区的灾前遥感影像，提供地形、周边生态等遥感地图是救灾指挥和实施的重要指导；安排静止卫星进行定点重复观测，甚至调集极轨高空间分辨率的雷达和光学卫星进行数据获取，可以监控火势、过火面积等，并对火势作出预测。火灾结束后，利用火灾发生前、中、后不同阶段的遥感数据集，有助于发现火灾产生的原因以便总结规律；根据过火面积和火灾前生物量等信息，可以量化计算火灾过程向大气排放的碳和其他成分，分析对气候和环境的影响；过火区域的生态恢复也需要遥感持续监测，估算火灾严重程度、经济损失，估算灾后植被生长和固碳总量；对于大范围和长时间序列遥感监测的火点数量、火势和损失等的统计分析，可以形成火情风险评估的先验知识，反馈指导防火工作。

7.4.1 火点遥感原理与方法

1. 火点遥感原理

热红外是发现火点的主力波段。地面物体的辐射在热红外波段强度最大，被称为热辐射，热辐射强度与地表热源的物质属性、面积、温度、波长都有关系。利用热红外遥感技术，可以探测火山喷发，或由于森林、草原、溢出油气、人工目标物燃烧、农业秸秆焚烧、工厂热排放等原因导致的地表热辐射异常，并估算其强度。

火灾发生点属于高温目标，可以基于黑体辐射定律来理解热红外遥感发现火点的基本原理。式(7.9)为普朗克定律，揭示了黑体的单色辐射度与温度、波长之间的关系，为温度的遥感反演建立了理论基础，据此可进一步推导出维恩位移定律和斯忒藩-玻尔兹曼定律。维恩位移定律表征了黑体的辐射强度最强波长 λ_{max} 和温度之间的反比例关系(式(7.10))，斯忒藩-玻尔兹曼定律则定义了黑体总辐射出射度 M 与温度的4次方之间的正比关系(式(7.11))。

$$M_{\lambda} = \frac{2\pi hc^2}{\lambda^5} \frac{1}{e^{\frac{ch}{k\lambda T}} - 1} \tag{7.9}$$

$$T\lambda_{max} = 2897.8 \tag{7.10}$$

$$M = \sigma T^4 \tag{7.11}$$

以上式(7.9)~式(7.11)中，M_λ 和 M 分别为单色辐射度和总辐射度；T 为温度；h、k、c 和 σ 分别为普朗克恒量、玻尔兹曼常数、光在真空中的传播速度和斯忒藩-玻尔兹曼常数。

以上是黑体辐射定律，而实际地物在特定波长处的辐射出射度要小于同温度的黑体辐射，因而引入了亮度温度的概念。同一波长下，若实际物体与黑体的光谱辐射强度相等，则此时黑体的温度被称为实际物体在该波长下的亮度温度(简称亮温)。注意物体的亮温是一个与波长相联系的量，实际物体的亮温也只有在注明其相应波长数值的情况下才是有意义的。卫星传感器热红外波段测量的是大气顶的热辐射能，可以转化成亮温，进一步经过大气修正和地表发射率修正后可得到地表温度。虽然物体的亮温与实际温度值存在差异，但在火灾发生时，火场与周围地物的亮温也存在明显差异，因此，火灾监测中可用亮温异常来感知火场及其发展变化情况。

一般地表着火点的温度约为 800K，地表温度为 250~330K，由式(7.10)可计算出火点和地表的 λ_{max} 分别对应 4μm 和 10μm 附近的光谱波段，因此通过这两个波段容易识别火点。而因为火点温度是一般地表温度的几倍，从式(7.11)不难看出，火点的辐射出射度与一般地表的辐射出射度可以相差几十倍，因此即使较小面积的高温火点也可以在空间分辨率较低的遥感图像中明显地反映出来，例如，NOAA 卫星搭载的 AVHRR，其空间分辨率为 1.1km，可以分辨 0.1hm^2(公顷)量级的火点。

可见光、近红外反射波段可以作为火点识别的辅助波段，并可应用于灾后评估。可见光、近红外波段可用于云检测及太阳耀光的滤除等方面，同时因为可见光具备人眼可见的特点，易于展现快视图，信息直观丰富，对于人工确认火点具有重要辅助作用。此外，因火灾导致地表反射率变化明显，所以高空间分辨率的可见光、近红外波段遥感数据在火灾的后期评估方面可以提供更加精准的信息。卫星遥感用于火情监测，最常见也最有效的方式是组合使用热红外和可见光、近红外波段的数据。

卫星所搭载的合成孔径雷达通过微波探测地表信息，因为微波对介电常数敏感，可用于提取地表含水量以评价地表干旱程度，因此在火灾发生前的风险评估和预警中有重要作用。同时，在多云地区，在火灾救灾过程中，微波能够穿透云雾监测火烧迹地，可以弥补光学遥感不具备全天候监测能力造成的观测空白。

2. 火点识别方法

火灾一般会产生四种形式的信号，即辐射能量、烟雾、地面碳化和地表植被变化。根据不同的实际需求，针对需要识别的火灾信号，考虑传感器波段设置、时间、空间和光谱分辨率等，选用不同的传感器进行测量便可以达到较好的监测效果。对于火点的快速、早期识别，可以通过遥感影像所反映的烟雾特征、辐射异常等信息来进行监测，具体的方法很多。

1)烟雾识别方法

早期对烟雾的检测识别主要运用目视解译的方法。利用可见光以及近红外波段合成真、假彩色图像，然后根据颜色、形状等特征直接进行目视解译(刘盼，2020)。该方法操作极为简单，而且可视精度很高，缺点是对大量数据进行研究时，解译效率较低。

也可以利用阈值法提取烟雾像元。在有多通道数据的情况下，可以设置多个阈值，采用多通道阈值法进行烟雾像元提取。该方法最大的优点是简单、易于操作，但是缺点较为突出，在不同地区选取阈值时，需要不断调整，使其效果达到最优。

此外，各种计算机分类方法也被越来越多地用于烟雾像元的识别和提取。为了提高烟雾像元识别的精度，往往可以将不同方法结合使用，如非监督分类与交叉验证相结合的方法、决策树分类与监督分类相结合的方法等。随着深度学习的快速发展，这一技术也越来越多地被用于烟雾识别，这类方法识别能力很高，但是在使用过程中可能会遇到一些问题，如模型的鲁棒性弱、数据处理时间较长、训练样本建立耗费成本较多以及计算机性能要求过高等。

2）火点识别方法

（1）阈值法。

阈值法是利用物理基础识别火点的基本方法，也是较早被使用的火点识别方法。它直接依据热辐射物理基础，根据维恩位移定律选择火点和背景敏感的波段，并通过设置阈值寻找着火点、区别不同等级的火灾。在具体执行识别的时候，还需要一些经验阈值，以区分火点和其他地表。实际应用过程中，常采用的阈值法有单一波段阈值法、多波段阈值法和上下文联系阈值法等。

单一波段阈值法中使用最早也最简单的方法是利用红外波段的影像，找到其中亮度值达到饱和的像素，并认为这些像素覆盖区域出现火情。不过这种方法往往由于单一波段阈值设置所含信息量较少而不能得到准确的火灾信息。

多波段阈值法是利用两个或两个以上的波段阈值控制着火点的搜索，被搜索出的着火点一定是满足所有阈值限制的。此方法是根据经验人工设置阈值，实现起来比较复杂，研究者必须十分清楚所要处理的生态系统的特点，才能设置合适的阈值。

上下文联系阈值法是综合利用影像空间、时间上下文信息，动态调整火点识别的阈值，使寻找着火点的过程中可以参考周围环境的整体影响。目前使用空间上下文信息较多，若再拓展到时间维度，发挥静止卫星超高时间分辨率的优势，则可大大提高火点检测的能力。例如，背景窗是一种向空间信息扩展的上下文方法，与阈值法相结合进行火点识别的处理过程为：当针对某个像元判识火点时，以其为中心设定一个方形区域为背景窗，在窗内的非火点有效像素（需要排除水体、云层以及被热点效应和之前火灾留下的裸露土地污染的像素）保障一定比例的情况下，通过与窗内统计的亮温均值等统计量（或根据此类统计量而确定的阈值）的比较来判识该中心像素是否为火点，背景窗可设置 3×3、15×15、25×25（像素）等不同大小，具体设置根据计算结果是否符合要求而逐渐扩大来增强火点识别精度。若考虑计算量的增大，则可将具体计算步骤优化为先使用较为宽松的阈值法初选出可能的火点，然后针对这些初选火点位置进行背景窗法统计得到新的阈值，再进行判断最终确定火点。

需要注意的是，为了考虑全球或者较大固定范围的业务化火点监测，阈值往往是根据统计经验得来，但在某个特定区域、某个季节或者物候阶段，这些阈值不一定是最优的，因此，实际工作中还需要研究针对地物特性、季节和地区等不同限定条件的阈值组合，以提高火点遥感的区域监测精度。

(2)植被指数法。

自然火灾不可避免地会对地表植被覆盖造成破坏，因此通过地表植被覆盖的变化信息也可以了解火灾的情况。其基本原理是依据植被在红波段的强吸收、近红外波段的强反射特性而导致的植被红边效应，设计多种植被指数 VI，并通过 VI 值的大小，利用灰度划分(阈值分割)的方法来区别燃烧区受破坏程度以及非燃烧区。常用的植被指数有很多种，例如近红外与红波段辐射量比值植被指数(RVI)、归一化差分植被指数(NDVI)或土壤调整植被指数(SAVI)等。此外，近年来光谱中近红外和中红外区域也被用于对火灾的研究，因为受火灾影响后绿色植被及其周围湿度的减少、裸露土地和岩石的增加会引起近红外辐射值减少、中红外辐射值增多，这一变化对火灾后的植被和土壤变化很敏感。但在不同区域的火灾监测中，上述不同植被指数的监测效果不一，应用中需要进行对比分析。

(3)遥感分类法。

图像分类一直是处理遥感图像的重要方法，对于火灾信息的提取也有十分显著的效果。常用的基于像元的监督分类和非监督分类方法经常被用于监测火灾。实际应用中，人们还会在进行分类前在图像中加入主成分分析、KT 分析或 NDVI 等信息以提高分类精度。子像元分类、面向对象分类及深度学习等方法越来越多地被用于分类中，以进一步提高图像的分类精度，从而也有力地提升了火灾监测的实际效果。

7.4.2　森林火灾遥感监测

森林火灾是一种突发性强、破坏性大、处置救助较为困难的自然灾害。一旦发生森林火灾，将对森林资源、陆地生态系统、社会和经济发展，乃至人民的生命财产安全造成极大威胁。监测预警是森林火灾防控最重要的工作环节，对减灾防灾意义重大，卫星遥感林火监测技术的发展为全域动态的森林火灾监测提供了重要手段，在森林防火工作中已得到广泛应用。

森林火灾遥感监测主要包括三个方面的内容，即森林火灾火险预测、基于遥感影像的森林火灾识别及发展监测，以及灾后的一系列受害程度和恢复评估，如火烧迹地识别制图、过火面积评估和灾后恢复评估等(刘盼，2020)。下面主要针对前两个内容进行介绍。

1. 森林火灾火险预测

森林火灾火险预测的主要任务是在火灾发生之前，对某一区域的火险等级进行评估，评估结果可用于指导防灾工作。预测主要以火三角理论为基础，火三角指燃烧的三要素，即可燃物、热量和助燃物。可燃物包括土地覆盖类型、树木种类和微生物；热量主要包括火源点、雷击、空气温度和湿度以及地表温度等因素；助燃物主要是氧气。对以上三要素进行分析评估，从而达到预防火灾的目的。一般来说，微波遥感可以提供地表干燥程度，热红外遥感可以提供地表温度，可见光遥感反演的植被指数等生态指标可以更新可燃物分布地图。同时，火灾预测还需要结合气象数据和历史火点数据等，从而通过建模等方法估算火灾发生的概率。

早期的森林火灾预测模型以气象因素为主要参数，如1970年提出的加拿大火险气候指数(FWI)系统，需要利用中午时的相对湿度、风速、温度和24小时降水量数据进行分析判断。具体而言，是通过这四类气象因子计算干旱码(DC)、粗腐殖质湿度码(DMC)以及细小可燃物湿度码(FFMC)，然后通过干旱码和粗腐殖质湿度码计算累积指数(BUI)，再利用风速和细小可燃物湿度码(FFMC)计算初始蔓延指数(ISI)，最终得到火险气候指数。这些以气象因素为主要参数的火灾预测模型，其预测精度不可避免地受到气象站点位置和数量的影响，而气象站的安装、维护以及数据收集均会产生昂贵的费用。同时这些模型也在一定程度上受理论基础、地理位置以及影响因子等因素的制约。

随着遥感技术的发展，逐渐兴起了基于遥感数据的多种火险因子协同分析预测模型。其基本原理是利用遥感数据获取土地覆盖类型、可燃物含水率、高程以及其他火灾相关因素，并与地理信息系统结合，基于各种火灾风险模型计算火险等级，最终以可视化森林预警图的形式展示不同火险等级的空间分布。例如，将植被、坡度、坡向、海拔以及道路等各要素进行致火危险性评估，最后将各要素叠加重分类得到长期的森林火灾预测图；或者将高程、坡向、坡度、土地利用类型、道路和建筑物等因子进行火灾危险等级划分，通过火灾结构指数(SFI)进行叠加，从而生成研究区域的火灾危险图，确定火灾发生概率最高的区域；等等。目前，对可燃物状态(植被含水量、种类等)和热量(温度)进行估算的研究较多，尤其是植被含水率和地表温度是目前的研究热点。

2. 森林火灾识别与监测

当前用于火点识别和监测的卫星遥感平台主要有两类，即同步卫星和极轨卫星。其中，同步卫星具有实时性强、探测位置稳定的优点，能实时连续地对森林火灾进行监测并获取火场信息，这对于提早发现火情、及时扑救森林火灾、减轻灾害具有十分重大的意义。而极轨卫星则具有更加广泛的火点监测能力，不论白天还是夜间，极轨卫星数据均可以用于火点信息的提取。因为极轨卫星一般运行在600~800km的高度上，使传感器在足够近的距离获得较高的空间分辨率，当卫星运行至向阳面，可以利用地表反射的太阳光实现可见近红外反射波段的全球数据获取；当卫星运行进入地球背阳面，具备夜间拍摄能力的传感器可以获得全球的夜间遥感数据。但多次森林火灾事件的教训表明，目前许多森林火灾火点的发现，多是依赖于护林员的瞭望观察，或者由造成失火的人员报告，很难依赖遥感技术在小火点状态下第一时间发现并确认，因此遥感对火灾的发现能力还有进步的空间。在火灾发生后救灾过程中的火情监控方面，遥感具有重要优势，应该加强利用。表7-3列举了森林火灾监测应用中典型的遥感卫星及其搭载的主要传感器(陈兴峰等，2020)。

1)极轨和太阳同步轨道卫星

极轨和太阳同步轨道卫星若要形成广泛的火点监测能力，至少需要具备以下3个特点：①刈幅足够大，每天基本覆盖全球或观测地区至少一次；②公里级以上的空间分辨率；③具有热红外波段。在早期的林火识别与监测实践中，AVHRR和MODIS遥感数据在森林火灾监测中应用最广泛。

表7-3　　　　　　　　　　　　　**火点遥感监测典型卫星及传感器**

卫星	轨道	主要传感器	波段范围(μm)	波段数量	最高空间分辨率(km)	刈幅(km)
NOAA	太阳同步	AVHRR	0.58～12.5	5	1.1	2700
Terra，Aqua	太阳同步	MODIS	0.4～14.4	36	0.25	2330
Suomi NPP	太阳同步	VIIRS	0.4～12.5	22	0.375	3000
FY-3C	极轨	VIRR	0.43～12.5	10	1.1	2800
		MERSI	0.4～12.5	20	0.25	2800
Himawari-8，9	地球同步	AHI	0.43～13.4	16	0.5	圆盘
GOES-R	地球同步	ABI	0.45～13.6	16	0.5	圆盘
FY-4	地球同步	AGRI	0.45～13.8	14	1	圆盘
GF-4	地球同步	VNIR，MWIR	0.45～4.1	5，1	0.05	400凝视
Landsat 8	太阳同步	OLI	0.43～1.39	9	0.015	185
HJ-1B	太阳同步	CCD，IRS	0.43～12.5	4，2	0.03	700，720

NOAA/AVHRR传感器十分适合火灾数据收集，能够提供每日两次覆盖全球的中分辨率遥感图像，其波段覆盖范围包括可见光(CH1：0.63μm)、近红外(CH2：0.83μm)、中红外(CH3：3.7μm)和热红外(CH4和CH5：10～12μm)。各波段都可以为火灾监测提供有用数据，CH1可以用于识别烟雾；CH3波长接近温度800K物体(目前通过实验室测量火灾地点温度变化范围在570～1800K)的辐射峰值波长，可以识别很小的着火点；通过比较CH1和CH2通道反射率的差值可以估计过火区面积。但AVHRR传感器还存在很多不足，由于该传感器最初是为了满足气象应用，CH3饱和温度(47℃)很低可能导致误判，这些错误主要来源于物体对太阳光的散射，湖面、江河和卷云的反射作用导致AVHRR CH3亮温迅速上升。此外，CH3对烟雾、云层的抗干扰能力较弱。

Terra和Aqua卫星携带的MODIS传感器和Terra卫星携带的ASTER传感器也被用于生成遥感火灾产品。与NOAA/AVHRR相比，MODIS传感器专门对高温敏感的波段做了优化，使其火灾监测能力大大提高。MODIS传感器具有较广的光谱覆盖范围(0.62～14.385μm，共36个波段)及每天2次覆盖全球的动态监测能力，其分辨率为250m、500m和1km的多通道影像分别为局部、区域和全球的火灾制图提供了有力的数据源。MODIS专门设有监测火灾的3.9μm波段，其饱和温度为500K，足够用于火灾强度判读。MODIS传感器提供的地表热异常(MOD14)和地表燃烧伤痕(MOD40)数据产品均可用于辅助监测火灾。其中，MOD14产品常用于判断火灾的发生、寻找火灾发生地点、划分火灾等级依据以及计算火灾能量释放等方面。Terra卫星上的ASTER传感器设置有5个热红外波段，可用于获得地表辐射量，从而得到地面温度图件，用来对火灾进行监测。ASTER传感器较 MODIS 传感器有更高的空间分辨率(90m)，其数据常与 MODIS 数据结合以得到高空间分辨率的火灾地图。目前，MODIS 全球野火火点产品(MCD14ML)和野火火烧迹地(MCD64A1 和 MCD45A1)产品已被广泛用于提取林火蔓延速率。

VIIRS(Visible Infrared Imaging Radiometer Suite)可见光红外成像辐射仪是美国 Suomi NPP 卫星上搭载的传感器，该传感器是基于 MODIS 和 AVHRR 而发展的新一代传感器，可收集陆地、大气、冰层和海洋在可见光和红外波段的辐射图像。VIIRS 数据可用于测量云量和气溶胶特性、海洋水色、海洋和陆地表面温度、海冰运动和温度、火灾和地球反照率。但对于可见光波段来说，MODIS 具备 250m 分辨率的彩色合成图像呈现能力，而 VIIRS 的 375m 分辨率是弱于 MODIS 的。VIIRS 火点产品的空间分辨率为 375m，气象学家使用 VIIRS 数据来提高对全球温度变化的了解。

上述卫星及相关数据产品在我国的行业和地方火点遥感系统中都发挥着积极的作用。中国风云三号系列气象卫星具备与上述卫星类似的传感器，也可以用于火点遥感。更高空间分辨率的极轨卫星如 Landsat 系列卫星、中国 HJ-B 小卫星、高分系列(1，2，6 号)卫星、资源系列卫星等因为刈幅较小、全球覆盖能力较弱，一般多用于灾后的火情调查。

2)静止卫星

静止卫星即地球同步静止轨道卫星，轨道高度 3.6×10^4km。从轨道高度可以看出，地表反射辐射的电磁波信号到达静止卫星较为微弱。为了提高信噪比和空间分辨率，静止轨道的遥感传感器瞬时视场很小，也即单次拍摄的“刈幅”较小，通常采用线阵扫描或者面阵凝视扫描的方式，对地球进行全圆盘或者设定小范围进行观测。全圆盘扫描模式，一次全覆盖需要耗费一定的时间，所以时间分辨率受到一定限制。例如，美国 GOES(Geostationary Operational Environmental Satellite)卫星的时间分辨率为 1 小时；最新一代的气象卫星中，日本 Himawari-8 卫星的时间分辨率为 10min，中国风云四号卫星的时间分辨率为 15min。这种时间分辨率的静止卫星都可以为气象和火点监测提供高时效的数据。而对于设定小范围的重复观测，则可以使用更高的时间分辨率，比如 2.5min。我国高分四号卫星采用面阵凝视扫描模式，空间分辨率达 50m，同时具有对火点敏感的中波红外波段，因单次成像面积小、数据量大等原因，对我国全境的覆盖能力有限，但在得知火灾发生后，通过重复凝视拍摄，对火情可以实现接近“放电影”式的高时空分辨率监控。

静止轨道气象卫星作为美国、欧洲、中国、日本和韩国等国家或地区的航天遥感计划的重要部分，近几年发射的新型卫星空间分辨率和光谱分辨率有了很大进步，后续通过国际合作分区域观测，将形成十分钟级的全球高时间分辨率火点遥感能力。目前，在针对我国区域的火点遥感中，应用较为广泛的静止卫星是 Himawari-8，该卫星拥有丰富的光谱波段且热红外波段的空间分辨率高达 2km，极大地提高了对东亚地区的火点监测能力，已成为应用的热点数据源。风云四号卫星空间分辨率在热红外波段低于 Himawari-8，风云四号系列后续卫星指标的提高，将有效增强我国及周边地区的火点遥感监测能力。

3)基于多源卫星遥感数据的森林火灾监测

如上所述，极轨和太阳同步轨道卫星具有对着火点及过火区敏感的近红外波段，且分辨率高，但覆盖幅宽相对较小；而静止卫星中波红外(IRS)波段及多光谱(PMI)波段数据对林火识别效果较好，但中分辨率难以准确提取过火区。因此，综合利用多源卫星数据相互协作、优势互补，进行基于多源遥感数据的森林火灾监测已成为一条非常有效的途径。例如，国产高分遥感卫星由静止轨道高时间分辨率卫星和极轨高空间分辨率卫星构成，可实现分钟级(高分四号光学 50m 分辨率+红外 400m 分辨率)连续凝视成像监测、米级(高分一号、二号、六号)光学成像观测及不受云雨等气象因素影响的雷达(高分三号)成像观测，在面对着火点(燃烧点)人不易至、人不能至、人不宜至的林火灾害应急处置中具有非常明显的优势。如图 7-10 所示的森林火灾遥感监测技术路线图，就是综合利用国产高分系列卫星和北京二号卫星等数据实现对森林火灾的早、中、后期，以及灾后恢复情况的应急监测，该技术路线的有效性在 2021 年 4 月 20 日四川省凉山州冕宁县突发的(以下简称 4·20 冕宁火灾)森林火灾监测中已得到验证。

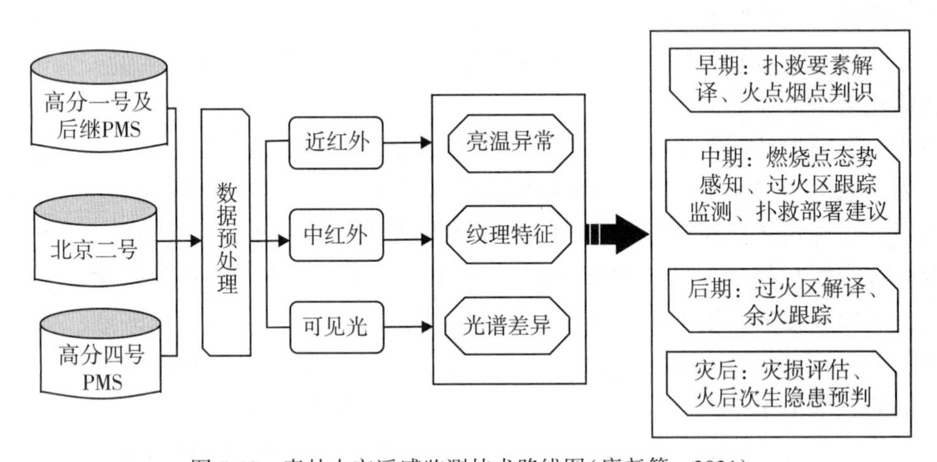

图 7-10 森林火灾遥感监测技术路线图(唐尧等，2021)

实际上，基于多源卫星遥感数据相结合的森林火灾监测进一步拓展了森林火灾遥感监测的内容。除了早期发现火点/烟点、监测火线、解译灾区之外，也可以进行扑救要素远程实时提取、短时高频亮温异常感知、扑救应急部署建议及火后次生隐患预判等。以 4·20冕宁火灾监测为例，根据图 7-10 的技术路线，利用多期遥感影像，采用人机交互模式很好地完成了 4·20 冕宁火灾中火场及周边扑救要素、亮温异常、过火区监测、灾损解译评估、应急部署建议及次生隐患泥石流等多方面的定性与定量分析研判工作。

林火扑救要素主要是指先期应急救援决策指挥所需的要素信息，具体包括水源(水库、取水点)位置、直升机起降备选点、扑救着力点备选点、救援物资前置备选点、中转疏散备选点、人员临时转移安置备选点及扑救行进路线等要素的解译提取。通过高分遥感纹理特征快速提取林火要素，获得火场附近水源位置、救援力量及扑救路线等信息。解译成果如图 7-11 所示。

在森林火灾发生过程中，利用遥感技术准实时感知火场亮温异常态势，进而监测林火燃烧状态，对于及时准确了解林火燃烧现状、科学制定预防扑救决策等具有重要实用价值。亮温异常主要利用林火火点(线)或燃烧区温度高以及热红外(3～14μm)遥感对热辐射敏感的特点，通过火场及周边地物温度差异来有效感知林火。

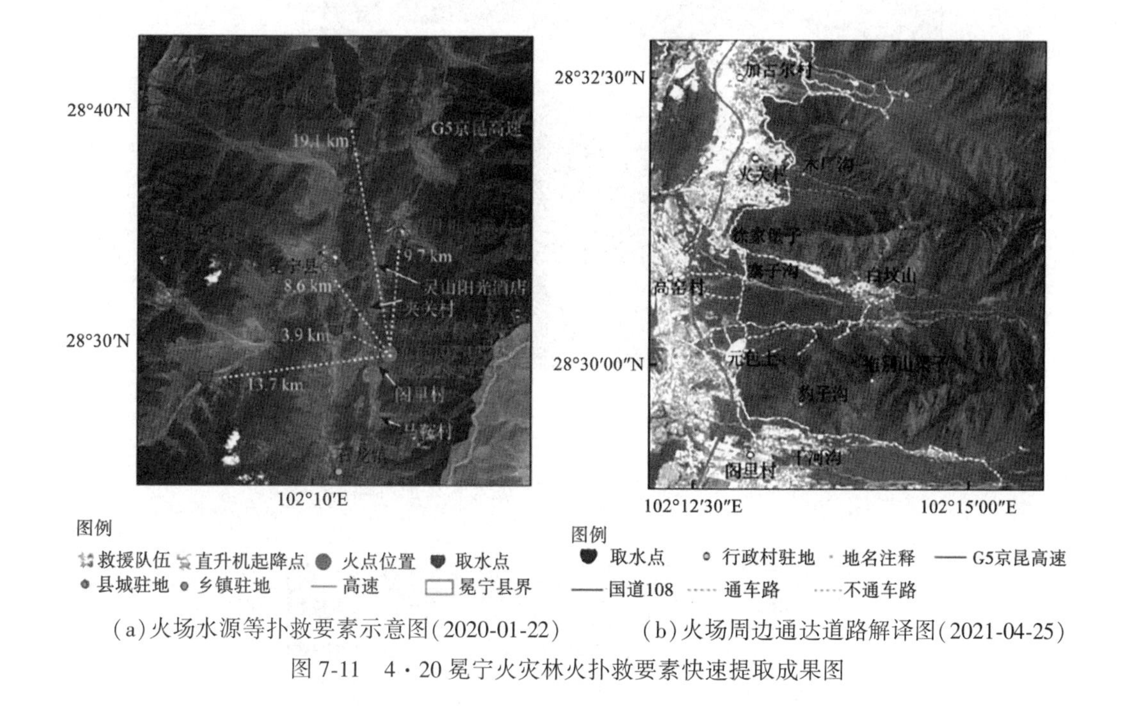

(a)火场水源等扑救要素示意图(2020-01-22)　(b)火场周边通达道路解译图(2021-04-25)

图 7-11　4·20 冕宁火灾林火扑救要素快速提取成果图

过火区是衡量森林火灾大小及发展态势的重要依据，通过动态跟踪关键时刻点的过火区监测火场火情，分析火灾发展态势，预判蔓延趋势，为后续林火扑救应急部署建议提供基础信息支撑。过火区识别主要利用火灾前后的可见近红外波段的遥感数据进行对比跟踪分析判定。

基于先期提取的林火区域及周边通达性的道路等扑救要素，优选通达性好、离火场与水源距离较近、路况较好(路基稳、路面宽)的交通干道，结合亮温异常态势感知、影像光谱特征等开展过火区动态跟踪研判，预判火情发展趋势，实时提出扑救应急部署建议，支撑救灾。同时，在过火区判译的基础上，可进一步利用归一化差分植被指数 NDVI 进行过火区、过火烈度信息提取及初步灾损评估，灾损解译图如图 7-12 所示。

森林火灾不仅在火灾发生时损毁林木财物，还存在火后次生地质灾害等相关灾害隐患，其中以林火过火区降雨引发泥石流最常见。通常在林火发生后，过火区地表呈大面积裸露状态，区内坡体表面堆聚了大量燃烧灰，针对火后次生隐患，结合过火区分布及地形因素，圈定火后潜在泥石流沟，提出基于泥石流沟内高烈度面积占比、主沟长度、沟床纵比降、流域面积及沟内过火区平均坡度等影响因子，对潜在泥石流沟易发性进行评价，评价结果如图 7-13 所示。

图7-12　4·20冕宁火灾林火过火区灾损解译图

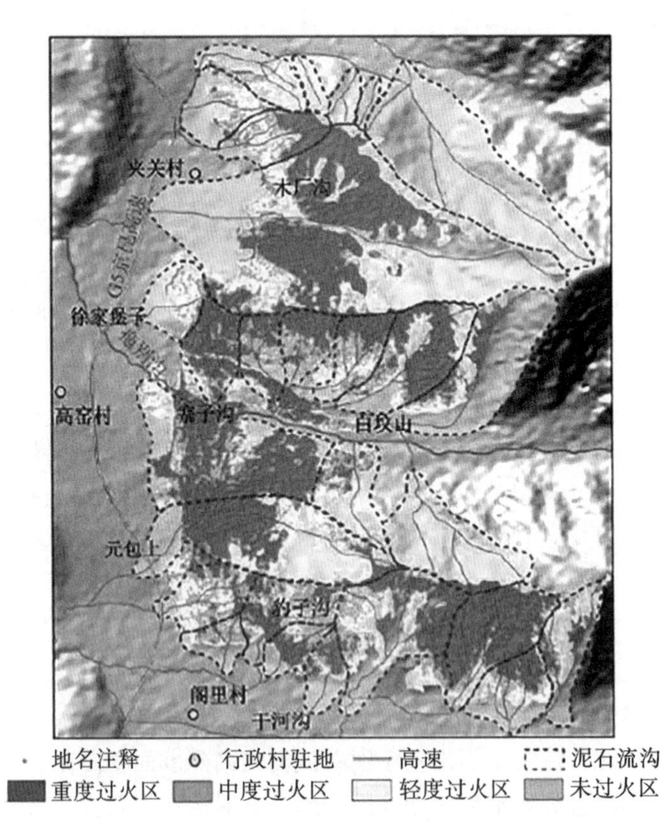

图7-13　4·20冕宁火灾火后潜在泥石流沟分布图

7.5 农作物灾害遥感

我国是一个农业自然灾害频发的国家，平均每年受灾面积占播种面积的31.1%。农业灾害的传统监测方法主要是田间定点监测和随机调查。传统方法在具体操作上较为精准，但如果进行大范围监测，则非常费时费力。而且有些农作物灾害(如病虫害等)在发生早期并不能靠肉眼识别，尤其需要大范围监测时，采用传统监测方法容易造成较大的误差(闫峰等，2006)。自20世纪70年代起，遥感技术就开始应用于农作物灾害方面的研究，目前已在旱灾、洪灾、病虫害、冷冻害、风雹灾害和雪灾监测等领域不同程度地发挥着重要作用。

采用遥感技术对作物生长参数进行反演，并通过比较灾害发生或受到灾害胁迫条件下作物生长参数与正常生长情况下的偏离程度来实现对农作物灾害的监测，这是农作物灾害遥感监测的普遍性原理，也是常规农业灾害遥感监测技术流程制定的基础(Rudorff et al.，2012)。在具体工作中，需要通过多源、多时相遥感数据的变化检测和对比分析，结合历史资料和实地调查信息，首先确定受灾范围，包括识别受灾对象、提取作物分布地块、计算受灾面积，并和土地确权数据匹配，确定不同经营主体的种植区域受灾情况；其次要结合环境、土壤和气象等信息，分析致灾因素，模拟和预测灾情发展趋势；最后计算灾损程度，推算产量损失率，对救灾工作和灾后重建提出生产经营建议等。获得的农业灾害遥感监测结果一般用于公益援助、防灾减灾、保险定损、田间作业指导和大宗交易决策等方面。

本章7.1节和7.3节已分别对洪涝灾害和干旱灾害的遥感监测方法进行了论述，下面重点对农作物的病虫害、冷冻害、风雹灾和雪灾的遥感监测方法进行介绍。

7.5.1 病虫害

农作物发生病虫害时常表现为作物外部形态和内部生理结构的变化。外部形态变化主要表现为作物卷叶、叶片脱落等症状，如图7-14所示。作物叶片内部生理结构的变化是叶绿素减少，光合作用、养分水分吸收等机能衰退等。

(a)小麦白粉病

(b)受虫害的农作物

图7-14 受病虫害影响的农作物

以往人们主要利用肉眼观测农作物病虫害，但当农业病虫害能够被人用肉眼观察到时，农作物就已经受到很严重的破坏。利用遥感技术则能快速、准确地对农作物病虫害的发生和范围进行监测，可以解决农作物病虫害早期发现和早期防治的问题，为促进农业生产提供了条件。例如，1965 年美国开始应用红外摄影(0.7~0.9μm)来探测小麦、大麦和燕麦的病害，发现健康植株和病害植株在红外图像上色调存在明显差异，而且相对肉眼观察，采用红外摄影可提前两周发现小麦锈病。

图 7-15 为不同健康状态下的植物光谱反射曲线。由图可见，正常生长的农作物一般有很规则的光谱反射曲线，即在蓝光和红光波段附近反射率较低、绿光波段有一小反射峰，进入近红外波段反射率出现较陡的峰值。病虫害影响的作物光谱表现为绿光波段的反射峰向红光波段移动，在可见光黄红波段区的光谱反射率高于正常作物，而在近红外波段，受害作物的光谱反射率要比正常作物的光谱反射率低，陡坡效应不明显或消失。病虫害影响下作物光谱反射率的变化特征是遥感监测作物病虫害的理论基础。

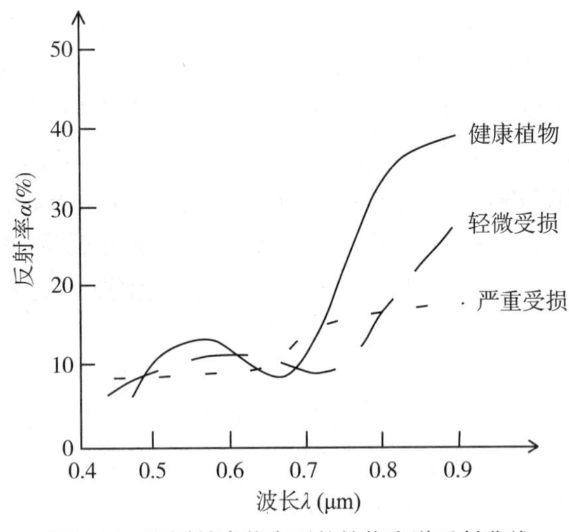

图 7-15　不同健康状态下的植物光谱反射曲线

目前，利用遥感方法监测农作物病虫害多是基于光谱参数法，即从遥感数据中提取出植物外部形体和生理方面的信息，探测农作物是否发生病虫害。比较常用的方法有植被指数法和红边参数法。在红边研究中，主要采用红边斜率和红边位置来描述红边的特性。红边斜率主要与植被覆盖度或叶面积指数有关，覆盖度越高，叶面积指数越大，红边斜率就越大。红边位置是指光谱反射率增长率最大处所对应的波长，由曲线拐点波长确定。当农作物遭受病虫害时，叶绿素含量下降，导致红边陡升段斜率降低，出现红边位置蓝移现象，因此利用红边参数可较好地监测农作物病虫害情况。

高光谱遥感数据在农作物病虫害分析研究方面具有重要优势。目前，基于高光谱遥感数据，开展病害敏感指数的比较研究，构建病害敏感指数进行农作物病害遥感监测，是该领域最关键的研究内容。但病害敏感指数的筛选对高光谱数据具有一定的依赖性，而高光谱数据源相对较少，可以基于地面光谱或者基于局部区域遥感影像开展农作物病害遥感监测实验。若能够基于宽频在轨高分数据建立病害遥感指数，则可以为进一步开展农作物病虫害的业务化监测奠定良好基础。

此外，根据农业害虫的孳生环境以及害虫的行为特征，利用遥感技术还可以实现农作物病虫害的病源和爆发预测，对于及时了解农业病虫害的发生、发展状况并及时采取应对措施具有重要的意义。

7.5.2　冷冻害

冷冻害是指在农作物生长季节由于温度过低而对作物造成的损害。不同程度的冷冻害将造成农作物大面积死亡或延迟生长，致使农作物大幅度减产。与传统的冷冻害监测方法相比，遥感技术可快速、准确地估算冷冻灾害的发生与覆盖范围，因而对冷冻害的防灾减灾具有重要意义。

当农作物发生冷冻害时，作物的根部或者叶片组织受到损伤，其正常生长受到抑制，作物活性降低，导致生物量减少、植被指数急剧降低。因此，可以选用冷冻害发生阶段及其前后的遥感图像进行分析处理，获得地面作物的植被指数变化信息，例如，通过对NDVI进行时间序列分析，根据NDVI的突变进行农作物冷冻害的识别。

气温低是农作物发生冷冻害时的重要天气特征。因此，利用遥感技术反演研究区地面温度也是农作物冷冻害识别的重要手段。由于农作物低温冷冻害的温度指标一般以气温的形式给出，所以要设法将遥感反演的地温/冠层温度转换为气温值。

因此，基于农作物状态的监测和基于农作物温度的监测，是农作物低温冷冻害遥感监测的两个基本途径。但NDVI对作物生长的反应具有一定的延迟效应，即农作物冷冻害发生后并不能立刻在植被指数上表现出较大的变化。例如，冬小麦在春季遭受冷冻害后，-1℃左右的低温，冬小麦根、叶不致冻死，生物量并未明显减少，随后迅速恢复，NDVI也与未受冻害地区无明显差异。若采用NDVI和农作物地表温度反演结合的方法进行农作物冷冻害的遥感监测研究，可以取得较好的效果。此外，由于不同程度的冷冻害对农作物的影响不同，同样程度的冷冻害对不同生长阶段的农作物危害也不相同，因此，农作物冷冻害监测中选择实时遥感数据也非常重要。

7.5.3　风雹灾

风雹灾害是指强对流天气引起的大风、冰雹、龙卷风和雷电等对农作物所造成的灾害。冰雹的危害最主要表现在冰雹从高空急速落下，发展和移动速度较快，冲击力大，再加上猛烈的暴风雨，使其摧毁力得到加强，一般会将农作物砸坏、砸死，对农业产生巨大影响。每年的4—6月是我国雹灾发生次数最多的时段，这一时段恰好是农业春耕的季节，直径较大的冰雹会给正在开花结果的果树、玉米和蔬菜等农作物造成毁灭性的破坏，甚至会造成粮田颗粒无收。农作物受到风雹袭击的时间虽然很短，但是风雹时常常伴有狂风暴雨，会引起大面积农作物倒伏，作物枝叶被打烂甚至打落而光秃，受损的枝叶还会变黄，也会出现作物被淹等现象，使作物在片刻之间减产甚至绝收，特别是我国北方的小麦产区，如果在灌浆期遇到风雹灾害，将造成小麦大片倒伏，而一旦倒伏，就将导致灌浆过程减缓或终止，从而严重降低产量，如图7-16所示。因此，风雹灾是一种对农业破坏性极大的自然灾害。

农作物遭受风雹袭击后，发生的倒伏、叶片被打烂或脱落等现象，都会通过其光谱反射率的变化反映出来，也就是灾后作物的植被指数将降低。因此，通过对比风雹灾前期或历史同期同一地区的植被指数与风雹灾后作物植被指数，可得到受灾面积的空间分布和受灾程度的分异特征。

目前，利用遥感技术对风雹灾害进行监测的研究相对较少，风雹灾造成的作物倒伏面积相对不大，倒伏角度或倒伏级数的遥感探测一般对遥感数据的空间分辨率有较高要求。而且风雹灾的发生往往具有瞬时特点，所以风雹灾监测对于遥感数据的时间分辨率也有一定的要求。因此，风雹灾遥感监测可以采用不同时间分辨率和空间分辨率数据源相结合的方式，当前 NOAA/AVHRR、EOS/MODIS 和 Landsat/TM 等遥感数据相结合应是实现风雹灾遥感监测的较好数据源。我国高分系列卫星的成功发射，无疑也为风雹灾监测数据提供了更大的选择空间。

图 7-16　风雹灾与作物倒伏监测图

图 7-17 是 2018 年 6 月中旬发生在新疆棉花主产区冰雹灾害前后的假彩色合成影像，可以看到，正常棉苗在影像中呈红色，如图 7-17(a)所示。棉花遭受冰雹灾害后，茎叶遭

受不同程度破坏，受损棉地的植被特征明显减弱，呈青白色裸地特征，如图 7-17(b)所示。根据卫星影像监测结果进行统计分析，该监测区棉苗受灾面积约 5100 亩，占棉苗总面积的 48%左右(陈淑敏等，2020)。

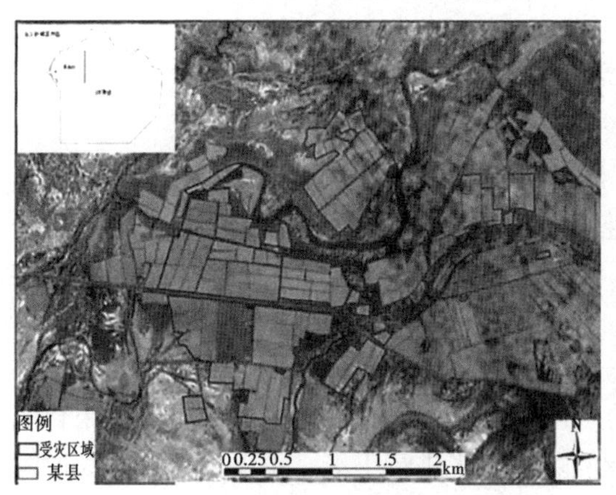

(a)冰雹灾害前影像

(b)冰雹灾害后影像

图 7-17　新疆某地棉花冰雹灾害前后影像图(2018 年 6 月)

7.5.4　雪灾

雪灾是指冬春季过量且长期的降雪致使农作物冻死或返青过晚所引发的一种自然灾害，会严重影响农作物的产量。雪灾可对越冬蔬菜带来不同程度的冻害，使早春蔬菜育苗死苗、烂苗现象严重。另外积雪过厚，会导致大批蔬菜大棚倒塌，垮塌和受损大棚内的蔬菜以及瓜类苗受灾严重，春季蔬菜市场供应也将受到一定的影响。尤其是发生在草原牧区的雪灾会覆盖草场，造成家畜采食困难，导致大批家畜因饥饿、寒冷而死亡，严重影响着牧区草地畜牧业经济的发展以及牧民群众的生命财产安全。因此，及时准确地了解雪灾区域和灾情，对于指导农业抗灾救灾工作意义重大。

雪灾发生后，地面被积雪覆盖，积雪和裸土、植被反射光谱的差异是利用遥感方法提取雪灾面积的基础。前人利用遥感数据监测农作物受雪灾影响的范围，并结合地面调查，针对越冬作物(如冬小麦、油菜、蔬菜等)及设施农业(主要是农业大棚)等的受灾情况开展了综合分析。

例如，可采用 NOAA/AVHRR 资料对雪灾面积和深度进行监测。因为在可见光和近红外波段(CH1、CH2)积雪反射率明显高于裸地，而在中红外和热红外波段(CH3、CH4)积雪的热辐射率却低于裸土，其中 CH1、CH4 通道对积雪与云反应最敏感，只选择其中一个通道的单阈值判断法和同时选择两个通道的双阈值判断法是有效地区别积雪区和裸地的常用方法。由于可见光(CH1)和近红外(CH2)光谱通道对积雪的敏感性不同，随着积雪深度的变化，这两个波段的变化率不同，通过构建参数 D12 = CH1 − CH2，可研究积雪深度的变化，当积雪开始消融时 D12 增大；对降雪不久积雪开始消融的湿雪，D12 较高；此后，因裸露地表增加，CH1 反射率降低，CH2 反射率因植被的出现而逐渐增大，因而 D12 不断降低。对于雪层厚度小于 25cm 的干雪，D12 与积雪厚度具有比较明显的正相关关系。

长期以来，遥感技术在积雪监测方面具有良好的研究基础和发展势头，但对于农作物受雪灾影响方面的实质性研究工作还有待深入，雪灾遥感监测任重而道远。

7.6　基于 InSAR 技术的地质灾害遥感

近年来，合成孔径雷达干涉测量 InSAR 技术得到越来越多的青睐，其具有全天时、全天候、高精度获取地表形变的能力，能快速提供大范围、长时间序列的形变监测成果，在各类地质灾害研究领域发挥着重要作用。

7.6.1　InSAR 技术概述

InSAR 是 20 世纪 90 年代以后发展起来的一种新的空间对地观测技术，它是利用合成孔径雷达卫星两次测量获取的同一地区的两幅复数影像来进行干涉。由于两幅影像获取时刻卫星姿态不同造成的干涉相位差中包含了卫星到地面点的距离信息，因此可以用来测量地面点的三维位置和变化信息。差分合成孔径雷达干涉测量 D-InSAR(Differential-InSAR)技术作为 InSAR 技术应用的一个扩展，可以用来对地球表面进行大范围的形变监测，精度可达厘米，甚至毫米级。目前 D-InSAR 技术已被用来监测许多地球物理现象，如地震形变、地面沉降、火山活动、冰川融化及地裂缝活动等。由于 D-InSAR 在大范围高精度形变监测上具有其他技术无可比拟的优势，其应用领域也在不断地扩展，并越来越多地受到世界各国专家学者的重视。

在获取形变方面，1989 年 Grahriel 等首次论证了 D-InSAR 技术用于探测厘米级地表形变的可能性，并利用 Seasat L 波段 SAR 数据获取了美国加利福尼亚州东南部 Imperial Valley 灌溉区的地表形变信息。1993 年，Massonnet 等利用 ERS-1 SAR 数据获取了当年发生在加利福尼亚的 Landers 地区地震($M=7.2$)的形变场，与其他数据结果相当一致，并在 *Nature* 上发表了该项研究成果，引起了国际地震学家的广泛关注。至此，D-InSAR 技术作为一种重要的空间对地观测技术逐渐成为研究热点。

随着 D-InSAR 技术在各类地质灾害监测中的广泛应用，实际需求逐步增强，传统的 D-InSAR 技术已经不能满足监测对象在时间和空间上复杂特征的监测需求，且单干涉图很容易受到时空失相干和大气延迟的影响，进一步限制了形变监测精度。为克服单干涉图易受各类误差影响而精度降低的缺陷，时序 InSAR 技术应运而生。Sandwell 等(1998)提出了 Stacking 技术，通过对多个时间序列干涉图的线性叠加，削弱了在时间上表现为随机信号的对流层延迟或其他类型随机误差，同时增强了地表的线性形变信息。Ferretti 等(1999，2000)提出了永久散射体技术 PS-InSAR(Persistent Scatterer InSAR)，对形成单一主影像的多干涉对，选取在观测时间段内散射相位始终保持稳定的点(PS 点)作为观测对象，通过空间域大气的相关性和时间域上大气的随机性，削弱对流层延迟相位的影响，从而精确获取优选 PS 点的形变时间序列及线性形变速率。Berardino 等(2002)提出了较好保持影像干涉对相干性、增加观测点密度的短时空基线集 SBAS (Small Baseline Subset)技术，拓展了

D-InSAR 技术的应用范围，达到 mm/yr 级的监测精度。

结合 PS-InSAR 及 SBAS 技术，后续发展的时序 InSAR 技术包括 SAR 干涉点目标时序分析技术 IPTA(Interferometric Point Target Analysis)、斯坦福永久散射体技术 StaMPS(Stanford Method for Persistent Scatterers)、临时相干点技术 TCP (Temporal Coherence Points)等。鉴于 PS 点密度在许多区域不满足监测需求的情况，Ferretti 等(2011)提出了分布式永久散射体雷达监测技术 SqueeSAR，识别出具有相似后向散射特性的分布式散射体 DS(Distributed Scatterers)点来增加监测点的密度。另外，随着 SAR 极化方式的增多，PolSAR-InSAR 技术也渐趋成熟，先后在相干性优化、相位质量提高、点密度增加等方面均开展了相应的算法研究。

InSAR 技术的飞速发展及其在多个领域的成功应用与星载 SAR 传感器技术的快速发展有关。如今，SAR 影像时空分辨率大大提高，SAR 卫星的种类和成像模式也更加丰富。SAR 卫星的简要发展历程如图 7-18 所示。

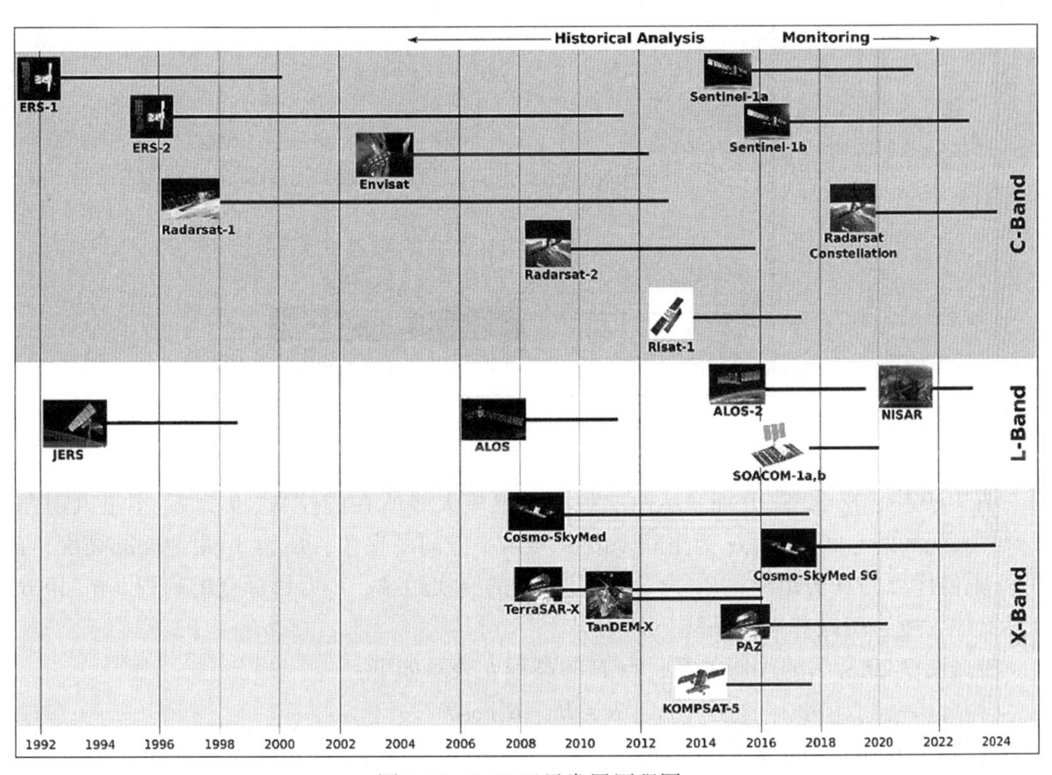

图 7-18　SAR 卫星发展历程图

7.6.2 InSAR 形变监测原理

1. InSAR 基本原理

InSAR 技术是合成孔径雷达和微波干涉相结合发展而来的大地测量新技术，其利用两副天线同时观测或单副天线进行两次平行观测得到同一区域的单视复数(Single Look Complex，SLC)影像对，并基于天线与目标点之间的几何关系建立回波信号的相位差函数。通过两幅 SLC 影像同名点共轭相乘得到干涉图，结合轨道参数等获取高精度的地面高程信息，并利用同一目标两次回波信号的相位差解算出目标点的地表形变信息。

目前，主要有以下三种成像模式可提供 InSAR 所需的干涉数据，即交轨干涉测量、顺轨干涉测量以及重复轨道干涉测量。其中，交轨干涉测量模式主要应用于机载平台的干涉实验；顺轨干涉测量模式主要用于监测冰川移动、船只航行速度、水流制图及测定洋流速度场等；重复轨道干涉测量模式主要应用于星载 SAR 系统，用来获取地表高程或形变信息，也是 InSAR 技术最常用的测量模式，其工作示意图如图 7-19 所示。

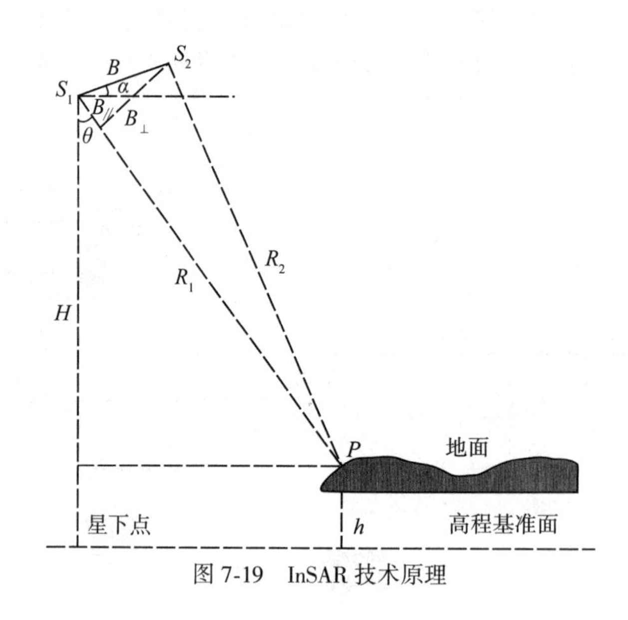

图 7-19　InSAR 技术原理

图 7-19 中，S_1 和 S_2 分别表示两次观测时卫星天线所在的位置，θ 为 S_1 卫星入射角，B 为两次观测的空间基线，α 为空间基线 B 与水平方向的夹角，H 为 S_1 距地面的高度，R_1 为 S_1 距目标点的真实距离，R_2 为 S_2 距目标点的真实距离，h 为目标点的高程。$B_\perp$ 和 $B_{//}$ 分别被称为垂直基线和平行基线。

根据图 7-20 所示的几何关系，点 P 的高程 h 表示如下：

$$h = H - R_1\cos\theta \tag{7.12}$$

在 ΔPS_1S_2 中，由余弦定理可得

$$R_2^2 = R_1^2 + B^2 - 2R_1B\cos\left(\alpha + \frac{\pi}{2}\right) = R_1^2 + B^2 - 2R_1B\sin(\theta - \alpha) \tag{7.13}$$

令 $\Delta R = R_2 - R_1$，则有

$$\sin(\theta - \alpha) = \frac{(R_1 + \Delta R)^2 - R_1^2 - B^2}{2R_1B} \tag{7.14}$$

$$R_1 = \frac{\Delta R^2 - B^2}{2(B\sin(\theta - \alpha) - \Delta R)} \tag{7.15}$$

考虑到获取的雷达信号实际记录的是双程信号以及多普勒方向的定义，则 InSAR 干涉相位 $\Delta\phi$ 的数学表达式为

$$\Delta\phi = -\frac{4\pi}{\lambda}\Delta R \tag{7.16}$$

即

$$\Delta R = -\frac{\lambda}{4\pi}\Delta\phi \tag{7.17}$$

最后将式(7.15)~式(7.17)代入式(7.12)，便得到利用 InSAR 干涉相位获取地面点高程的计算公式

$$h = H - \frac{\left(-\dfrac{\lambda\Delta\phi}{4\pi}\right)^2 - B^2}{2B\sin(\theta-\alpha) - \left(-\dfrac{\lambda\Delta\phi}{2\pi}\right)}\cos\theta \tag{7.18}$$

2. InSAR 误差源分析及减弱措施

根据 SAR 的相位特征，InSAR 相位主要概括为五部分，可表示为

$$\varphi = \varphi_{\text{topo}} + \varphi_{\text{def}} + \varphi_{\text{flat}} + \varphi_{\text{atm}} + \varphi_{\text{noise}} \tag{7.19}$$

式中，φ 为干涉对的干涉相位；φ_{topo} 为地形相位；φ_{def} 为地表目标的形变相位；φ_{flat} 为平地相位(参考相位)；φ_{atm} 为干涉对两次大气状态不同导致的大气相位；φ_{noise} 为系统热噪声及其他随机噪声的综合影响。形变监测中差分干涉的过程就是用相应的方法削弱其他相位成分的影响，获得形变相位 φ_{def}。尽管在理论上 InSAR 可以得到地表毫米级精度的形变信息，但在实际应用中会受到多种因素的限制，因此需要针对不同类型的误差进行分析。

1)失相干误差

对于重复轨道干涉测量来说，常常受到很多失相干因素的影响。失相干是指由于雷达系统热噪声、雷达天线侧视角、地表地物反射特性发生变化及数据处理等误差的影响，导致像元相干性减弱的现象。相干性是衡量两幅 SAR 影像相似程度和干涉后生成的干涉图相位质量的重要指标，可以用来评价地物目标的稳定性和 InSAR 生成形变图的精度。

失相干主要分为基线去相干、时间去相干、热噪声去相干、多普勒质心去相干和数据处理去相干。基线去相干是指在重复轨道测量中，空间基线的变化导致雷达侧视角发生变化，进而会引起在同一个地物像元内产生附加的相位分量。当两次成像时的入射角变化越大，基线去相干就会越严重，当空间基线超过一定值(临界基线)，则干涉相位完全失相干。时间去相干是由于两幅 SAR 影像获取期间作物或植被的生长、树木的季节变化(树叶的生长和掉落)以及风向变化引起的植被运动等地表反射特性变化引起相位的去相干。时间越长，地物的去相干越严重，但是对于具有稳定回波信号的人工建筑物或裸露的岩石，在长时间里也会保持较高的相干特性。热噪声去相干主要由雷达系统的特点决定，与接收增益因子和天线噪声特性有关。多普勒中心去相干是由于多普勒中心频率不一致导致的，多普勒去相干随着多普勒中心差异的增加而呈线性降低。

2) 基线误差

基线误差又称轨道误差，其实质是由于卫星轨道数据不精确导致估计干涉图基线时出现偏差，从而对干涉相位造成一定的影响。卫星轨道误差一般表现为系统性影响，为获得厘米级精度的形变，要求 SAR 轨道的精度为厘米级。针对基线误差，目前有一些基线估算和精化的方法可以很好地消除此类误差，如轨道法、基于干涉条纹的频率分析法和基于地面控制点的精化方法等。

3) 大气延迟误差

大气延迟是指电磁波在大气传播过程中由于大气介质的影响，致使电磁波的传播路径和方向发生了变化。因此，大气对 InSAR 数据处理的影响主要集中在对流层延迟和电离层延迟上。对流层延迟是非色散机制，是大气延迟的主要部分，但是由于对流层中介质的活动，造成对流层延迟不仅在时间上，甚至在较小空间域上也会发生较大变化。电离层属于色散介质，可以造成电磁波信号在传播过程中出现延迟、折射、法拉第旋转和相位偏移等。研究表明，电离层对干涉相位产生的影响程度与 SAR 卫星的雷达波长有关系，波长越长，影响越严重，对于短波长数据其影响可以忽略。在赤道和极地附近，电离层的影响较为显著。此外，当发生较大地震时，往往伴随电离层的异常扰动。

4) 高程误差

D-InSAR 技术常需要采用外部 DEM 数据去除地形相位来获取地表形变。当外部 DEM 数据不准确时将会导致差分结果中存在残余地形相位引起的误差。假设 DEM 的误差为 Δh，其引起的形变相位为 $\Delta\varphi$，则 $\Delta\varphi$ 与垂直基线 $B_\perp$ 成正比，与波长 λ、入射角 θ 及斜距 R 成反比，即

$$\Delta\varphi = \frac{4\pi B_\perp}{\lambda R\sin\theta}\Delta h \tag{7.20}$$

外部 DEM 误差 Δh 对形变结果的影响表现为：$\Delta\varphi$ 可能被识别为地表形变信号。一般来讲，残余地形相位的影响与地形变化有很大关系，通常在地形变化强烈的地区，残余地形相位的影响比较明显。其次与干涉对的垂直基线分量也有密切关系。可通过使用高精度的外部 DEM 或选择垂直基线分量小的干涉对消除该项影响。

5) 解缠误差

相位解缠就是从干涉图主相位中恢复影像的原始相位值，而雷达信号的低信噪比、地形起伏引起的叠掩、阴影以及其他各种原因造成的去相关现象等都会造成相位数据的不连续，干涉相位图中相位的趋势和周期性的破坏，为相位周期的恢复带来极大的困难，甚至可能会得到错误的解缠相位，从而直接对监测结果产生影响。

3. D-InSAR 形变监测原理

差分干涉测量技术 D-InSAR 是在 InSAR 基础上发展而来，其对同一区域不同时间获取的两幅干涉图进行差分计算，并引入外部 DEM 数据去除地形相位的影响，最终得到目标区域的地表形变信息。目前，该技术已被广泛应用于地震同震、火山活动、冰川运动和城市沉降等形变监测领域。

根据数据处理中所采用的 SAR 影像的数量不同，D-InSAR 技术可以分为三种模式，

即二轨法、三轨法和四轨法。二轨法是利用两景 SAR 影像，主影像为形变后获取的数据，辅影像为地表形变前获取的数据，将两者进行干涉处理，生成干涉图。由于干涉图中包括地形相位和形变相位，通过将外部 DEM 数据模拟成地形相位，并从下涉图中减去，即可得到地表的形变相位。三轨法是利用三景 SAR 影像，其中两景是形变发生前获取的数据，另一景是形变后获得的，选取形变前两景影像中的一景为主影像，其余为辅影像，分别和主影像进行配准，这样便生成两组干涉相位，一组干涉相位是形变前的，只有地形信息；一组干涉相位是形变后的，包含形变信息和地形信息；然后将形变后的干涉相位减去已经解缠的形变前的相位，得到只含有形变信息的干涉相位，从而获取地表的形变信息。四轨法与二轨法类似，但是不需要外部引入的 DEM 数据，利用形变发生前获取的两幅影像进行干涉处理，得到形变前的第一幅干涉相位，只包含地形信息；然后将形变前后的其他两景影像进行干涉处理，得到包含地形和形变的第二幅干涉相位。从第二幅干涉相位中减去形变前的仅包含地形的干涉相位，即可得到地表的形变相位。由于二轨法可以避免多幅影像处理中失相干及数据处理误差的影响，因此应用更广泛，其成像几何示意图如图 7-20 所示。

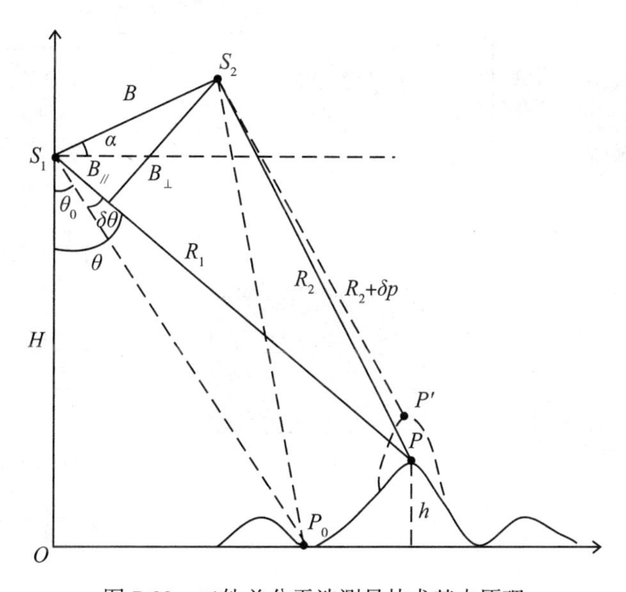

图 7-20 二轨差分干涉测量技术基本原理

假设 S_2 成像时，地表产生了位移，即目标由 P 点移动到了 P' 点，在视线向(Line of Sight)上移动的距离记为 δp，S_2 距离目标点的距离变为 $R_2+\delta p$，发生形变后的干涉相位可以表示为

$$\varphi_{\text{int}} = -\frac{4\pi}{\lambda}((R_2+\delta p)-R_1) = -\frac{4\pi}{\lambda}\Delta R - \frac{4\pi}{\lambda}\delta p \tag{7.21}$$

式中，等式右侧第一项为地形相位，第二项为地面点发生地表位移引起的形变相位，用 φ_{def} 表示形变相位，则

$$\varphi_{\mathrm{def}} = -\frac{4\pi}{\lambda}\delta p \tag{7.22}$$

$$\delta p = -\frac{\lambda}{4\pi}\varphi_{\mathrm{def}} \tag{7.23}$$

从式(7.22)、式(7.23)可知：若形变相位变化 $|2\pi|$，则对应视线向地表位移为 $\lambda/2$($\delta p_{2\pi}$ 为形变模糊度)，即 D-InSAR 技术对形变的敏感程度只与 SAR 影像数据的波长有关。相比地表高程测量而言，InSAR 技术对地表形变敏感性更高，测量精度可达厘米级，甚至毫米级，这也是该技术能够用于高精度形变监测的原因。

D-InSAR 形变监测技术流程包括主影像和影像精确配准、干涉成像、外部 DEM 数据模拟地形和平地相位、差分干涉、干涉图自适应滤波、相位解缠、相位转换成形变值(形变量计算)、地理编码等一系列操作，具体流程如图 7-21 所示。

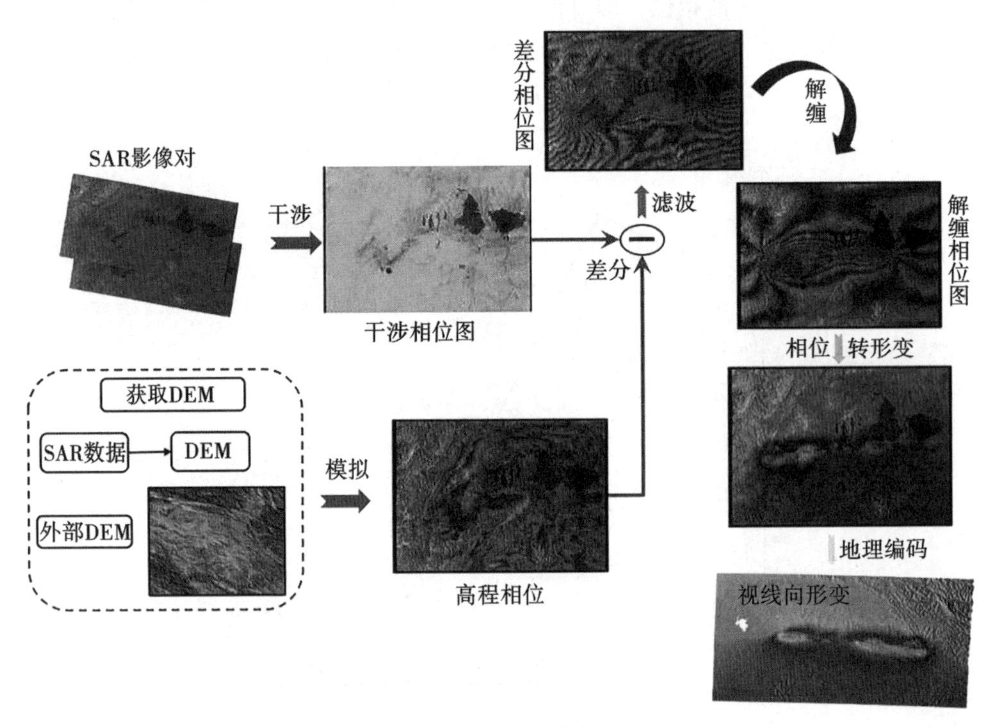

图 7-21　D-InSAR 形变监测技术流程图

4. 时序 InSAR 技术

尽管 D-InSAR 技术已经被广泛应用到地震形变、山体滑坡及冰川运动等监测领域，但由于轨道误差、大气误差、时空去相干及外部 DEM 误差等因素的影响，在测量地表微小形变时存在一定的局限性。时序 InSAR 分析方法是解决传统 D-InSAR 技术处理过程中各种精度制约因素的主要途径。时序 InSAR 技术方法主要包括干涉图堆叠技术 Stacking-InSAR，小基线集方法 SBAS-InSAR 和永久散射体方法 PS-InSAR 等。

1) Stacking-InSAR 技术

Stacking-InSAR 技术是将多幅 D-InSAR 解缠后的差分干涉相位图进行线性叠加，通过加权平均以最大限度地减少大气误差和 DEM 误差的影响，更加准确地获取形变的一种方法。其基本假设是：在独立的干涉图中，大气扰动的误差相位是随机、相等的，而区域上的形变为线性速率。在这种假设的基础上，将多幅独立干涉图对应的解缠相位叠加起来。根据测量中误差传播定律，叠加后的大气误差相位，不是单幅干涉图中大气相位误差随干涉图数量倍数增长，而是干涉图数量的平方根倍增长，由此提高了叠加相位图中形变信息和大气误差项之间的信噪比，达到了提高监测精度的目的。

2) SBAS-InSAR 技术

为了减小时空失相干的影响并削弱大气延迟相位的干扰，Berardino 等于 2002 年提出了小基线集技术 SBAS。其基本原理是：将覆盖同一区域的多个 SAR 影像按照一定的时间基线和空间基线条件进行干涉组合，并对多个干涉图解缠后相位进行最小二乘求解，消除或削弱解缠粗差，并削弱或减少大气的误差因素的影响，从而更高精度地获取自起始影像时间到每一景影像获取时间段内的累积地面沉降形变量。由于 SBAS 技术在进行 SAR 影像组合时，通常根据短时空基线的原则，将干涉组合分成若干个集合，这样集合内 SAR 图像基线距小，集合间的 SAR 图像基线距大，最后利用奇异值分解(SVD)方法将多个小基线集联合起来求解，获取长时间缓慢地表形变的演变过程。由于集合内 SAR 图像组合的基线距小，从而削弱了失相干的影响，使得 SBAS 方法通常可以获得较高监测点密度的形变结果。

3) PS-InSAR 技术

PS-InSAR 是由 Ferretti 等在 2000 年提出的一种 InSAR 时序技术，该技术通过对离散 PS 点上的稳定相位信息进行时间序列分析，可以有效地去除大气延迟、轨道误差、DEM 误差等的影响，最终获取高精度的形变信息。该技术的基本思想是：获取位于同一地区的多幅多时相 SAR 图像，选取其中一幅影像作为主影像，然后与其他影像进行干涉生成一系列时间序列干涉图，并选取在长时间序列 SAR 干涉影像数据集中仍保持强反射特性且散射特性稳定的目标点为 PS 点(如裸露的岩石、房屋等人工建筑物)。通过相邻 PS 点相位做差求取相邻目标点的形变速率及高程误差增量，通过时间域滤波和空间域滤波来获取大气延迟相位和非线性形变相位，最后将非线性形变和线性形变相加来获取完整的形变时间序列。由于 PS 点上具有较强的回波信噪比，且在长时间保持高相干，因此利用这些 PS 点上的相位信息进行建模和形变解算，在一定程度上可以提供较高的形变监测精度和可靠性。

7.6.3 InSAR 形变数据处理

1. 二轨 D-InSAR 数据处理流程

如图 7-22 所示，二轨 D-InSAR 形变监测的数据处理主要步骤包括 SAR 影像选取、影像配准、干涉图生成、空间基线估计、去除高程相位、干涉图滤波、相位解缠、地理编码生成地理坐标系下的形变图。下面对以上各步骤进行简单介绍。

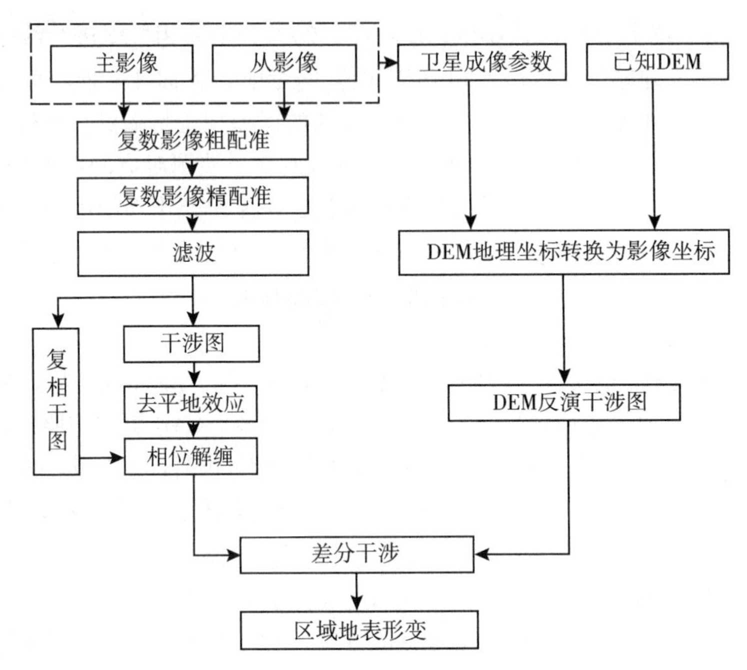

图 7-22　二轨法差分干涉测量数据处理流程

(1)SAR 影像选取。根据研究区的范围、需要研究的时间段以及对研究对象时间分辨率和空间分辨率的要求，查询并选择覆盖研究区域的存档数据，或按研究时间要求编程获取。如果研究区地表植被茂盛或地表形变较大，选取长波段(如 L 波段)的 SAR 可以在一定程度上克服失相干对干涉的影响。如果研究区地表干涉条件较好，且对形变监测精度要求较高，选取短波段(如 X 波段)的 SAR 有利于对微小形变的监测。

(2)影像配准。由于星载 InSAR 中的两幅影像是以不同时间及卫星姿态得到的，它们之间的像素点不是一一对应，因此需要进行像素点配准，即计算参考影像(主影像)与待配准(从影像)在方位向(Azimuth)和距离向(Range)的坐标映射关系，再利用这个关系对待配准影像进行坐标变换和重采样。复影像匹配是最基础、最关键的一步，为了得到质量较好的干涉条纹，必须对所处理的两幅复影像进行精确匹配，一般分为两个阶段来实施，即粗配准和精配准。粗配准可利用卫星轨道数据或选取少量的特征点计算待配准影像相对于参考主影像在方位向(影像列方向)和距离向(影像行方向)的粗略偏移量，目的是为影像精配准中的同名像素搜索提供初值，粗配准的精度一般达到几十像素级。而精配准首先是基于粗略影像偏移量和影像匹配算法，从主影像上搜索出足够数量的且均匀分布在重叠区域的同名像素点对，然后用多项式模型描述两影像像素坐标偏差。基于所得到的同名像素点坐标偏移量和最小二乘算法，多项式模型参数可以被求出来，这样便完成了影像对坐标变换关系的建立，最后利用这一模型对从影像进行重采样处理，使从影像上的每一个像元值精确地对应于主图像上的每一个像元。一般配准精度达到 1/8～1/10 像元即可满足要求。

(3)干涉对生成。将主影像与重采样后的从影像作复数共轭相乘，产生复干涉图。需要注意的是，干涉相位在$-\pi$到$+\pi$之间变化，一个完整的变化呈现为一个干涉条纹，但每一个像素上存在相位整周模糊度问题。

(4)基线参数估计。基线参数估计是确定轨道位置和卫星之间几何结构的过程，包括基线的水平、垂直分量及倾角，准确的基线参数估计对地形相位、平地相位以及地理编码等计算非常重要。通常基线参数的估计主要是根据星历表参数和雷达系统本身的参数去估算。

(5)地形相位去除。包括平地相位和地形相位，平地相位是指在干涉条纹中表现出来的随距离向和方位向的变化而呈周期变化的现象。它主要受到 SAR 系统的几何关系，如平台高度、天线下视角、基线长度等因素的影响。平地相位使干涉相位图呈现为密集的明暗相间干涉条纹，一定程度上掩盖了地形变化引起的干涉条纹变化。因此，在相位解缠处理前，必须进行去平地效应处理。由于干涉图相位中主要包含了地形相位和形变相位，为了获取地表形变，需要去除干涉图中的地形相位。地形相位常用外部 DEM 生成模拟的地形相位，将其从去平后的干涉图中去除。

(6)干涉相位滤波及相干图计算。由于生成的 SAR 干涉图受到传感器热噪声、时相变化引起的去相关噪声、局部匹配失准引起的噪声等因素的影响，使得生成的 SAR 干涉图的信噪比较低，因此需要对其进行滤波，以提高干涉图的质量。同时为了评价干涉相位质量的高低，在生成干涉相位图的同时，也生成一个与干涉相位图对应的相干系数图。对于复干涉像对 s_1 和 s_2， 设 s_1 和 s_2 为零均值的复高斯随机变量，定义相干系数为

$$\gamma = \frac{|E[s_1 s_2^*]|}{\sqrt{E[|s_1|^2]E[|s_2|^2]}} \tag{7.24}$$

从计算机显示的效果来看，越亮的区域，相关性越高，干涉相位条纹越清晰，干涉相位观测量越可靠；反之，相关性越低，干涉相位条纹越模糊，干涉相位噪声越大。

(7)相位解缠。由于生成的相位干涉图中，每一个像素上存在相位整周模糊度问题，即从干涉图中提取的相位差实际上只是主值，其取值的范围为$[-\pi, +\pi]$。为了得到真实的相位差，必须在这个范围的基础上加上 2π 的整数倍，这个过程称为相位解缠。相位解缠是 InSAR 处理中尤为关键和重要的一步，相位解缠结果的好坏直接影响 InSAR 最终数据产品的质量。一般来说，InSAR 影像的二维相位解缠要顾及两方面的因素，即一致性和精确性。一致性表示在雷达影像解缠后的相位数据矩阵中任意两个点之间的相位差，与这两个点之间的路径无关；精确性表示相位解缠后的相位数据应能真实地恢复原始相位的信息。

(8)地理编码及形变图生成。地理编码实质上是多普勒 SAR 坐标系和地理坐标系之间的转换。InSAR 数据处理一般在 SAR 坐标系下完成，而测量结果一般均是基于地理坐标的，故需要进行 SAR 坐标系和地理坐标系的相互转换。同时，利用解缠相位与雷达波长之间的对应关系，将形变相位转化为形变量。

7.6.4　地震灾害监测

1. 地震灾害

地震是地壳快速释放能量过程中造成的震动，它是岩石圈在演化过程中必然出现的一种现象。地震灾害是指由地震引起的强烈地面振动及伴生的地面裂缝和变形，使各类建(构)筑物倒塌和损坏，设备和设施损坏，交通、通信中断和其他生命线工程设施等被破坏，以及由此引起的滑坡、火灾、爆炸等次生灾害造成人畜伤亡和财产损失。在我国，1976 年河北唐山 7.8 级地震造成了 24.27 万人死亡的悲惨纪录，2008 年四川汶川 8.0 级大地震引起死亡和失踪人数总和超 8 万人。因此，开展地震同震形变场观测对了解地震发震机理、板块应力变化以及动力学机制具有重要意义。

目前，常用的获取地震形变场的方式有现场实际调查、利用 GPS 观测数据获取和利用 InSAR 技术获取三种。现场实地调查能够获取最真实的灾情信息，但是由于地震影响的范围较广，专业人员只能针对性地获取局部灾情信息而不能掌握普遍规律，且严重的地震次生灾害会给调查人员造成潜在的危险。利用 GPS 观测站的数据作为观测值以获取同震、震后形变场，虽然 GPS 时间分辨率较高，但是该方法受限于 GPS 观测站的密度，甚至某些地区的 GPS 观测站的分布不能满足地震发生后形变场的获取。利用 InSAR 技术的优势在于能够对人员无法涉足的危险、偏远地区进行连续大范围面状覆盖、高精度的地表形变监测。可以说 InSAR 技术的出现为研究地震周期中震前、震间、同震及震后板块活动提供了全新的方式。在不同阶段的地壳形变监测中，D-InSAR 和 InSAR 时序分析技术可以发挥各自不同的作用。其中 D-InSAR 技术目前主要应用于同震形变研究，可以快速、高效、经济地提取地震同震形变场信息，而 InSAR 时序分析技术则更多地用于震间形变研究，高精度获取地壳长期缓慢形变信息。本节以长安大学对 2017 年伊朗 M_w7.3 地震的研究成果为例，介绍 InSAR 技术在地震灾害监测中的应用。

2. 伊朗地震概况

2017 年 11 月 12 日 18 时 18 分(UTC 时间)在伊拉克的苏莱曼尼亚省和伊朗的克尔曼沙阿省的交界处发生了 M_w7.3 地震(以下简称伊朗地震)，震中 45.96°E，34.91°N，震中深度 19km(图 7-23)。地震造成了至少 440 人遇难，不少于 8000 人受伤，超过 12000 间建筑物受损，给当地民众造成了巨大的生命财产损失。

3. 同震及震后形变场反演与触发关系分析

1)数据选择及处理

研究选用欧空局发布的覆盖研究区域升降轨的 Sentinel-1A 观测数据。影像配准和去除平地效应过程中使用的 DEM 为 30m 分辨率的 SRTM DEM。同震形变场分析中，所选 SAR 影像的参数信息如表 7-4 所示。采用瑞士 GAMMA 软件分别对所选择的三组影像数据进行二轨法差分干涉处理。

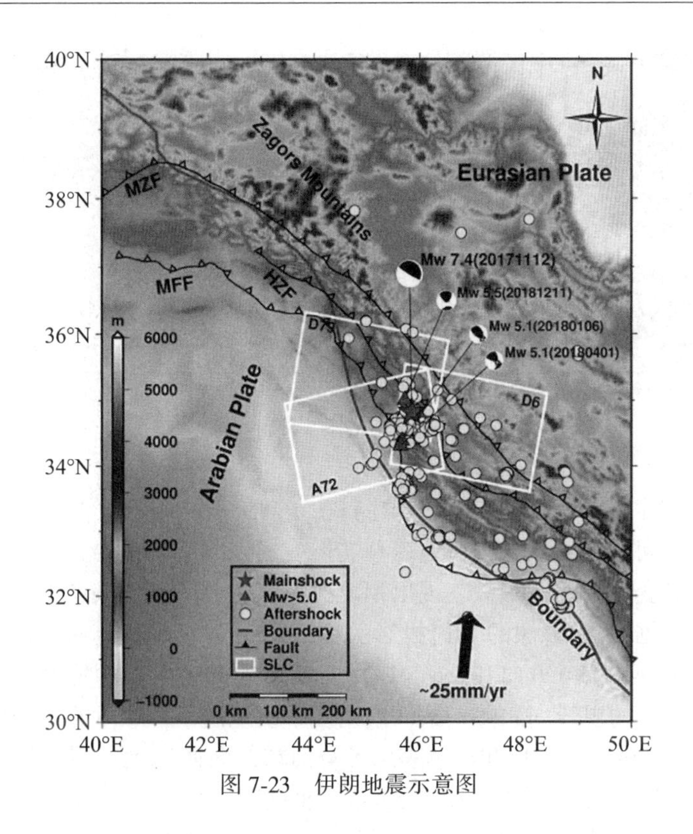

图 7-23　伊朗地震示意图

表 7-4　**Sentinel-1 卫星数据基本信息**

模式	轨道号	主影像	从影像	垂直基线（m）	时间基线（天）	入射角（°）	方位角（°）
升轨	72	2017-10-30	2017-11-23	7.4	24	43.85	-12.97
降轨	6	2017-10-26	2017-11-19	29.1	24	43.89	-167.02
降轨	79	2017-11-12	2017-11-24	46.9	12	34.09	-169.46

2)同震形变场分析

通过对表 7-4 中三幅干涉对进行二轨法差分干涉处理，获得了此次地震的同震形变场，如图 7-24 所示。从图中可以看出，升轨 A72 的形变场在南西盘雷达视线向最大形变值达 90cm；北东盘雷达视线向最大形变达 15cm。降轨 D6 形变场南西盘雷达视线向最大形变值达 50cm；北东盘雷达视线向最大形变达-38cm。降轨 D79 的同震地表形变场态势和降轨 D6 相似，但其两盘的形变值都比降轨 D6 的形变值略大。升降轨的形变场中间分割区呈 NNW 走向。升降轨干涉图的南西盘呈现相同的形变态势，而北东盘的形变值却相反，这种现象表明本次地震造成的地表形变包含垂直形变和水平形变，与倾滑兼具走滑型地震形变的特点相似。

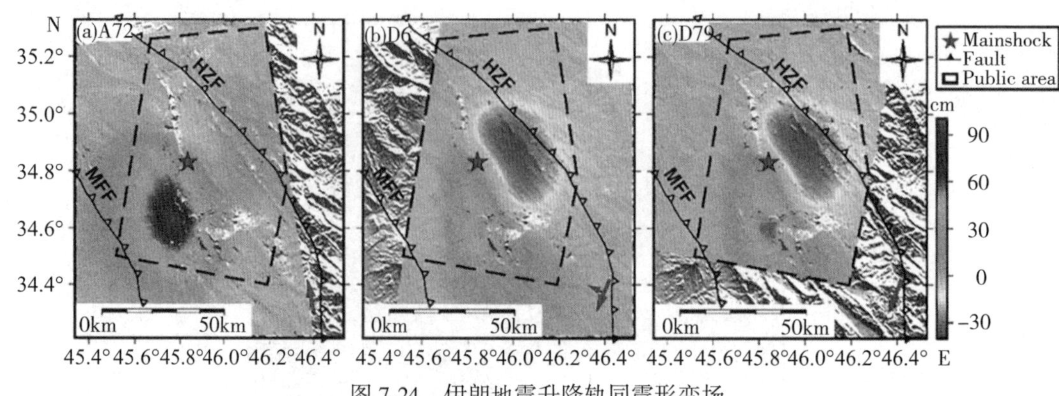

图 7-24　伊朗地震升降轨同震形变场

由于 InSAR 技术是沿视线方向的一维测量，当形变方向与视线方向不一致时，则存在视线向形变模糊问题，可能导致对地表真实形变的误判甚至是错判，如本次伊朗地震升降轨视线向地表形变场中的北东盘表现出相反的形变态势。利用表 7-4 中三组不同视角的 SAR 影像数据，根据 SAR 影像的几何投影关系，可分解出本次地震的三维地表形变场，如图 7-25 所示。东西(EW)方向和垂直(UD)向均出现两个主要的形变区，且 UD 向的形变场趋势与降轨影像的视线向趋势一致，表明在本次地震事件中垂直方向的运动占主要地位。EW 方向形变场显示，蓝色和红色表示各自向东、向西运动；图中显示两个主要向西运动的区域，南西区域最大向西移动了 52cm，北东区域最大向西移动了 35cm。UD 向形变场显示，蓝色和红色表示各自上升、沉降运动；上升的区域主要分布在震中的南西方向，最大上升值为 90cm；而在震中北东方向则发生了沉降，最大沉降值为 45cm，UD 向形变的最大位移差为 105cm。而南北方向的形变场则呈现出向南运动的趋势。结合同震三维地表形变场特征，可以得出本次地震的三维形变为南西方向隆升，北东方向下降，且在水平方向上向西南运动。

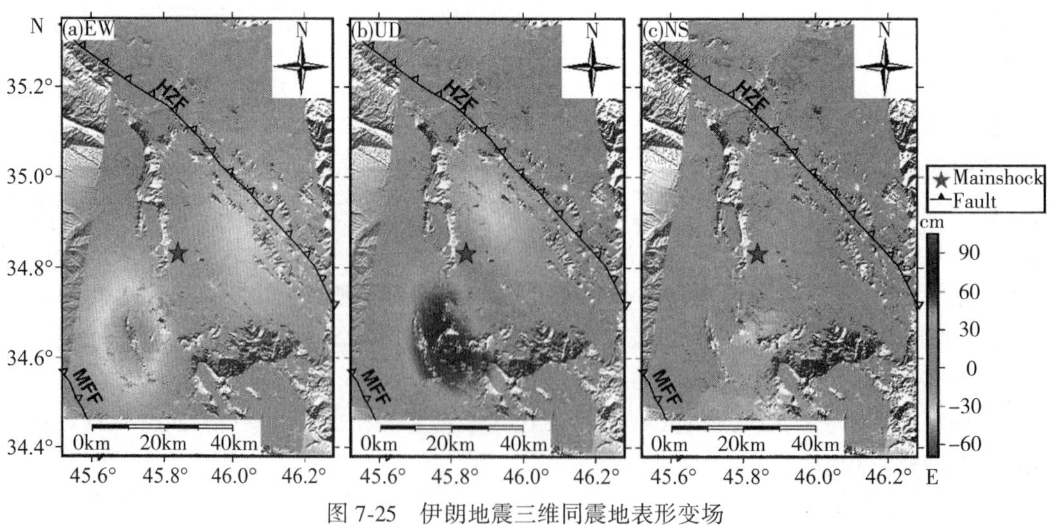

图 7-25　伊朗地震三维同震地表形变场

3)震后形变场分析

为了更好地掌握地震的发震机理，开展震后地表形变演化及震后形变时间序列变化与余震的相关性分析非常重要。针对本次地震，收集震后覆盖研究区域的 Sentinel-1A 两组升降轨影像数据，升轨 A72 影像数据总计 18 景，时间跨度为 2017 年 11 月 23 日—2018 年 6 月 15 日；降轨 D6 影像数据总计 17 景，时间跨度为 2017 年 11 月 19 日—2018 年 6 月 11 日，影像处理采用二维 SBAS 技术。

在处理过程中根据研究对象和目的将垂直基线阈值设定为±80m，时间基线阈值设定为 120 天。在时空域基线范围内通过自由组合产生一系列基于不同主影像的干涉对，对所有干涉影像对进行主从影像配准、干涉处理、去除地形相位、自适应滤波、大气校正和去除轨道误差等操作，最终得到差分相位解缠图。在此基础上再对差分相位解缠图进行筛选，选取了 27 个升轨、18 个降轨的高质量差分相位解缠图，最后进行地理编码得到所选干涉对的视线向形变场，并将其形变量作为观测值进行二维 SBAS 求解，最终得到本次伊朗地震震后二维时间序列结果。

分别选取 UD 向和 EW 向时间序列中 8 个时间节点的形变结果进行展示，如图 7-26 和图 7-27 所示。震后的二维时序形变场与同震的三维地表形变场(图 7-25)在 UD 向和 EW 向形变特征呈现相同的趋势，同样出现了两个形变区，因此初步判断本次震后的形变以震后余滑为主。震后形变场垂直方向上升的区域主要分布在南西区域，在震后的 220 天里最

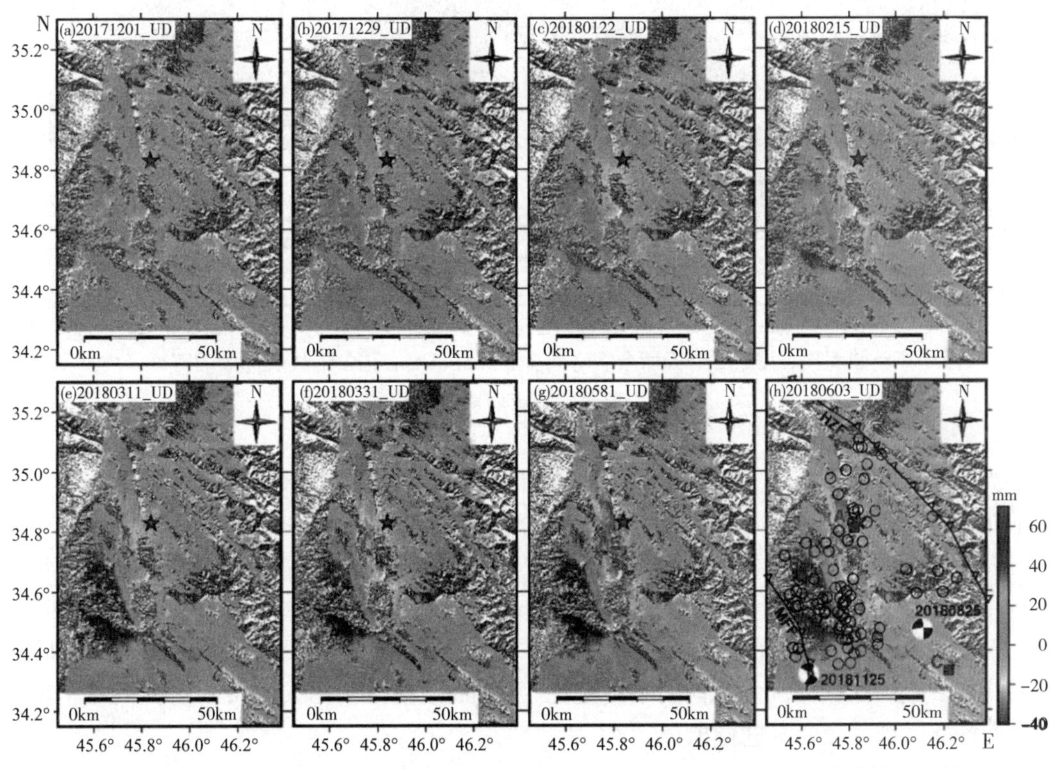

(图中黑色圆圈代表震后 220 天的余震空间分布，红色实心正方形代表选取的特征区域)

图 7-26 垂直向的震后形变时间序列

大上升值为 75mm；而北东区域则发生了沉降现象，在震后的 220 天里最大沉降量为 35mm。东西方向形变中，显示两个主要向西运动的区域，最大向西移动值为 55mm。在图 7-26(h)和图 7-27(h)中叠加了 $M_w 3.0$ 以上余震的分布，发现震后余滑的趋势和余震的空间分布有很好的一致性，反映了震后地壳内部的运动对区域构造结构的持续作用；同时也说明，主震的爆发并未使断层之间的能量得到完全释放，断层之间的位错滑动改变了发震区域的应力场，导致应力重新分配，余震活动持续发生，使得扎格罗斯山前断裂的上盘向南西方向移动，且表现为仰冲推覆使其前端不断抬升。

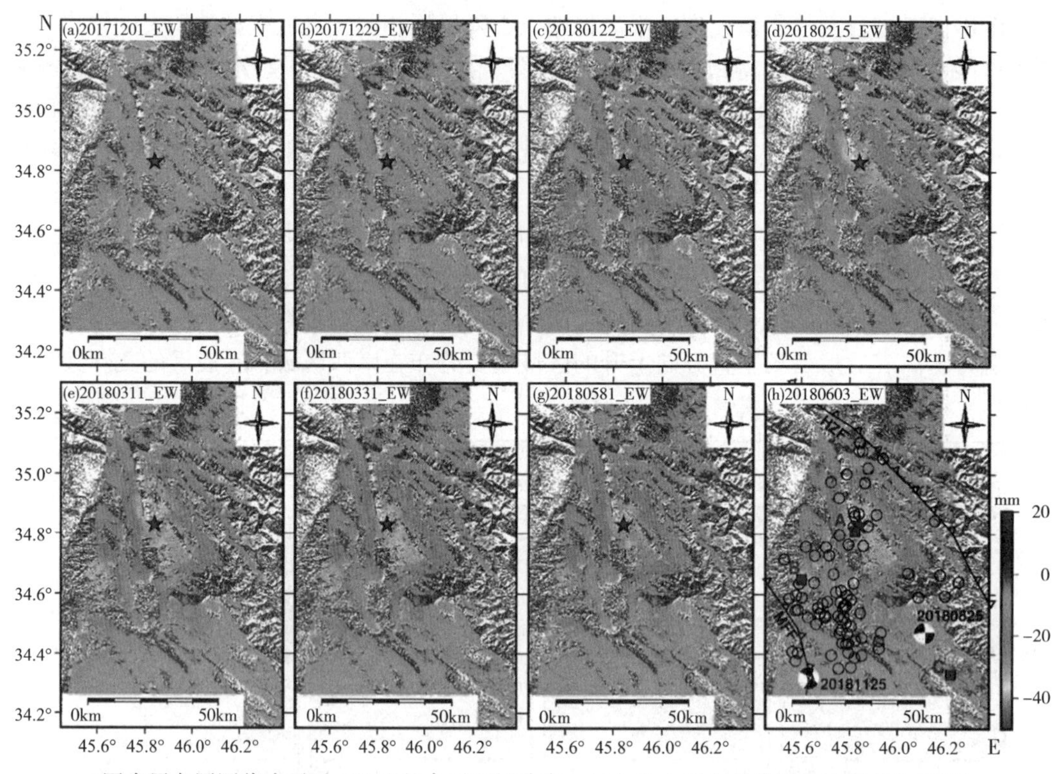

(图中黑色圆圈代表震后 220 天的余震空间分布，红色实心正方形代表选取的特征区域)

图 7-27　东西向的震后形变时间序列

为定量分析震后形变量的变化特征，提取了 3 个形变特征区域的时间序列(图 7-26(h)和图 7-27(h)中 A、B、C)，结果如图 7-28 所示。在震后 203 天，A 点累积形变在垂直方向上达到−34mm、东西方向上达−37mm，B 点累积形变在垂直方向达 44mm、东西方向达−45mm。由于 C 点远离震中位置(该处理论形变量为 0mm)，在震后 203 天的时间内最大形变在垂直方向达 4mm、在东西方向达−3mm，所以可以假设本次试验获得的震后二维时序形变场在东西向和垂直向的不确定性为±4mm。同时利用式(7.25)分别对 A、B 和 C 三处特征区域的形变量进行拟合

$$y = D + a \cdot \lg(1 + t) \tag{7.25}$$

式中，D 代表同震导致的地表位移值(mm)；y 代表震后某时间段累积的形变量(mm)；t 代

表地震发生后经历的时间(天); a 代表对数衰退的振幅。拟合结果如图 7-28 所示，其中 A 区域震后形变时间序列分别叠加了其在 UD 向和 EW 向的同震形变值 271mm 和-135mm，B 区域震后形变时间序列分别叠加了其在 UD 向和 EW 向的同震形变值 179mm 和-279mm，A、B 两点形变时间序列的拟合结果如图 7-28 中实线所示。图 7.28 中的柱状图表示在相应的时间段内 M_w3.0 以上余震的发生频次。

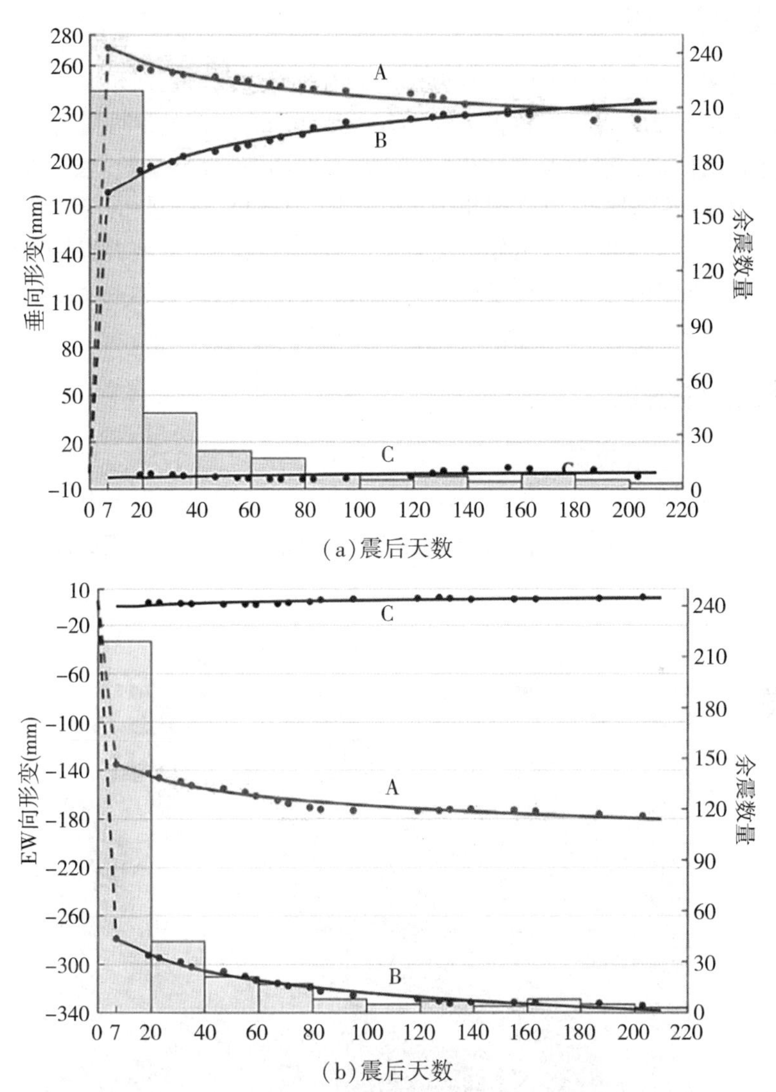

(红色表示 A 点、蓝色表示 B 点、黑色表示 C 点，虚线表示同震形变值、实点表示形变累积的实测值，实线表示形变累积的拟合值，左侧 Y 轴表示形变值，右侧 Y 轴表示震后余震的数目，X 轴表示地震发生后的天数，以发震当天为起始点)

图 7-28　特征区域的震后二维形变时间序列

从图 7-28 中的震后形变时间序列来看，A、B 两处的震后形变延续了同震的形变趋势，说明震后形变以余滑为主。余震的数目与震后的形变趋势呈现出较好的相关性。图中震后60天、震后155天附近的形变量值变化剧烈，根据资料显示2018年1月6日(震后55天)、2018年4月1日(震后140天)在扎格罗斯山前断裂前端分别发生 $M_w5.1$、$M_w5.2$ 的中强震(震源机制解释如图7-26(h)和图7-27(h)中沙滩球所示)，较强余震的发生影响了震后累积形变的平滑减弱趋势。图7-28中拟合曲线显示震后220天内断层活动逐渐减慢，但是并没有停止的迹象，同样图7-28中柱状图显示震后200天依旧有余震发生。

7.6.5 滑坡灾害监测

滑坡是指斜坡上的土体或岩体在重力作用下沿着贯通的剪切面顺坡下滑的现象。我国幅员辽阔，地质条件复杂且滑坡灾害多发，各个地区均有不同的滑坡灾害。特别是随着人口增长和土地利用扩张，滑坡及其次生灾害(如滑坡涌浪、滑坡坝、堰塞湖等)已造成了大量的人员伤亡和经济损失，且有逐年加重的趋势。InSAR技术凭借其可以精确获取地表微小形变的能力及其全天时、全天候等优点，已经广泛应用于滑坡灾害的大范围探测与高精度监测的研究及应用中，并取得了较好的效果。本节以长安大学在金沙江流域巴塘段研究成果为例，介绍InSAR技术在滑坡灾害监测中的应用。

1. 金沙江巴塘段概况

研究区位于四川省甘孜藏族自治州巴塘县的中心绒乡(图7-29)，属于金沙江的中游，区域内最大高差超过1000m。由于金沙江结合带穿过该区域，使得带内经强烈侵蚀切割形成褶皱高山与深切河谷地貌，岩体结构复杂破碎，软弱岩层发育，流域性特大高位地质灾害频繁发生。

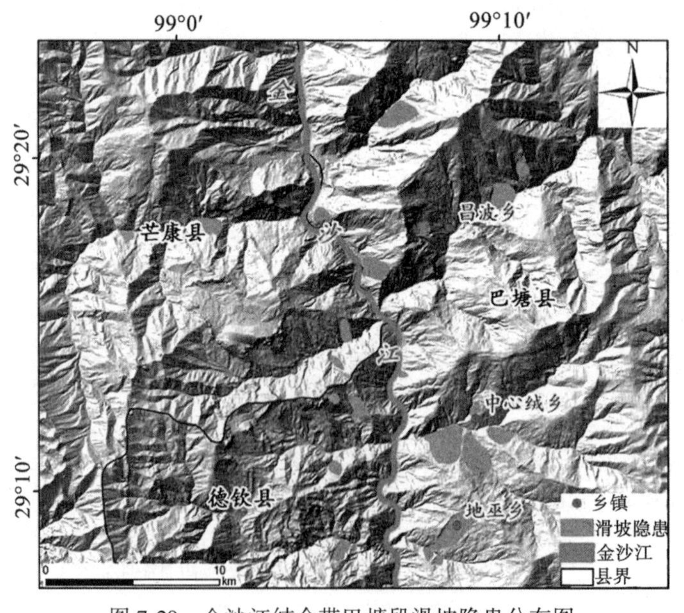

图7-29 金沙江结合带巴塘段滑坡隐患分布图

2. 大范围滑坡识别

为了对研究区开展大范围滑坡隐患点识别，收集了覆盖研究区的 Sentinel-1A 卫星升降轨数据(表 7-5)。基于 Stacking-InSAR 技术原理，顾及数据处理过程中部分干涉图的结果受误差影响，以干涉图相干性高和解缠相位连续为条件，挑选去除趋势向误差及大气误差之后的解缠图，获取了中心绒乡沿卫星雷达视线向年平均形变速率，结果如图 7-30 所示。图中负值表示滑坡位移远离卫星运动方向，正值表示滑坡位移靠近卫星运动方向。通过对形变速率设置合适的形变阈值，结合 GIS 空间分析，可实现潜在滑坡的自动识别。

考虑到监测误差的影响及区域内滑坡的活动性，实验选定形变速率 20mm/yr 为阈值，当形变速率绝对值大于 20mm/yr，将被确定为疑似滑坡。同时，将升、降轨数据自动获取的潜在滑坡点叠加至光学影像，通过将 InSAR 结果与光学影像对比分析，最终确定潜在滑坡区域的位置、边界，进而对其编目。研究区确定的疑似滑坡灾害点位置和范围如图 7-30 中红圈所示，总共识别了 31 处滑坡隐患。

表 7-5　**研究区域 SAR 数据参数信息**

传感器		Sentinel-1A	Sentinel-1A
参数	轨道方向	升轨	降轨
	轨道号	99	33
	Frame	1275	492
	影像数量	64	69
	时间覆盖	2018-01-12—2020-02-19	2017-11-08—2020-09-17

3. 典型滑坡二维时序形变监测

通过图 7-30 发现，中心绒乡附近升、降轨数据均存在明显的滑坡形变信息，并且以滑坡群的形式分布；同时也不难发现贡伙村 1#滑坡和 2#滑坡的升降轨监测结果均存在明显差异，分析原因为 InSAR 监测结果反映的是雷达视线向形变。为了研究该区域滑坡在不同方向的变形信息，以贡伙村滑坡为例，使用二维时序 SBAS 技术获取了该滑坡的二维(水平东西向和垂直方向)形变速率和时间序列结果。图 7-31 为研究区域内贡伙村滑坡的垂向时序形变结果，可以看出随着时间的向前推进，累积形变量最大超过-10cm，同时可以获知此滑坡体的主要变形区域位于滑坡体中部。空白区域是由于差分干涉图失相干不连续造成的。

图 7-32 为贡伙村滑坡群区域 2018 年 1 月—2020 年 3 月间的二维形变速率图。由图 7-32(a)可知，所有滑坡在垂直方向的形变速率均表现为负值，表明滑坡体在沿近似坡向向下的主滑方向运动。同时在图 7-32(b)中，安里克米滑坡和贡伙村 1#滑坡在东西向表现为正值，也就是说这两个滑坡在水平方向上是向东运动。结合实际地形，这两个滑坡位于沿山脊线的东侧，即这两个滑坡体的主滑方向近似东西方向。

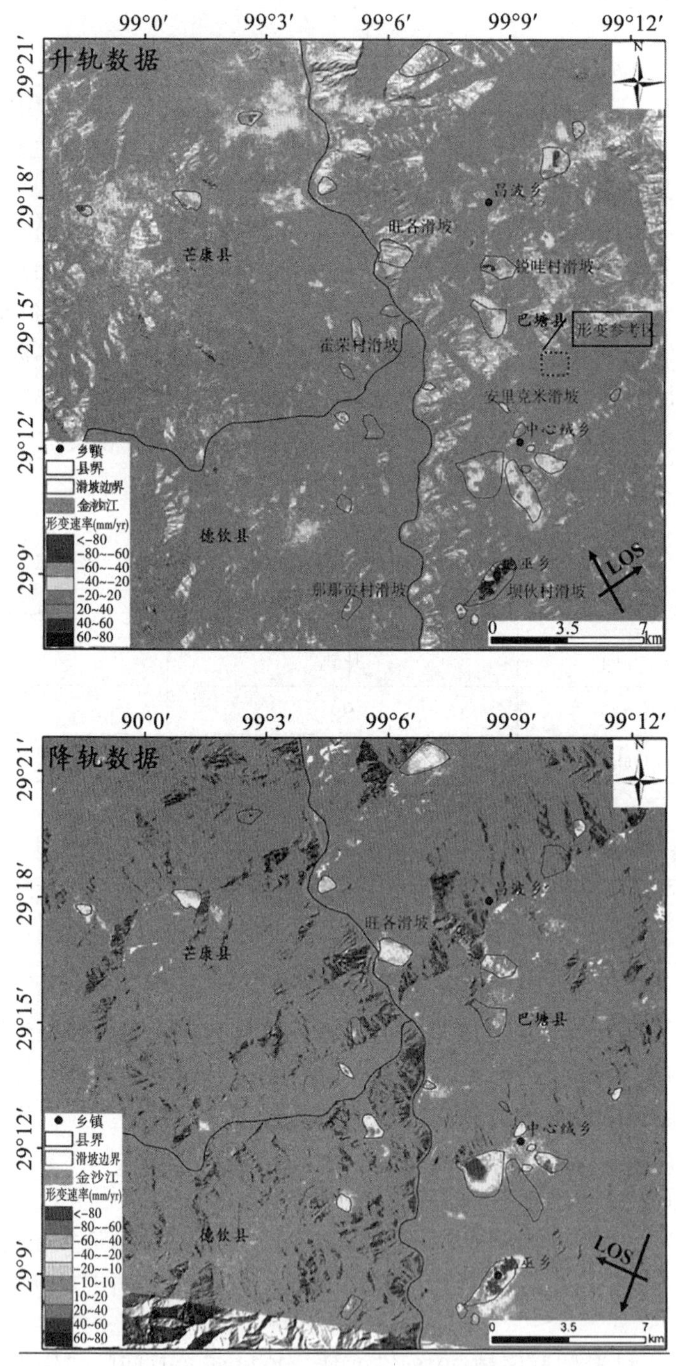

图 7-30　研究区年平均形变速率图

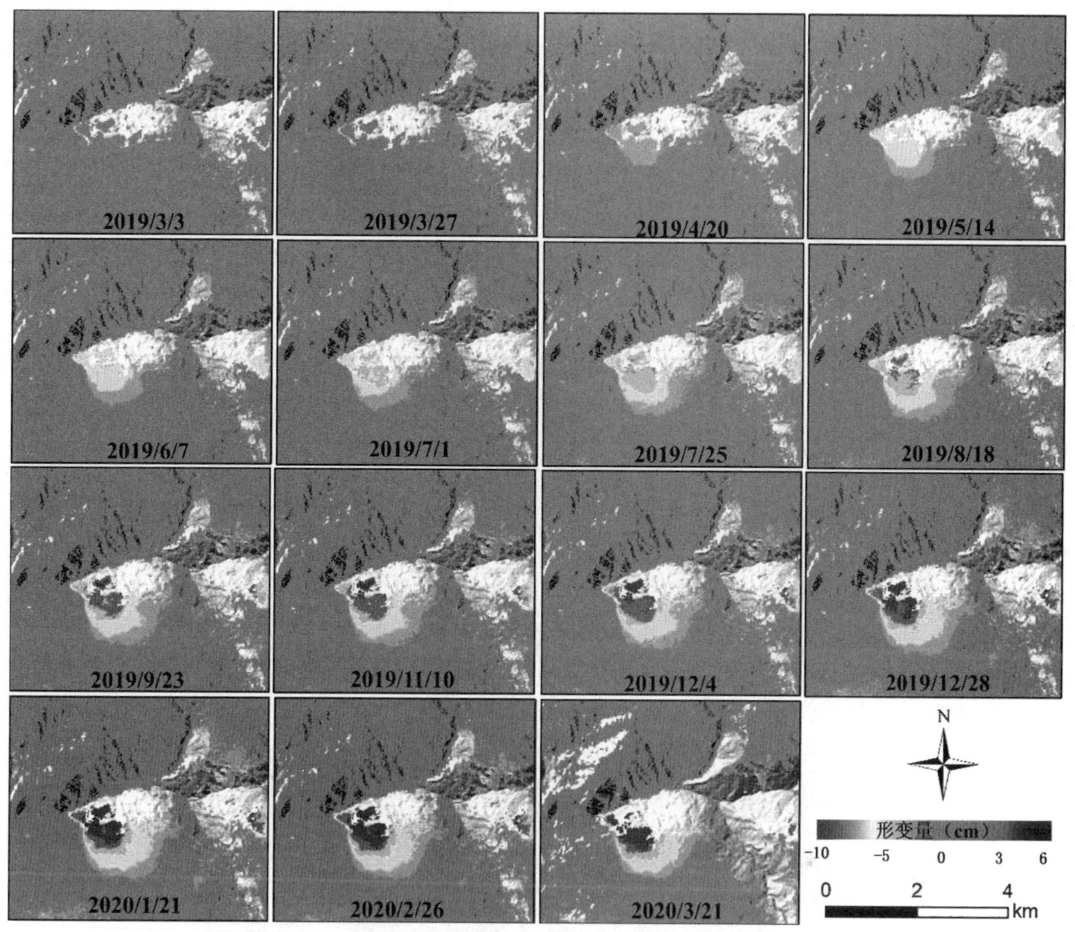

图7-31 贡伙村滑坡垂向累积形变量时间序列图(2019-03—2020-03)

针对贡伙村滑坡群，在滑坡体上选取了4个特征点(图7-32(a)中的紫色点)，并提取了它们的形变时间序列(图7-33)。结果显示，安里克米滑坡在东西方向为正值，结合地形可知该滑坡近似向东运动，在2年时间内最大累积形变量达到44mm；仁娘村坐落于仁娘村滑坡体下端，2年时间段内在垂直方向最大累积形变量达到88mm，且呈现出加速变形的趋势；贡伙村2#滑坡是中心绒乡滑坡群比较大的滑坡，依据光学影像和InSAR结果显示该滑坡体面积约为$1.9\times10^6m^2$，滑坡形态为狭长带状。选取两个特征点进行时间序列分析，其中贡伙村1#滑坡上特征点位于中心绒乡贡伙村小学附近。从时间序列结果发现该点无论是垂直方向还是东西方向，仍然呈现加速变形状态，其中垂直方向最大累积形变量为80mm。仁娘村滑坡在水平方向变形规律呈现先负后正再负，结合地形图发现该滑坡近南北方向，所以沿着水平方向(东西方向)运动比较弱小，同时受地表微地貌的影响，其水平运动表现为向西→向东→向西的位移过程。

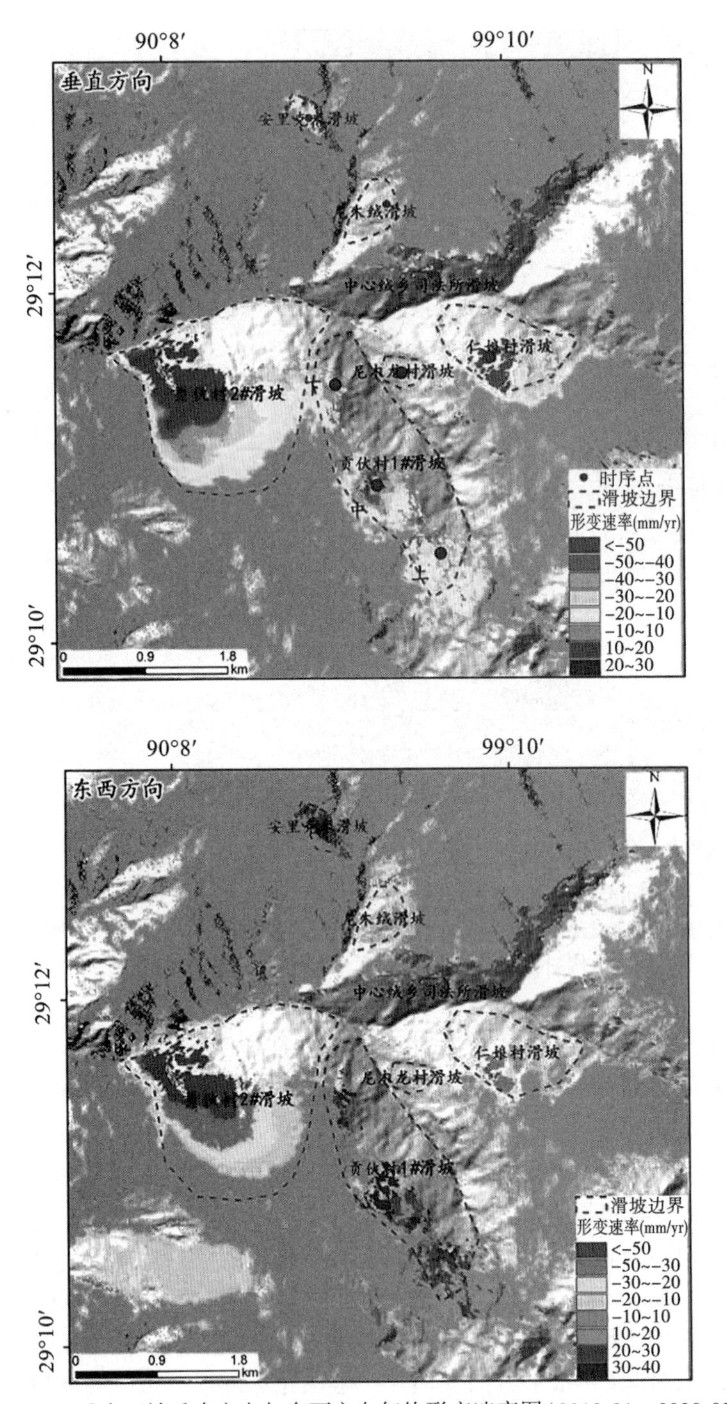

图 7-32　重点区域垂直方向与东西方向年均形变速率图(2018-01—2020-03)

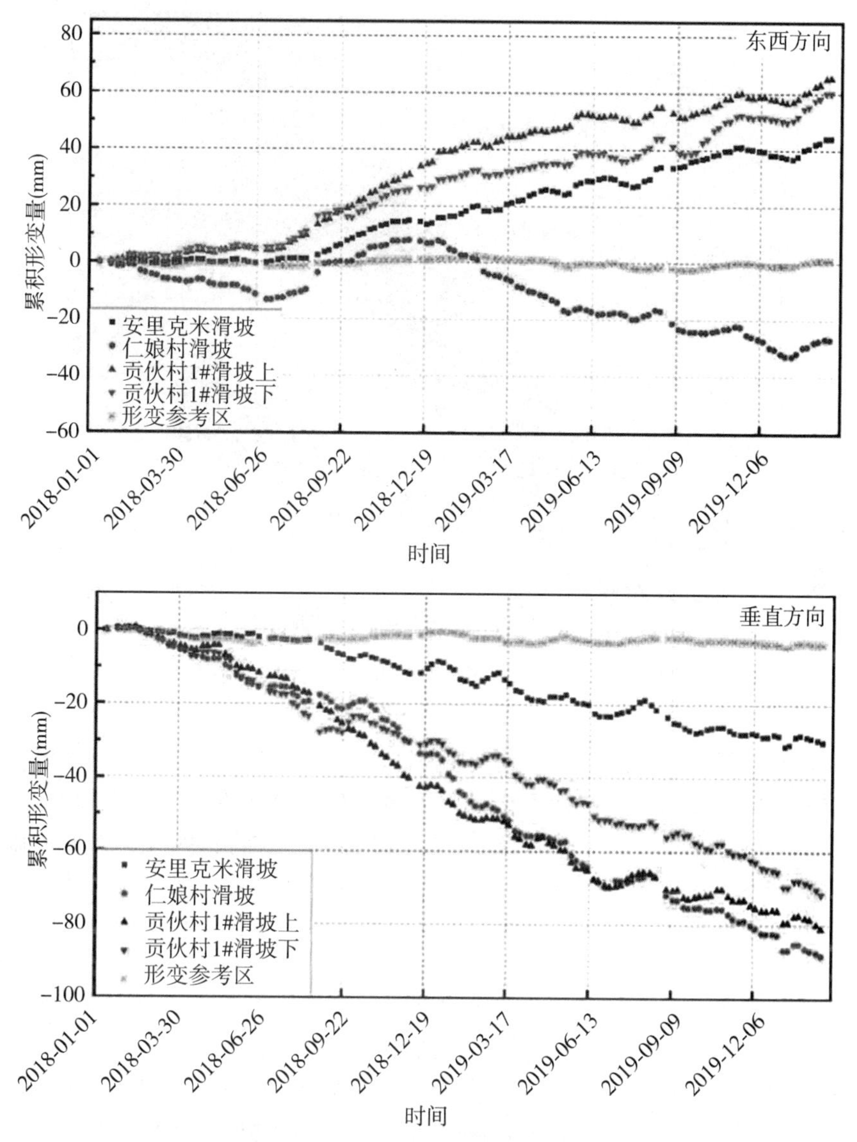

图 7-33　中心绒乡滑坡群垂直方向与东西方向形变时间序列曲线

4. 典型滑坡活动特征分析

贡伙村 2#滑坡位于高山峡谷区域，地理位置为北纬 29°11′26″，东经 99°8′18″，平面形态呈半圆形，后缘发育圈椅状陡坎，主滑方向 340°，滑坡长 2045m，宽 2347m，平面面积约为 $3.1\times10^6 m^2$，估算滑坡体积约 $6.0\times10^7 m^3$。

通过对 2018 年 8 月 15 日的高分光学影像数据解译(图 7-34)，将滑坡分为三个大区，其中Ⅰ区分布在滑坡体右下部，坡体整体形态呈凸形，前缘挤压沟道，该区域整体稳定，未见明显大规模变形特征，仅在前缘局部发生小规模溜滑。Ⅱ为变形区，位于滑坡体中

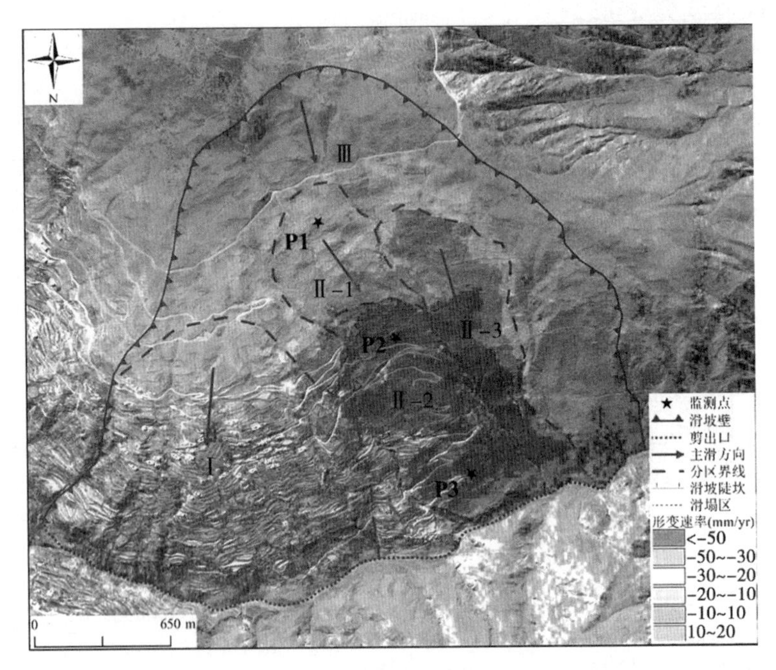

图 7-34　贡伙村 2#滑坡光学解译及 InSAR 结果图

部，平面形态不规则，坡体两侧发育较大规模冲沟，可将Ⅱ区划分为三个区域。其中Ⅱ-1 区位于滑坡体中部，可见北东—南西向陡坎发育，贯穿整个Ⅱ-1 区；Ⅱ-2 区位于滑坡体前缘中部，平面形态呈圈椅状，其后缘可见早期下错陡坎发育，前缘受流水冲刷发生局部小规模溜滑现象；Ⅱ-3 区位于Ⅱ区左侧，平面形态呈舌形状，主滑方向与Ⅱ-2 区不一致，坡体表部受流水侵蚀冲刷导致冲沟密布。Ⅲ为稳定区域。依据 InSAR 结果辅助光学解译，确定出Ⅱ-2 和Ⅱ-3 为强烈变形区，且这两个区域的主滑方向不一致。同时通过光学影像发现这个滑坡体前缘垮塌，坡体上存在数条冲沟，这些地形特征的存在加剧了坡体的变形，为了量化滑坡变形区域的形变特征，在滑坡体上选择了 3 个特征点(图 7-34 中的五角星处)进行时间序列分析。其中 P1 位于Ⅱ-1 区域，属于滑坡后缘；P2 和 P3 位于Ⅱ-2 区域，P2 位于滑坡体中部，属于强变形区的中部，也是 InSAR 监测结果形变量最大区域，P3 位于滑坡体下缘。

从时间序列图(图 7-35)发现，这 3 个点在二维方向变化区域具有较好的相关性，其中在垂直方向 P2 点累积形变量最大，达到 77mm，且结合东西方向发现该点仍然在加速变形。由东西向水平运动结果中可见，P3 点的累积形变量最大，其次是 P2 点，分析原因可能是由于 P3 点位于滑坡下缘，滑坡体的物质在此处堆积，故该点在东西方向水平累积位移也最大。

为了探讨降雨对该滑坡体的影响，收集了与 SAR 数据覆盖时间范围一致的降雨数据，其中降雨数据采用全球降雨观测（GPM）结果（https：//pmm. nasa. gov/precipitation-measurement-missions），如图 7-35 所示。

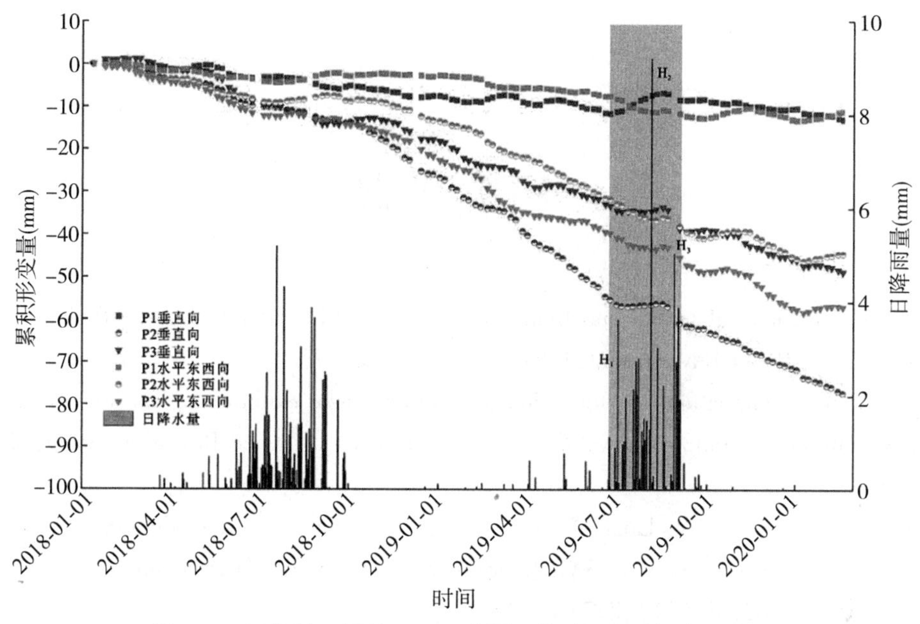

图 7-35　贡伙村 2#滑坡 InSAR 监测二维时间序列与降雨关系

由图 7-35 可知，强降雨对滑坡变形有一定的短暂影响，如 2018 年，由于没有明显降水峰值，与之相对应的滑坡累积位移变化不明显。与之相反，2019 年降水集中在 7 月至 9 月(图 7-35 中阴影区域)，出现了 3 个主要降雨峰值，如图中的 H1、H2、H3 所处位置，尤其是 8 月 6 日出现了最大强降雨，降雨量达 9.225mm。以 P2 点垂直向位移为例，分析图 7-35 不难发现，8 月 6 日强降雨之后，P2 点累积垂向形变出现了短暂的平稳或微抬趋势(H2 与 H3 之间)，而 H3 处之后，P2 点又恢复了线性变化趋势，其原因是进入 9 月之后，该区域降雨减少。结合图 7-35 可知，由于冲沟和拉裂缝的存在，为雨水入渗提供了便利，增大了岩土体自重，使得岩土体在饱水状态下易于出现静态液化现象，降低了岩土体的强度。

通过以上分析不难发现，强降雨对坡体变形有一定的短暂影响。同时先前的调查发现，该区域冻融作用明显，反复冻融降低了岩土体的完整性与强度，同时新构造活动、历史地震和人类活动(主要是农田耕种和工程削坡扰动)均为滑坡发生提供了良好的地质条件，因此该区域极易发生滑坡。

参考文献

Baret F, Guyot G. Potential and limits of vegetation indices for LAI and APAR assessment [J]. Remote Sensing of Environment, 1991, 35(2-3):161-173.

Belward A S. International co-operation in satellite sensor calibration: The role of the CEOS Working Group on calibration and validation[J]. Advances in Space Research, 1999, 23(8): 1443-1448.

Berardino P, Fornaro G, Lanari R, et al. A new algorithm for surface deformation monitoring based on small baseline differential SAR Interferograms[J]. IEEE Transactions on Geoscience & Remote Sensing, 2002, 40(11):2375-2383.

Bonan G B, Levis S, Kergoat L, et al. Landscapes as patches of plant functional types: An integrating concept for Climate and ecosyestem models[J]. Global Biogeochemical Cycles, 2002, 16(2):5-1—5-23.

Chander G, Helder D L, Boncyk W C. Landsat-4/5 band 6 relative radiometry[J]. IEEE Transactions on Geoscience & Remote Sensing, 2002, 40(1):206-210.

Chen J, Chen J, Liao A, et al. Global land cover mapping at 30m resolution: A POK-based operational approach[J]. ISPRS Journal of Photogrammetry and Remote Sensing, 2015, 103: 7-27.

Chen T, Guestrin C. XGBoost: A scalable tree boosting system[C]//22nd ACM SIGKDD International Conference on Knowledge Discovery and Data Mining, 2016:785-794.

Chuvieco E, Congalton R G. Application of remote sensing and geographic information systems to forest fire hazard mapping[J]. Remote Sensing of Environment, 1989, 29(2): 147-159.

Cipriani H N, Pereira J A A, Silva R A, et al. Fire risk map for the Serra de São Domingos municipal park, Poços de Caldas, MG[J]. Cerne, 2011, 17(1):77-83.

Colby J D. Normalization of the topographic effect encountered when analyzing Landsat Thematic Mapper imagery in rugged terrain[D]. University of Colorado, 1989.

Crosta A P, Moore J M. Enhancement of Landsat Thematic Mapper imagery for residual soil mapping in SW Minais Gerais State, Brazil: A prospecting case history in Greenstone belt terrain [C]//The Seventh ERIM Thematic Conference: Remote Sensing for Exploration Geology, 1989: 1173-1187.

Sandwell D T, Price E J. Phase gradient approach to stacking interferograms[J]. Journal of Geophysical Research, 1998, 103(B12):30,183-30,204.

Dong Z B, Qian G Q, Lv P, et al. Investigation of the sand sea with the tallest dunes on Earth: China's Badain Jaran Sand Sea[J]. Earth-Science Reviews, 2013, 120: 20-39.

Duntley S Q. Light in the sea[J]. Journal of the Optical Society of America, 1963, 53: 214-233.

Dwyer J L, Roy D P, Sauer B, et al. Analysis ready data: Enabling analysis of the Landsat archive[J]. Remote Sensing, 2018, 10: 1363.

España M L, Baret F, Aries F, et al. Modeling maize canopy 3D architecture application to reflectance simulation[J]. Ecological Modeling, 1999, 122(1-2): 25-43.

Ferretti A, Prati C, Rocca F. Multibaseline InSAR DEM reconstruction: the wavelet approach[J]. IEEE Transactions on Geoscience and Remote Sensing, 1999, 37(2): 705-715.

Ferretti A, Prati C, Rocca F. Non-linear subsidence rate estimation using permanent scatters in differential SAR interferometry[J]. IEEE Transactions on Geoscience and Remote Sensing, 2000, 38(5): 202-212.

Galvao L S, Vitorelle I. Role of organic matter in obliterating the effects of iron on spectral reflectance and colour of Brazilian tropical soils[J]. International Journal of Remote Sensing, 1998, 19(10): 1969-1979.

Gomon J A, Peňuelas J, Field C B. A narrow waveband spectral index that tracks diurnal changes in photosynthetic efficiency[J]. Remote Sensing of Environment, 1992, 41: 35-44.

Gordon H R, Brown O B, Jacobs M M. Computed relationships between the inherent and apparent optical properties of a flat homogeneou socean[J]. Applied Optics, 1975, 14(2): 417-427.

Govaerts Y M, Verstraete M M. Raytran: A Monte Carlo ray-tracing model to compute light scattering in three-dimensional heterogeneous media[J]. IEEE Transactions on Geosciences and Remote Sensing, 1998, 36(2): 493-505.

Hanssen R F. Radar atmospheric heterogeneities in ERS Tandem SAR Interferometry [M]. Delft, the Netherlands: Delft University Press, 1998.

Hong S, Jang H, Him N, et al. Water area extraction using RADARSAT SAR imagery combined with Landsat imagery and terrain information[J]. Sensors, 2015, 15(3): 6652-6667.

Huemmrich K F. The GeoSail Model: A simple addition to the SAIL model to describe discontinuous canopy reflectance[J]. Remote Sensing of Environment, 2001, 75(3): 423-431.

Huete A R. A soil-adjusted vegetation index(SAVI)[J]. Remote Sensing of Environment, 1988, 25: 295-309.

Katherine I, Danielle B, Alexander B, et al. Fusion of SAR, optical imagery and airborne LIDAR for surface water detection[J]. Remote Sensing, 2017, 9(9): 890.

Jacquemoud S, Baret F. PROSPECT: A model of leaf optical properties spectra[J]. Remote Sensing of Environment, 1990, 34: 75-91.

Kaufman Y J. The atmospheric effect on remote sensing and its correction[M]//Asrar G. Theory and Applications of Optical Remote Sensing. New York: John Wiley & Sons, 1989.

Kauth R J, Thomas G S. The tasseled cap—A graphic description of the spectral-temporal development of agricultural crops as seen by Landsat[C]//The Machine Processing of Remotely Sensed Data Symposium, West Lafayette, Indiana, 1976: 41-51.

Kim M S, Daughtry C S T, Chappelle E W, et al. The use of high spectral resolution bands for estimating absorbed photosynthetically active radiation (Apar) [C]//6th Symposia on Physical Measurements and Signatures in Remote Sensing. France: Vald'Isere, 1994:299-306.

Kogan F N. Application of vegetation index and brightness temperature for drought detection [J]. Advances in Space Research, 1995, 15(11): 91-100.

Leblanc S G, Cheney J M. A windows graphic user interface (GUI) for the five-scale model for fast BRDF simulations[J]. Remote Sensing Reviews, 2001, 19 (1-4):293-305.

Lee Z, Carder K L, Mobley C D, et al. Hyperspectral remote sensing for shallow waters. 2. Deriving bottom depths and water properties by optimization[J]. Applied Optics, 1999, 38(18): 3831-3843.

Li J, Shen Q, Zhang B, et al. Retrieving total suspended matter in Lake Taihu from HJ-CCD near infrared band data[J]. Aquatic Ecosystem Health & Management, 2014, 17(3): 280-289.

Li X, Strahler A H. Geometric-Optical bidirectional reflectance modeling of the discrete crown vegetation canopy: Effect of crown shape and mutual shadowing[J]. IEEE Transactions on Geoscience and Remote Sensing, 1992, 30(2): 276-292.

Li X, Wang J, Strahler A H, et al. A hybrid geometric optical-radiative transfer approach for modeling albedo and directional reflectance of discontinuous canopies[J]. IEEE Transactions on Geoence and Remote Sensing, 1995, 33(2):466-480.

Lin D, Jian, Y, Jia S, et al. Leaf biochemistry parameters estimation of vegetation using the appropriate inversion strategy[EB/OL].[2020-04-25].Frontier in Plant Science, 2020. https://xgxy.cug.edu.cn/info/1031/2565.htm.

Liu L, Wang J, Huang W, et al. Detection of leaf and canopy EWT by calculating REWT from reflectance spectra[J]. Journal of Remote Sensing, 2010, 31(9-10):2681-2695.

Lu Z, Dzurisin D. InSAR imaging of aleutian volcanoes: Monitoring a volcanic arc from space[M]. Springer, 2014.

NASA. Geologic applications: Stratigraphy and structure, general background[EB/OL]. [2005-05-26].http://rst.gsfc.nasa.gov/Front/tofc.html.

NASA. Songhua River[EB/OL].[2023-01-27]. https://earthobservatory.nasa.gov/images/6139/songhua-river.

Rudorff B F T, Aguiar D A, Adami M, et al. Frost damage detection in sugarcane crop using MODIS images and SRTM data[C]//2012 IEEE International Geoscience and Remote Sensing Symposium. Munich: IEEE: 2012: 5709-5712.

San Andreas fault field guide[EB/OL].[2023-01-27]. http://thulescientific.com/.

Schiller H, Doerffer P. Neural network for emulation of an inverse model-operational derivation of Case Ⅱ water properties from MERIS data[J]. International Journal of Remote

Sensing, 1999,20(9): 1735-1746.

Shi K, Zhang Y, Qin B, et al. Remote sensing of cyanobacterial blooms in inland waters: Present knowledge and future challenges[J]. Science Bulletin, 2019, 64(20):76-92.

Stehman S V, Czaplewski R L. Design and analysis for Thematic Map accuracy assessment: Fundamental principles[J]. Remote Sensing of Environment, 1998,64(3):331-344.

Suits G H. The calculation of the directional reflectance of vegetation canopy[J]. Remote Sensing of Environment, 1972, 2:117-125.

Lillesand T, Kiefer R, Chipman J, et al. Remote sensing and image interpretation [M].7th ed. Wiley, 2014.

Verhoef W. Light scattering by leaf layers with application to canopy reflectance modeling: The SAIL model[J]. Remote Sensing of Enviromnent, 1984, 16:125-141.

Vermote E, Justice C, Claverie M, et al. Preliminary analysis of the performance of the Landsat 8/OLI land surface reflectance product[J]. Remote Sensing of Environment, 2016,185: 46-56.

Wulder M A, Coops N C, Roy D P, et al. Land cover 2.0[J]. International Journal of Remote Sensing, 2018,39(12): 4254-4284.

Yang C S, Han B Q, Zhao C Y, et al. Co- and post-seismic deformation mechanisms of the MW 7.3 Iran earthquake (2017) revealed by Sentinel-1 InSAR observations [J]. Remote Sensing, 2019, 11(4):418.

Youkhana S K. Canopy modeling studies[D]. Colorado State University, 1983.

Zeng C Q, Wang J F, Huang X D, et al. Urban water body detection from the combination of high-resolution optical and SAR images [C]//2015 Joint Urban Remote Sensing Event. Lausanne, Switzerland, 2015.

Zhang F, Li J, Zhang B, et al. A simple automated dynamic threshold extraction method for the classification of large water bodies from Landsat-8 OLI water index images[J]. International Journal of Remote Sensing, 2018, 39(11):3429-3451.

百度百科. 五大连池火山群[EB/OL].[2022-03-25] https://baike.baidu.com/item/%E4%BA%94%E5%A4%A7%E8%BF%9E%E6%B1%A0%E7%81%AB%E5%B1%B1%E7%BE%A4/8762183.

百度百科. 雅鲁藏布大峡谷图片[EB/OL].[2023-01-26]. https://baike.baidu.com/pic/%E9%9B%85%E9%B2%81%E8%97%8F%E5%B8%83%E5%A4%A7%E5%B3%A1%E8%B0%B7/715983? fromModule=pic.

百度百科. 褶皱(地质学名词)[EB/OL]. [2022-01-25]. https://baike.baidu.com/item/%E8%A4%B6%E7%9A%B1/1698771.

百度百科. 中国第四纪黄土[EB/OL].[2022-06-02]. https://baike.baidu.com/item/中国第四纪黄土/3727950? fr=aladdin.

便民查询网. 中国地图-中国卫星地图-中国高清航拍地图[EB/OL].[2023-01-09]. https://map.bmcx.com/.

蔡红艳，张树文，张宇博. 全球环境变化视角下的土地覆盖分类系统研究综述[J]. 遥感技术与应用，2010，25(1)：161-167.

曹沛雨. 植被物候观测与指标提取方法研究进展[J]. 地球科学进展，2016，31(4)：365-376.

常兆丰，张剑挥，王强，等. 新月形沙丘及新月形沙丘链存在的环境条件——以甘肃河西沙区为例[J]. 干旱区资源与环境，2016，30(11)：167-173.

陈芳，刘勇. 巴丹吉林沙漠典型地域沙丘多年变化的遥感动态分析[J]. 遥感技术与应用，2011，26(4)：501-507.

陈建庚. 格凸河流域喀斯特地貌奇观与旅游开发(简介)[C]//全国第十一届洞穴大会学术论文集中国地质学会会议论文集，2005.

陈军，陈晋，宫鹏，等. 全球地表覆盖高分辨率遥感制图[C]//国际摄影测量与遥感动态专题，2011.

陈克强，高振家. 初论国土资源大调查[J]. 中国区域地质，1999，18(1)：8.

陈淑敏，张红艳，曾奥丽，等. 遥感技术在农业灾害监测中的应用[J]. 卫星应用，2020(8)：19-24.

陈述彭，赵英时. 遥感地学分析[M]. 北京：测绘出版社，1990.

陈文召，李光明，徐竟成，等. 水环境遥感监测技术的应用研究进展[J]. 中国环境监测，2008，24(3)：6-10.

陈兴峰，刘李，李家国，等. 卫星遥感火点监测应用和研究进展[J]. 遥感学报，2020，24(5)：531-542.

陈仲新，任建强，唐华俊，等. 农业遥感研究应用进展与展望[J]. 遥感学报，2016，20(5)：750-767.

程红霞，林粤江. 春季农作物风沙灾害的遥感监测方法[J]. 干旱区资源与环境，2014，28(11)：78-82.

崔博超. 基于深度学习的多源遥感影像沙丘形态分类研究——以古尔班通古特沙漠南缘为例[D]. 乌鲁木齐：新疆大学，2020.

道客巴巴. 自然地理学之地质构造地貌[EB/OL]. [2018-02-24]. https://www.doc88.com/p-7475098985194.html.

邓晋福，莫宣学，林培英. 大同火山群地质及岩石学特征[J]. 地球科学，1987，12(3)：233-239.

地球在线. Google卫星地图-谷歌卫星地图-地球在线[EB/OL]. [2021-10-20]. https://www.earthol.com/g/.

丁家瑞. 关于遥感技术在地质工作中应用的一些问题思考[J]. 国土资源遥感，1996(2)：1-9.

丁文龙，林畅松，漆立新，等. 塔里木盆地巴楚隆起构造格架及形成演化[J]. 地学前缘，2008，15(2)：242-252.

董继红. InSAR技术在金沙江流域高位远程滑坡识别与监测中的应用研究[D]. 西安：长安大学，2021.

董瑞杰. 沙漠旅游资源评价及风沙地貌地质公园开发与保护研究[D]. 西安：陕西师范大学，2013.

杜鹤强，韩致文，王涛，等. 新月形沙丘表面风速廓线与风沙流结构变异研究[J]. 中国沙漠，2012，32(1)：9-16.

方臣，胡飞，陈曦，等. 自然资源遥感应用研究进展[J]. 资源环境与工程，2019，33(4)：563-569.

方臣，朱正勇，陈曦，等. 土壤组分信息高光谱遥感反演研究进展[J]. 资源环境与工程，2021，35(5)：745-749.

冯博宇. 自然火灾遥感监测研究进展[J]. 信息科技，2011(7)：228-229.

冯德俊，李永树，兰燕. 基于主成分变换的动态监测变化信息自动发现[J]. 计算机工程与应用，2004，40(36)：199-202.

付丽华，李名松，王永军，等. 西藏玛那国地区遥感找矿预测[J]. 矿产勘查，2015，6(2)：171-177.

高昂，唐世浩，肖萌，等. 机器学习在遥感影像分类中的应用[J]. 科技导报，2021，39(15)：67-74.

高冲，董治宝，南维鸽，等. 古尔班通古特沙漠蜂窝状沙丘沉积物理化特征及沉积环境[J]. 中国沙漠，2022，42(2)：14-24.

国家林业和草原局政府网. 中国荒漠化和沙化状况公报[EB/OL]. [2015-12-29]. http://www.forestry.gov.cn/main/65/20151229/835177.html.

国家林业和草原局政府网. 中国荒漠化沙化土地面积持续减少[EB/OL]. [2023-01-10]. http://www.forestry.gov.cn/main/135/20230111/155611772282124.html.

韩炳权. 基于 InSAR 技术的同震、震后形变机制与地震触发关系研究[D]. 西安：长安大学，2022.

韩丽荣，胡炜霞. 大同火山群国家地质公园旅游发展路径研究[J]. 对外经贸，2021(2)：89-93.

韩玲，吴汉宁，杜子涛，等. 遥感影像地图在鄂尔多斯盆地环形构造识别中的应用[J]. 公路交通科技，2005(S1)：160-162，166.

何发坤，蒲生彦，肖胡萱，等. 遥感技术在土壤退化中的应用研究进展[J]. 农业资源与环境学报，2021，38(1)：10-19.

何娟，邓鹏，钟鸣声. 陈宗器考察雅丹地貌[J]. 甘肃地质，2019，28(3-4)：85-88.

黑河日报新媒体. 五大连池由“洪荒之力”造就，你知道？[EB/OL]. [2016-08-12]. https://mp.weixin.qq.com/s/tb6ohC49G6zOPAjWGtOIuQ.

胡建文. 论述第四纪新构造运动、气候对地貌、地层和生物分布的影响[J]. 黑龙江科技信息，2011(30)：88，199.

胡凯龙，刘明，刘明博，等. 高分多模卫星在洪涝灾害监测中的应用[J]. 航天器工程，2021，30(3)：218-224.

胡卸文，朱海勇，吕小平，等. 唐家山堰塞湖库区(北川-禹里段)地震地质灾害触发效应研究[J]. 四川大学学报(工程科学版)，2009，41(3)：63-71.

黄诗峰. 遥感在洪涝灾害监测评估中的应用现状与展望[C]//2018 水利遥感与 3S 产业发展高峰论坛, 2018.

黄耀欢, 王浩, 肖伟华, 等. 内陆水体环境遥感监测研究评述[J]. 地理科学进展, 2010, 29(5): 549-556.

黄有昕. 顾及时空多因素的农业干旱遥感监测方法及其适应性评价研究[D]. 武汉: 中国地质大学(武汉), 2021.

蒋兴伟, 何贤强, 林明森, 等. 中国海洋卫星遥感应用进展[J]. 海洋学报, 2019, 41(10): 113-124.

金玉峰. 新疆皮山县苏玛兰铜矿地质特征及成因浅析[J]. 新疆有色金属, 2020, 43(2): 42-43.

荆凤, 陈建平. 矿化蚀变信息的遥感提取方法综述[J]. 遥感信息, 2005(2): 62-65, 57.

琚存勇. 基于遥感影像融合与地貌分类的土地沙漠化估测研究[D]. 哈尔滨: 东北林业大学, 2009.

桔灯勘探. 野外经典地质现象实拍合集(110 张, 超高清)! [EB/OL]. [2018-04-17]. https://mp.weixin.qq.com/s/nYuIEDMh_MMDHWgCv0o5zw.

桔灯勘探. 褶皱: 让人纠结的地质构造[EB/OL]. [2015-05-19]. https://mp.weixin.qq.com/s/G-rLxWyB9nI7jePTFyQOqQ.

课外地理. 这些沙丘的风向你能判断出来么? [EB/OL]. [2018-05-14]. https://mp.weixin.qq.com/s/9c_4aczlcOdBQA3BDF7B6g.

况顺达, 杨胜元. 贵州省矿山地质环境遥感调查评价[J]. 贵州地质, 2006(4): 296-301.

雷祥祥, 赵静, 刘厚诚, 等, 基于 PROSPECT 模型的蔬菜叶片叶绿素含量和 SPAD 值反演[J]. 光谱学与光谱分析, 2019, 39(10): 3256-3260.

黎劲松, 霍文毅. 大兴安岭北部冰缘地貌及其形成环境初探[J]. 地理科学, 1992, 12(6): 544-548.

李丹, 吴保生, 陈博伟, 等. 基于卫星遥感的水体信息提取研究进展与展望[J]. 清华大学学报(自然科学版), 2020, 60(2): 147-161.

李恒鹏, 陈广庭. 塔克拉玛干沙漠腹地复合沙垄间地[J]. 中国沙漠, 1999, 19(2): 134-138.

李苗苗. 植被覆盖度的遥感估算方法研究[D]. 北京: 中国科学院遥感应用研究所, 2003.

李霓, 魏海泉, 张柳毅, 等. 云南腾冲大六冲火山机构的发现及意义[J]. 岩石学报, 2014, 30(12): 3627-3634.

李树德. 中国东部大同火山群发育的构造地貌背景[J]. 地理学报, 1988, 43(3): 233-240.

李霞, 盛钰, 王建新. 新疆荒漠化土地 TM 影像解译标志的建立[J]. 新疆农业大学学报, 2020, 25(2): 18-21.

李小涛，黄诗峰，宋小宁. 我国典型滑坡堰塞湖遥感监测案例分析[J]. 人民黄河，2012，34(5)：78-81.

李小文，Strahler A，朱启疆，等. 地物二向性反射几何光学模型和观测的进展[J]. 国土资源遥感，1991(1)：9-19.

李小文，王锦地. 不连续植被及其下地表面对光辐射的吸收和反照率模型[J]. 中国科学(B 辑)，1994，24(8)：828-836.

李志威，袁帅，朱玲玲，等. 荆江河段 4 次裁弯后干流河道调整研究[J]. 长江流域资源与环境，2018，27(4)：882-890.

[美]梁顺林. 定量遥感[M]. 范闻捷，等，译. 北京：科学出版社，2018.

林明森，何贤强，贾永君，等. 中国海洋卫星遥感技术进展[J]. 海洋学报，2019，41(10)：99-112.

林永崇，穆桂金，秦小光，等. 新疆楼兰地区雅丹地貌差异性侵蚀特征[J]. 中国沙漠，2017，37(1)：33-39.

刘凤山，吴中海，张岳桥，等. 青藏高原东缘新构造与活动构造研究新进展及展望[J]. 地质通报，2014，33(4)：403-418.

刘欢，刘荣高，刘世阳. 干旱遥感监测方法及其应用发展[J]. 地球信息科学学报，2012，14(2)：232-239.

刘良云. 叶片辐射等效水厚度计算与叶片水分定量反演研究[J]. 遥感学报，2007，11(3)：289-295.

刘良云. 植被定量遥感原理与应用[M]. 北京：科学出版社，2014.

刘盼. 基于 MODIS 数据的森林火灾监测方法研究[D]. 西安：西安科技大学，2020.

刘锐. 太白山冰缘地貌特征与环境[D]. 大连：辽宁师范大学，2016.

刘瑞，李志忠，靳建辉，等. 古尔班通古特沙漠西南缘新月形沙丘内部沉积构造特征研究[J]. 干旱区地理，2022(3)：802-813.

刘兴旺. 兰州黄河阶地高精度 GPS 测量与构造变形研究[D]. 兰州：中国地震局兰州地震研究所，2007.

刘雪萍，董颖，朱雪征，等. 卫星遥感在黄河中下游河流地貌地质遗迹调查中的应用[J]. 卫星应用，2021(3)：42-49.

刘洋，刘荣高，陈镜明，等. 叶面积指数遥感反演研究进展与展望[J]. 地球信息科学学报，2013，15(5)：734-743.

刘自增，张慧娟，张永杰. 遥感地质在内蒙古阿拉善左旗上斋里毛道地区锰(金)找矿预测中的应用[J]. 科技资讯，2010(32)：97-98.

柳钦火，仲波，吴纪桃，等. 环境遥感定量反演与同化[M]. 北京：科学出版社，2011.

陆成，陈圣波，刘万崧. 叶片辐射传输模型 PROSPECT 理论研究[J]. 世界地质，2013(1)：177-188.

陆关祥，周鼎武，王居里，等. 造山带复杂结构构造区遥感-构造综合解析——以南天山东段铜花山-榆树沟地区解剖为例[J]. 西北地质，2005(2)：112-118.

吕杰堂，王治华，周成虎. 西藏易贡滑坡堰塞湖的卫星遥感监测方法初探[J]. 地球学报，2002，23(4)：363-368.

吕少伟，李晓勇. 西藏日土东部早—中二叠世地层特征与盆地演化[J]. 科技资讯，2012(10)：139-141.

马爱民，谢亚琼. 矿山地质环境保护与治理恢复方案编制中几个技术问题的探讨[J]. 中国环境管理干部学院学报，2009，19(2)：10-13.

马毅，张杰，张靖宇，等. 浅海水深光学遥感研究进展[J]. 海洋科学进展，2018，36(3)：21.

潘德炉，林明森，毛志华. 海洋微波遥感与应用[M]. 北京：海洋出版社，2013.

潘世兵，李小涛，宋小宁. 四川汶川"5·12"地震滑坡堰塞湖遥感监测分析[J]. 地球信息科学学报，2009，11(3)：299-304.

钱宁，张仁，周志德. 河床演变学[M]. 北京：科学出版社，1987.

钱亦兵，吴兆宁，杨海峰，等. 古尔班通古特沙漠纵向沙垄植被空间异质性[J]. 中国沙漠，2011(2)：156-163.

乔玉良. 土壤侵蚀遥感调查技术应用的若干问题[J]. 地球信息科学，2003(4)：97-100.

全国国土资源标准化技术委员会. GB/T 21010—2017 土地利用现状分类[S]. 北京：中国标准出版社，2017.

冉有华，马瀚青. 中国 2000 年 1km 植物功能型分布图[J]. 遥感技术与应用，2016，31(4)：827-832.

任学敏. 太白山主要植物群落数量分类及其物种组成和丰富度的环境解释[D]. 杨凌：西北农林科技大学，2012.

萨日娜，董治宝，南维鸽. 巴丹吉林沙漠高大沙山地貌的线条美[J]. 中国沙漠，2021，41(2)：221-230.

邵翠茹，尤惠川，曹忠权，等. 雅鲁藏布大峡谷地区构造和地震活动特征[J]. 震灾防御技术，2008，3(4)：398-412.

申元村. 关于土地资源评价等级系统与系列制图的探讨[J]. 干旱区资源与环境，1988(1)：22-32.

生态环境部卫星环境应用中心. 太湖水华监测日报-20160617 [EB/OL]. [2017-03-30][2023-01-20]. http://www.secmep.cn/ygyy/shjjc/201703/t20170330_563131.shtml.

舒立福，王明玉，赵风君，等. 几种卫星系统监测林火技术的比较与应用[J]. 世界林业研究，2005，18(6)：49-53.

宋昊泽，杨小平，穆桂金，等. 罗布泊地区雅丹形态特征及演化过程[J]. 地理学报，2021，76(9)：2187-2202.

宋文龙，路京选，杨昆，等. 地表水体遥感监测研究进展[J]. 卫星应用，2019(11)：40-47.

苏德辰，孙爱萍. 地质之美——经典地貌[M]. 北京：石油工业出版社，2017.

眭海刚，冯文卿，李文卓，等. 多时相遥感影像变化检测方法综述[J]. 武汉大学学报

(信息科学版)，2018，43(12)：1885-1898.

隋雨山. 巴丹吉林沙漠隋雨山摄影作品[M]. 北京：地质出版社，2014.

隋志龙，李德威，黄春霞. 断裂构造的遥感研究方法综述[J]. 地理学与国土研究，2002(3)：34-37，44.

孙嘉祥. 大同火山群玄武岩地球化学研究[D]. 武汉：中国地震局地质研究所，2020.

孙武，李保生. 荒漠化分类分级理论的初步探讨[J]. 地理研究，1999，18(3)：225-229.

谭老师地理工作室. 冰川的类型及其冰川湖灾害[EB/OL]. [2020-11-13]. https://mp.weixin.qq.com/s/9dP6StmEeBPM2XxomevZEg.

唐尧，王立娟，邓琮，等. 高分遥感技术助力森林火灾应急扑救及隐患预判[J]. 测绘学报，2021，25(9)：2015-2026.

唐尧，王立娟，赵娟，等. 基于遥感技术的“3·28”四川木里森林火灾应急灾情监测[J]. 国土资源信息化，2021(1)：12-18.

田静. 基于遥感实验下的植被覆盖率反演[D]. 长春：吉林大学，2003.

田明璐，班松涛，常庆瑞，等. 基于无人机成像光谱仪数据的棉花叶绿素含量反演[J]. 农业机械学报，2016，47(11)：285-293.

田明中. 大漠之魂：阿拉善[M]. 北京：中国旅游出版社，2008.

田庆久. 高光谱遥感环境污染监测研究进展[D]. 南京：南京大学，2009.

田淑芳，詹骞. 遥感地质学[M]. 2 版. 北京：地质出版社，2013.

佟国峰，李勇，丁伟利，等. 遥感影像变化检测算法综述[J]. 中国图象图形学，2015，20(12)：1561-1571.

吐热尼古丽·阿木提，张晓帆. 干旱区 ETM 遥感图像蚀变异常信息提取方法研究[J]. 地质论评，2009，55(4)：536-544.

王宝刚，张晓斌，张铭. 新疆阿希勒金矿床地质特征及找矿标志[J]. 陕西地质，2018，36(1)：20-25.

王峰. 近百年来长江中游牛轭湖沉积特征及其环境意义——以长江荆江段牛轭湖群为例[D]. 上海：上海师范大学，2015.

王洁，徐瑞松，马跃良，等. 植被含水量的遥感反演方法及研究进展[J]. 遥感信息，2008(1)：100-105.

王军，温兴平，张丽娟，等. 基于遥感技术的滇池水域面积变化监测研究[J]. 河南科学，2014，32(8)：1589-1593.

王莉萍. 基于地貌学原理的巴丹吉林沙漠金字塔沙丘形态和形成过程的研究[D]. 西安：陕西师范大学，2013.

王利民，刘佳，杨玲波，等. 农业干旱遥感监测的原理、方法与应用[J]. 中国农业信息，2018，30(4)：32-47.

王萍. 遥感土地利用/土地覆盖变化信息提取的决策树方法[D]. 青岛：山东科技大学，2004.

王庆升. 1996 年黄河河口人工出汊工程的实践[J]. 人民黄河，1997，19(4)：4.

王世明，范世杰，裴秋明，等. 多光谱、高光谱遥感岩性解译在川藏铁路勘察中的应用——以藏东南怒江峡谷拥巴地区为例[J]. 工程地质学报，2021，29(2)：445-453.

王哲，赵超英，刘晓杰，等. 西藏易贡滑坡演化光学遥感分析与 InSAR 形变监测[J]. 武汉大学学报(信息科学版)，2021，46(10)：1569-1578.

王治华，吕杰堂. 从卫星图像上认识西藏易贡滑坡[J]. 遥感学报，2001，5(4)：312-316.

文慧，大同火山群——奔跑在桑干河上的生命[J]. 华北国土资源，2014(5)：46-47.

翁恩生，周广胜. 用于全球变化研究的中国植物功能型划分[J]. 植物生态学报，2005，29(1)：81-97.

吴柄方，曾源，黄进良. 遥感提取植物生理参数 LAI/FPAR 的研究进展及应用[J]. 地理科学进展，2004，19(4)：585-590.

吴炳方，李强子，迟耀斌，等. 2008 年 1/2 月雪灾作物灾情遥感监测方法[J]. 中国工程科学，2008，10(6)：63-69.

吴坤鹏，刘时根，郭万钦. 1980—2015 年南迦巴瓦峰地区冰川变化及其对气候变化的响应[J]. 冰川冻土，2020，42(4)：1115-1125.

吴世红. 城市黑臭水体遥感监测关键技术研究进展[J]. 环境工程学报，2019，13(6)：1261-1271.

吴文斌，余强毅，杨鹏，等. 农业土地资源遥感研究动态评述[J]. 中国农业信息，2019，31(3)：1-12.

吴再民，滕云. 遥感技术及其在 1：5 万矿调中应用[J]. 硅谷，2009(4)：40-41.

吴正. 风沙地貌学[M]. 北京：科学出版社，1987.

吴忠强，毛志华，王正，等. 基于多源影像融合去云的水深遥感反演研究——以哨兵-2A 和资源三号为例[J]. 测绘与空间地理信息，2019，42(11)：12-16.

西藏自治区地质矿产局. 西藏自治区区域地质志[M]. 北京：地质出版社，1993.

西阁. 魔鬼中的天使——石海[EB/OL]. [2021-05-10]. https://mp.weixin.qq.com/s/hN5FAFkSPoGlWKx-sX4qYw.

夏清，杨武年，赵妮. 青藏大陆北缘盆山耦合带库斯拉甫地区遥感蚀变信息提取[J]. 国土资源遥感，2014，26(1)：127-131.

项铭涛，卫炜，吴文斌. 植被物候参数遥感提取研究进展评述[J]. 中国农业信息，2018，30(1)：55-56.

新华网思客. 卫星地图看洪灾："告急"的鄱阳湖发生了什么？[EB/OL]. [2023-01-20]. https://baijiahao.baidu.com/s? id=1672250553367996205&wfr=spider&for=pc.

新新蚁族野外课堂. "丹霞"和"雅丹"的区别(1)——雅丹地貌[EB/OL]. [2017-03-16]. [2023-01-29]. https://mp.weixin.qq.com/s/CVvZnP14cmldUpXvLEy3zQ.

星球研究所. 沙漠如何影响中国？[EB/OL]. [2018-10-28]. https://mp.weixin.qq.com/s/PCFACPPa9Tvc4DgUOGz6DQ.

星球研究所. 什么是黄河[EB/OL]. [2020-11-11]. https://mp.weixin.qq.com/s/EBsYChJ9pEHEvAXN7LajYg.

星球研究所. 中国冰川大退却[EB/OL]. [2019-08-19]. https://mp.weixin.qq.com/s/0J000SqWeeBzRrjIMS6J-g.

星球研究所. 中国的火山在哪里? [EB/OL]. [2020-11-27]. https://mp.weixin.qq.com/s/bQu01iVvAX2MukceIRqYaw.

星球研究所. 中国南方喀斯特, 有多美? [EB/OL]. [2019-04-02]. https://mp.weixin.qq.com/s/3GBHGRENxvbbxOuFz3PrHQ.

徐涵秋. 新型 Landsat 8 卫星影像的反射率和地表温度反演[J]. 地球物理学报, 2015, 58(3): 741-747.

徐希孺. 遥感物理[M]. 北京: 北京大学出版社, 2005.

徐新良, 刘纪远, 张树文, 等. 中国多时期土地利用土地覆被遥感监测数据集(CNLUCC). 资源环境科学数据注册与出版系统(http://www.resdc.cn/DOI),2018.DOI:10.12078/2018070201.

薛重生. 地学遥感概论[M]. 武汉: 中国地质大学出版社, 2011.

闫峰, 李茂松, 王艳姣, 等. 遥感技术在农业灾害监测中的应用[J]. 自然灾害学报, 2006, 15(6): 131-136.

闫利, 江维薇. 多光谱遥感影像植被覆盖分类研究进展[J]. 国土资源遥感, 2016, 28(2): 8-13.

阎福礼, 吴亮, 王世新, 等. 水体表面温度反演研究综述[J]. 地球信息科学学报, 2015, 17(8): 969-978.

杨超, 邬国锋, 李清泉, 等. 植被遥感分类方法研究进展[J]. 地理与地理信息科学, 2018, 34(4): 24-32.

杨成生, 董继红, 朱赛楠, 等. 金沙江结合带巴塘段滑坡群 InSAR 探测识别与形变特征[J]. 地球科学与环境学报, 2021, 42(2): 398-408.

杨红艳, 朱利, 吴传庆, 等. 核电厂温排水遥感监测及环境影响分析[J]. 环境保护, 2018, 46(21): 18-22.

杨景春, 李有利. 地貌学原理[M]. 4 版. 北京: 北京大学出版社, 2017.

杨逸畴. 探索"死亡之海"九——沙漠腹地风沙地貌真面目[EB/OL]. [2006-11-28]. http://www.igsnrr.ac.cn/kxcb/dlyzykpyd/kxkcsj/tsswzh/200611/t20061128_2156103.html.

姚伟, 刘亮明. 遥感技术在北非努比亚地盾 Wadi Halfa 地区金矿勘查中的应用[J]. 地质与勘探, 2014, 50(1): 167-172.

佚名. 从空中看陕北黄土高原, 比你想象的震撼多了! [EB/OL]. [2018-05-02]. https://www.sohu.com/a/230157196_100046826.

佚名. 第七章 冰川地貌[EB/OL]. [2022-04-13]. https://wenku.baidu.com/view/f05de6a97d1cfad6195f312b3169a4517623e544.html?_wkts_=1674812950415&bdQuery=https%3A%2F%2Fwenku.baidu.com%2Fview%2Ff05de6a97d1cfad6195f312b3169a4517623e544.html.

佚名. 风云卫星地图[EB/OL]. [2023-01-20]. https://www.fengyunditu.com/?ver=bd-wx-1197.

佚名. 甘肃省兰州市皋兰县黄土高原地貌[EB/OL]. [2017-06-27]. http://www.360doc.com/content/17/0627/18/19083799_667004488.shtml.

佚名. 黄土高原：贫瘠？荒凉？我的名字叫“误解”！[EB/OL]. [2021-05-27]. https://new.qq.com/rain/a/20210527a09ie200.

佚名. 可怜无定河边骨——黄土高原上自然造化的地理和文化分界线[EB/OL]. [2018-07-20]. https://www.sohu.com/a/242311161_100220932.

佚名. 唐家山堰塞湖卫星图片[EB/OL]. [2008-05-28]. https://bbs.focus.cn/cd/103287/b9ab584cc757e36c.html.

于延龙. 基于遥感影像的敦煌雅丹地貌形态学及其演化研究[D]. 北京：中国地质大学(北京), 2017.

曾桂香, 戴军. 土壤理化性状的高光谱定量遥感反演研究进展[J]. 广东农业科学, 2014(24): 63-66.

曾克峰, 刘超, 于吉涛. 地貌学教程[M]. 武汉：中国地质大学出版社, 2013.

詹艳, 赵国泽, 王继军, 等. 黑龙江五大连池火山群地壳电性结构[J]. 岩石学报, 2006, 22(6): 1494-1502.

张兵, 李俊生, 申茜, 等. 地表水环境遥感监测关键技术与系统[J]. 中国环境监测, 2019, 35(4): 1-9.

张兵, 李俊生, 王桥, 等. 内陆水体高光谱遥感[M]. 北京：科学出版社, 2012.

张峰, 周广胜. 植被含水量高光谱遥感监测研究进展[J]. 植被生态学报, 2018, 42(5): 517-525.

张景华, 张建龙, 欧阳渊, 等. 基于QuickBird影像的小堡崩塌群调查研究[J]. 中国地质, 2011, 38(1): 226-231.

张良培, 武辰. 多时相遥感影像变化检测的现状与展望[J]. 测绘学报, 2017, 46(10): 1447-1459.

张路. 基于多元统计分析的遥感影像变化检测方法研究[D]. 武汉：武汉大学, 2004.

张仁华. 实验遥感模型及地面基础[M]. 北京：科学出版社, 1996.

张睿, 马建文. 支持向量机在遥感数据分类中的应用新进展[J]. 地球科学进展, 2009(5): 555-562.

张威, 刘锐, 魏亚刚, 等. 秦岭太白山冰缘地貌特征与环境[J]. 干旱区资源与环境, 2016, 30(10): 171-178.

张骁, 赵文武, 刘源鑫. 遥感技术在土壤侵蚀研究中的应用述评[J]. 水土保持通报, 2017, 37(2): 228-238.

张晓东. 基于遥感影像与GIS数据的变化检测理论和方法研究[D]. 武汉：武汉大学, 2005.

张鑫, 武志德, 潘恺. 煤矿采空区地表塌陷危害程度分级标准研究及应用[J]. 地质灾害与环境保护, 2012, 23(3): 73-75, 79.

张雁. 基于机器学习的遥感图像分类研究[D]. 北京：北京林业大学, 2014.

张增祥, 汪潇, 温庆可, 等. 土地资源遥感应用研究进展[J]. 遥感学报, 2016, 20

(5)：1243-1258.

赵冬. 基于高/多光谱遥感技术的海表油膜识别方法研究[D]. 武汉：中国地质大学(武汉)，2020.

赵英时，等. 遥感应用分析原理与方法[M]. 北京：科学出版社，2003.

赵玉灵. 遥感找矿模型的研究进展与评述[J]. 国土资源遥感，2003(3)：1-4.

赵振家，杨晓梅，李永华. 土地利用/土地覆盖变化与全球环境变化[J]. 地理译报，1996(3)：2-6. 译自 Land Degradation and Rehabilitation，1994(5)：71-78.

郑杨琳. 多源遥感信息在活动断裂提取中的应用研究——以库鲁克塔格地区为例[D]. 武汉：中国地质大学(武汉)，2013.

中国地质调查局. DD2015-01 地质灾害遥感调查技术规定[S]. 2015.

中国国家地理. 地理知识：沙漠博物馆[EB/OL]. [2017-10-05]. https://mp.weixin.qq.com/s/i20Cp00y5GHzm_Iz5rFYcQ.

中国国家地理. 沙丘，一种“来自外星”的景观[EB/OL]. [2021-11-03]. https://mp.weixin.qq.com/s/IK9xUXxF8pMkCfCTSk_uWw.

中国国家地理. 中国沙漠，12%的金黄之地[EB/OL]. [2021-10-05]. https://mp.weixin.qq.com/s/ynWJyAjFtYcpeR8p6r6Xng.

中国国家地理. 中国最美的五大沙漠[EB/OL]. [2015-10-04]. https://mp.weixin.qq.com/s/YZaqP7_Q--P7u11crytgRg.

中国应急信息网. 甘肃省舟曲县东山镇滑坡遥感监测[EB/OL]. [2023-01-20]. https://www.emerinfo.cn/2019-08/07/c_1210232689.htm.

中国资源科学百科全书编辑委员会. 中国资源科学百科全书[M]. 东营：中国石油大学出版社，2000.

中华人民共和国自然资源部. TD/T 1055—2019 第三次全国国土调查技术规程[S]. 北京：中国标准出版社，2019.

中学地理研究. 中国典型地貌之冰川地貌[EB/OL]. [2018-03-20]. https://mp.weixin.qq.com/s/fMvazOhmIzB9H2P9EdD0NQ.

周成虎. 洪涝灾害遥感监测研究[J]. 地理研究，1993，12(2)：6.

周成虎，骆剑承，杨晓梅. 遥感影像地学理解与分析[M]. 北京：科学出版社，1999.

朱嘉伟. 黄河下游河南段第四纪构造演化与悬河稳定性评价研究[D]. 北京：中国地质大学(北京)，2006.

朱俊. 辽东庄河老黑山冰缘地貌特征及其形成机制[D]. 大连：辽宁师范大学，2019.

朱震达，陈治平，吴正，等. 塔克拉玛干沙漠风沙地貌研究[M]. 北京：科学出版社，1981.

宗佳亚，魏舟. 基于TM影像的流域河网信息提取[J]. 安徽农业科学，2017，45(25)：68-71，79.

邹尚辉. 植被资源调查中最佳时相遥感图像的选择研究[J]. 植物学报，1985，27(5)：525-531.